lementary Mathematics Research in China **第5辑**

初等数学研究在中国

Elementary Mathematics Research in China

杨学枝 刘培杰 主编

哈爾濱工業大學出版社
HARBIN INSTITUTE OF TECHNOLOGY PRESS

内 容 简 介

本书旨在汇聚中小学数学教育教学和初等数学研究的最新成果，给读者提供学习与交流的平台，促进中小学数学教育教学和初等数学研究水平的提高.

本书适合大、中学师生阅读，也可供数学爱好者参考研读.

图书在版编目(CIP)数据

初等数学研究在中国. 第 5 辑/杨学枝，刘培杰主编. —哈尔滨：哈尔滨工业大学出版社，2023.7

ISBN 978-7-5767-0709-0

Ⅰ. ①初… Ⅱ. ①杨… ②刘… Ⅲ. ①初等数学-研究-中国 Ⅳ. ①O12

中国国家版本馆 CIP 数据核字(2023)第 045859 号

CHUDENG SHUXUE YANJIU ZAI ZHONGGUO：DI 5 JI

策划编辑 刘培杰 张永芹
责任编辑 聂兆慈 张 佳
封面设计 孙茵艾
出版发行 哈尔滨工业大学出版社
社 址 哈尔滨市南岗区复华四道街 10 号 邮编 150006
传 真 0451-86414749
网 址 http://hitpress.hit.edu.cn
印 刷 哈尔滨圣铂印刷有限公司
开 本 880mm×1230mm 1/16 印张 14.5 字数 414 千字
版 次 2023 年 7 月第 1 版 2023 年 7 月第 1 次印刷
书 号 ISBN 978-7-5767-0709-0
定 价 158.00 元

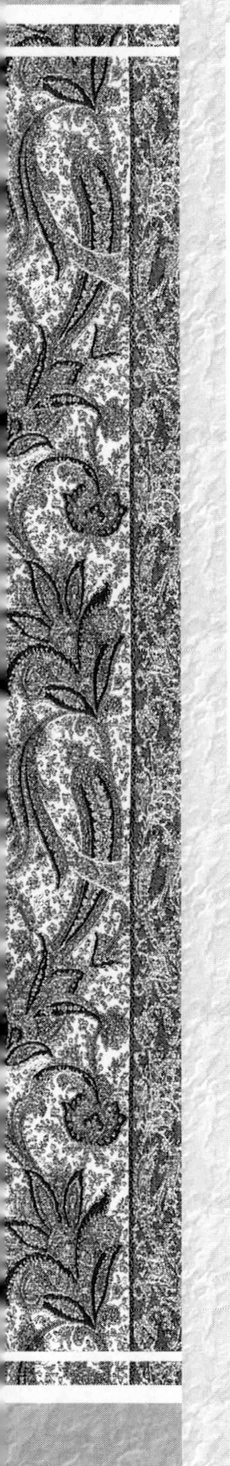

在很多情形，高等数学与初等数学难解难分，要进一步挖出初等数学的潜力，

林群

2019.1.8

中国著名数学家林群院士为本文集所撰写的题词

在很多情形，高等数学与初等数学难解难分，要进一步挖出初等数学的潜力。

——林群

高大上的数学
都是在初等数学上
生长起来的！

张景中 2018年
12月23日

中国著名数学家张景中院士为本文集所撰写的题词

高大上的数学都是在初等数学上生长起来的！

——张景中

目　录

复杂算子怎样变成简单的函数*

林群[1],赵富坤[2],周俊明[3]

(1. 中国科学院数学与系统科学研究院,北京,100190;
2. 云南师范大学数学学院,云南昆明,650500;
3. 河北工业大学理学院,天津, 300401)

摘　要　算子是大学数学系专门化课程中的内容,函数只是普通高中都学的数学概念,算子与函数,一个在天上,一个在地下. 简言之,算子比函数复杂. 可是,当你只考虑算子在线段上的黎曼积分时,由于该积分其实是一个抽象函数在[0,1]上的黎曼积分,可类似于一元函数,见参考文献[1,2],特别是文献[3],它们是在更广泛的赋范空间中讨论的,跟函数类似.

关键词　整体 $F-$导算子; 算子在线段上的黎曼积分

§1　算子的整体 $F-$导算子

定义 1　设$(X,\|\cdot\|)$,$(Y,\|\cdot\|)$为赋范空间,$U\subset X$ 为开集,$f:U\to Y$ 为一算子. 若存在映射 T: $U\to\mathcal{L}(X,Y)$,使得对任意 $\varepsilon>0$,存在 $\delta>0$,当 $x,w\in U$ 且 $0<\|x-w\|<\delta$ 时,有

$$\|f(w)-f(x)-T(x)(w-x)\|<\varepsilon\|w-x\| \tag{1}$$

则称 f 在 U 上整体 $F-$可微, T 为 f 在 U 上的整体 $F-$导算子.

注 1　若 f 在 U 上整体 $F-$可微, T 为 f 在 U 上的整体 $F-$导算子,则对任意 $x\in U$,f 在 x 处 $F-$可微且$T(x)$ 为 f 在 x 处的 $F-$导算子.

引理 1　若 f 在 U 上整体 $F-$可导,则其整体 $F-$导算子唯一.

证明　设$T_i(i=1,2)$ 均为 f 的整体 $F-$导算子. 则对任意 $\varepsilon>0$,存在$\delta_1>0$,当 $x,w\in U$ 且 $0<\|x-w\|<\delta_1$ 时,有式(1) 成立. 又设 $x\in U$,由开集定义,存在$\delta_2>0$,使得 $B(x,\delta_2)\subset U$. 取 $\delta=\min\{\delta_1,\delta_2\}$,现任取 $h\in X$,$\|h\|=\delta$,由式(1),有

$$\|f(x+h)-f(x)-T_i(x)h\|<\varepsilon\|h\|,i=1,2$$

则由三角不等式,有

$$\begin{aligned}&\|(T_1(x)-T_2(x))h\|\\&=\|T_1(x)h-T_2(x)h\|\\&\leqslant\|f(x+h)-f(x)-T_1(x)h\|+\|f(x+h)-f(x)-T_2(x)h\|\\&\leqslant 2\varepsilon\|h\|\end{aligned}$$

由 ε 的任意性知

$$T_1(x)h=T_2(x)h$$

* 本文受国家自然科学基金项目(11771385)资助.

再由 h 的任意性知

$$T_1(x)=T_2(x),\forall x\in U$$

引理 2　设 T 为 f 在 U 上的整体 $F-$ 导算子,则 T 在 U 上一致连续.

证明　由定义 1 知,对任意 $\varepsilon>0$,存在 $\delta>0$,使得当 $x,w\in U$ 且 $0<\|w-x\|<\delta$ 时,有

$$\|f(w)-f(x)-T(x)(w-x)\|<\varepsilon\|w-x\|$$

$$\|f(x)-f(w)-T(w)(x-w)\|<\varepsilon\|x-w\|$$

令 $h=w-x$,则

$$\begin{aligned}&\|(T(x)-T(w))h\|\\ \leqslant&\|f(x+h)-f(x)-T(x)h\|+\|f(x)-f(x+h)-T(x+h)h\|\\ <&2\varepsilon\|h\|\end{aligned}$$

再由 h 的任意性,$\|T(x)-T(w)\|_{\mathcal{L}(X,Y)}\leqslant 2\varepsilon$. 故 T 在 U 上一致连续.

注 2　由引理 2,若 f 在 U 上整体 $F-$ 可导,则 $f\in C^1(U,Y)$. 特别地,f 在 U 上连续. 所以,如果仅考虑连续函数问题,那么就和极限没有什么特别的关系了,见文献[3].

§2　算子在线段上的黎曼积分(类似于一元函数)

我们首先回忆如下关于抽象函数黎曼积分的定义.

定义 2　设 X 为赋范空间,$\varphi:[a,b]\to X$ 为一抽象函数. 若存在 $I\in X$,使得对任意 $\varepsilon>0$,存在 $\delta>0$,对$[a,b]$的任一分割 $\pi:a=t_0<t_1<\cdots<t_n=b$ 及任意$\xi_i\in[t_{i-1},t_i]$,当分割细度 $\sigma(\pi):=\max\limits_{1\leqslant i\leqslant n}(t_i-t_{i-1})<\delta$ 时,有

$$\left\|\sum_{i=1}^{n}f(\xi_i)(t_i-t_{i-1})\right\|<\varepsilon \tag{2}$$

则称 φ 在$[a,b]$上黎曼可积,I 为 φ 在$[a,b]$上的黎曼积分,记为

$$\int_a^b f(x)\mathrm{d}x=I$$

设$(X,\|\cdot\|)$,$(Y,\|\cdot\|)$为赋范空间,$U\subset X$ 为开集,$f:U\to Y$,记

$$l:=\{x\in U\mid x=x_0+th,0\leqslant t\leqslant 1\}$$

为 U 中联结x_0 和x_0+h 的直线段. 下面我们考虑算子 f 在线段 l 上的黎曼积分,为此令

$$\varphi(t):=f(x_0+th),t\in[0,1] \tag{3}$$

则 $\varphi(t):[0,1]\to Y$ 为一抽象函数. 自然地,我们有如下定义:

定义 3　设 $\varphi(t)$ 为由式(3)给出的抽象函数. 若 $\varphi(t)$ 在$[0,1]$上黎曼可积且$\int_0^1\varphi(t)\mathrm{d}t=I$,则称 φ 在线段 l 上黎曼可积,I 为算子 φ 在 l 上的黎曼积分.

对于算子在线段上的黎曼积分,有如下公式:

定理 1　设 T 是 f 在 l 上的整体 $F-$ 导算子,则 T 在 l 上黎曼可积,且

$$\int_0^1 T(x_0+th)h\,\mathrm{d}t=f(x_0+h)-f(x_0)$$

注意到若令 $\varphi(t)=f(x_0+th)$,$t\in[0,1]$,则上述结论即为

$$\int_0^1\varphi'(t)\mathrm{d}t=\varphi(1)-\varphi(0)$$

故我们只需对抽象函数建立公式即可.

定理 2 （闭区间上抽象函数的公式）设 X 为赋范空间，$f:[a,b]\to X$ 为$[a,b]$上的抽象函数，f' 为 f 在$[a,b]$上的整体 $F-$导算子，则 f' 在$[a,b]$上黎曼可积，且

$$\int_a^b f'(t)\mathrm{d}t=f(b)-f(a)$$

证明 由引理 2，f' 在$[a,b]$上一致连续，即对任意 $\varepsilon>0$，存在$\delta_1>0$，使得当 $t,s\in[a,b]$ 且 $|t-s|<\delta_1$ 时，有

$$\|f'(t)-f'(s)\|<\frac{\varepsilon}{2(b-a)} \tag{4}$$

再由定义 2，对上述 $\varepsilon>0$，存在 $0<\delta<\delta_1$，使得当 $t,s\in[a,b]$ 且 $0<|t-s|<\delta$ 时，有

$$\|f(t)-f(s)-f'(s)(t-s)\|<\frac{\varepsilon}{2(b-a)}|t-s| \tag{5}$$

设

$$\pi:a=t_0<t_1<\cdots<t_n=b$$

为$[a,b]$的任一分割且分割细度 $\sigma(\pi)<\delta$，则由式(5)，有

$$\|f(t_i)-f(t_{i-1})-f'(t_{i-1})(t_i-t_{i-1})\|<\frac{\varepsilon}{2(b-a)}(t_i-t_{i-1})$$

从而

$$\left\|f(b)-f(a)-\sum_{i=1}^n f'(t_{i-1})(t_i-t_{i-1})\right\|<\frac{\varepsilon}{2}$$

任取$\xi_i\in[t_{i-1},t_i]$，则由

$$0<\xi_i-t_{i-1}\leqslant t_i-t_{i-1}<\delta$$

及式(4)，有

$$\|f(\xi_i)-f(t_{i-1})\|<\frac{\varepsilon}{2(b-a)}$$

于是

$$\begin{aligned}&\left\|f(b)-f(a)-\sum_{i=1}^n f'(\xi_i)(t_i-t_{i-1})\right\|\\ \leqslant&\left\|f(b)-f(a)-\sum_{i=1}^n f'(t_{i-1})(t_i-t_{i-1})\right\|+\\ &\sum_{i=1}^n\|f'(\xi_i)-f'(t_{i-1})\|(t_i-t_{i-1})<\varepsilon\end{aligned}$$

这说明式(2)对 $I=f(b)-f(a)$ 成立. 故 f' 在$[a,b]$上黎曼可积，且

$$\int_a^b f'(t)\mathrm{d}t=f(b)-f(a)$$

注 3 定理 2 的证明与教科书中的牛顿－莱布尼茨公式的证明有显著的不同，主要问题是由于线性赋范空间中值定理不一定成立并且不具有完备性，完全仿照微积分教程的证明行不通. 这个证明的方法由本文的作者之一林群先生首次给出.

参考文献

[1] 林群，张景中. 减肥微积分[M]. 长沙：湖南教育出版社，2022.

[2] LIN Q. Free Calculus：A liberation from concepts and proofs[M]. New Jersey：World Scientific Publications，2008.

[3] 林群，周俊明. 积分概念的相互关系[J]. 河北工业大学学报(投稿中).

浅谈点量(2)

杨学枝

(福建省福州市福州第二十四中学　福建　福州　350015)

§1　点量坐标系

(一)n 维空间点量坐标系

1. n 维空间点量坐标系

设 $X_i(i=1,2,\cdots,n)$, O 为 n 维空间中 $n+1$ 个定点，连 $OX_i(i=1,2,\cdots,n)$ 的射线分别称为 $x_i(i=1,2,\cdots,n)$ 轴，O 称为原点，建立点量坐标系 $O-X_1X_2\cdots X_i$. 我们称 $X_i(i=1,2,\cdots,n)$, O 为点量坐标系基点. 若点 M 满足点量式

$$x_1X_1+x_2X_2+\cdots+x_nX_n+(1-x_1-x_2-\cdots-x_n)O=M$$

则称 $(x_1,x_2,\cdots,x_n)$ 为点 M 在三维点量坐标系 $O-X_1X_2\cdots X_i$ 中的点量坐标，写作 $M(x_1,x_2,\cdots,x_n)$，其中，$x_i(i=1,2,\cdots,n)$ 为坐标轴 $OX_i(i=1,2,\cdots,n)$ 上的分量.

若 $\overrightarrow{OX_i}\cdot\overrightarrow{OX_j}=0, i,j=1,2,\cdots,n, i\neq j$，则称此坐标系 $O-X_1X_2\cdots X_i$ 为正交坐标系. 特别地，当 $|OX_i|=1(i=1,2,\cdots,n)$ 时，又称为标准正交坐标系.

2. 坐标变换

设点 M 在原坐标系 $O-X_1X_2\cdots X_i$ 和新坐标系 $O'-X'_1X'_2\cdots X'_i$ 中的坐标分别为 $(x_1,x_2,\cdots,x_n)$ 和 $(x'_1,x'_2,\cdots,x'_n)$，新点量坐标系基点 $X'_i(i=1,2,\cdots,n)$, O 在原点量坐标系中的坐标分别为 $(x_{11},y_{12},\cdots,z_{1n})$, $(x_{21},y_{22},\cdots,z_{2n})$, $\cdots$, $(x_{n1},y_{n2},\cdots,z_{nn})$, $(x_1,x_2,\cdots,x_n)$，则有

$$\begin{vmatrix} x_1 & x_2 & \cdots & x_n & 1 & O' \\ x_{11} & x_{12} & \cdots & x_{1n} & 1 & X'_1 \\ x_{21} & x_{22} & \cdots & x_{2n} & 1 & X'_2 \\ \vdots & \vdots & & \vdots & \vdots & \vdots \\ x_{n1} & x_{n2} & \cdots & x_{nn} & 1 & X'_n \end{vmatrix} = X'_1(x'_1)+X'_2(x'_2)+\cdots+X'_n(x'_n)+O'(1-\sum_{i=1}^{n}x'_i)$$

由此得到新点量坐标系基点 $X'_i(i=1,2,\cdots,n)$, O 在原点量坐标系中的坐标，以及点 M 在新点量坐标系中的坐标.

(二) 两点之间的距离公式

设 $\sum_{i=1}^{n}a_iX_i+(1-\sum_{i=1}^{n}a_i)O=A$, $\sum_{i=1}^{n}b_iX_i+(1-\sum_{i=1}^{n}b_i)O=B$，记 $a=\sum_{i=1}^{n}a_i$, $b=\sum_{i=1}^{n}b_i$，则：

1. $$\overrightarrow{AB}=\sum_{i=1}^{n}(b_i-a_i)\overrightarrow{MX_i}+(a-b)\overrightarrow{MO}$$

其中 M 为空间中任意一点.

证明 由$\sum_{i=1}^{n} a_i X_i + (1-\sum_{i=1}^{n} a_i)O = A$, $\sum_{i=1}^{n} b_i X_i + (1-\sum_{i=1}^{n} b_i)O = B$,得到

$$B - A = \sum_{i=1}^{n} (b_i - a_i) X_i + (\sum_{i=1}^{n} a_i - \sum_{i=1}^{n} b_i) O$$

再由点量外积得到

$$M(B-A) = \sum_{i=1}^{n} (b_i - a_i) MX_i + (\sum_{i=1}^{n} a_i - \sum_{i=1}^{n} b_i) MO$$

即

$$\overrightarrow{AB} = \sum_{i=1}^{n} (b_i - a_i) \overrightarrow{MX_i} + (a - b) \overrightarrow{MO}$$

由此可得

$$|\overrightarrow{AB}| = \left| \sum_{i=1}^{n} (b_i - a_i) \overrightarrow{MX_i} + (a - b) \overrightarrow{MO} \right|$$

特别地,有

$$|\overrightarrow{AB}| = \left| \sum_{i=1}^{n} (b_i - a_i) \overrightarrow{OX_i} \right|$$

2. $$|\overrightarrow{AB}|^2 = (b-a) \sum_{i=1}^{n} (b_i - a_i) \ |\overrightarrow{OX_i}|^2 - \sum_{1 \leqslant i < j \leqslant n} (b_i - a_i)(b_j - a_j) \ |X_i X_j|^2$$

证明 由上述情况1,取$M=O$,有

$$|\overrightarrow{AB}| = \left| \sum_{i=1}^{n} (b_i - a_i) \overrightarrow{OX_i} \right|$$

两边平方,并注意到向量内积运算即得.

3. 设$A(a_1, a_2, \cdots, a_n)$, $B(b_1, b_2, \cdots, b_n)$为n维空间正交坐标系$O-X_1X_2\cdots X_i$中的两个点,则

$$|\overrightarrow{AB}|^2 = \sum_{i=1}^{n} (b_i - a_i)^2 \ |\overrightarrow{OX_i}|^2$$

证明 由上述情况1,有

$$|\overrightarrow{AB}| = \left| \sum_{i=1}^{n} (b_i - a_i) \overrightarrow{OX_i} \right|$$

两边平方,并注意有$\overrightarrow{OX_i} \cdot \overrightarrow{OX_j} = 0, i, j = 1, 2, \cdots, n, i \neq j$即得.

若这时,$O-X_1X_2\cdots X_i$为标准正交坐标系,则

$$|\overrightarrow{AB}|^2 = \sum_{i=1}^{n} (b_i - a_i)^2$$

(三) 标准正交坐标系 $O-X_1X_2\cdots X_i$ 中的向量

设$A(a_1, a_2, \cdots, a_n)$, $B(b_1, b_2, \cdots, b_n)$,则

$$\overrightarrow{AB} = (b_1 - a_1, b_2 - a_2, \cdots, b_n - a_n)$$

证明 在上面(二)—1中,取$M=O$即得.

§2　点量外接球(圆)与内切球(圆)

1. 外接球与内切球

$A_i(i=1,2,\cdots,n)$ 为 $n-1$ 维空间中的线性无关的 n 个点，则过这 n 个点必存在且只存在一个球面，即此空间中存在唯一一个点 O，使得 $|OA_i|=R(R\geqslant 0)$，$i=1,2,\cdots,n$，这个球称为点 $A_i(i=1,2,\cdots,n)$ 的外接球，我们称 O 为外接球球心，R 为外接球半径. 当 $R=0$ 时，成为点球.

$A_i(i=1,2,\cdots,n)$ 为 $n-1$ 维空间中的线性无关的 n 个点，必存在且只存在一个球面，它与每个由 $n-1$ 个点组成的平面(共有 n 个面)相切，即此空间中存在唯一一个点 Q，使得点 Q 到这 n 个面的距离相等，都等于 $r(r\geqslant 0)$，这个球称为点 $A_i(i=1,2,\cdots,n)$ 的内切球，我们称 Q 为内切球球心，r 为内切球半径. 当 $r=0$ 时，成为点球.

2. 设 $x_i\in\mathbf{R}$，$i=1,2,\cdots,n+1$，在 n 维空间中，单形 $A_1A_2\cdots A_{n+1}$ 的外接球球心为 O，半径为 R，满足 $\sum\limits_{i=1}^{n+1}x_iA_i=(\sum\limits_{i=1}^{n+1}x_i)O$，$P$ 为 n 维空间中任意一点，则

$$\sum_{i=1}^{n+1}x_iPA_i^2=(\sum_{i=1}^{n+1}x_i)(PO^2+R^2)$$

证明

$$\begin{aligned}\sum_{i=1}^{n+1}x_iPA_i^2&=\sum_{i=1}^{n+1}x_i(\overrightarrow{PO}+\overrightarrow{OA_i})^2\\&=\sum_{i=1}^{n+1}x_i(PO^2+OA_i^2+2\overrightarrow{PO}\cdot\overrightarrow{OA_i})\\&=(\sum_{i=1}^{n+1}x_i)PO^2+\sum_{i=1}^{n+1}x_iOA_i^2+2\overrightarrow{PO}\cdot\sum_{i=1}^{n+1}x_i\overrightarrow{OA_i}\\&=(\sum_{i=1}^{n+1}x_i)PO^2+(\sum_{i=1}^{n+1}x_i)R^2+2\overrightarrow{PO}\cdot\sum_{i=1}^{n+1}x_i(\overrightarrow{OP}+\overrightarrow{PA_i})\\&=(\sum_{i=1}^{n+1}x_i)PO^2+(\sum_{i=1}^{n+1}x_i)R^2+2(\sum_{i=1}^{n+1}x_i)\overrightarrow{PO}\cdot\overrightarrow{OP}+2\overrightarrow{PO}\sum_{i=1}^{n+1}x_i\overrightarrow{PA_i}\\&=(\sum_{i=1}^{n+1}x_i)PO^2+(\sum_{i=1}^{n+1}x_i)R^2+2(\sum_{i=1}^{n+1}x_i)\overrightarrow{PO}\cdot\overrightarrow{OP}+2(\sum_{i=1}^{n+1}x_i)\overrightarrow{PO}\cdot\overrightarrow{PO}\\&=(\sum_{i=1}^{n+1}x_i)(PO^2+R^2)\end{aligned}$$

命题获证.

3. 若点 A_i，$i=1,2,\cdots,n$ 为球面上的 n 个点，球心为 Q，球半径为 R，P 为空间中一点且满足

$$\sum_{i=1}^{n}x_iA_i=(\sum_{i=1}^{n}x_i)P$$

则有

$$(\sum_{i=1}^{n}x_i)^2(R^2-PQ^2)=\sum_{1\leqslant i<j\leqslant n}x_ix_jA_iA_j^2$$

证明　球心为 Q，由于 $\sum\limits_{i=1}^{n}x_i\overrightarrow{PA_i}=(\sum\limits_{i=1}^{n}x_i)\overrightarrow{PQ}+\sum\limits_{i=1}^{n}x_i\overrightarrow{QA_i}$，且由题设有 $\sum\limits_{i=1}^{n}x_i\overrightarrow{PA_i}=\mathbf{0}$，因此，得到

$$(\sum_{i=1}^{n}x_i)\overrightarrow{PQ}=-\sum_{i=1}^{n}x_i\overrightarrow{QA_i}$$

将此式两边平方，可得到

$$\left(\sum_{i=1}^{n}x_i\right)^2|\overrightarrow{PQ}|^2=\left(\sum_{i=1}^{n}x_i\overrightarrow{QA_i}\right)^2$$
$$=\left(\sum_{i=1}^{n}x_i\right)\left(\sum_{i=1}^{n}x_iQA_i^2\right)-\sum_{1\leqslant i<j\leqslant n}x_ix_jA_iA_j^2$$
$$=\left(\sum_{i=1}^{n}x_i\right)^2R^2-\sum_{1\leqslant i<j\leqslant n}x_ix_jA_iA_j^2$$

故

$$\left(\sum_{i=1}^{n}x_i\right)^2(R^2-PQ^2)=\sum_{1\leqslant i<j\leqslant n}x_ix_jA_iA_j^2$$

特例 若点 $A_i,i=1,2,\cdots,n$ 为球面上的 n 个点,$\sum_{i=1}^{n}x_iA_i=0$,则

$$\sum_{1\leqslant i<j\leqslant n}x_ix_jA_iA_j^2=0$$

4.若点 $A_i,i=1,2,\cdots,n$ 为球面上的 n 个点,点 P 满足

$$\sum_{i=1}^{n}x_iA_i=\left(\sum_{i=1}^{n}x_i\right)P$$

其中 $\sum_{i=1}^{n}x_i\neq 0$,则点 P 在这个球面上的充要条件是

$$\sum_{1\leqslant i<j\leqslant n}x_ix_jA_iA_j^2=0$$

由上述可得到:

(i) 设 $\triangle A_1A_2A_3$ 的三边长分别为 $A_2A_3=a_1,A_3A_1=a_2,A_1A_2=a_3$,其外接圆圆心为 Q,半径为 R,又 $x_1,x_2,x_3\in\mathbf{R}$,且 $x_1\overrightarrow{PA_1}+x_2\overrightarrow{PA_2}+x_3\overrightarrow{PA_3}=\mathbf{0}$,则

$$(x_1+x_2+x_3)^2(R^2-PQ^2)=x_2x_3a_1^2+x_3x_1a_2^2+x_1x_2a_3^2$$

(ii) 设四面体 $A_1A_2A_3A_4$ 的棱长为 $A_iA_j=a_{ij},i,j=1,2,3,4,i<j$,其外接球球心为 Q,半径为 R,又 $x_1,x_2,x_3,x_4\in\mathbf{R}$,且 $x_1\overrightarrow{PA_1}+x_2\overrightarrow{PA_2}+x_3\overrightarrow{PA_3}+x_4\overrightarrow{PA_4}=\mathbf{0}$,则

$$(x_1+x_2+x_3+x_4)^2(R^2-PQ^2)=\sum_{1\leqslant i<j\leqslant 4}x_ix_ja_{ij}^2$$

注 在(i),(ii)中若取 P 为特殊点,可得到关于三角形或四面体的有关特殊点的等式.如取 P 为 $\triangle A_1A_2A_3$ 的内心 I,x_1,x_2,x_3 分别取 $\triangle A_1A_2A_3$ 的三边长 a_1,a_2,a_3,即有 $\sum_{i=1}^{3}a_i\overrightarrow{IA_i}=\mathbf{0}$;若 R 与 r 分别为 $\triangle A_1A_2A_3$ 的外接圆半径与内切圆半径,Q 为 $\triangle A_1A_2A_3$ 的外心,则可得到

$$R^2-QI^2=2Rr$$

如取 P 为四面体 $A_1A_2A_3A_4$ 的内心 I,x_1,x_2,x_3,x_4 分别取四面体 $A_1A_2A_3A_4$ 的顶点 A_1,A_2,A_3,A_4 所对的面 $\triangle A_2A_3A_4,\triangle A_1A_4A_3,\triangle A_1A_2A_4,\triangle A_1A_3A_2$ 的面积 s_1,s_2,s_3,s_4,即有 $\sum_{i=1}^{4}s_i\overrightarrow{IA_i}=\mathbf{0}$;若 R 与 r 分别为四面体 $A_1A_2A_3A_4$ 的外接球半径与内切球半径,Q 为四面体 $A_1A_2A_3A_4$ 的外心,于是可得到

$$\left(\sum_{i=1}^{4}s_i\right)^2(R^2-OI^2)=\sum_{1\leqslant i<j\leqslant 4}s_is_ja_{ij}^2$$

5.在 n 维空间中,单形 $A_1A_2\cdots A_{n+1}$ 的外接球球心为 O,半径为 R,各侧面与球心构成的单形 $OA_2A_3\cdots A_{n+1},A_1OA_3\cdots A_{n+1},\cdots,A_1A_2\cdots A_{i-1}OA_{i+1}\cdots A_{n+1},\cdots,A_1A_2\cdots A_nO,A_1A_2\cdots A_{n+1}$ 的有向体积分别为 $v_1,v_2,\cdots,v_i,\cdots,v_{n+1},v$,则:

(i) $\sum_{i=1}^{n+1} v_i \overrightarrow{PA_i} = v\overrightarrow{PO}$.

证明 设 $\sum_{i=1}^{n+1} x_i \overrightarrow{PA_i} = (\sum_{i=1}^{n+1} x_i)\overrightarrow{PO}$,其中 $x_i \in \mathbf{R}, i = 1,2,\cdots,n+1$ 为待定系数,即有点量式

$$\sum_{i=1}^{n+1} x_i A_i = (\sum_{i=1}^{n+1} x_i)O$$

则

$$(\sum_{i=1}^{n+1} x_i A_i)A_2A_3\cdots A_{n+1} = (\sum_{i=1}^{n+1} x_i)OA_2A_3\cdots A_{n+1}$$

即

$$x_1A_1A_2A_3\cdots A_{n+1} = (\sum_{i=1}^{n+1} x_i)OA_2A_3\cdots A_{n+1}$$

于是便得到

$$x_1 v = (\sum_{i=1}^{n+1} x_i)v_1$$

同理可得

$$x_2 v = (\sum_{i=1}^{n+1} x_i)v_2$$

$$x_3 v = (\sum_{i=1}^{n+1} x_i)v_3$$

$$\vdots$$

$$x_i v = (\sum_{i=1}^{n+1} x_i)v_i$$

$$\vdots$$

$$x_{n+1} v = (\sum_{i=1}^{n+1} x_i)v_{n+1}$$

将上述诸式代入 $\sum_{i=1}^{n+1} x_i \overrightarrow{PA_i} = (\sum_{i=1}^{n+1} x_i)\overrightarrow{PO}$,即得证.

(ii) 记 $D = \begin{vmatrix} 0 & a_{12}^2 & a_{13}^2 & \cdots & a_{1,n+1}^2 \\ a_{12}^2 & 0 & a_{23}^2 & \cdots & a_{2,n+1}^2 \\ a_{13}^2 & a_{23}^2 & 0 & \cdots & a_{3,n+1}^2 \\ \vdots & \vdots & \vdots & & \vdots \\ a_{1,n+1}^2 & a_{2,n+1}^2 & a_{3,n+1}^2 & \cdots & 0 \end{vmatrix}$,$D_1, D_2, \cdots, D_{n+1}$ 分别表示用 $\begin{pmatrix} 1 \\ 1 \\ \vdots \\ 1 \end{pmatrix}$ 置换行列式 D 中第 1 列,第 2 列,……,第 $n+1$ 列所得到的行列式,则

$$D = (-1)^n \cdot 2^{n+1} (n!\ Rv)^2$$

证明 由上述已证的等式以及引理,得到

$$\sum_{i=1}^{n+1} v_i PA_i^2 = \sum_{i=1}^{n+1} v_i PQ^2 + vR^2$$

在上式中,分别令 $P = A_1, A_2, \cdots, A_{n+1}$,得到

$$\begin{cases} 0+v_2A_1A_2^2+v_3A_1A_3^2+\cdots+v_{n+1}A_1A_{n+1}^2=2vR^2 \\ v_1A_2A_1^2+0+v_3A_2A_3^2+\cdots+v_{n+1}A_2A_{n+1}^2=2vR^2 \\ \vdots \\ v_1A_nA_1^2+v_2A_nA_2^2+\cdots+0+v_{n+1}A_nA_{n+1}^2=2vR^2 \\ v_1A_{n+1}A_1^2+v_2A_{n+1}A_2^2+\cdots+v_nA_{n+1}A_n^2+0=2vR^2 \end{cases}$$

若视 $v_1,v_2,\cdots,v_i,\cdots,v_{n+1}$ 为上述方程组中的 $n+1$ 个未知数,解得

$$v_i=\frac{2vR^2D_i}{D},i=1,2,\cdots,n+1$$

于是,得到

$$v=\sum_{i=1}^{n+1}v_i=2vR^2\sum_{i=1}^{n+1}\frac{D_i}{D}$$

即得

$$D=2R^2\sum_{i=1}^{n+1}D_i$$

又由于

$$(-1)^{n+1}\cdot 2^n(n!)^2v^2=\begin{vmatrix} 0 & a_{12}^2 & a_{13}^2 & \cdots & a_{1,n+1}^2 & 1 \\ a_{12}^2 & 0 & a_{23}^2 & \cdots & a_{2,n+1}^2 & 1 \\ a_{13}^2 & a_{23}^2 & 0 & \cdots & a_{3,n+1}^2 & 1 \\ \vdots & \vdots & \vdots & & \vdots & \vdots \\ a_{1,n+1}^2 & a_{2,n+1}^2 & a_{3,n+1}^2 & \cdots & 0 & 1 \\ 1 & 1 & 1 & \cdots & 1 & 0 \end{vmatrix}=-\sum_{i=1}^{n+1}D_i$$

因此,得到

$$D=(-1)^n\cdot 2^{n+1}(n!Rv)^2$$

6. 设 $A_i(i=1,2,\cdots,n+1)$ 在同一个 $n-1(n\geqslant 3)$ 维球面上,满足 $\sum_{i=1}^{n+1}x_i\overrightarrow{PA_i}=\mathbf{0}$,其中 $\sum_{i=1}^{n+1}x_i=0$,则

$$\sum_{i=1}^{n+1}x_iPA_i^2=0$$

证明 设球心为 O,半径为 R,则

$$\sum_{i=1}^{n+1}x_i\overrightarrow{PA_i^2}=\sum_{i=1}^{n+1}x_i(\overrightarrow{PO}+\overrightarrow{OA_i})^2=|\overrightarrow{PO}|^2\cdot\sum_{i=1}^{n+1}x_i+R^2\cdot\sum_{i=1}^{n+1}x_i+2\overrightarrow{PO}\cdot\sum_{i=1}^{n+1}x_i\overrightarrow{OA_i}=0$$

7. 设 $A_i(i=1,2,\cdots,n+1)$ 为 n 维空间中的 $n+1$ 个点,其外接球球心为 O,内切球球心为 I,顶点 A_i 所对的 n 维单形的体积为 v_i,$i=1,2,\cdots,n+1$,则有点量式:

(i) $\sum_{i=1}^{n+1}v_iA_i=(\sum_{i=1}^{n+1}v_i)I$.

证明 设单形 $A_1A_2\cdots A_{n+1}$ 的内切球半径为 r,由于

$$(IA_2A_3\cdots A_{n+1})A_1+(A_1IA_3\cdots A_{n+1})A_2+\cdots+(A_1A_2\cdots A_nI)A_{n+1}$$
$$=(A_1A_2\cdots A_{n+1})I$$

又

$$IA_2A_3\cdots A_{n+1}=\frac{1}{n!}v_1r,A_1IA_3\cdots A_{n+1}=\frac{1}{n!}v_2r,\cdots,A_1A_2\cdots A_nI=\frac{1}{n!}v_{n+1}r$$

代入上式即得.

(ii)
$$\begin{vmatrix} 0 & A_1A_2^2 & A_1A_3^2 & \cdots & A_1A_{n+1}^2 & A_1 \\ A_2A_1^2 & 0 & A_2A_3^2 & \cdots & A_2A_{n+1}^2 & A_2 \\ A_3A_1^2 & A_3A_2^2 & 0 & \cdots & A_3A_{n+1}^2 & A_3 \\ \vdots & \vdots & \vdots & & \vdots & \vdots \\ A_{n+1}A_1^2 & A_{n+1}A_2^2 & A_{n+1}A_3^2 & \cdots & 0 & A_{n+1} \\ 1 & 1 & 1 & 1 & 1 & 0 \end{vmatrix}$$
$$= \begin{vmatrix} 0 & A_1A_2^2 & A_1A_3^2 & \cdots & A_1A_{n+1}^2 & 1 \\ A_2A_1^2 & 0 & A_2A_3^2 & \cdots & A_2A_{n+1}^2 & 1 \\ A_3A_1^2 & A_3A_2^2 & 0 & \cdots & A_3A_{n+1}^2 & 1 \\ \vdots & \vdots & \vdots & & \vdots & \vdots \\ A_{n+1}A_1^2 & A_{n+1}A_2^2 & A_{n+1}A_3^2 & \cdots & 0 & 1 \\ 1 & 1 & 1 & 1 & 1 & 0 \end{vmatrix} O.$$

证明　等式左边行列式按最后一列展开，并注意到

$$A_1A_2\cdots A_n \cdot B_1B_2\cdots B_n = \frac{(-1)^n}{2^{n-1}[(n-1)!]^2} \begin{vmatrix} A_1B_1^2 & A_1B_2^2 & \cdots & A_1B_n^2 & 1 \\ A_2B_1^2 & A_2B_2^2 & \cdots & A_2B_n^2 & 1 \\ \vdots & \vdots & & \vdots & \vdots \\ A_nB_1^2 & A_nB_2^2 & \cdots & A_nB_n^2 & 1 \\ 1 & 1 & \cdots & 1 & 0 \end{vmatrix}$$

可得到

$$\begin{aligned} &(OA_2A_3\cdots A_{n+1} \cdot A_1A_2\cdots A_{n+1})A_1 + (A_1OA_3\cdots A_{n+1} \cdot A_1A_2\cdots A_{n+1})A_2 + \cdots + \\ &(A_1A_2\cdots A_nO \cdot A_1A_2\cdots A_{n+1})A_{n+1} \\ =&(|A_1A_2\cdots A_{n+1}|^2)O \end{aligned}$$

由此得到

$$\begin{aligned} &(OA_2A_3\cdots A_{n+1})A_1 + (A_1OA_3\cdots A_{n+1})A_2 + \cdots + (A_1A_2\cdots A_nO)A_{n+1} \\ =&(A_1A_2\cdots A_{n+1})O \end{aligned}$$

此式显然成立.

(iii) $\sum\limits_{1\leqslant i<j\leqslant n} v_iv_jA_iA_j^2 = (\sum\limits_{i=1}^{n} v_i)^2(R^2 - |\overrightarrow{IO}|^2)$.

证明
$$\begin{aligned} \sum_{1\leqslant i<j\leqslant n} v_iv_jA_iA_j^2 &= \sum_{1\leqslant i<j\leqslant n} v_iv_j(\overrightarrow{A_iI} + \overrightarrow{IA_j})^2 \\ &= \sum_{1\leqslant i<j\leqslant n} v_iv_j(|\overrightarrow{A_iI}|^2 + |\overrightarrow{IA_j}|^2 - 2\overrightarrow{IA_i} \cdot \overrightarrow{IA_j})^2 \\ &= \sum_{1\leqslant i<j\leqslant n} v_iv_j(|\overrightarrow{A_iI}|^2 + |\overrightarrow{IA_j}|^2) - 2\sum_{1\leqslant i<j\leqslant n} v_iv_j\overrightarrow{IA_i} \cdot \overrightarrow{IA_j} \\ &= \sum_{1\leqslant i<j\leqslant n} v_iv_j(|\overrightarrow{A_iI}|^2 + |\overrightarrow{IA_j}|^2) + \sum_{i=1}^{n} v_i^2IA_i^2 - (\sum_{i=1}^{n} v_i\overrightarrow{IA_i})^2 \\ &= \sum_{1\leqslant i<j\leqslant n} v_iv_j(|\overrightarrow{IA_i}|^2 + |\overrightarrow{IA_j}|^2) + \sum_{i=1}^{n} v_i^2IA_i^2 \end{aligned}$$

(注意由$\sum\limits_{i=1}^{n+1} v_iA_i = (\sum\limits_{i=1}^{n+1} v_i)I$，有$\sum\limits_{i=1}^{n} v_i\overrightarrow{IA_i} = \mathbf{0}$)

$$= \sum_{i=1}^{n} v_i \sum_{i=1}^{n} v_i |\overrightarrow{IA_i}|^2$$

$$=\sum_{i=1}^{n}v_i\sum_{i=1}^{n}v_i\,(\overrightarrow{IO}+\overrightarrow{OA_i})^2$$

$$=\sum_{i=1}^{n}v_i[\sum_{i=1}^{n}v_i(|\overrightarrow{IO}|^2+|\overrightarrow{OA_i}|^2)+2\,\overrightarrow{IO}\cdot\sum_{i=1}^{n}v_i\,\overrightarrow{OA_i}]$$

$$=\sum_{i=1}^{n}v_i[(\sum_{i=1}^{n}v_i)(|\overrightarrow{IO}|^2+R^2)+2(\sum_{i=1}^{n}v_i)\,\overrightarrow{IO}\cdot\overrightarrow{OI}]$$

(注意由$\sum_{i=1}^{n+1}v_iA_i=(\sum_{i=1}^{n+1}v_i)I$,可得$\sum_{i=1}^{n}v_i\,\overrightarrow{OA_i}=(\sum_{i=1}^{n}v_i)\,\overrightarrow{OI}$)

$$=\sum_{i=1}^{n}v_i[(\sum_{i=1}^{n}v_i)(|\overrightarrow{IO}|^2+R^2)-2(\sum_{i=1}^{n}v_i)\,|\overrightarrow{IO}|^2]$$

$$=(\sum_{i=1}^{n}v_i)^2(R^2-|\overrightarrow{IO}|^2)$$

8. A,B,C,D为圆上顺次四点,记$|AB|=a,|BC|=b,|CD|=c,|DA|=d$,则

$$A[bc(ab+cd)]-B[cd(bc+da)]+C[da(ab+cd)]-D[ab(bc+da)]=0$$

9. 点量共圆问题

(1)A,B,C,D为互不相等的非零点量,且$xA+yB+zC+wD=0$,其中$x+y+z+w=0$,则A,D,C,D共圆的充要条件是以下四组中之一组成立

$$\frac{x}{w}=\frac{-AB^2\cdot CD^2-AC^2\cdot BD^2+BC^2\cdot AD^2}{2AB^2\cdot AC^2}$$

$$\frac{y}{w}=\frac{-AB^2\cdot CD^2+AC^2\cdot BD^2-BC^2\cdot AD^2}{2AB^2\cdot BC^2}$$

$$\frac{z}{w}=\frac{AB^2\cdot CD^2-AC^2\cdot BD^2-BC^2\cdot AD^2}{2AC^2\cdot BC^2}$$

类似还有3组.

证明 由已知有

$$xPA^2+yPB^2+zPC^2+wPD^2=0$$

其中,P为空间中任意一点.

在上式中,分别令$P=A,B,C,D$,即可解得$\frac{x}{w},\frac{y}{w},\frac{z}{w}$.

由(1)并应用圆内接四边形对角线公式

$$|A_1A_3|=\sqrt{\frac{(a_1a_3+a_2a_4)(a_1a_4+a_2a_3)}{a_1a_2+a_3a_4}},|A_2A_4|=\sqrt{\frac{(a_1a_3+a_2a_4)(a_1a_2+a_3a_4)}{a_1a_4+a_2a_3}}$$

可得:

命题1 设A_1,A_2,A_3,A_4为圆内接四边形$A_1A_2A_3A_4$的顺次四个顶点,$A_1A_2=a_1,A_2A_3=a_2$,$A_3A_4=a_3,A_4A_1=a_4$,则有点量式

$$a_2a_3(a_1a_2+a_3a_4)A_1-a_3a_4(a_1a_4+a_2a_3)A_2+$$
$$a_1a_4(a_1a_2+a_3a_4)A_3-a_1a_2(a_1a_4+a_2a_3)A_4=0$$

即

$$(a_1a_2+a_3a_4)(a_2a_3A_1+a_1a_4A_3)=(a_1a_4+a_2a_3)(a_3a_4A_2+a_1a_2A_4)$$

注 上式即为以上结论8中的等式.

命题1的证法1 设AC与BD交于点Q,如图1所示.则

$$\frac{AQ}{QC}=\frac{ABQ}{BCQ}=\frac{AQD}{QCD}=\frac{ABQ+AQD}{BCQ+QCD}=\frac{ABD}{BCD}=\frac{ad}{bc}$$

由此得到

$$bcA+adC=(bc+ad)Q$$

同理可得

$$cdB+abD=(ab+cd)Q$$

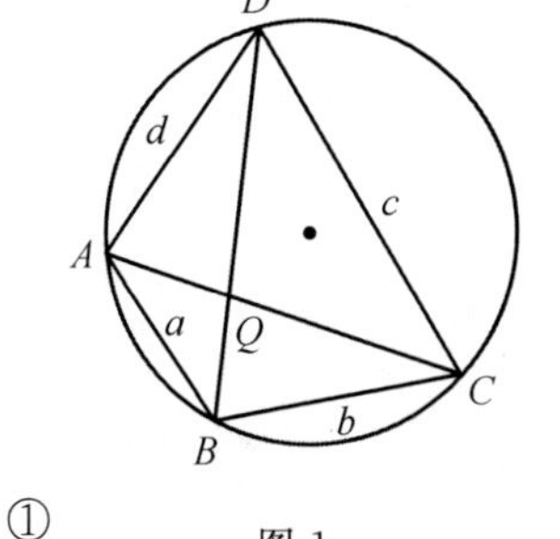

图 1

由以上两式消去 Q 即得.

命题 1 的证法 2 设圆内接四边形的面积为 S,则

$$S=(ab+cd)\sin B=(bc+ad)\sin A \quad ①$$

注意到式 ①,便有

$$(DBC)A-(ACD)B+(ABD)C-(ABC)D=0$$

$$\Leftrightarrow(bc\sin C)A-(cd\sin D)B+(da\sin A)C+(ab\sin B)D=0$$

$$\Leftrightarrow(bc\sin A)A-(cd\sin B)B+(da\sin A)C+(ab\sin B)D=0$$

$$\Leftrightarrow\sin A(bcA+daC)-\sin B(cdB+abD)=0$$

另外,由于 $S=(da+bc)\sin A=(ab+cd)\sin B$,即

$$\sin A=\frac{ab+cd}{da+bc}\sin B$$

代入上式,并整理即得原式.

由命题 1,有

$$a_2a_3^2a_4(A_1-A_2)-a_3a_4^2a_1(A_2-A_3)+a_4a_1^2a_2(A_3-A_4)-a_1a_2^2a_3(A_4-A_1)=0$$

由此得到:

命题 2 设 A_1,A_2,A_3,A_4 为圆内接四边形 $A_1A_2A_3A_4$ 的顺次四个顶点,$A_1A_2=a_1,A_2A_3=a_2$,$A_3A_4=a_3,A_4A_1=a_4$,则有向量式

$$a_2a_3^2a_4\overrightarrow{A_1A_2}-a_3a_4^2a_1\overrightarrow{A_2A_3}+a_4a_1^2a_2\overrightarrow{A_3A_4}-a_1a_2^2a_3\overrightarrow{A_4A_1}=\mathbf{0}$$

或

$$a_2a_3(a_1a_2+a_3a_4)\overrightarrow{A_1A_2}-a_3a_1(a_2^2-a_4^2)\overrightarrow{A_2A_3}+a_1a_2(a_4a_1+a_2a_3)\overrightarrow{A_3A_4}=\mathbf{0}$$

等.

(2)A,B,C,D 为互不相等的四点共圆的非零点量,且 $xA+yB+zC+wD=0$,其中,满足 $x+y+z+w=0$,若 $xA+yB=-zC-wD=(x+y)E$,$xA+wD=-yB-zC=-(y+z)F$, $xA+zC=-yB-wD=(x+z)G$,则

$$xyAB^2=zwCD^2=(x+y)^2AE\cdot EB$$

$$xzAC^2=ywBD^2=(x+z)^2AG\cdot GC$$

$$yzBC^2=xwAD^2=(y+z)^2BF\cdot FC$$

注 上式可用相交弦定理证明.

(3)A,B,C,D 为互不相等的非零点量,且 $xA+yB+zC+wD=0$,其中,满足 $x+y+z+w=0$,则 A,B,C,D 共圆的充要条件是以下之一成立

$$yzBC^2+zwCD^2+ywBD^2=0$$

$$xzAC^2+xwAD^2+zwCD^2=0$$

$$xyAB^2+xwAD^2+ywBD^2=0$$

$$xyAB^2+yzBC^2+xzAC^2=0$$

(4)P 为空间中任意一点,使得

$$xPA^2+yPB^2+zPC^2+wPD^2=0$$

若 A,B,C,D 四点共圆,则由以上 9—(1) 可得到

$$AB^2\cdot AC^2(DB^2+DC^2)+BC^2\cdot BA^2(DC^2+DA^2)+CA^2\cdot CB^2(DA^2+DB^2)$$
$$=BC^4\cdot AD^2+CA^4\cdot BD^2+AB^4\cdot CD^2+2BC^2\cdot CA^2\cdot AB^2$$

或

$$(BC^2\cdot BA^2+CA^2\cdot CB^2-BC^4)DA^2+(CA^2\cdot CB^2+AB^2\cdot AC^2-CA^4)DB^2+$$
$$(AB^2\cdot AC^2+BC^2\cdot BA^2-AB^4)DC^2$$
$$=2BC^2\cdot CA^2\cdot AB^2$$

类似还有三式.

由此,又可以得到以下命题:

命题 3　设 D 为 $\triangle ABC$ 外接圆上任意一点,记 $\triangle ABC$ 的边长为 $BC=a,CA=b,AB=c$,则有

$$(a\cos A)DA^2+(b\cos B)DB^2+(c\cos C)DC^2=2abc$$

若 A,B,C,D 四点共圆,则由以上结论 9 中(4) 分别取 $P=A,P=B,P=C,P=D$,并注意到 $a+b+c+d=0$,可得到

$$\begin{vmatrix} AD^2 & AB^2 & AC^2 \\ BD^2 & 0 & BC^2 \\ CD^2 & CB^2 & 0 \end{vmatrix}\cdot AD^2+\begin{vmatrix} 0 & AD^2 & AC^2 \\ BA^2 & BD^2 & BC^2 \\ CA^2 & CD^2 & 0 \end{vmatrix}\cdot BD^2+$$
$$\begin{vmatrix} 0 & AB^2 & AD^2 \\ BA^2 & 0 & BD^2 \\ CA^2 & CB^2 & CD^2 \end{vmatrix}\cdot CD^2=0$$

即

$$2AB^2\cdot AC^2\cdot DB^2\cdot DC^2+2BC^2\cdot BA^2\cdot DC^2\cdot DA^2+2CA^2\cdot CB^2\cdot DA^2\cdot DB^2$$
$$=BC^4\cdot DA^4+CA^4\cdot DB^4+AB^4\cdot DC^4$$

注　上式也可以用圆幂定理证明.事实上,只要 A,B,C,D 四点共面,上式都成立.

这是由于在三维空间中,记 $a_{ij}=A_iA_j,i,j=1,2,3,4,a=a_{12}a_{34},b=a_{14}a_{23},c=a_{13}a_{24}$,则有

$$D=\begin{vmatrix} 0 & a_{12}^2 & a_{13}^2 & a_{14}^2 \\ a_{21}^2 & 0 & a_{23}^2 & a_{24}^2 \\ a_{31}^2 & a_{32}^2 & 0 & a_{34}^2 \\ a_{41}^2 & a_{42}^2 & a_{43}^2 & 0 \end{vmatrix}=-(2b^2c^2-\sum a^4)=-16R^2(6V)^2$$

例 1　$\triangle ABC$ 的三边长分别为 $BC=a,CA=b,AB=c,M$ 是 AC 上一点,且 $\lambda A+uC=(\lambda+u)M$,点 B,M 的连线交 $\triangle ABC$ 的外接圆于点 P,则

$$\frac{\lambda ub^2}{\lambda(\lambda+u)c^2+u(\lambda+u)a^2}B+\left[1-\frac{\lambda ub^2}{\lambda(\lambda+u)c^2+u(\lambda+u)a^2}\right]P=M$$

证明　设 $xB+yP=(x+y)M(x,y$ 待求$)$,由于 $\lambda A+uC=(\lambda+u)M$,因此得到

$$\frac{x}{x+y}B+\frac{y}{x+y}P=\frac{\lambda}{\lambda+u}A+\frac{u}{\lambda+u}C$$

即

$$\frac{\lambda}{\lambda+u}A-\frac{x}{x+y}B+\frac{u}{\lambda+u}C=\frac{y}{x+y}P \qquad ①$$

由 P7 中结论 3,有

$$-(\frac{x}{x+y}\cdot\frac{u}{\lambda+u})a^2+(\frac{u}{\lambda+u}\cdot\frac{\lambda}{\lambda+u})b^2-(\frac{\lambda}{\lambda+u}\cdot\frac{x}{x+y})c^2=0$$

由此得到

$$\frac{x}{x+y}=\frac{\frac{\lambda u}{(\lambda+u)^2}b^2}{\frac{\lambda}{\lambda+u}c^2+\frac{u}{\lambda+u}a^2}=\frac{\lambda ub^2}{\lambda(\lambda+u)c^2+u(\lambda+u)a^2}$$

代入式 ①，便得到

$$\frac{\lambda}{\lambda+u}A-\frac{\lambda ub^2}{\lambda(\lambda+u)c^2+u(\lambda+u)a^2}B+\frac{u}{\lambda+u}C$$
$$=[1-\frac{\lambda ub^2}{\lambda(\lambda+u)c^2+u(\lambda+u)a^2}]P$$

即得到

$$\frac{\lambda ub^2}{\lambda(\lambda+u)c^2+u(\lambda+u)a^2}B+[1-\frac{\lambda ub^2}{\lambda(\lambda+u)c^2+u(\lambda+u)a^2}]P=M$$

注　由 P7 中结论 2 及本例，可求得 CP，AP 等长度.

例 2　$\triangle ABC$ 的三边长分别为 $BC=a$，$CA=b$，$AB=c$，D 为 $\triangle ABC$ 所在平面上一点，有 $pA+qB+rC=(p+q+r)D$，点 B，D 的连线交 $\triangle ABC$ 的外接圆于点 P，则

$$\frac{p}{p+r}A-\frac{prb^2}{p(p+r)c^2+r(p+r)a^2}B+\frac{r}{p+r}C-$$
$$[1-\frac{prb^2}{p(p+r)c^2+r(p+r)a^2}]P=0$$

证明　设 $xB+yD=(x+y)P$，由于 $pA+qB+rC=(p+q+r)D$，以上两式消去 D，得到

$$\frac{p}{p+q+r}A+\frac{q}{p+q+r}B+\frac{r}{p+q+r}C=\frac{x+y}{y}P-\frac{x}{y}B$$

设直线 AC，BP 交于点 M，则由上式得到

$$\frac{p}{p+q+r}A+\frac{r}{p+q+r}C=\frac{x+y}{y}P-(\frac{q}{p+q+r}+\frac{x}{y})B=\frac{p+r}{p+q+r}M \qquad (※)$$

于是，由例 1 可以得到

$$\frac{prb^2}{p(p+r)c^2+r(p+r)a^2}B+[1-\frac{prb^2}{p(p+r)c^2+r(p+r)a^2}]P=M$$

再由式(※)便得到

$$\frac{prb^2}{p(p+r)c^2+r(p+r)a^2}B+[1-\frac{prb^2}{p(p+r)c^2+r(p+r)a^2}]P$$
$$=\frac{p}{p+r}A+\frac{r}{p+r}C=M$$

即得

$$\frac{p}{p+r}A-\frac{prb^2}{p(p+r)c^2+r(p+r)a^2}B+\frac{r}{p+r}C-$$
$$[1-\frac{prb^2}{p(p+r)c^2+r(p+r)a^2}]P=0$$

注　由解题中可得到

$$\frac{p}{p+q+r}A+(\frac{q}{p+q+r}+\frac{x}{y})B+\frac{r}{p+q+r}C=\frac{x+y}{y}P$$

以及

$$\frac{p}{p+r}A-\frac{prb^2}{p(p+r)c^2+r(p+r)a^2}B+\frac{r}{p+r}C=[1-\frac{prb^2}{p(p+r)c^2+r(p+r)a^2}]P$$

比较两式可得

$$\frac{x}{y}=\frac{p+r}{p+q+r}[1-\frac{prb^2}{p(p+r)c^2+r(p+r)a^2}]-1$$

例 3 $\triangle ABC$ 的三边长为 $BC=a,CA=b,AB=c$,其内切圆分别切三边 BC,CA,AB 于点 D,E,F,AD 与内切圆交于点 P,则

$$c(a+b-c)F-\frac{a(-a+b+c)^3}{(a-b+c)^2+(a+b-c)^2}D+$$
$$b(a-b+c)E-[b(a-b+c)+c(a+b-c)-$$
$$\frac{a(-a+b+c)^3}{(a-b+c)^2+(a+b-c)^2}]P=0$$

证明 由于

$$(a+b-c)B+(a-b+c)C=2aD$$
$$(-a+b+c)C+(a+b-c)A=2bE$$
$$(a-b+c)A+(-a+b+c)B=2cF$$

由以上三式消去 B,C,得到

$$c(a+b-c)F-a(-a+b+c)D+b(a-b+c)E$$
$$=(a-b+c)(a+b-c)A$$

另外,易求得

$$EF=\sqrt{\frac{(a+b+c)(-a+b+c)^3}{bc}},FD=\sqrt{\frac{(a+b+c)(a-b+c)^3}{ca}}$$
$$DE=\sqrt{\frac{(a+b+c)(a+b-c)^3}{ab}}$$

于是利用例 2 的结论,即得证.

例 4(《东方论坛》"天下无毒_史"提出,未见有人证明)(杨学枝改编推广命题) A,B,C,D 为圆上四点,直线 AB,CD 及 AD,BC 分别交于点 E,F,则

$$EF^2=\overrightarrow{EF}^2=\overrightarrow{AE}\cdot\overrightarrow{BE}+\overrightarrow{BF}\cdot\overrightarrow{CF}$$

证明 设 $xA+yB+zC+wD=0$,则

$$xA+yB=-zC-wD=(x+y)E \quad ①$$
$$yB+zC=-xA-wD=(y+z)F \quad ②$$

由式 ①② 可分别得到

$$y\overrightarrow{AB}=(x+y)\overrightarrow{AE},x\overrightarrow{BA}=(x+y)\overrightarrow{BE}$$
$$z\overrightarrow{BC}=(y+z)\overrightarrow{BF},y\overrightarrow{CB}=(y+z)\overrightarrow{CF}$$

由此,可得到

$$(x+y)^2(x+z)^2(\overrightarrow{AE}\cdot\overrightarrow{BE}+\overrightarrow{BF}\cdot\overrightarrow{CF})$$
$$=-xy(y+z)^2AB^2-yz(x+y)^2BC^2 \quad ③$$

另外,由式 ①② 还可以得到

$$(x+y)(y+z)\overrightarrow{EF}=xy\overrightarrow{AB}+yz\overrightarrow{BC}+xz\overrightarrow{AC}$$

因此,有

$$(x+y)^2(y+z)^2EF^2$$

$$=(xy)^2AB^2+(yz)^2BC^2+(xz)^2AC^2+x^2yz(AB^2-BC^2+AC^2)+$$
$$xy^2z(-AB^2-BC^2+AC^2)+xyz^2(-AB^2+BC^2+AC^2)$$
$$=xy(xy+xz-yz-z^2)AB^2+yz(-xy+xz+yz-x^2)BC^2+$$
$$xz(xy+yz+xz+y^2)AC^2$$
$$=(x+y)(y+z)(xyAB^2+yzBC^2+xzAC^2)-$$
$$xy\,(y+z)^2AB^2-yz\,(x+y)^2BC^2$$
$$=-xy\,(y+z)^2AB^2-yz\,(x+y)^2BC^2$$ (根据命题 2 中(3))
$$=(x+y)^2\,(y+z)^2(\overrightarrow{AE}\cdot\overrightarrow{BE}+\overrightarrow{BF}\cdot\overrightarrow{CF})$$

(注意到式 ③),即得

$$EF^2=\overrightarrow{AE}\cdot\overrightarrow{BE}+\overrightarrow{BF}\cdot\overrightarrow{CF}$$

注 同理可得另外两式:若 AC 与 BD 交于点 G,则有

$$FG^2=\overrightarrow{BF}\cdot\overrightarrow{CF}+\overrightarrow{AG}\cdot\overrightarrow{CG}$$
$$GE^2=\overrightarrow{AG}\cdot\overrightarrow{CG}+\overrightarrow{AE}\cdot\overrightarrow{BE}$$

由所得三式,又可以得到

$$\overrightarrow{AG}\cdot\overrightarrow{CG}=\frac{1}{2}(-EF^2+FG^2+GE^2)$$

$$\overrightarrow{AE}\cdot\overrightarrow{BE}=\frac{1}{2}(EF^2-FG^2+GE^2)$$

$$\overrightarrow{BF}\cdot\overrightarrow{CF}=\frac{1}{2}(EF^2+FG^2-GE^2)$$

例 5 如图 2 所示,A,B,C,D 为圆上顺次四点,$AB=a,BC=b,CD=c,DA=d$,直线 AB 与 CD 交于点 E,EM 切圆于点 M,AB 与 CM 交于点 Q,则

(i) $$\frac{AQ}{QB}=\frac{ad+bc}{ab+cd}\cdot\sqrt{\frac{d(ac+bd)}{b^3}}$$

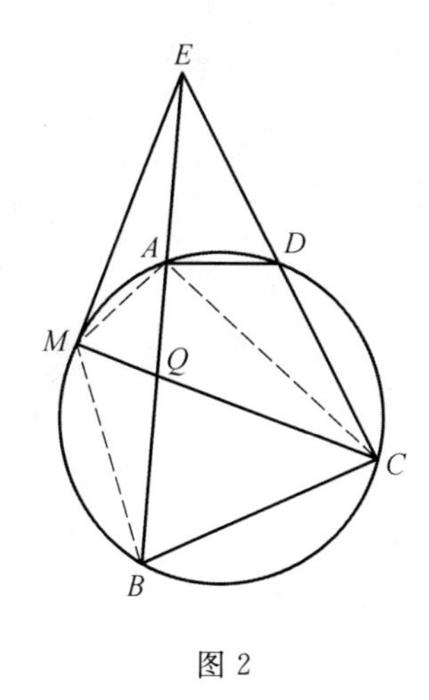

图 2

证明 设 $|MA|=x,|MB|=y$,则

$$\frac{AQ}{QB}=\frac{AMC}{MBC}=\frac{|AC|x}{by}=\frac{|AC|}{b}\cdot\sqrt{\frac{|EA|}{|EB|}}$$ (面积比等于相似比的平方)

$$=\frac{1}{b}\cdot\sqrt{\frac{(ac+bd)(ad+bc)}{ab+cd}}\cdot\sqrt{\frac{d(ad+bc)}{b(ab+cd)}}$$

$$=\frac{ad+bc}{ab+cd}\cdot\sqrt{\frac{d(ac+bd)}{b^3}}$$

(ii) $$\frac{AQ}{QB}=\sqrt{\frac{ab+cd}{b^2(ac+bd)(ad+bc)}}xy$$

其中,xy 满足

$$[(1+\lambda)b^2\,(bc+ad)^2-d^2\,(bc+ad)^2-\lambda b^2\,(ab+cd)^2]\cdot$$
$$\sqrt{\frac{ab+cd}{b^2(ac+bd)(ad+bc)}}xy$$
$$=\lambda b^2\,(ab+cd)^2+d^2\,(bc+ad)^2-(1+\lambda)(ab+cd)(bc+ad)$$

证明 设 $|MA|=x,|MB|=y$,则

$$\frac{MQ}{QC}=\frac{AMB}{ABC}=\frac{xy}{b\cdot|AC|}=\frac{xy}{b}\cdot\sqrt{\frac{ab+cd}{(ac+bd)(ad+bc)}}$$

记 $t=\frac{xy}{b}\cdot\sqrt{\frac{ab+cd}{(ac+bd)(ad+bc)}}$,则

$$M+tC=(1+t)Q \quad ①$$

另外,记 $\lambda=\frac{ad+bc}{ab+cd}\cdot\sqrt{\frac{d(ac+bd)}{b^3}}$,由结论(i) 得到

$$A+\lambda B=(1+\lambda)Q \quad ②$$

由式 ①、式 ② 消去 Q,得到

$$(1+\lambda)M+t(1+\lambda)C=(1+t)A+\lambda(1+t)B$$

于是,有

$$(1+\lambda)EM^2+t(1+\lambda)EC^2=(1+t)EA^2+\lambda(1+t)EB^2$$

另外,易求得

$$EA^2=\frac{d^2(bc+ad)^2}{(b^2-d^2)^2},EB^2=\frac{b^2(ab+cd)^2}{(b^2-d^2)^2},EC^2=\frac{b^2(bc+ad)^2}{(b^2-d^2)^2}$$

$$EM^2=EA\cdot EB=\frac{bd(ab+cd)(bc+ad)}{(b^2-d^2)^2}$$

代入上式,并整理,得到

$$\begin{aligned}&[(1+\lambda)b^2(bc+ad)^2-d^2(bc+ad)^2-\lambda b^2(ab+cd)^2]\cdot\\&\sqrt{\frac{ab+cd}{b^2(ac+bd)(ad+bc)}}xy\\&=\lambda b^2(ab+cd)^2+d^2(bc+ad)^2-(1+\lambda)(ab+cd)(bc+ad)\end{aligned}$$

由此,可求得 xy.

注 由于 $\frac{x}{y}=\sqrt{\frac{EA}{EB}}=\sqrt{\frac{d(bc+ad)}{b(ab+cd)}}$,因此,还可以求 x,y,即可求得 $|MA|,|MB|$.

例 6 设 A_1A_3,A_2A_4 的中点分别为 P,Q,直线 A_1A_2 和 A_3A_4 交于点 R,直线 A_1A_4 和 A_2A_3 交于点 Q,则

$$2\overrightarrow{PQ}=\frac{a_2a_4(a_1^2-a_3^2)\overrightarrow{A_1A_2}+a_1a_3(a_4^2-a_2^2)\overrightarrow{A_2A_3}}{a_1a_2(a_1a_4+a_2a_3)}$$

$$\overrightarrow{RS}=\frac{(a_1a_2+a_3a_4)[a_2^2(a_3^2-a_1^2)\overrightarrow{A_1A_2}+a_1^2(a_4^2-a_2^2)\overrightarrow{A_2A_3}]}{a_1a_2(a_3^2-a_1^2)(a_2^2-a_4^2)}$$

$$4PQ^2=\frac{a_2a_4(a_1^2-a_3^2)^2+a_1a_3(a_4^2-a_2^2)^2}{(a_1a_2+a_3a_4)(a_1a_4+a_2a_3)}$$

$$RS^2=\frac{(a_1a_2+a_3a_4)(a_1a_4+a_2a_3)[a_2a_4(a_3^2-a_1^2)^2+a_1a_3(a_4^2-a_2^2)^2]}{(a_3^2-a_1^2)^2(a_2^2-a_4^2)^2}$$

$$\begin{aligned}2\left|\frac{\overrightarrow{PQ}}{\overrightarrow{RS}}\right|&=\frac{|(a_3^2-a_1^2)(a_2^2-a_4^2)|}{(a_1a_2+a_3a_4)(a_1a_4+a_2a_3)}\\&=\left|\frac{a_1a_4+a_2a_3}{a_1a_2+a_3a_4}-\frac{a_1a_2+a_3a_4}{a_1a_4+a_2a_3}\right|\\&=\left|\frac{A_1A_3}{A_2A_4}-\frac{A_2A_4}{A_1A_3}\right|\end{aligned}$$

例 7 $\triangle ABC$ 的内切圆分别切三边 BC,CA,AB 于点 M,N,P,D 为 BC 边上一点,$B+\lambda C=(1+\lambda)D(\lambda>0)$,$A+xD=(1+x)R$,$AD$ 交内切圆于点 R,则

$$uM+vN+wP=(u+v+w)R$$

其中

$$u=\cos^2\frac{A}{2}\left(-\cot\frac{A}{2}+\frac{x}{1+\lambda}\cot\frac{B}{2}+\frac{x\lambda}{1+\lambda}\cot\frac{C}{2}\right)$$

$$v=\cos^2\frac{B}{2}\left(\cot\frac{A}{2}-\frac{x}{1+\lambda}\cot\frac{B}{2}+\frac{x\lambda}{1+\lambda}\cot\frac{C}{2}\right)$$

$$w=\cos^2\frac{C}{2}\left(\cot\frac{A}{2}+\frac{x}{1+\lambda}\cot\frac{B}{2}-\frac{x\lambda}{1+\lambda}\cot\frac{C}{2}\right)$$

x 满足

$$vwNP^2+wuPM^2+uvMN^2=0$$

证明 由题意,有

$$\begin{cases}\left(\tan\frac{B}{2}\right)B+\left(\tan\frac{C}{2}\right)C=\left(\tan\frac{B}{2}+\tan\frac{C}{2}\right)M\\ \left(\tan\frac{C}{2}\right)C+\left(\tan\frac{A}{2}\right)A=\left(\tan\frac{C}{2}+\tan\frac{A}{2}\right)N\\ \left(\tan\frac{A}{2}\right)A+\left(\tan\frac{B}{2}\right)B=\left(\tan\frac{A}{2}+\tan\frac{B}{2}\right)P\end{cases}$$

由此得到

$$\begin{cases}A=\dfrac{1}{2\sin\frac{A}{2}\cos\frac{B}{2}\cos\frac{C}{2}}\left[-\left(\cos^2\frac{A}{2}\right)M+\left(\cos^2\frac{B}{2}\right)N+\left(\cos^2\frac{C}{2}\right)P\right]\\ B=\dfrac{1}{2\sin\frac{B}{2}\cos\frac{C}{2}\cos\frac{A}{2}}\left[\left(\cos^2\frac{A}{2}\right)M-\left(\cos^2\frac{B}{2}\right)N+\left(\cos^2\frac{C}{2}\right)P\right]\\ C=\dfrac{1}{2\sin\frac{C}{2}\cos\frac{A}{2}\cos\frac{B}{2}}\left[\left(\cos^2\frac{A}{2}\right)M+\left(\cos^2\frac{B}{2}\right)N-\left(\cos^2\frac{C}{2}\right)P\right]\end{cases}$$

又由 $B+\lambda C=(1+\lambda)D(\lambda>0)$,$A+xD=(1+x)R$,得到

$$A+\frac{x}{1+\lambda}B+\frac{\lambda x}{1+\lambda}C=(1+x)R$$

将以上所得的 A,B,C 的表达式代入上式并整理即得

$$uM+vN+wP=(u+v+w)R$$

另外,由于 M,N,P,R 四点共圆,因此,有

$$vwNP^2+wuPM^2+uvMN^2=0$$

由上式可求得 x.

例 8(2010年全国高中数学联赛加试题一) 如图3,锐角$\triangle ABC$的外心为O,K是BC上一点(不是边BC的中点),D是线段AK延长线上一点,直线BD与AC交于点N,直线CD与AB交于点M.求证:若$OK\perp MN$,则A,B,C,D四点共圆.

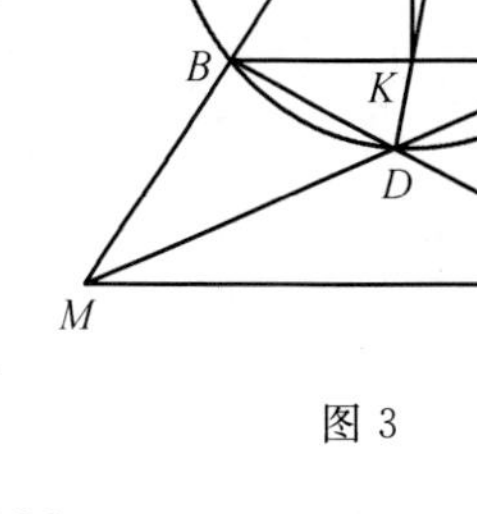

图3

证明 记$\triangle ABC$的外接圆半径为R,设$xA+yB+zC+wD=0$,$x+y+z+w=0$,由已知条件可知,x,y,z,w均不为零,且每两个之和也不为零,则

$$xA+yB=(x+y)M,xA+zC=(x+z)N$$

$$yB+zC=(y+z)K$$

于是,得到

$$(y+z)\overrightarrow{OK}=y\overrightarrow{OB}+z\overrightarrow{OC}$$

$$(x+y)(x+z)\overrightarrow{MN}=yz\overrightarrow{BC}+zx\overrightarrow{AC}+xy\overrightarrow{AB}$$

由题意有

$$\overrightarrow{OK}\cdot\overrightarrow{MN}=0$$

即得到

$$(y\overrightarrow{OB}+z\overrightarrow{OC})\cdot(yz\overrightarrow{BC}+zx\overrightarrow{AC}+xy\overrightarrow{AB})=0$$

$$\Leftrightarrow(y\overrightarrow{OB}+z\overrightarrow{OC})\cdot[x(y-z)\overrightarrow{OA}-y(x+z)\overrightarrow{OB}+z(x+y)\overrightarrow{OC}]=0$$

$$\Leftrightarrow xy(y-z)\overrightarrow{OA}\cdot\overrightarrow{OB}-y^2(x+z)\overrightarrow{OB}^2+yz(x+y)\overrightarrow{OB}\cdot\overrightarrow{OC}+ xz(y-z)\overrightarrow{OA}\cdot\overrightarrow{OC}-yz(x+z)\overrightarrow{OB}\cdot\overrightarrow{OC}+z^2(x+y)\overrightarrow{OC}^2=0$$

$$\Leftrightarrow xy(y-z)\cdot\frac{1}{2}(2R^2-AB^2)-y^2(x+z)R^2+yz(x+y)\cdot\frac{1}{2}(2R^2-BC^2)+ xz(y-z)\cdot\frac{1}{2}(2R^2-AC^2)-yz(x+z)\cdot\frac{1}{2}(2R^2-BC^2)+z^2(x+y)R^2=0$$

$$\Leftrightarrow(y-z)(yzBC^2+zxAC^2+xyAB^2)=0$$

由于 K 不是边 BC 的中点,则 $y-z\neq0$,所以有

$$yzBC^2+zxAC^2+xyAB^2=0$$

故 A,B,C,D 四点共圆.

由以上证明过程,我们可以得到以下命题:

命题 4　平面上任意四点 A,B,C,D 组成完全四边形(即其中任意两点的连线与另外两点的连线不平行),直线 AB 与直线 CD 交于点 M,直线 AD 与直线 BC 交于点 N,直线 AC 与直线 BD 交于点 P,如图 4 所示.

(i) $BP=PD$ 的充要条件是 $BD\parallel MN$;

(ii) 若 O 为 $\triangle ABD$ 的外接圆圆心,$BP\neq PD$,如图 5 所示,则 A,B,C,D 四点共圆的充要条件是 $OP\perp MN$.

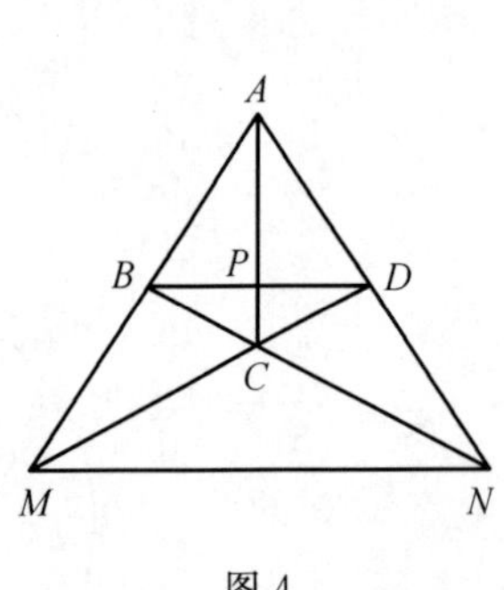

图 4

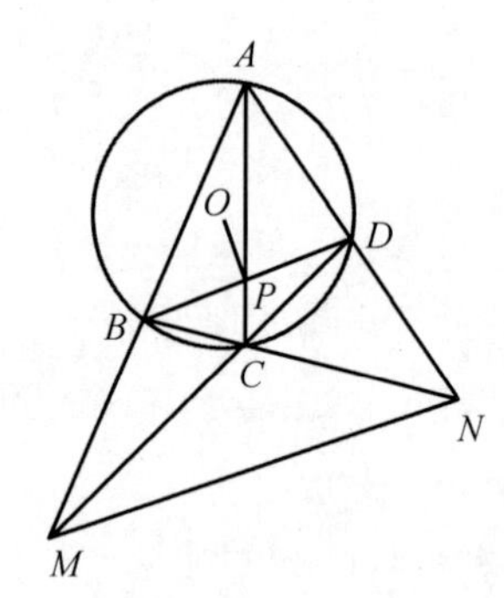

图 5

注　若设 $xA+yB+zC+wD=0$,$x+y+z+w=0$,由于平面上任意四点 A,B,C,D 组成完全四边形,因此,x,y,z,w 均不为零,且其中任意两数之和均不为零.

(i) **的证明**　若 $BP=PD$,可设 $xA+B+zC+D=0$,$x+y+2=0$,x,y 均不为零,则

$$xA+B=-zC-D=(1+x)M$$

$$xA+D=-zC-B=(1+x)N$$

由以上两式得到

$$B-D=(1+x)(M-N)$$

故

$$BD \mathbin{//} MN$$

若 $BD \mathbin{//} MN$，可设 $xA+yB+zC+wD=0, x+y+z+w=0$，由于平面上任意四点 A,B,C,D 组成完全四边形，因此，x,y,z,w 均不为零，且其中任意两数之和均不为零. 于是有

$$xA+yB=-zC-wD=(x+y)M \tag{①}$$

$$xA+wD=-yB-zC=(x+w)N \tag{②}$$

又由于 $BD \mathbin{//} MN$，则存在不为零的实数 λ，满足

$$\lambda(B-D)=M-N \tag{③}$$

由以上消去 M,N，并整理得到

$$\frac{x(w-y)}{(x+y)(x+w)}A-\left(\lambda-\frac{y}{x+y}\right)B+\left(\lambda-\frac{w}{x+w}\right)D=0$$

由于 A,B,D 线性无关，因此得到

$$\begin{cases} x(w-y)=0 \\ \lambda-\dfrac{y}{x+y}=0 \\ \lambda-\dfrac{w}{x+w}=0 \end{cases}$$

由此即得

$$y=w$$

故

$$BP=PD$$

§3　三角形与四面体中有关点的点量式

一、设 $\triangle ABC$ 的三边长为 $BC=a, CA=b, AB=c$，外接圆半径为 R，内切圆半径为 r，面积为 Δ，重心为 M，垂心为 G，外心为 O，内心为 Q，与 BC 边相切的旁心为 Q_A，叶尔刚点为 N(即 N 为 $\triangle ABC$ 内一点，连 BN，CN 的直线分别交对边于点 E，F，且 $\dfrac{\overline{AE}}{\overline{EC}}=\dfrac{-a+b+c}{a+b-c}$($\overline{AE}$ 表示线段 AE 的长度，下同)，$\dfrac{\overline{AF}}{\overline{FB}}=\dfrac{-a+b+c}{a-b+c}$)，纳革里点为 T(即 T 为 $\triangle ABC$ 内一点，连 BT，CT 的直线分别交对边于点 E，F，且 $\dfrac{\overline{AE}}{\overline{EC}}=\dfrac{a+b-c}{-a+b+c}$，$\dfrac{\overline{AF}}{\overline{FB}}=\dfrac{a-b+c}{-a+b+c}$)，来英恩点为 W(即 W 为 $\triangle ABC$ 内一点，连 BN，CN 的直线分别交对边于点 E，F，且 $\dfrac{\overline{AE}}{\overline{EC}}=\dfrac{c^2}{a^2}$，$\dfrac{\overline{AF}}{\overline{FB}}=\dfrac{b^2}{a^2}$)，伪旁切圆(远切圆)(即与 $\triangle ABC$ 的边 AB，AC 的延长线以及 $\triangle ABC$ 的外接圆都相切的圆)圆心为 I'_A，则：

1. $A+B+C=3M$.

2. $\sum(a^2-b^2+c^2)(a^2+b^2-c^2)A=(16\Delta^2)G$，或 $\sum(\tan A)A=(\sum\tan A)G$.

3. $\sum a^2(-a^2+b^2+c^2)A=(16\Delta^2)O$，或 $\sum(\sin 2A)A=(\sum\sin 2A)O$，或 $\begin{vmatrix} 0 & a_{12}^2 & a_{13}^2 & A_1 \\ a_{12}^2 & 0 & a_{23}^2 & A_2 \\ a_{13}^2 & a_{23}^2 & 0 & A_3 \\ 2R^2 & 2R^2 & 2R^2 & O \end{vmatrix}=0.$

4. $aA+bB+cC=(a+b+c)Q$.

若圆 Q 与 BC 切于点 M,则$(\tan\frac{B}{2})B+(\tan\frac{C}{2})C=(\tan\frac{B}{2}+\tan\frac{C}{2})M$(类似还有两式).

5. $-aA+bB+cC=(-a+b+c)Q_A$.

6. $\sum(a-b+c)(a+b-c)A=(2\sum bc-\sum a^2)N$.

7. $(-a+b+c)A+(a-b+c)B+(a+b-c)C=(a+b+c)T$.

注 $GT=2QO$.

8. $a^2A+b^2B+c^2C=(a^2+b^2+c^2)W$.

注 $MQG=0$.

9.
$$Q_A=(\sin^2\frac{A}{2})A+(\cos^2\frac{A}{2})Q'_A$$

或

$$[(-\sin A+\sin B+\sin C)\cos^2\frac{A}{2}]Q'_A$$
$$=-[\sin A+(-\sin A+\sin B+\sin C)\sin^2\frac{A}{2}]A+(\sin B)B+(\sin C)C$$

或

$$[4abc+\prod(-a+b+c)]Q'_A$$
$$=-[(a+b+c)(-a+b+c)^2]A+4bc[bB+cC]$$

或

$$[2R(b+c-a)-ar]Q'=2R(bB+cC)-[a(2R+r)]A$$

即

$$a(2R+r)\overrightarrow{Q'_AA}=2R(b\overrightarrow{Q'_AB}+c\overrightarrow{Q'_AC})$$

证明 先求得伪旁切圆的半径为 $R_A=\frac{4bcr}{(-a+b+c)^2}$.

过点 O 作 AB 的垂线,垂足为 M;从点 Q'_A 作 AB 的垂线,垂足为 N,则

$$AM=\frac{c}{2},AN=R_{Q'_A}\cdot\cot\frac{A}{2},OM=R\cos C$$

联结 Q_A,Q'_A 两点,则有

$$MN^2+(Q'_AN-OM)^2=(R+R_{Q'_A})^2$$

即

$$(R_{Q'_A}\cdot\cot\frac{A}{2}-\frac{c}{2})^2+(R_{Q'_A}-R\cos C)^2=(R+R_{Q'_A})^2$$

因此

$$R_{Q'_A}=2R\tan^2\frac{A}{2}(1+\cos C+\cot\frac{A}{2}\sin C)$$
$$=2R\tan^2\frac{A}{2}\left[1+\frac{\sin(\frac{A}{2}+C)}{\sin\frac{A}{2}}\right]$$
$$=\frac{4R\cos\frac{B}{2}\cos\frac{C}{2}\sin\frac{A}{2}}{\cos^2\frac{A}{2}}$$

$$=\frac{4bcr}{(-a+b+c)^2}$$

另外,有

$$\frac{AQ_A}{AQ'_A}=\frac{r_A}{R_{Q'_A}}=\frac{\dfrac{2\Delta}{-a+b+c}}{\dfrac{4bcr}{(-a+b+c)^2}}=\frac{(a+b+c)(-a+b+c)}{4bc}=\cos^2\frac{A}{2}$$

以上 Δ, r_A, r 分别表示 $\triangle ABC$ 的面积、与 BC 边相切的旁切圆半径、内切圆半径. 由此,即得

$$Q_A=\left(\sin^2\frac{A}{2}\right)A+\left(\cos^2\frac{A}{2}\right)Q'_A$$

注 伪旁切圆的半径为 $R_{Q'_A}=\dfrac{4bcr}{(-a+b+c)^2}$.

二、设四面体 $A_1A_2A_3A_4$ 的顶点 A_1, A_2, A_3, A_4 所对的面 $\triangle A_2A_3A_4$, $\triangle A_1A_3A_4$, $\triangle A_1A_2A_4$, $\triangle A_1A_2A_3$ 的面积分别为 s_1, s_2, s_3, s_4,四面体 $A_1A_2A_3A_4$ 的六条棱长记为 $a_{ij}(i,j=1,2,3,4,i<j)$,其外心与内心分别为 O 与 I,外接球半径为 R,内切球半径为 r,则:

1. $\sum\limits_{i=1}^{4}s_iA_i=\left(\sum\limits_{i=1}^{4}s_i\right)I$.

提示 注意到

$$(IA_2A_3A_4)A_1+(A_1IA_3A_4)A_2+(A_1A_2IA_4)A_3+(A_1A_2A_3I)A_4=(A_1A_2A_3A_4)I$$

另外,有

$$IA_2A_3A_4=\frac{1}{3}A_2A_3A_4\cdot r=\frac{1}{3}s_1\cdot r$$

类似还有三式,代入前式即得.

2. $\left(\sum\limits_{i=1}^{4}s_i\right)\cdot\sum\limits_{i=1}^{4}s_iIA_i^2=\sum\limits_{1\leqslant i<j\leqslant 4}s_is_ja_{ij}^2$.

3. $(OA_2A_3A_4)A_1+(A_1OA_3A_4)A_2+(A_1A_2OA_4)A_3+(A_1A_2A_3O)A_4=(A_1A_2A_3A_4)O$.

4. 由于

$$A_1A_2A_3A_4\cdot OA_2A_3A_4=\frac{1}{288}\begin{vmatrix}R^2 & a_{12}^2 & a_{13}^2 & a_{14}^2 & 1\\ R^2 & 0 & a_{23}^2 & a_{24}^2 & 1\\ R^2 & a_{23}^2 & 0 & a_{34}^2 & 1\\ R^2 & a_{24}^2 & a_{34}^2 & 0 & 1\\ 1 & 1 & 1 & 1 & 0\end{vmatrix}$$

$$=\frac{1}{288}\begin{vmatrix}0 & a_{12}^2 & a_{13}^2 & a_{14}^2 & 1\\ 0 & 0 & a_{23}^2 & a_{24}^2 & 1\\ 0 & a_{23}^2 & 0 & a_{34}^2 & 1\\ 0 & a_{24}^2 & a_{34}^2 & 0 & 1\\ 1 & 1 & 1 & 1 & 0\end{vmatrix}$$

$$=\frac{1}{288}\begin{vmatrix}a_{12}^2 & a_{13}^2 & a_{14}^2 & 1\\ 0 & a_{23}^2 & a_{24}^2 & 1\\ a_{23}^2 & 0 & a_{34}^2 & 1\\ a_{24}^2 & a_{34}^2 & 0 & 1\end{vmatrix}$$

因此,有

$$OA_2A_3A_4=\frac{\frac{1}{288}\begin{vmatrix}a_{12}^2 & a_{13}^2 & a_{14}^2 & 1\\0 & a_{23}^2 & a_{24}^2 & 1\\a_{23}^2 & 0 & a_{34}^2 & 1\\a_{24}^2 & a_{34}^2 & 0 & 1\end{vmatrix}}{A_1A_2A_3A_4}$$

同理可得

$$A_1OA_3A_4=-\frac{\frac{1}{288}\begin{vmatrix}0 & a_{13}^2 & a_{14}^2 & 1\\a_{12}^2 & a_{23}^2 & a_{24}^2 & 1\\a_{13}^2 & 0 & a_{34}^2 & 1\\a_{14}^2 & a_{34}^2 & 0 & 1\end{vmatrix}}{A_1A_2A_3A_4}$$

$$A_1A_2OA_4=\frac{\frac{1}{288}\begin{vmatrix}0 & a_{12}^2 & a_{14}^2 & 1\\a_{12}^2 & 0 & a_{24}^2 & 1\\a_{13}^2 & a_{23}^2 & a_{34}^2 & 1\\a_{14}^2 & a_{34}^2 & 0 & 1\end{vmatrix}}{A_1A_2A_3A_4}$$

$$A_1A_2A_3O=-\frac{\frac{1}{288}\begin{vmatrix}0 & a_{12}^2 & a_{13}^2 & 1\\a_{12}^2 & 0 & a_{23}^2 & 1\\a_{13}^2 & a_{23}^2 & 0 & 1\\a_{14}^2 & a_{24}^2 & a_{34}^2 & 1\end{vmatrix}}{A_1A_2A_3A_4}$$

由此,有以下关于四面体外心的点量式:

(1)
$$\begin{vmatrix}a_{12}^2 & a_{13}^2 & a_{14}^2 & 1\\0 & a_{23}^2 & a_{24}^2 & 1\\a_{23}^2 & 0 & a_{34}^2 & 1\\a_{24}^2 & a_{34}^2 & 0 & 1\end{vmatrix}A_1-\begin{vmatrix}0 & a_{13}^2 & a_{14}^2 & 1\\a_{12}^2 & a_{23}^2 & a_{24}^2 & 1\\a_{13}^2 & 0 & a_{34}^2 & 1\\a_{14}^2 & a_{34}^2 & 0 & 1\end{vmatrix}A_2+\begin{vmatrix}0 & a_{12}^2 & a_{14}^2 & 1\\a_{12}^2 & 0 & a_{24}^2 & 1\\a_{13}^2 & a_{23}^2 & a_{34}^2 & 1\\a_{14}^2 & a_{34}^2 & 0 & 1\end{vmatrix}A_3-$$
$$\begin{vmatrix}0 & a_{12}^2 & a_{13}^2 & 1\\a_{12}^2 & 0 & a_{23}^2 & 1\\a_{13}^2 & a_{23}^2 & 0 & 1\\a_{14}^2 & a_{24}^2 & a_{34}^2 & 1\end{vmatrix}A_4=288\,(A_1A_2A_3A_4)^2O$$

又由于

$$288\,(A_1A_2A_3A_4)^2=\begin{vmatrix}0 & a_{12}^2 & a_{13}^2 & a_{14}^2 & 1\\a_{12}^2 & 0 & a_{23}^2 & a_{24}^2 & 1\\a_{13}^2 & a_{23}^2 & 0 & a_{34}^2 & 1\\a_{14}^2 & a_{24}^2 & a_{34}^2 & 0 & 1\\1 & 1 & 1 & 1 & 0\end{vmatrix}$$

因此,又有:

(2)
$$\begin{vmatrix} a_{12}^2 & a_{13}^2 & a_{14}^2 & 1 \\ 0 & a_{23}^2 & a_{24}^2 & 1 \\ a_{23}^2 & 0 & a_{34}^2 & 1 \\ a_{24}^2 & a_{34}^2 & 0 & 1 \end{vmatrix} A_1 - \begin{vmatrix} 0 & a_{13}^2 & a_{14}^2 & 1 \\ a_{12}^2 & a_{23}^2 & a_{24}^2 & 1 \\ a_{13}^2 & 0 & a_{34}^2 & 1 \\ a_{14}^2 & a_{34}^2 & 0 & 1 \end{vmatrix} A_2 + \begin{vmatrix} 0 & a_{12}^2 & a_{14}^2 & 1 \\ a_{12}^2 & 0 & a_{24}^2 & 1 \\ a_{13}^2 & a_{23}^2 & a_{34}^2 & 1 \\ a_{14}^2 & a_{34}^2 & 0 & 1 \end{vmatrix} A_3 -$$

$$\begin{vmatrix} 0 & a_{12}^2 & a_{13}^2 & 1 \\ a_{12}^2 & 0 & a_{23}^2 & 1 \\ a_{13}^2 & a_{23}^2 & 0 & 1 \\ a_{14}^2 & a_{24}^2 & a_{34}^2 & 1 \end{vmatrix} A_4 = \begin{vmatrix} 0 & a_{12}^2 & a_{13}^2 & a_{14}^2 & 1 \\ a_{12}^2 & 0 & a_{23}^2 & a_{24}^2 & 1 \\ a_{13}^2 & a_{23}^2 & 0 & a_{34}^2 & 1 \\ a_{14}^2 & a_{24}^2 & a_{34}^2 & 0 & 1 \\ 1 & 1 & 1 & 1 & 0 \end{vmatrix} O$$

另外,由于

$$288\,(A_1A_2A_3A_4)^2 = \frac{\begin{vmatrix} 0 & a_{12}^2 & a_{13}^2 & a_{14}^2 \\ a_{12}^2 & 0 & a_{23}^2 & a_{24}^2 \\ a_{13}^2 & a_{23}^2 & 0 & a_{34}^2 \\ a_{14}^2 & a_{24}^2 & a_{34}^2 & 0 \end{vmatrix}}{2R^2}$$

因此,又有:

(3)
$$\begin{vmatrix} 0 & a_{12}^2 & a_{13}^2 & a_{14}^2 & 2R^2 \\ a_{12}^2 & 0 & a_{23}^2 & a_{24}^2 & 2R^2 \\ a_{13}^2 & a_{23}^2 & 0 & a_{34}^2 & 2R^2 \\ a_{14}^2 & a_{24}^2 & a_{34}^2 & 0 & 2R^2 \\ A_1 & A_2 & A_3 & A_4 & 0 \end{vmatrix} = 0.$$

5. 设 $A_i(i=1,2,\cdots,n+1)$ 为 n 维空间中的 $n+1$ 个点,其外接球球心为 O,内切球球心为 I,顶点 A_i 所对的 n 维单形的体积为 v_i,$i=1,2,\cdots,n+1$,则有点量式:

(i) $\sum_{i=1}^{n+1} v_iA_i = (\sum_{i=1}^{n+1} v_i)I$;

(ii)
$$\begin{vmatrix} 0 & A_1A_2^2 & A_1A_3^2 & \cdots & A_1A_{n+1}^2 & A_1 \\ A_2A_1^2 & 0 & A_2A_3^2 & \cdots & A_2A_{n+1}^2 & A_2 \\ A_3A_1^2 & A_3A_2^2 & 0 & \cdots & A_3A_{n+1}^2 & A_3 \\ \vdots & \vdots & \vdots & & \vdots & \vdots \\ A_{n+1}A_1^2 & A_{n+1}A_2^2 & A_{n+1}A_3^2 & \cdots & 0 & A_{n+1} \\ 1 & 1 & 1 & \cdots & 1 & 0 \end{vmatrix}$$

$$= \begin{vmatrix} 0 & A_1A_2^2 & A_1A_3^2 & \cdots & A_1A_{n+1}^2 & 1 \\ A_2A_1^2 & 0 & A_2A_3^2 & \cdots & A_2A_{n+1}^2 & 1 \\ A_3A_1^2 & A_3A_2^2 & 0 & \cdots & A_3A_{n+1}^2 & 1 \\ \vdots & \vdots & \vdots & & \vdots & \vdots \\ A_{n+1}A_1^2 & A_{n+1}A_2^2 & A_{n+1}A_3^2 & \cdots & 0 & 1 \\ 1 & 1 & 1 & \cdots & 1 & 0 \end{vmatrix} O.$$

提示 i) 设单形 $A_1A_2\cdots A_{n+1}$ 的内切球半径为 r,由于

$$(IA_2A_3\cdots A_{n+1})A_1 + (A_1IA_3\cdots A_{n+1})A_2 + \cdots + (A_1A_2\cdots A_nI)A_{n+1}$$

$$=(A_1A_2\cdots A_{n+1})I$$

又

$$IA_2A_3\cdots A_{n+1}=\frac{1}{n!}v_1r,A_1IA_3\cdots A_{n+1}=\frac{1}{n!}v_2r,\cdots,A_1A_2\cdots A_nI=\frac{1}{n!}v_{n+1}r$$

代入前式即得.

(ii) 原式左边行列式按最后一列展开,并注意到

$$A_1A_2\cdots A_n\cdot B_1B_2\cdots B_n=\frac{(-1)^n}{2^{n-1}[(n-1)!]^2}\begin{vmatrix}A_1B_1^2 & A_1B_2^2 & \cdots & A_1B_n^2 & 1\\ A_2B_1^2 & A_2B_2^2 & \cdots & A_2B_n^2 & 1\\ \vdots & \vdots & & \vdots & \vdots\\ A_nB_1^2 & A_nB_2^2 & \cdots & A_nB_n^2 & 1\\ 1 & 1 & \cdots & 1 & 0\end{vmatrix}$$

可得到

$$(OA_2A_3\cdots A_{n+1}\cdot A_1A_2\cdots A_{n+1})A_1+(A_1OA_3\cdots A_{n+1}\cdot A_1A_2\cdots A_{n+1})A_2+\cdots+$$
$$(A_1A_2\cdots A_nO\cdot A_1A_2\cdots A_{n+1})A_{n+1}$$
$$=(|A_1A_2\cdots A_{n+1}|^2)O$$

由此得到

$$(OA_2A_3\cdots A_{n+1})A_1+(A_1OA_3\cdots A_{n+1})A_2+\cdots+(A_1A_2\cdots A_nO)A_{n+1}$$
$$=(A_1A_2\cdots A_{n+1})O$$

此式显然成立.

§4 距离等式

一、设 $\sum_{i=1}^{n}x_iA_i=(\sum_{i=1}^{n}x_i)A$,则

$$\sum_{i=1}^{n}x_i\cdot\sum_{i=1}^{n}x_iAA_i^2=\sum_{1\leqslant i<j\leqslant n}x_ix_jA_iA_j^2$$

简证
$$\sum_{1\leqslant i<j\leqslant n}x_ix_jA_iA_j^2=\sum_{1\leqslant i<j\leqslant n}x_ix_j(AA_j-AA_i)^2$$
$$=\sum_{1\leqslant i<j\leqslant n}x_ix_j(AA_i^2+AA_j^2-2AA_i\cdot AA_j)$$
$$=\sum_{1\leqslant i<j\leqslant n}x_ix_j(AA_i^2+AA_j^2)+\sum_{i=1}^{n}x_i^2AA_i^2-(\sum_{i=1}^{n}x_iAA_i)^2$$
$$=\sum_{i=1}^{n}x_i\cdot\sum_{i=1}^{n}x_iAA_i^2$$

(注意到 $\sum_{i=1}^{n}x_iAA_i=0$).

二、设 $\sum_{i=1}^{n}a_iA_i=(\sum_{i=1}^{n}a_i)A$,$P$,$Q$ 为任意点,则

$$\sum_{i=1}^{n}a_iPA_i^2-(\sum_{i=1}^{n}a_i)PA^2=\sum_{i=1}^{n}a_iQA_i^2-(\sum_{i=1}^{n}a_i)QA^2$$

证明 $\sum_{i=1}^{n}a_iPA_i^2=\sum_{i=1}^{n}a_i(PQ+QA_i)^2$

$$=\sum_{i=1}^{n}(a_iPQ^2+a_iQA_i^2)+2\sum_{i=1}^{n}(a_iPQ\cdot QA_i)$$

$$=\sum_{i=1}^{n}a_iPQ^2+\sum_{i=1}^{n}a_iQA_i^2+2PQ\cdot\sum_{i=1}^{n}a_iQA_i$$

$$=(\sum_{i=1}^{n}a_i)PQ^2+\sum_{i=1}^{n}a_iQA_i^2+2PQ\cdot\sum_{i=1}^{n}a_iQA_i$$

$$=(\sum_{i=1}^{n}a_i)PQ^2+\sum_{i=1}^{n}a_iQA_i^2+2(\sum_{i=1}^{n}a_i)PQ\cdot QA$$

$$=(\sum_{i=1}^{n}a_i)PQ^2+\sum_{i=1}^{n}a_iQA_i^2+(\sum_{i=1}^{n}a_i)(-PQ^2-QA^2+PA^2)$$

$$=\sum_{i=1}^{n}a_iQA_i^2+(\sum_{i=1}^{n}a_i)(PA^2-QA^2)$$

即得所要证明的式子.

特例 1. 若 $A_1,A_2,\cdots,A_n$ 在同一个球面(含圆)上,球心为 Q,球半径为 R,且设 $\sum_{i=1}^{n}a_iA_i=(\sum_{i=1}^{n}a_i)A$,$P$ 为空间中任意一点,则

$$\sum_{i=1}^{n}a_iPA_i^2=(\sum_{i=1}^{n}a_i)(PA^2+R^2-QA^2)$$

2. 若 $A_1,A_2,\cdots,A_n,A$ 在同一个球面(含圆)上,球心为 Q,且设 $\sum_{i=1}^{n}a_iA_i=(\sum_{i=1}^{n}a_i)A$,$P$ 为空间中任意一点,则

$$\sum_{i=1}^{n}a_iPA_i^2=(\sum_{i=1}^{n}a_i)PA^2$$

3. 设 $\sum_{i=1}^{n}a_iA_i=(\sum_{i=1}^{n}a_i)A$,$P$ 为任意点,则

$$\sum_{i=1}^{n}a_iPA_i^2-(\sum_{i=1}^{n}a_i)PA^2=\sum_{1\leqslant i<j\leqslant n}a_ia_jA_iA_j^2$$

在定理 2 中令 $Q=A$,再应用定理 1 即得.

例 1 已知 A,B,C,D 共圆,且 $aA+bB+cC+dD=0$,$a+b+c+d=0$,则:

(i) $bcBC^2+caCA^2+abAB^2=0$,类似还有三式;

(ii) $abAB^2=cdCD^2$,$acAC^2=bdBD^2$,$adAD^2=bcBC^2$;

(iii) 若两弦 AB 与 CD 相交于点 P,则有圆幂定理

$$|AC||BD|+|AD||BC|=|AB||CD|$$

证明 (i) 由已知条件可知,对于空间中任意一点 M,有

$$aMA^2+bMB^2+cMC^2+dMD^2=0$$

在上式中分别令 $M=A,B,C,D$,得到

$$abAB^2+acAC^2+adAD^2=0 \quad ①$$

$$abAB^2+bcBC^2+bdBD^2=0 \quad ②$$

$$acAC^2+bcBC^2+cdCD^2=0 \quad ③$$

$$adAD^2+bdBD^2+cdCD^2=0 \quad ④$$

由式 ①+②+③−④,即得

$$2bcBC^2+2caCA^2+2abAB^2=0$$

即

$$bcBC^2+caCA^2+abAB^2=0 \quad ⑤$$

同理可证另外三式.

(ii) 由式 ③ − ⑤,即得

$$abAB^2=cdCD^2$$

类似可得其他两式.

(iii) 由已知条件可知 a,b 同号,c,d 同号,a,b 与 c,d 异号,不妨设 a,b 为正,c,d 为负. 由 ii) 有

$$abAB^2=cdCD^2$$

则

$$|CD|=\sqrt{\frac{ab}{cd}}|AB|$$

同理,有

$$|BD|=\sqrt{\frac{ac}{bd}}|AC|,|AD|=\sqrt{\frac{bc}{ad}}|BC|$$

因此,有

$$\begin{aligned}&|AC||BD|+|AD||BC|\\&=|AC|\cdot\sqrt{\frac{ac}{bd}}|AC|+\sqrt{\frac{bc}{ad}}|BC|\cdot|BC|\\&=\sqrt{\frac{ac}{bd}}AC^2+\sqrt{\frac{bc}{ad}}BC^2\\&=\frac{1}{\sqrt{abcd}}(-acAC^2-bcBC^2)\\&=\frac{1}{\sqrt{abcd}}(abAB^2)\quad(\text{应用(i)中等式})\\&=|AB|\cdot|CD|\end{aligned}$$

即得圆幂定理.

例 2 已知 PX,PY 切圆 Q 于 X,Y 两点,割线 PAB 交圆 Q 于 A,B 两点,若

$$xX+yY+(1-x-y)P=A$$

则

$$xX+yY-(1-x-y)P=(2x+2y-1)B$$

证明 设圆 Q 的半径为 R,由于 $xX+yY+(1-x-y)P=A$,则有

$$\begin{aligned}&xPX^2+yPY^2+(1-x-y)PP^2-[xQX^2+yQY^2+(1-x-y)QP^2]\\&=PA^2-QA^2\end{aligned}$$

即

$$xPX^2+yPY^2-(x+y)R^2-(1-x-y)QP^2=PA^2-R^2$$

由于 $QP^2=PX^2+R^2$,$PX=PY$,因此

$$(x+y)PX^2-(x+y)R^2-(1-x-y)(PX^2+R^2)=PA^2-R^2$$

即

$$(2x+2y-1)PX^2=PA^2$$

又 $PX^2 = PA \cdot PB$，因此得到

$$(2x + 2y - 1)PB = PA$$

即得

$$A = (2x + 2y - 1)B - (2x + 2y - 2)P$$

代入已知式子，并经整理即得

$$xX + yY - (1 - x - y)P = (2x + 2y - 1)B$$

例 3 设 $A_i(i = 1, 2, \cdots, n + 1)$ 为 n 维空间中的 $n + 1$ 个点，其外接球球心为 O，内切球球心为 I，顶点 A_i 所对的 n 维单形的体积为 v_i，$i = 1, 2, \cdots, n + 1$，则有

$$\sum_{1 \leqslant i < j \leqslant n} v_i v_j A_i A_j^2 = \left(\sum_{i=1}^{n} v_i\right)^2 (R^2 - |\overrightarrow{IO}|^2)$$

证明

$$\sum_{1 \leqslant i < j \leqslant n} v_i v_j A_i A_j^2 = \sum_{1 \leqslant i < j \leqslant n} v_i v_j \ (\overrightarrow{A_i I} + \overrightarrow{IA_j})^2$$

$$= \sum_{1 \leqslant i < j \leqslant n} v_i v_j \ (|\overrightarrow{A_i I}|^2 + |\overrightarrow{IA_j}|^2 - 2\,\overrightarrow{IA_i} \cdot \overrightarrow{IA_j})^2$$

$$= \sum_{1 \leqslant i < j \leqslant n} v_i v_j (|\overrightarrow{A_i I}|^2 + |\overrightarrow{IA_j}|^2) - 2 \sum_{1 \leqslant i < j \leqslant n} v_i v_j \ \overrightarrow{IA_i} \cdot \overrightarrow{IA_j}$$

$$= \sum_{1 \leqslant i < j \leqslant n} v_i v_j (|\overrightarrow{A_i I}|^2 + |\overrightarrow{IA_j}|^2) + \sum_{i=1}^{n} v_i^2 IA_i^2 - \left(\sum_{i=1}^{n} v_i \ \overrightarrow{IA_i}\right)^2$$

$$= \sum_{1 \leqslant i < j \leqslant n} v_i v_j (|\overrightarrow{IA_i}|^2 + |\overrightarrow{IA_j}|^2) + \sum_{i=1}^{n} v_i^2 IA_i^2$$

(注意由 $\sum_{i=1}^{n+1} v_i A_i = \left(\sum_{i=1}^{n+1} v_i\right) I$，有 $\sum_{i=1}^{n} v_i \ \overrightarrow{IA_i} = \mathbf{0}$)

$$= \sum_{i=1}^{n} v_i \sum_{i=1}^{n} v_i \ |\overrightarrow{IA_i}|^2$$

$$= \sum_{i=1}^{n} v_i \sum_{i=1}^{n} v_i \ (\overrightarrow{IO} + \overrightarrow{OA_i})^2$$

$$= \sum_{i=1}^{n} v_i \left[\sum_{i=1}^{n} v_i (|\overrightarrow{IO}|^2 + |\overrightarrow{OA_i}|^2) + 2\,\overrightarrow{IO} \cdot \sum_{i=1}^{n} v_i \ \overrightarrow{OA_i}\right]$$

$$= \sum_{i=1}^{n} v_i \left[\left(\sum_{i=1}^{n} v_i\right)(|\overrightarrow{IO}|^2 + R^2) + 2\left(\sum_{i=1}^{n} v_i\right) \overrightarrow{IO} \cdot \overrightarrow{OI}\right]$$

(注意由 $\sum_{i=1}^{n+1} v_i A_i = \left(\sum_{i=1}^{n+1} v_i\right) I$，可得 $\sum_{i=1}^{n} v_i \ \overrightarrow{OA_i} = \left(\sum_{i=1}^{n} v_i\right) \overrightarrow{OI}$)

$$= \sum_{i=1}^{n} v_i \left[\left(\sum_{i=1}^{n} v_i\right)(|\overrightarrow{IO}|^2 + R^2) - 2\left(\sum_{i=1}^{n} v_i\right) |\overrightarrow{IO}|^2\right]$$

$$= \left(\sum_{i=1}^{n} v_i\right)^2 (R^2 - |\overrightarrow{IO}|^2)$$

三、设 $aA = \sum_{i=1}^{n} a_i A_i$，$bB = \sum_{i=1}^{n} b_i B_i$，其中 $\sum_{i=1}^{n} a_i = a$，$\sum_{i=1}^{n} b_i = b$，O 为空间中任意一点，则

$$(abAB)^2 = (a - b)\left(\sum_{i=1}^{n} a_i OA_i^2 - \sum_{i=1}^{n} b_i OB_i^2\right) - \sum_{1 \leqslant i < j \leqslant n} a_i a_j A_i A_j^2 - \sum_{1 \leqslant i < j \leqslant n} b_i b_j B_i B_j^2 + \sum_{1 \leqslant i \leqslant j \leqslant n} a_i b_j A_i B_j^2$$

证明

$$abAB = ab(OB - OA)$$

$$= \sum_{i=1}^{n} b_i OB_i - \sum_{i=1}^{n} a_i OA_i$$

于是有

$$\begin{aligned}(abAB)^2&=(\sum_{i=1}^{n}b_iOB_i-\sum_{i=1}^{n}a_iOA_i)^2\\&=(\sum_{i=1}^{n}b_iOB_i)^2+(\sum_{i=1}^{n}a_iOA_i)^2-2\sum_{i=1}^{n}b_iOB_i\cdot\sum_{i=1}^{n}a_iOA_i\\&=(b\sum_{i=1}^{n}b_iOB_i^2-\sum_{1\leqslant i<j\leqslant n}b_ib_jB_iB_j^2)+(a\sum_{i=1}^{n}a_iOA_i^2-\sum_{1\leqslant i<j\leqslant n}a_ia_jA_iA_j^2)-\\&\quad(b\sum_{i=1}^{n}a_iOA_i^2+a\sum_{i=1}^{n}b_iOB_i^2-\sum_{1\leqslant i\leqslant j\leqslant n}a_ib_jA_iB_j^2)\\&=(a-b)(\sum_{i=1}^{n}a_iOA_i^2-\sum_{i=1}^{n}b_iOB_i^2)-\\&\quad\sum_{1\leqslant i<j\leqslant n}a_ia_jA_iA_j^2-\sum_{1\leqslant i<j\leqslant n}b_ib_jB_iB_j^2+\sum_{1\leqslant i\leqslant j\leqslant n}a_ib_jA_iB_j^2\end{aligned}$$

原式获证.

注1 以上证明中应用到等式

$$(\sum_{i=1}^{n}\lambda_i)(\sum_{i=1}^{n}\lambda OA_i^2)=\sum_{1\leqslant i<j\leqslant n}\lambda_i\lambda_jA_iA_j^2+(\sum_{i=1}^{n}\lambda_i\overrightarrow{OA_i})^2$$

注2 本文初稿的写作时间为2014年7月,修改时间为2015年12月,2016年5月,2017年3月,2017年12月,2018年11月,2019年5月,2020年12月,2021年10月.

Nagel① 定　理

刘培杰[1],刘立娟[2]

(1.哈尔滨工业大学出版社　黑龙江　哈尔滨　150006;
2.哈尔滨工业大学出版社　黑龙江　哈尔滨　150006)

世界著名数学家E.Ch.Titchmarsh(蒂奇马什,1899—1963)曾指出:

也许关于数学的最令人吃惊的事就是它如此地令人吃惊.我们最初构成的那些规则看上去是平常的和必然的,但事先不可能看到它们会导出什么结果.只有经过世代延续的长期研究,才能发现这些.

本文就是借一道数学竞赛试题介绍初等数论中一个优美但少为人知的精美结论——Nagel定理.

§1　从一道巴西数学竞赛试题谈起

试题A(1983年巴西数学奥林匹克试题)　求证:对任意 $n\in\mathbf{N},n>1$,有 $S(n)=\sum\limits_{k=1}^{n}\frac{1}{k}\notin\mathbf{Z}$,$\mathbf{Z}$ 表示整数集.

此题亦即证明有限项调和级数之和为非整数.本节将讨论这类试题的证明方法及与之相关的背景.

试题A有一个非常简单的证明,它依赖于素数分布论中的Chebyshev(切比雪夫,1821—1894)定理.

1845年Bertrand(贝特兰德,1822—1900)曾猜测:当 $2a>7$ 时至少有一个素数位于 a 与 $2a-2$ 之间.

1850年Chebyshev发表了论文《论素数》,在文中他首次给出了数论函数

$$\theta(x)=\sum_{p\leqslant x}\ln p(对于一切小于或等于\ x\ 的素数求和)$$

并利用它证明了Bertrand猜想.

这个过程初学者完全可以完成,步骤如下:

(1)当 $n\leqslant 5$ 时,证明

$$\ln\frac{(2n)!}{(n!)^2}\leqslant\sum_{n<p\leqslant 2n}\ln p+\sum_{\sqrt{2n}<p\leqslant\frac{2}{3}n}\ln p+\sum_{p\leqslant\sqrt{2n}}\left[\frac{\ln 2n}{\ln p}\right]\ln p$$

(2)当 $n\geqslant 5$ 时,有

$$\frac{1}{2n}2^{2n}<\frac{(2n)!}{(n!)^2}<2^{2(n-1)}$$

(3)当 $a\geqslant 5$ 时,有

$$\sum_{a<p\leqslant 2a}\ln p<2(a-1)\ln 2$$

(4)当 $n\geqslant 50$ 时,有

---

①　Nagel(纳格尔,1821—1903.)

$$\sum_{\sqrt{2n}<p\leqslant\frac{2}{3n}} \ln p \leqslant \frac{4}{3} n\ln 2$$

(5) 当 $n \geqslant 50$ 时,有

$$\sum_{n<p\leqslant 2n} \ln p \geqslant \frac{2}{3} n\ln 2-(\sqrt{2n}+1)\ln(2n)$$

(6) 对任意 $n \in \mathbf{N}$,必有素数 $n<p\leqslant 2n$,其中,$n\geqslant 512$ 时,可由步骤(5) 推出;$n<512$ 时,可直接验证.

(6) 即是所谓的 Chebyshev 定理,利用它我们来给出试题 A 的证明.

证法1 我们令 $2a-2=n$,则 $a=\frac{n+2}{2}=\frac{n}{2}+1$. 故在当 $n<4$ 时,$\frac{n}{2}$ 到 n 之间一定有一个素数 p,即 $n\geqslant p>\frac{n}{2}$,则

$$\begin{aligned} S(n) &= 1+\frac{1}{2}+\frac{1}{3}+\cdots+\frac{1}{p}+\cdots+\frac{1}{n} \\ &= \frac{1}{p}+\frac{M}{N} \\ &= \frac{N+pM}{pN} \end{aligned}$$

其中$(M,N)=1$,$(p,N)=1$,由此得到$(pN,N+pM)=1$,即在分母中没有可约去的因数,故 $S(n)\notin\mathbf{Z}$.

值得指出的是Bertrand猜测(即Chebyshev定理)是数论中的一个著名定理,近年来在数学奥林匹克中有许多应用,在解决较困难的问题时常常会出奇制胜,仅举一例.

在 1990 年第 31 届 IMO 各国提供的预选题中,哥伦比亚提供的两题中有一题为:

试题 B 设函数 $f:(\mathbf{Z}_+)^3\rightarrow\mathbf{N}$ 满足

$$f(x,y,z)=f(x-1,y,z)+f(x,y-1,z)+(x,y,z-1)$$

及

$$f(0,0,0)=1$$

并且在上述的关系反复使用时若 x',y' 或 z' 中出现负数,则

$$f(x',y',z')=0$$

求证:若 x,y,z 是一个三角形的三条边长时,则对任意的整数 $k,m>1$

$$\frac{[f(x,y,z)]^k}{f(mx,my,mz)}$$

都不是整数.

证明 由对称性可知,$f(x,y,z)$ 的值与 x,y,z 的排列次序无关,我们将证明

$$f(x,y,z)=\frac{(x,y,z)!}{x!\ y!\ z!} \tag{1}$$

假定 $x+y+z=A$ 时,有

$$f(x,y,z)=\frac{(x,y,z)!}{x!\ y!\ z!}$$

成立. 设 $x+y+z=A+1$,这时,有下列三种情况:

(1)$x,y,z\geqslant 1$,由归纳假设及

$$f(x,y,z)=f(x-1,y,z)+f(x,y-1,z)+f(x,y,z-1)$$

知

$$f(x,y,z)=\frac{(x+y+z-1)!}{(x-1)!\ y!\ z!}+\frac{(x+y+z-1)!}{x!\ (y-1)!\ z!}+\frac{(x+y+z-1)!}{x!\ y!\ (z-1)!}$$
$$=\frac{(x+y+z-1)!}{(x-1)!\ (y-1)!\ (z-1)!}\left(\frac{1}{yz}+\frac{1}{zx}+\frac{1}{xy}\right)$$
$$=\frac{(x+y+z-1)!}{(x-1)!\ (y-1)!\ (z-1)!}\cdot\frac{(x+y+z)}{xyz}$$
$$=\frac{(x+y+z)!}{x!\ y!\ z!}$$

(2)x,y,z 中之一为 0,其他为正数.不失一般性,设 $x=0,y>0,z>0$,则

$$f(x,y,z)=f(0,y,z)$$
$$=f(0,y-1,z)+f(0,y,z-1)$$
$$=\frac{(y+z-1)!}{(y-1)!\ z!}+\frac{(y+z-1)!}{y!\ (z-1)!}$$
$$=C_{y+z-1}^{(y+1)}+C_{y+z-1}^{y}=C_{y+z}^{y}$$
$$=\frac{(y+z)!}{y!\ z!}$$
$$=\frac{(x+y+z)!}{x!\ y!\ z!}$$

(3) 若 $x\geqslant 1,y=z=0$,则

$$f(x,y,z)=f(x,0,0)=f(x-1,0,0)$$
$$=\frac{(x-1)!}{(x-1)!}=1=\frac{x!}{x!}$$
$$=\frac{(x+y+z)!}{x!\ y!\ z!}$$

于是式(1) 成立.

由式(1) 可得

$$\frac{(f(x,y,z))^k}{f(mx,my,mz)}=\frac{\left(\frac{(x+y+z)!}{x!\ y!\ z!}\right)^k}{\frac{(mx+my+mz)!}{(mx)!\ (my)!\ (mz)!}} \tag{2}$$

因为 x,y,z 是三角形的三边长,所以

$$mx+my+mz>2mx$$
$$mx+my+mz>2my$$
$$mx+my+mz>2mz$$

又因为 $m>1$,故

$$m(x+y+z)\geqslant 2(x+y+z)$$

由 Bertrand 猜测,在$\frac{m(x+y+z)}{2}$ 与 $m(x+y+z)$ 之间,至少有一个素数 p 是$(mx+my+mz)!$ 的因数而不是$(mx)!,(my)!,(mz)!$ 及$(x+y+z)!$ 的因数.这说明式(2) 决不会是整数.

§2 试题 A 的初等证明

利用Bertrand猜测证明试题A固然简单明了,但对中学生来讲,他们对Bertrand还是很陌生的,为了弥补这一不足,下面我们将给出一种适合于中学生的证法.

证法2 将 $1,2,\cdots,n$ 分解为 $i=2^{\alpha_i}\beta_i(i=1,2,\cdots,n)$ 的形式，其中 β_i 为奇数，$\alpha_i\in\mathbf{Z},\alpha_i\geqslant 0$.

令 $\alpha=\max\{\alpha_1,\alpha_2,\cdots,\alpha_n\},\beta=\prod_{i=1}^{n}\beta_i$. 则 $\alpha_1,\alpha_2,\cdots,\alpha_n$ 中只有一个数为 α，其余的均小于 α. 因为若假设有 $k\neq j$，而 $\alpha_k=\alpha_j=\alpha$，不妨设 $0\leqslant k<j\leqslant n,k=2^{\alpha_k}\beta_k,j=2^{\alpha_j}\beta_j$，因为 $k<j$，所以 $\beta_k<\beta_j$. 于是存在偶数 e，使 $\alpha_k<e<\alpha_j$. 故在 k,j 之间，有数 $2^{\alpha}\cdot e,2\nmid e$，即可设 $2^{\alpha}\cdot e=2^{\alpha_e}\beta_e>k=2^{\alpha_k}\beta_k$，这时 $\alpha_e>\alpha$，这与 α 是最大的矛盾. 这样就证明了有唯一的一个 k，使 $k=2^{\alpha}\beta_k,2\nmid\beta_k$.

于是有

$$2^{\alpha-1}\beta\left(1+\frac{1}{2}+\frac{1}{3}+\cdots+\frac{1}{n}\right)=\text{整数}+\frac{1}{2}\times\text{奇数}$$

故

$$S(n)=\sum_{k=1}^{n}\frac{1}{k}\notin\mathbf{Z}$$

利用证法2的方法我们还可以证明如下几道类似的试题：

试题C 若 n 是一个正整数，则 $\frac{1}{3}+\frac{1}{5}+\cdots+\frac{1}{2n+1}$ 不是整数.

证明 设

$$3^k\leqslant 2n+1<3^{k+1}$$

则对于任意大于1的奇数 s，都有

$$s3^k\geqslant 3^{k+1}>2n+1$$

所以 $3,5,\cdots,2n+1$ 的最大公因数等于 $3^k t$，其中 $(t,3)=1$.

因此 $3^{k-1}t\left(\frac{1}{3}+\frac{1}{5}+\cdots+\frac{1}{2n+1}\right)$ 的展开式中，除了 $3^{k-1}t\cdot\frac{1}{3^k}=\frac{t}{3}$ 以外都是整数，所以它不是整数，因此

$$\frac{1}{3}+\frac{1}{5}+\cdots+\frac{1}{2n+1}$$

肯定不是整数.

试题D 证明：对于任意正整数 $m,n,S(m,n)=\frac{1}{m}+\frac{1}{m+1}+\cdots+\frac{1}{m+n}$ 都不是整数.

证明 对于每个 $0\leqslant i\leqslant n$，都有唯一的非负整数 a_i 使得

$$2^{a_i}\mid m+i$$

设 $d=\max\{a_i\}$，则

$$\{m,m+1,\cdots,m+n\}$$

的最小公倍数为 $2^d l$，其中 l 是一个奇数.

若 $\{m,m+1,\cdots,m+n\}$ 中有两项使得

$$m+h=2^d b<m+j=2^d c$$

当然 $b<c$ 只能是奇数，但此时 c,d 之间至少存在一个偶数 e，这样

$$m\leqslant m+h\leqslant 2^d e\leqslant m+j\leqslant m+n$$

但是 $2^{d+1}\mid 2^d e$，与 d 的假设矛盾，所以只有唯一一个 h，使得

$$m+h=2^d b$$

这样 $2^{d-1}l\cdot S(m,n)$ 中除了 $\frac{2^{d-1}l}{m+h}$ 一项之外都是整数，所以 $2^{d-1}l\cdot S(m,n)$ 不是整数. 当然 $S(m,n)$ 也不是整数.

试题 E 设 $m > n \geqslant 1, a_1 < a_2 < \cdots < a_s$ 是不超过 m 且与 n 互素的全部正整数，记

$$S_m^n = \frac{1}{a_1} + \frac{1}{a_2} + \cdots + \frac{1}{a_s}$$

则 S_m^n 不是整数.

证明 因为 $(1,n)=1$，所以 $a_1=1$. 又因已知 $m > n \geqslant 1$，且 $(n+1,n)=1$，故 $s \geqslant 2$. a_2 必是素数，因若 a_2 是合数，则有素数 p，使 $p \mid a_2$ 且 $1 < p < a_2$，$(p,n)=1$，这不可能. 设 a_2^k 是不超过 m 的 a_2 的最高次幂，即

$$a_2^k \leqslant m < a_2^{k+1}, k \geqslant 1$$

由 $(a_2^k, n)=1$ 知，存在某个 t，$2 \leqslant t \leqslant s$，使 $a_t = a_2^k$，如果 $a_1, \cdots, a_s$ 中有另一个 a_j 可被 a_2^k 整除，设 $a_j = a_2^k c$，$t < j \leqslant s$，$m > c > 1$，而 $(c,n)=1$，故 $c \geqslant a_2$，这就得到

$$a_j = a_2^k c \geqslant a_2^{k+1} > m$$

与 $a_j \leqslant m$ 矛盾. 现设

$$a_i = a_2^{\lambda_i} l_i, a_2 \nmid l_i, \lambda_i \geqslant 0, i=1,\cdots,s, l = l_1 \cdots l_s$$

以 $a_2^{k-1} l$ 乘 $S_m^n = \frac{1}{a_1} + \frac{1}{a_2} + \cdots + \frac{1}{a_s}$ 的两端，得

$$a_2^{k-1} l S_m^n = \frac{l}{a_2} + M \tag{1}$$

其中 $\frac{l}{a_2}$ 一项是由 $\frac{a_2^{k-1} l}{a_t} = \frac{a_2^{k-1} l}{a_2^k}$ 一项得来的，其余各项都是整数，其和设为 M，由式(1) 可知 S_m^n 不是整数，因若 S_m^n 是整数，则由式(1) 得

$$a_2^k l S_m^n - a_2 M = l \tag{2}$$

式(2) 的左端是 a_2 的倍数，与 $a_2 \nmid l$ 矛盾.

§3 Nagel 定 理

利用证法 2 的方法我们可以证明一个较一般的结论：

定理 1 设 $m > 0, k > 0$，则 $S(m,n,d) \notin \mathbf{Z}$，其中

$$S(m,n,d) = \sum_{k=0}^{n} \frac{1}{m+kd} = \frac{1}{m} + \frac{1}{m+d} + \cdots + \frac{1}{m+nd}$$

这是著名数学家 Nagel 于 1923 年得到的一个结果，原证明现已不易查到，单墫教授曾在《数学通讯》上给出过一个证明，仿此思路我们利用数论函数 $\text{pot}_p n$ 给出以下的证明.

一个定义在 $\mathbf{Z}_+$ 上的实或复值函数 $f(n)$ 称作一个数论函数或算术函数. $\text{pot}_p n$ 是一个简单而又常用的数论函数，定义为：对于一个给定的素数 p，设 $p^m \parallel n$，即 $p^m \mid n, p^{m+1} \nmid n$，记 $\text{pot}_p n = m$.

对 $\frac{m}{n} \in \mathbf{Q}$，我们定义

$$\text{pot}_p\left(\frac{m}{n}\right) = \text{pot}_p m - \text{pot}_p n$$

$\text{pot}_p n$ 有以下简单的性质：

性质 1 $\text{pot}_p(mn) = \text{pot}_p m + \text{pot}_p n$.

性质 2 $\text{pot}_p n^k = k\, \text{pot}_p n, k > 0$.

在计算 pot_p 时有以下两个常用的公式.

公式1 $\mathrm{pot}_p(n!)=\sum_{i=1}^{\infty}\left[\frac{n}{p^i}\right]$.

推论1 设 $p^k\leqslant n<p^{k+1}$,则有

$$\mathrm{pot}_p(n!)=\left[\frac{n}{p}\right]+\left[\frac{n}{p^2}\right]+\cdots+\left[\frac{n}{p^k}\right]=\sum_{p^i}^{\infty}\left[\frac{n}{p^i}\right]$$

公式2 设 $n=a_kp^k+a_{k-1}p^{k-1}+\cdots+a_1p+a_0$,这里,$1\leqslant a_k<p,0\leqslant a_j<p,j=0,1,\cdots,k-1$,$A(n,p)=\sum_{k=0}^{k}a_k$,则有

$$\frac{n-A(n,p)}{p-1}=\sum_{k=1}^{n}\left[\frac{n}{p^k}\right]=\mathrm{pot}_p(n!)$$

推论2 设 $0<r<n$,则

$$\mathrm{pot}_n\binom{n}{r}=\frac{A(r,p)+A(n-r,p)-A(n,p)}{p-1}$$

证明 因为

$$\mathrm{pot}_p\binom{n}{r}=\mathrm{pot}_p(n!)-\mathrm{pot}_p(r!)-\mathrm{pot}_p((n-r)!)$$

由公式2

$$\mathrm{pot}_p\binom{n}{r}=\frac{n-A(n,p)}{p-1}-\left(\frac{r-A(r,p)+n-r-A(n-r,p)}{p-1}\right)$$
$$=\frac{A(r,p)+A(n-r,p)-A(n,p)}{p-1}$$

我们为证 Nagel 定理先来证明两个引理:

引理1 设 $M_n=[1,2,\cdots,n]$,即 $1,2,\cdots,n$ 的最小公倍数,则有

$$M_{2m}\mid M_m\binom{2m}{m} \tag{1}$$

$$M_{2m+1}\mid M_{m+1}\binom{2m+1}{m+1} \tag{2}$$

证明 因为(1)(2) 两式证法相同,所以我们仅证式(1) 即可.

欲证 $M_{2m}\mid M_m\binom{2m}{m}$,只需证对任意素数 p,$\mathrm{pot}_p(M_{2m})\leqslant\mathrm{pot}_p\left(M_m\binom{2m}{m}\right)$. 设 $p^k\leqslant m<p(k+1)$,则$\mathrm{pot}_p(M_m)=k$,我们再考察 $2m$.

(i) 若 $2m<p^{k+1}$,则$\mathrm{pot}_p(M_{2m})=k$,所以

$$\begin{aligned}\mathrm{pot}_p(M_{2m})&=\mathrm{pot}_p(M_m)\\&\leqslant\mathrm{pot}_p(M_m)+\mathrm{pot}_p\left(\binom{2m}{m}\right)\\&=\mathrm{pot}_p\left(M_m\binom{2m}{m}\right)\end{aligned}$$

(ii) 若 $2m\geqslant p^{k+1}$,由于 $2m<2p^{k+1}\leqslant p^{k+2}$,则$\mathrm{pot}_p(M_{2m})=k+1$,且 $2m$ 一定可以写成 $2m=p^{k+1}+b_kp^k+\cdots+b_1p+b_0$.

而 $p^k\leqslant m<p^{k+1}$,则 m 一定可以写成

$$m=a_kp^k+a_{k-1}p^{k-1}+\cdots+a_1p+a_0$$

我们来考察

$$\operatorname{pot}_p\left(\binom{2m}{m}\right)=\frac{A(m,p)+A(m,p)-A(2m,p)}{p-1}$$

在 p 进制数的加法中，如果对每一个 a_j，$a_j+a_j\leqslant p-1(j=0,1,\cdots,k)$，则 $m+m$ 不发生进位，从而

$$A(m,p)+A(m,p)=A(2m,p)$$

但是现在由 m 和 $2m$ 的 p 进表达式可见，$m+m$ 一定发生了进位，则有

$$A(m,p)+A(m,p)>A(2m,p)$$

故

$$\operatorname{pot}_p\left(\binom{2m}{m}\right)>0$$

但是注意到$\operatorname{pot}_p(n)$ 的值域是 $\mathbf{Z}$，则

$$\operatorname{pot}_p\left(M_{2m}\binom{2m}{m}\right)\geqslant 1$$

所以

$$\operatorname{pot}_p\left(M_m\binom{2m}{m}\right)=\operatorname{pot}_p(M_m)+\operatorname{pot}_p\left(\binom{2m}{m}\right)\geqslant(k+1)\operatorname{pot}_p(M_{2m})$$

故

$$M_{2m}\mid M_m\binom{2m}{m}$$

引理 2　$M_n<4^n$.

证明　当 $m=1$ 时，$M_{2m}=M_2=2<4^1$，结论正确.

当 $m=2$ 时，$M_{2m}=M_4=12<4^2$，结论亦真.

假定结论对 $m<2k$ 都成立，由引理 1 及归纳假设有

$$M_{2k}\leqslant M_k\binom{2k}{k}\leqslant M_k\,(1+1)^{2k}<4^k\cdot 2^{2k}=4^{2k}$$

$$M_{2k+1}\leqslant M_{k+1}\binom{2k+1}{k+1}\leqslant M_{k+1}\,\frac{1}{2}\,(1+1)^{2k+1}<4^{k+1}\cdot 2^{2k}=4^{2k+1}$$

即结论对 $m<2(k+1)$ 亦成立，从而由第二数学归纳法原理可知，对一切 $n\in\mathbf{N}$，$M_n<4^n$.

有了以上的准备后，我们开始证明 Nagel 定理.

证明　我们只需证$(m,d)=1$ 的情况即可. 因为若$(m,d)=l$，$l\in\mathbf{N}$，则可设

$$m=m'l,d=d'l$$

其中 $m'\in\mathbf{N}$，$d'\in\mathbf{N}$，$(m',d')=1$. 则有

$$lS(m,n,d)=S(m',n,d')$$

故由 $S(m',n,d')\notin\mathbf{Z}$ 可以推出 $S(m,n,d)\notin\mathbf{Z}$. 设某个素数 $p\mid(m+id)(1\leqslant i\leqslant n)$，则一定有 $p\nmid d$，否则会有 $p\mid(m,d)$，与$(m,d)=1$ 矛盾.

设 $M=[m,md,\cdots,m+nd]$，且$\operatorname{pot}_p(M)=k$，分两种情况讨论：

(1) 若仅存在一个 $m+jd(1\leqslant j\leqslant n)$，使得$\operatorname{pot}_p(m+jd)=k$，则同试题 A 的证法相同.

(2) 若至少存在两个数 j_1 和 $j_2(0\leqslant j_1<j_2\leqslant n)$，使得

$$\operatorname{pot}_p(m+j_1d)=\operatorname{pot}_p(m+j_2d)=k$$

$$\Rightarrow p^k \mid [(m+j_2d)-(m+j_1d)]=(j_2-j_1)d$$

注意到$(p,d)=1$,故

$$p^k \mid (j_2-j_1)$$

而$j_2-j_1\in\{1,2,\cdots,n\}$,故

$$p^k \mid [1,2,\cdots,n]$$

下面我们估计$\mathrm{pot}_p\left(\prod\limits_{i=1}^{n}(m+id)\right)$.

首先由抽屉原则可知,将$\{m,m+d,m+2d,\cdots,m+nd\}$按 $\bmod q$ 来分类,则其中能被q整除的数至多有$\left[\dfrac{n}{q}\right]+1$个,我们分别取$q=p,p^2,\cdots,p^k$,则由性质1知

$$\mathrm{pot}_p\left(\prod_{i=1}^{n}(m+di)\right)\leqslant\sum_{i=1}^{k}\left(\left[\frac{n}{p^i}\right]+1\right)=\sum_{i=1}^{k}\left[\frac{n}{pi}\right]+k$$

故

$$\prod_{i=1}^{n}(m+di)\,\Big|\,\prod_{p\mid m}p^{\sum\limits_{i=1}^{k}\left[\frac{n}{p^i}\right]+k}$$

由引理2知$M_n<4^n$,故有

$$n!\;\cdot 4^n\geqslant\prod_{i=1}^{n}(m+id)>\prod_{i=1}^{n}id=n!d^n$$

从而$d<4$,故d只能为1,2,3.而对于$d=1,2,3$时,我们都容易由试题A的证法得到.

综合以上所证知,Nagel定理成立.

§4　广义调和级数的非整数性

我们将$S=\dfrac{1}{a_1}+\dfrac{1}{a_2}+\cdots+\dfrac{1}{a_n}$,其中$a_i\in\mathbf{N},i=1,2,\cdots,n$,称为广义的调和级数.对于一般的$a_1$,$a_2,\cdots,a_n$满足何种条件时$S$为整数,何种条件时$S$为非整数,这是一个非常困难的问题.我们将对某些特殊的调和级数做出结论.(需要指出的是在此过程中,试题A的证法是有力的.)

定理2　设$m>n\geqslant 1,a_1<a_2<\cdots<a$是不超过$m$且与$n$互素的全体正整数,其中

$$\Omega=\{a_i\mid(a_i,n)=1,a_i\leqslant m,a_j<a_{j+1},a_i\in\mathbf{N}\}$$

则

$$S(m,n)\notin\mathbf{Z}$$

证明　我们仍然采用试题A的证法,关键是要选取一个类似2这样的素数,我们说选a_1是不行的,因为$(1,n)=1$,立即知$a_1=1$,所以我们选a_2.

又由已知$m>n\geqslant 1$,且$(n+1,n)=1$,所以$S\geqslant 2$,即除了a_1外至少还有一个a_i.

要选a_2首先要证明a_2是一个素数,因为若a_2是合数,则存在素数$p,p\mid a_2$,且$1<p<a_2,(p,n)=1$.这与a_1,a_2中间不再有其他与n互素的数矛盾.

现在可设$a_i=a_2^{\alpha_i}\beta_i,a_2\nmid\beta_i,\alpha_i\geqslant 0,i=1,2,\cdots,S$.取$\alpha=\max\{\alpha_1,\alpha_2,\cdots,\alpha_S\},\beta=\prod\limits_{i=1}^{S}\beta_i$.我们还需证明$\alpha$仅有一个.设$a_2^{\alpha}$是不超过$m$的$a_2$的最高次幂,即$a_2^{\alpha}\leqslant m<a_2^{\alpha+1},k\geqslant 1$.由$(a_2^{\alpha},n)=1$知,存在某个角标$k,2\leqslant k\leqslant S$,使$a_k=a_2^{\alpha}$.如果在$a_1,a_2,\cdots,a_S$中有另一个$a_j$被$a_2^{\alpha}$整除,可设$a_j=a_2^{\alpha}q,k<j\leqslant S$,$m>q>1$,而且$(q,n)=1$,故$q\geqslant a_2$,于是有$a_j=a_2^{\alpha}q\geqslant a_2^{\alpha+1}>m$,与$a_j\leqslant m$矛盾.故在$\alpha_1,\cdots,\alpha_S$中取

α 值的仅有一个，其余的均小于 α.

现将 $S(m,n)=\sum_{a_i\in\Omega}\frac{1}{a_i}$ 两端同乘以 $a_2^{\alpha-1}\beta$，得

$$a_2^{\alpha-1}\beta S(m,n)=\frac{\beta}{a_2}+M \tag{1}$$

其中$\frac{\beta}{a_2}$ 是由$\frac{1}{a_k}a_2^{\alpha-1}\beta=\frac{a_2^{\alpha-1}\beta}{a_2^{\alpha}}$ 得来，其余各项均为整数，设其和为 M. 假设 $S(m,n)\in\mathbf{Z}$，则由式(1) 得

$$a_2\beta S(m,n)-a_2M=\beta \tag{2}$$

故

$$a_2^{\alpha}\beta S(m,n)-a_2M\equiv 0(\bmod a_2)$$

而由于对每个 $\beta_i(i=1,2,\cdots,S)$，$\beta_i\not\equiv 0(\bmod a_2)$，故 $\beta=\prod_{i=1}^{S}\beta_i\not\equiv 0(\bmod a_2)$.

式(2) 两边不同余，故假设错误，即 $S(m,n)\notin\mathbf{Z}$.

由定理 2 我们立即可以得到如下的推论：

推论 1 $S(2k-1,2)=1+\frac{1}{3}+\frac{1}{5}+\cdots+\frac{1}{2k-1}\notin\mathbf{Z}$.

推论 2 $S(3k+2,3)=1+\frac{1}{2}+\frac{1}{4}+\frac{1}{5}+\cdots+\frac{1}{3k+1}+\frac{1}{3k+2}\notin\mathbf{Z}$.

利用这种方法我们还可以证明 1986 年苏联数学奥林匹克中的一个题目.

试题 F 设 $m,n\in\mathbf{N}$，可被 3 的正整数次幂整除，且 $1\leqslant m<n<1986$，求证：所有形如$\frac{1}{mn}$ 的数之和不是整数.

证明 设

$$H(m,n)=\sum_{mn\in\Omega}\frac{1}{mn}$$

其中

$$\Omega=\{mn\mid 1\leqslant m<n<1\ 986,m\equiv 0(\bmod 3),n\equiv 0(\bmod 3)\}$$

因为

$$n_{\max}=\max\{1\leqslant n<1\ 986,n\equiv 0(\bmod 3)\}=1\ 986$$

$$m_{\max}=\max\{1\leqslant m<n<1\ 986,m\equiv 0(\bmod 3)\}=1\ 983$$

所以分母最大的项为 $1\ 986\times 1\ 983$.

我们将 $1,2,\cdots,1\ 986$ 写成 $i=3^{\alpha_i}\beta_i$，$\alpha_i>0$，β_i 为除 3 以外的其他素因子之积，则存在且仅存在两个 α_i，α_j，因为 $\alpha_i=\alpha_j=6$，$\max\{\alpha_3,\cdots,\alpha_{1\ 986}\}=6$. 又因为在 $1\leqslant i\leqslant 1\ 986$ 之间，所以能被 3^6 整除的只有两个数 $729=3^6$ 和 $1\ 458=2\times 3^6$，而其他各数的素因子分解式中，3 的幂指数至多为 5. 故将 mn 写成 $3^{k_i}l_i$ 时，$k=\max k_i=6+6=12$，取 $l=\prod l_i$，则 $l\not\equiv 0(\bmod 3)$，于是将

$$H(m,n)=\sum_{mn\in\Omega}\frac{1}{mn}$$

两端同时乘以 $3^k l$，得

$$3^{k-1}lH(m,n)=\frac{1}{3}+f(m,n)$$

其中 $f(m,n)$ 是那些乘 $3^{k-l}l$ 后成为整数的项之和. 若 $H(m,n)\in\mathbf{Z}$，则

$$3^{k-l}lH(m,n)-f(m,n)\in\mathbf{Z}$$

这与$\frac{1}{3}\notin \mathbf{Z}$矛盾,故$H(m,n)\notin \mathbf{Z}$.

当然,对于一些特殊的分数数列,如果我们能直接求出其和,那么其是否为整数便昭然若揭了.

试题 G(苏联数学竞赛) 设$n>1,n\in \mathbf{N}$,用M_n表示所有自然数偶(p,q)所成的集合,使得$1\leqslant p<q\leqslant n,p+q>n,(p,q)=1$,如对$n=5$,有

$$M_5=\{(1,5),(2,5),(3,5),(4,5),(3,4)\}$$

求证

$$\sum_{(p,q)\in p}\frac{1}{q}=\frac{1}{2}$$

证明 显然,含于$f(n)$而不含于$f(n-1)$的被加项都具有形式

$$a_p=\frac{1}{pn}$$

其中$1\leqslant p<n$,且$(p,n)=1$.

含于$f(n-1)$而不含于$f(n)$的被加项都具有形式

$$b_p=\frac{1}{p(n-p)}$$

其中$1\leqslant p<n-p$(或$0<p<\frac{n}{2}$),且$(p,n)=1$(或同样地,$(p,n-p)=1$).

故差$f(n)-f(n-1)$是形式$a_p+a_{n-p}-b_p$的数之和,其中p取遍小于$\frac{n}{2}$又与n互素的所有自然数,但

$$a_p+a_{n-p}-b_p=\frac{1}{pn}+\frac{1}{(n-p)n}-\frac{1}{p(n-p)}=0$$

所以

$$f(n)=f(n-1)=\cdots=f(2)=0$$

有人曾据此命制了一道联赛模拟试题:

试题 G′ 设集合$\mathrm{M_k}=\{(\mathrm{m,n})\mid \mathrm{m,n}$互素,$\mathrm{m+n>k,0<m<n\leqslant k,k}\in \mathbf{N}\}$.求$\sum\limits_{(m,n)\in M_k}\frac{1}{mn}$.

证明 记

$$s_k=\sum_{(m,n)\in M_k}\frac{1}{mn}$$

分析s_k的变化趋势,易知

$$s_2=\frac{1}{1\times 2}=\frac{1}{2}$$

$$s_3=\frac{1}{1\times 3}+\frac{1}{2\times 3}=\frac{1}{2}$$

$$s_4=\frac{1}{1\times 4}+\frac{1}{2\times 3}+\frac{1}{3\times 4}=\frac{1}{2},\cdots$$

进而猜想:对于每个$k\geqslant 2$,都有$s_k=\frac{1}{2}$.转而考虑证明:对于每个$k\geqslant 2$,都有

$$s_{k+1}-s_k=0$$

其中

$$s_k=\sum_{(m,n)\in M_k}\frac{1}{mn},s_{k+1}=\sum_{(m,n)\in M_{k+1}}\frac{1}{mn}$$

先分解求和区间,有

$$\begin{aligned}M_k&=\{(m,n)\mid m,n\text{ 互素},m+n>k,0<m<n\leqslant k\}\\&=\{(m,n)\mid m,n\text{ 互素},m+n=k+1,0<m<n\leqslant k\}\cup\\&\quad\{(m,n)\mid m,n\text{ 互素},m+n>k+1,0<m<n\leqslant k\}\\&=M'\cup M^*\\M_{k+1}&=\{(m,n)\mid m,n\text{ 互素},m+n>k+1,0<m<n\leqslant k+1\}\\&=\{(m,n)\mid m,n\text{ 互素},m+n>k+1,0<m<n=k+1\}\cup\\&\quad\{(m,n)\mid m,n\text{ 互素},m+n>k+1,0<m<n\leqslant k\}\\&=M''\cup M^*\end{aligned}$$

则

$$\begin{aligned}&s_{k+1}-s_k\\&=\sum_{M''}\frac{1}{mn}-\sum_{M'}\frac{1}{mn}\\&=\sum_{m\leqslant k}\frac{1}{m(k+1)}-\sum_{m<\frac{k+1}{2}}\frac{1}{m(k+1-m)}\end{aligned}\tag{1}$$

(等式右端最后一个和式的求和范围是由于 $m<n=k+1-m$,则 $m<\dfrac{k+1}{2}$.)

注意到

$$\begin{aligned}&\sum_{m<\frac{k+1}{2}}\frac{1}{m(k+1-m)}\\&=\frac{1}{k+1}\sum_{m<\frac{k+1}{2}}\left(\frac{1}{m}+\frac{1}{k+1-m}\right)\\&=\frac{1}{k+1}\left(\sum_{m<\frac{k+1}{2}}\frac{1}{m}+\sum_{m<\frac{k+1}{2}}\frac{1}{k+1-m}\right)\end{aligned}\tag{2}$$

当 $1\leqslant m<\dfrac{k+1}{2}$ 时,$\dfrac{k+1}{2}<k+1-m\leqslant k$,则

$$\sum_{m<\frac{k+1}{2}}\frac{1}{k+1-m}=\sum_{\frac{k+1}{2}<t\leqslant k}\frac{1}{t}=\sum_{\frac{k+1}{2}<m\leqslant k}\frac{1}{m}$$

且由 $m+n=k+1$ 及 $(m,n)=1$,知 $\dfrac{k+1}{2}$ 不会被 m,n 取到.

从而,式(2)可合并为 $\dfrac{1}{k+1}\sum\limits_{m\leqslant k}\dfrac{1}{m}$.

根据式(1)有

$$s_{k+1}-s_k=\sum_{m\leqslant k}\frac{1}{m(k+1)}-\sum_{m\leqslant k}\frac{1}{m(k+1)}=0$$

于是

$$s_k-s_{k-1}=\cdots=s_2=\frac{1}{2}$$

试题 H(1980 年奥地利 — 波兰数学奥林匹克试题) 求证:对任意 $n\in\mathbf{N}$,都有

$$\sum_{1\leqslant i_1<i_2<\cdots<i_n\leqslant n}\frac{1}{i_1 i_2\cdots i_k}=n$$

其中求和是对所有取自集合 $\{1,2,\cdots,n\}$ 的数组,$i_1<i_2<\cdots<i_k$,$k=1,2,\cdots,n$ 进行的.

证明　取多项式

$$f(x)=\left(x+\frac{1}{1}\right)\left(x+\frac{1}{2}\right)\cdots\left(x+\frac{1}{n}\right)$$

将其展开式记为

$$f(x)=x^n+a_1x^{n-1}+a_2x^{n-2}+\cdots+a_n$$

由 Vieta 定理

$$a_1=\sum_{i_1=1}^{n}\frac{1}{i_1},a_2=\sum_{1\leqslant i_1<i_2\leqslant n}\frac{1}{i_1i_2},\cdots,a_n=\frac{1}{1\cdot 2\cdot\cdots\cdot n}$$

则

$$\begin{aligned}\sum_{1\leqslant i_1<i_2<\cdots<i_k\leqslant n}\frac{1}{i_1i_2\cdots i_k}&=\sum_{i=1}^{n}a_i=f(1)-1\\&=\left(1+\frac{1}{1}\right)\left(1+\frac{1}{2}\right)\cdots\left(1+\frac{1}{n}\right)-1\\&=\frac{2\cdot 3\cdot\cdots\cdot(n+1)}{1\cdot 2\cdot\cdots\cdot n}-1\\&=(n+1)-1\\&=n\end{aligned}$$

练习 1(2006 年城市锦标赛试题)　对每个正整数 n,设 b_n 是

$$1+\frac{1}{2}+\cdots+\frac{1}{n}$$

化成最简分数后的分母.证明:$b_{n+1}<b_n$ 对无穷多个 n 都成立.

证明　我们将证明:对每个奇素数 p,$n=p^2-p-1$ 是题目的解.

首先,我们说 p 不整除 b_{n+1}.实际上,$\frac{1}{2},\cdots,\frac{1}{n}$ 中分母被 p 整除的项有$\frac{1}{p},\frac{1}{2p},\cdots,\frac{1}{(p-1)p}$.它们的和的分母不是 p 的倍数,这是因为$\frac{1}{ip}+\frac{1}{(p-i)p}=\frac{1}{i(p-i)}$ 对 $i=1,\cdots,\frac{p-1}{2}$ 成立.

接下来,设 a_n 是 $1+\frac{1}{2}+\cdots+\frac{1}{n}$ 的分子,则

$$\frac{a_{n+1}}{b_{n+1}}=\frac{a_n}{b_n}+\frac{1}{p(p-1)}\Rightarrow\frac{a_n}{b_n}=\frac{p(p-1)a_{n+1}-b_{n+1}}{p(p-1)b_{n+1}}$$

若 $d=\gcd(p(p-1)a_{n+1}-b_{n+1},p(p-1)b_{n+1})$,则 d 整除 $p^2(p-1)^2a_{n+1}$ 和 $p(p-1)b_{n+1}$,因此 d 整除 $p^2(p-1)^2$.但是 p 不整除 d,因为它不整除 b_{n+1}.所以 $d\mid(p-1)^2$,进而

$$b_n\geqslant b_{n+1}\frac{p(p-1)}{(p-1)^2}>b_{n+1}$$

练习 2(2004 年保加利亚数学奥林匹克试题)　对任意的正整数 n,令 $a_n=1+\frac{1}{2}+\cdots+\frac{1}{n}=\frac{p_n}{q_n}$($p_n$,$q_n\in\mathbf{N}^*$)且$(p_n,q_n)=1$.

(1) 证明:p_{67} 不是 3 的倍数;

(2) 求所有的 n,使 p_n 是 3 的倍数.

证明　(1) 首先可验证当 $1\leqslant n\leqslant 8$ 时,只有 $a_2=\frac{3}{2}$,$a_7=\frac{363}{140}$ 满足 $3\mid p_n$.当 $n\geqslant 9$ 时,设 $a_n=\frac{p_n}{q_n}$ 满足 $3\mid p_n$,则

$$\frac{p_n}{q_n}-\frac{3a}{b}=\frac{b\cdot p_n-3a\cdot q_n}{b\cdot q_n}=\frac{p'_n}{q'_n}$$

(其中$(a,b)=1$,且 3 不整除 b),则 3 整除 p'_n,3 不整除 q'_n,即从$\frac{p_n}{q_n}$减去一个形如$\frac{3a}{b}$的数得到$\frac{p'_n}{q'_n}$,仍有 $3\mid p'_n$,3 不整除q'_n,而

$$\frac{1}{3t+1}+\frac{1}{3t+2}=\frac{6t+3}{(3t+1)(3t+2)}=\frac{3a}{b}$$

故可将$\frac{1}{3t+1}$与$\frac{1}{3t+2}$同时去掉.

设 $n=3k+r(0\leqslant r\leqslant 2)$,则

$$a_n=1+\frac{1}{2}+\frac{1}{3}+\cdots+\frac{1}{3k}+\cdots+\frac{1}{3k+r}$$

可将$\left(1,\frac{1}{2}\right)\left(\frac{1}{4},\frac{1}{5}\right)\left(\frac{1}{7},\frac{1}{8}\right)\cdots\left(\frac{1}{3k-2},\frac{1}{3k-1}\right)$去掉.

若 $r=2$,则还可将$\left(\frac{1}{3k+1},\frac{1}{3k+2}\right)$去掉,于是 $a'_n=\frac{1}{3}\left(1+\frac{1}{2}+\frac{1}{3}+\cdots+\frac{1}{k}\right)=\frac{p'_n}{q'_n}$(或加上$\frac{1}{3k+1}$),仍有 $3\mid p'_n$.

于是记 $a_k=1+\frac{1}{2}+\cdots+\frac{1}{k}=\frac{p_k}{q_k}$,其中必有 $3\mid p_k$(否则 3 不整除 p_k,则$\frac{1}{3}\cdot\frac{p_k}{q_k}=\frac{p'_n}{q'_n}$,不满足 $3\mid p'_n$,$\frac{1}{3}\cdot\frac{p_k}{q_k}+\frac{1}{3k+1}=\frac{p_k(3k+1)+3q_k}{3q_k(3k+1)}$也不满足 $3\mid p'_n$,矛盾).

于是当 $n\geqslant 9$ 时,必有 $k=7$,此时

$$a'_{22}=\frac{1}{3}\times\left(1+\frac{1}{2}+\cdots+\frac{1}{7}\right)+\frac{1}{22}=\frac{1}{3}\times\frac{363}{140}+\frac{1}{22}=\frac{1\ 401}{1\ 540}$$

满足 $3\mid p_n$,进一步当 $23\leqslant n\leqslant 68$ 时,$k=22$,于是

$$a'_{67}=\frac{1}{3}\times\left(1+\frac{1}{2}+\frac{1}{3}+\cdots+\frac{1}{22}\right)+\frac{1}{67}$$

可将$\left(\frac{1}{5},\frac{1}{22}\right)\left(\frac{1}{7},\frac{1}{20}\right)\left(\frac{1}{8},\frac{1}{19}\right)\cdots\left(\frac{1}{13},\frac{1}{14}\right)$一起去掉,故

$$\begin{aligned}a_{67}&=\frac{1}{3}\left[1+\frac{1}{2}+\frac{1}{4}+\frac{1}{3}\times\left(1+\frac{1}{2}+\frac{1}{3}+\cdots+\frac{1}{7}\right)\right]+\frac{1}{67}\\&=\frac{1}{3}\times\left(\frac{3}{2}+\frac{1}{4}+\frac{121}{140}\right)+\frac{1}{67}\\&=\frac{61\times 67+70}{70\times 67}=\frac{p_{67}}{q_{67}}\end{aligned}$$

可知 $3\mid p_{67}$,故第(1)问得证.

(2) 而由 $3\mid p_{67}$ 亦可知,当 $n\geqslant 23$ 时,不存在 n 使 $3\mid p_n$,于是所求 n 只有 2,7,22.

练习 3(1974 年基辅数学奥林匹克试题) 能否将 2 写成这样的形式 $2=\frac{1}{n_1}+\frac{1}{n_2}+\cdots+\frac{1}{n_{1\,974}}$,其中 $n_1,n_2,\cdots,n_{1\,974}$ 是不同的自然数.

解 首先 1 可以写成三个分子为 1 的分数之和

$$1=\frac{1}{2}+\frac{1}{3}+\frac{1}{6}$$

于是

$$2=\frac{1}{1}+\frac{1}{2}+\frac{1}{3}+\frac{1}{6}\tag{1}$$

注意到恒等式

$$\frac{1}{6k}=\frac{1}{12k}+\frac{1}{20k}+\frac{1}{30k} \tag{2}$$

取 $k=1=5^0$,则

$$\frac{1}{6}=\frac{1}{12}+\frac{1}{20}+\frac{1}{30}$$

代入式(1) 得

$$2=\frac{1}{1}+\frac{1}{2}+\frac{1}{3}+\frac{1}{12}+\frac{1}{20}+\frac{1}{30} \tag{3}$$

从而 2 化为 6 个分数之和.

取 $k=5^1=5$,则

$$\frac{1}{30}=\frac{1}{60}+\frac{1}{100}+\frac{1}{150}$$

代入式(3) 得

$$2=\frac{1}{1}+\frac{1}{2}+\frac{1}{3}+\frac{1}{12}+\frac{1}{20}+\frac{1}{60}+\frac{1}{100}+\frac{1}{150} \tag{4}$$

从而 2 化为 8 个分数之和.

再取 $k=5^2$,代入式(2) 得到$\frac{1}{150}$ 的分解式,代入式(4) 从而得到 10 个分数之和为 2.

进一步取 $k=5^3,5^4,\cdots,5^{984}$,每一次都使式(1) 增加两个新的不同项,于是经过这样的 985 次代换后就使 2 化为

$$985\times 2+4=1\ 974$$

个分子为 1 的分数之和.

练习 4 设 $p>3$ 是一个素数,且

$$S=\sum_{k=1}^{\left[\frac{2p}{3}\right]}(-1)^{k+1}\frac{1}{k}$$

则 p 整除 S 的分子.

证明 由于可以把级数 S 中的偶次项之和写成

$$-\sum_{k=1}^{\left[\frac{2p}{3}\right]}\frac{1}{2k}$$

故

$$\begin{aligned}S&=\sum_{1\leqslant k<\frac{2p}{3}}\frac{1}{k}-2\sum_{1\leqslant 2k<\frac{2p}{3}}\frac{1}{2k}\\&=\sum_{1\leqslant k<\frac{2p}{3}}\frac{1}{k}-\sum_{1\leqslant k<\frac{p}{3}}\frac{1}{k}\\&=\sum_{\frac{p}{3}<k<\frac{2p}{3}}\frac{1}{k}\\&=\sum_{\frac{p}{3}<k<\frac{p}{2}}\frac{1}{k}+\sum_{\frac{p}{2}<k<\frac{2p}{3}}\frac{1}{k}\\&=\sum_{\frac{p}{3}<k<\frac{p}{2}}\frac{1}{k}+\sum_{\frac{p}{3}<k<\frac{p}{2}}\frac{1}{p-k}\end{aligned}$$

$$=\sum_{\frac{p}{3}<k<\frac{p}{2}}\left(\frac{1}{k}+\frac{1}{p-k}\right)$$

$$=p\sum_{\frac{p}{3}<k<\frac{p}{2}}\frac{1}{k(p-k)}$$

由于 $p>3$ 是素数，$\frac{p}{3}<k<\frac{p}{2}$ 时，$p\nmid k(p-k)$，故上式分子中因数 p 不会被约去，即 p 整除 S 的分子.

函数的 C 导数和 Newton-Leibniz 公式*

陈绍雄[1],刘祥清[2],赵富坤[3]

(1. 云南师范大学数学学院　云南　昆明　650500;
2. 云南师范大学数学学院　云南　昆明　650500;
3. 云南师范大学数学学院　云南　昆明　650500)

摘　要　Newton-Leibniz公式是沟通积分和微分的桥梁，是一元微积分学最重要的公式,通常其证明需要用到微分中值定理. 本文引入了C导数的概念，结合Riemann积分的定义,给出了$[a,b]$上连续函数 Newton-Leibniz 公式的一个初等证明，无须用到微分中值定理. 进一步，本文引入了有界内闭 C 导数，证明了开区间上有界连续函数的 Newton-Leibniz 公式.

关键词　C 导数；内闭 C 导数；连续函数；Newton-Leibniz 公式

§1　引　言

Newton-Leibniz 公式(下称 N-L 公式) 是沟通积分和微分的桥梁，是一元微积分学中最重要的公式. 它的形式非常简洁,即

$$\int_a^b f(x)\mathrm{d}x = F(b) - F(a)$$

其中 $f(x)$ 是$[a,b]$上的连续函数，$F(x)$ 是 $f(x)$ 的一个原函数. N-L 公式把定积分的计算转化为求原函数，这就为定积分的计算提供了一个简便而有效的方法. 通常 N-L 公式的证明都需要用到 Lagrange 中值定理，从而追溯到实数理论(参看文献[1,2,3]). 这个公式的证明往往需要一些高等数学的预备知识，不利于初学者很快掌握 N-L 公式. 为普及微积分特别是简化 N-L 公式的证明，一些学者进行了积极尝试，并取得了有意义的结果(参看文献[4,5])，其中林群院士引入了函数 L 导数的概念，和通常逐点定义的导数不同，函数的 L 导数是在区间上整体定义的. 在 L 导数基础上，本文引入了函数 C 导数的概念，结合 Riemann 积分定义,对 f 是闭区间$[a,b]$上连续函数的情形证明了 N-L 公式. 进一步，为处理开区间的情形，我们引入了内闭 C 导数的定义，并利用其证明了开区间(a,b)上有界连续函数的 N-L 公式. 希望我们的尝试能使微积分学的教学更加灵活，从而有益于普及微积分学，特别是给出 N-L 公式的初等证明.

§2　$[a,b]$ 上连续函数 N-L 公式的初等证明

定义 1　设 F 为定义在$[a,b]$上的函数. 若存在$[a,b]$上的函数 f,使得对任意 $\varepsilon>0$，存在 $\delta>0$，

* 本文作者受国家自然科学基金项目(11771385，11961081，12161093) 资助.

当 $x,y\in[a,b]$ 且 $0<|x-y|<\delta$ 时，有

$$|F(y)-F(x)-f(x)(y-x)|<\varepsilon|y-x| \tag{1}$$

则称 F 在 $[a,b]$ 上 $C-$ 可导，f 为 F 在 $[a,b]$ 上的 C 导数.

引理1 若 F 在 $[a,b]$ 上 $C-$ 可导，则其 C 导数唯一.

证明 设 $f_i(i=1,2)$ 是 F 的 C 导数. 其对任意 $\varepsilon>0$，存在 $\delta>0$，使得式(1)成立. 当 $x,y\in[a,b]$ 且 $0<|y-x|<\delta$ 时，有

$$|F(y)-F(x)-f_i(x)(y-x)|<\varepsilon|y-x|,i=1,2$$

从而

$$|f_1(x)-f_2(x)|\leqslant\left|\frac{F(y)-F(x)-f_1(x)(y-x)}{y-x}\right|+\left|\frac{F(y)-F(x)-f_2(x)(y-x)}{y-x}\right|<2\varepsilon$$

由 ε 的任意性知，$f_1(x)=f_2(x)$，$\forall x\in[a,b]$.

由式(1)，F 在任一 $x\in[a,b]$ 处存在通常的点态导数，从而 F 在 $[a,b]$ 上连续. 下面的引理2说明若 F 在 $[a,b]$ 上 $C-$ 可导，则 $F\in C^1[a,b]$. 反之，若 $F\in C^1[a,b]$，则可证式(1)成立.

引理2 设 f 是 F 在 $[a,b]$ 上的 C 导数，则 f 在 $[a,b]$ 上一致连续.

证明 由定义1知，对任意 $\varepsilon>0$，存在 $\delta>0$，使得当 $x,y\in[a,b]$ 且 $0<|y-x|<\delta$ 时，有

$$|F(y)-F(x)-f(x)(y-x)|<\frac{\varepsilon}{2}|y-x|$$

$$|F(x)-F(y)-f(y)(x-y)|<\frac{\varepsilon}{2}|x-y|$$

于是

$$|f(y)-f(x)|\leqslant\left|\frac{F(y)-F(x)-f(x)(y-x)}{y-x}\right|+\left|\frac{F(x)-F(y)-f(y)(x-y)}{x-y}\right|<\varepsilon$$

故 f 在 $[a,b]$ 上一致连续.

定义2(文献[1]，Riemann积分) 设 f 为定义在 $[a,b]$ 上的函数. 若存在常数 I，使得对任意 $\varepsilon>0$，存在 $\delta>0$，使得对 $[a,b]$ 的任一分割 $\pi:a=x_0<x_1<\cdots<x_n=b$ 及任意 $\xi_i\in[x_{i-1},x_i]$，当分割细度 $\sigma(\pi)=\max\limits_{1\leqslant i\leqslant n}(x_i-x_{i-1})<\delta$ 时，有

$$\left|\sum_{i=1}^{n}f(\xi_i)(x_i-x_{i-1})-I\right|<\varepsilon \tag{2}$$

则称 f 在 $[a,b]$ 上 Riemann 可积，I 为 f 在 $[a,b]$ 上的 Riemann 积分. 记为 $\int_a^b f(x)\mathrm{d}x=I$.

定理1(闭区间上连续函数的N-L公式) 设 f 为 F 在 $[a,b]$ 上的 C 导数，则 f 在 $[a,b]$ 上 Riemann 可积，且

$$\int_a^b f(x)\mathrm{d}x=F(b)-F(a)$$

证明 由引理2，对任意 $\varepsilon>0$，存在 $\delta_1>0$，使得当 $x',x''\in[a,b]$ 且 $|x'-x''|<\delta_1$ 时，有

$$|f(x')-f(x'')|<\frac{\varepsilon}{2(b-a)} \tag{3}$$

再由定义1，对上述 $\varepsilon>0$，存在 $0<\delta<\delta_1$，使得当 $x,y\in[a,b]$ 且 $0<|x-y|<\delta$ 时，有

$$|F(y)-F(x)-f(x)(y-x)|<\frac{\varepsilon}{2(b-a)}|y-x| \tag{4}$$

设

$$\pi: a=x_0<x_1<\cdots<x_n=b$$

为$[a,b]$的任一分割且$\sigma(\pi)<\delta$，则由式(2.4)，有

$$|F(x_i)-F(x_{i-1})-f(x_{i-1})(x_i-x_{i-1})|<\frac{\varepsilon}{2(b-a)}(x_i-x_{i-1})$$

从而

$$\left|F(b)-F(a)-\sum_{i=1}^{n}f(x_{i-1})(x_i-x_{i-1})\right|<\frac{\varepsilon}{2}$$

任取$\xi_i\in[x_{i-1},x_i]$,则由

$$0<\xi_i-x_{i-1}\leqslant x_i-x_{i-1}<\delta$$

及式(3)，有

$$|f(\xi_i)-f(x_{i-1})|<\frac{\varepsilon}{2(b-a)}$$

于是

$$\begin{aligned}&\left|F(b)-F(a)-\sum_{i=1}^{n}f(\xi_i)(x_i-x_{i-1})\right|\\\leqslant&\left|F(b)-F(a)-\sum_{i=1}^{n}f(x_{i-1})(x_i-x_{i-1})\right|+\sum_{i=1}^{n}|f(\xi_i)-f(x_{i-1})|(x_i-x_{i-1})\\<&\varepsilon\end{aligned}$$

这说明式(2)对$I=F(b)-F(a)$成立. 故f在$[a,b]$上Riemann可积，且

$$\int_a^b f(x)\mathrm{d}x=F(b)-F(a)$$

§3　(a,b)上有界连续函数的N-L公式

本节我们来讨论开区间上连续函数N-L公式的证明. 为此，我们引入如下内闭C导数的定义.

定义1　设F,f为定义在(a,b)上的函数. 若对任一$[\alpha,\beta]\subset(a,b)$，$f$都是$F$在$[\alpha,\beta]$上的$C$导数，则称$F$在$(a,b)$上内闭$C-$可导且$f$为$F$在$(a,b)$上的内闭$C$导数.

显然，若F在(a,b)上内闭$C-$可导，则F在(a,b)上在通常意义下逐点可导，故F在(a,b)上连续. 下面讨论F在端点a,b处的连续性.

引理1　设F在(a,b)上存在内闭C导数f，且存在常数$L>0$，使得对一切$x\in(a,b)$，有$|f(x)|\leqslant L$. 则

$$|F(x)-F(y)|\leqslant L|x-y|,\forall x,y\in(a,b)$$

即F在(a,b)上Lipschitz连续. 特别地，极限$\lim\limits_{x\to a+0}F(x)$和$\lim\limits_{x\to b-0}F(x)$存在.

证明　对任意$a<x<y<b$，F在$[x,y]$上有C导数f，由N-L公式

$$F(y)-F(x)=\int_x^y f(t)\mathrm{d}t$$

从而

$$|F(y)-F(x)|=\left|\int_x^y f(t)\mathrm{d}t\right|\leqslant L|y-x|,\forall x,y\in(a,b)$$

注1　设F在(a,b)上存在有界的内闭C导数f. 由引理1，极限$\lim\limits_{x\to a+0}F(x)$和$\lim\limits_{x\to b-0}F(x)$存在，补

充定义

$$F(a)=\lim_{x\to a+0}F(x),F(b)=\lim_{x\to b-0}F(x)$$

则 F 可延拓为$[a,b]$上的连续函数.

定理 1(开区间上有界连续函数的 N-L 公式) 设 F 在(a,b)上存在有界的内闭 C 导数 f. 则 f 在$[a,b]$上 Riemann 可积，且

$$\int_a^b f(x)\mathrm{d}x=F(b)-F(a)$$

证明 设对一切 $x\in(a,b)$，有

$$|f(x)|\leqslant L$$

由引理 1，对任意 $0<\varepsilon<\frac{b-a}{2}$，存在$\delta_1\in\left(0,\frac{\varepsilon}{32L}\right)$，使得

$$|F(a+\delta_1)-F(a)|<\frac{\varepsilon}{4},|F(b-\delta_1)-F(b)|<\frac{\varepsilon}{4} \tag{1}$$

由于 f 是 F 在$[a+\delta_1,b-\delta_1]$上的 C 导数，故由 §2 定理 1 知，f 在$[a+\delta_1,b-\delta_1]$上 Riemann 可积. 故存在 $\delta\in\left(0,\frac{\varepsilon}{32L}\right)$，使得对$[a+\delta_1,b-\delta_1]$的任一分割

$$\pi_1:a+\delta_1=y_0<y_1<\cdots<y_l=b-\delta_1$$

及任意$\xi_i\in[y_{i-1},y_i]$，$i=1,\cdots,l$，当分割细度 $\sigma(\pi_1)<\delta$ 时，有

$$\left|F(b-\delta_1)-F(a+\delta_1)-\sum_{i=1}^{l}f(\xi_i)(y_i-y_{i-1})\right|<\frac{\varepsilon}{8} \tag{2}$$

现设 $\pi:a=x_0<x_1<\cdots<x_n=b$ 是$[a,b]$的任一分割且分割细度 $\sigma(\pi)<\delta$. 设$\xi_i\in[x_{i-1},x_i]$，$i=1,\cdots,n$，又设$x_{k-1}\leqslant a+\delta_1<x_k$，$x_{j-1}<b-\delta_1\leqslant x_j$. 考虑部分和

$$\begin{aligned}S&=\sum_{i=1}^{n}f(\xi_i)(x_i-x_{i-1})\\&=\sum_{i=1}^{k-1}f(\xi_i)(x_i-x_{i-1})+f(\xi_k)(x_k-x_{k-1})+\sum_{i=k+1}^{j-1}f(\xi_i)(x_i-x_{i-1})+\\&\quad f(\xi_j)(x_j-x_{j-1})+\sum_{i=j+1}^{n}f(\xi_i)(x_i-x_{i-1})\end{aligned}$$

则有如下估计

$$\begin{gathered}\left|\sum_{i=1}^{k-1}f(\xi_i)(x_i-x_{i-1})\right|\leqslant L(x_{k-1}-x_0)\leqslant L\delta_1<\frac{\varepsilon}{32}\\ \left|\sum_{i=j+1}^{n}f(\xi_i)(x_i-x_{i-1})\right|\leqslant L(x_n-x_j)\leqslant L\delta_1<\frac{\varepsilon}{32}\\ f(\xi_k)(x_k-x_{k-1})\leqslant L\delta<\frac{\varepsilon}{32}\\ f(\xi_j)(x_j-x_{j-1})\leqslant L\delta<\frac{\varepsilon}{32}\end{gathered} \tag{3}$$

$$\begin{aligned}&\sum_{i=k+1}^{j-1}f(\xi_i)(x_i-x_{i-1})\\&=\left\{f(a+\delta_1)(x_k-(a+\delta_1))+\sum_{i=k+1}^{j-1}f(\xi_i)(x_i-x_{i-1})+f(b-\delta_1)(b-\delta_1-x_{j-1})\right\}-\\&\quad\{f(a+\delta_1)(x_k-(a+\delta_1))+f(b-\delta_1)(b-\delta_1-x_{j-1})\}\\&=:A-B\end{aligned}$$

显然 $a+\delta_1<x_k<\cdots<x_{j-1}<b-\delta_1$ 是 $[a+\delta_1,b-\delta_1]$ 的一个分割且分割细度小于 δ,故由式(2),有

$$|F(b-\delta_1)-F(a+\delta_1)-A|<\frac{\varepsilon}{8} \tag{4}$$

$$|B|\leqslant 2L\delta<\frac{\varepsilon}{16} \tag{5}$$

由式(3)(4)和(5),得

$$|F(b-\delta_1)-F(a+\delta_1)-S|<\frac{\varepsilon}{2}$$

再结合式(1),有

$$|F(b)-F(a)-S|<\varepsilon$$

从而由 §2 定义2知,$f(x)$ 在 $[a,b]$ 上 Riemann 可积且

$$\int_a^b f(x)\mathrm{d}x=F(b)-F(a)$$

参考文献

[1] 华东师范大学数学科学学院. 数学分析[M]. 北京:高等教育出版社, 2019.

[2] 伍胜健. 数学分析[M]. 北京:北京大学出版社, 2009.

[3] 常庚哲, 史济怀. 数学分析教程[M]. 合肥:中国科学技术大学出版社, 2013.

[4] 林群. 写给高中生的微积分[M]. 北京:人民教育出版社, 2010.

[5] 张景中. 不用极限的微积分[M]. 武汉:湖北科学技术出版社,2017.

论图中顶点独立集与独立集之间的匹配和匹配多项式

程　静

（广东成德电子科技股份有限公司　广东　佛山　528000）

摘　要　正交多项式与某些问题有关，这种关系近几年已经得到，本文我们定义了图中顶点独立集与独立集之间的匹配和匹配多项式，匹配多项式与 Hermite 多项式的关系，并利用这种关系计算多个 Hermite 多项式之积的积分值，并从匹配讨论了它的正交性……

关键词　匹配；完美匹配；匹配多项式

图 G 中的顶点独立集和独立集之间的匹配及匹配数是图论中一个极为重要的问题，那么何谓图 G 的顶点独立集和独立集之间的匹配呢？

假如有一个图 G，它的顶点集 $V(G)$ 可以划分为 2 个独立集 U 和 W，其中 $r=|U|\leqslant|W|$，G 的匹配是指边集 $M=\{e_1,e_2,\cdots,e_k\}$，$e_i=u_iw_i(1\leqslant i\leqslant k)$，使得 $u_1,u_2,\cdots,u_k$ 是 U 中 k 个不同的顶点，而 w_1，$w_2,\cdots,w_k$ 是 W 中 k 个不同的顶点，则称 M 将集 $\{u_1,u_2,\cdots,u_k\}$ 匹配到集 $\{w_1,w_2,\cdots,w_k\}$ 上. 显然，对于任意 k 条边构成的匹配，必有 $k\leqslant r$，这样我们就把 k 称为图 G 的基数. 若 G 的阶数为奇数 $2l+1$，则任一匹配所含的边数不超过 l；若 G 的阶数为偶数 $2k$，则任一匹配所含的边数不超过 k. 若阶数为 $2k$ 的图 G 存在基数为 k 的匹配，则称匹配 M 为完美匹配 PM，此时 G 中任一顶点均可通过 M 匹配到 G 中某个顶点（例如图 1 中的 4 阶正则图 K_4 就是一个完美匹配 PM，而图 2 中的 5 阶图虽然有匹配 M，但它不是完美匹配 PM）上. 根据以上图 G 中的顶点独立集与独立集之间的匹配和完美匹配 PM 的定义，我们稍加推演，就获得了如下一条定理.

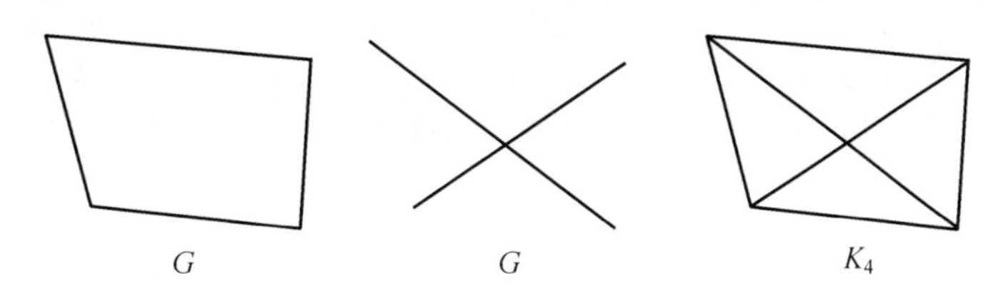

图 1　四阶正则图 K_4 及其匹配（其中 G 为 K_4 的导出图，$\bar{G}$ 为 G 的补图）

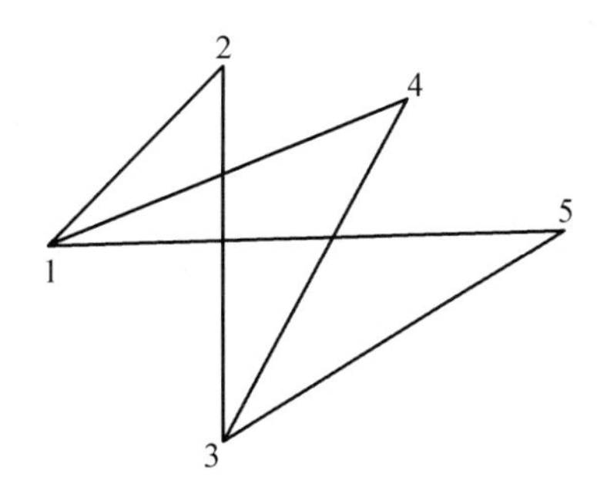

图 2　五阶图及其匹配

定理 1　任意大于或等于 1 的 r 阶正则二部图 G，均含有一个完美匹配 PM.

证明　设G为大于或等于1的r阶正则二部图,其部集(或顶点独立集)为U和W,显然$|U|=|W|$,次设X为U的非空子集,且$|X|=k\geqslant 1$,由于X中的每个顶点在G中的度数均为r,则G中必然有kr条边与X中的顶点进行关联.此外,W中的每个顶点最多只能关联这kr条边中的r条边,故而X的邻域$N(X)$中的每个顶点也只能关联到r条边,因此有$|N(X)|\geqslant k=|X|$,由此得出图G中含有一个完美匹配PM,于是定理1获证.接着我们再用$p(G,k)$来表示n阶图G的匹配数,则有

$$p(G,0)=1;p(G,-1)=0;p(G,1)=0$$

用$\alpha(G)=\alpha(G,x)=\sum\limits_{k=0}^{[\frac{n}{2}]}(-1)^k\cdot p(G,k)x^{n-2k}$表示一般$n$阶图$G$中的匹配多项式,则在$n$阶完全图$K_n$中蕴涵着如下一条定理.

定理2　n阶完全图K_n的匹配多项式为

$$\alpha(K_n,x)=2^{-\frac{n}{2}}H_n\left(\frac{x}{\sqrt{2}}\right) \tag{1}$$

证明　一方面,因为

$$2^{-\frac{n}{2}}H_n\left(\frac{x}{\sqrt{2}}\right)=\sum_{k=0}^{[\frac{n}{2}]}(-1)^k\frac{n!}{k!\ (n-2k)!}\cdot\frac{x^{n-2k}}{2^k} \tag{2}$$

这样,我们只要能够证明$\alpha(K_n,x)$等于式(2)的右边就行,而要证明n阶完全图K_n的匹配多项式是等于式(2)右边的,我们只需证明n阶完全图K_n的匹配数$p(K_n,k)$等于$\frac{n!}{k!\ (n-2k)!}$就行.为此,我们就来详细地考察n阶完全图K_n的匹配数$p(K_n,k)$.如果我们从n阶完全图K_n中任意选出$2k$个顶点组成k个匹配,那么一共有$\begin{pmatrix}n\\2k\end{pmatrix}$种方法;一旦我们选定这$2k$个顶点后,它就可以与$K_n$中的$2k-1$个顶点组成一个匹配,余下$2k-2$个未匹配上的顶点就只能与$2k-3$个顶点进行匹配了,依此类推,就有

$$\begin{aligned}p(K_n,k)&=\begin{pmatrix}n\\2k\end{pmatrix}(2k-1)(2k-3)\cdot\cdots\cdot 3\cdot 1\\&=\begin{pmatrix}n\\2k\end{pmatrix}\frac{(2k)!}{2^k k!}\\&=\frac{1}{2^k}\frac{n!}{k!\ (n-2k)!}\end{aligned}$$

即

$$p(K_n,k)=\frac{1}{2^k}\frac{n!}{k!\ (n-2k)!} \tag{3}$$

之后将式(3)代入到n阶完全图K_n的匹配多项式$\alpha(K_n,x)=\sum\limits_{k=0}^{[\frac{n}{2}]}(-1)^k p(K_n,k)x^{n-2k}$中,得

$$\alpha(K_n,x)=\sum_{k=0}^{[\frac{n}{2}]}(-1)^k\frac{1}{2^k}\frac{n!}{k!\ (n-2k)!}x^{n-2k}$$

即

$$\alpha(K_n,x)=2^{-\frac{n}{2}}H_n\left(\frac{x}{\sqrt{2}}\right) \tag{4}$$

至此,定理1也就获证了.

另一方面,如果我们将待证关系式(2)的左边$2^{-\frac{n}{2}}H_n(\frac{x}{\sqrt{2}})$记为$He_n(x)$的话,那么由Hermite多项

式 $H_n(x)$ 的性质,就不难得到 $He_n(x)$ 的递推关系式如下

$$He_{n+1}(x)=xHe_n(x)-nHe_{n-1}(x)\quad (He_0(x)=1,He_1(x)=x)$$

这样,我们就将待证的问题转化为

$$p(K_{n+1},k)=p(K_n,k)+n\alpha(K_{n-1},k-1) \tag{5}$$

而要证得式(5)是成立的,我们可以事先假设顶点 $v\in K_{n+1}$,于是该顶点 v 有 n 种方法组成一个 k 边匹配,余下的匹配数为 $p(K_{n-1},k-1)$,由乘法原理,我们得出子图 K_{n-1} 有 $np(K_{n-1},k-1)$ 个匹配数;若 $v\notin K_{n+1}$,则点 v 的匹配数为 $p(K_n,k)$,由加法原理,就可以得出匹配数的递推关系式 $p(K_{n+1},k)=p(K_n,k)+n\alpha(K_{n-1},k-1)$,这么一来,就有

$$\begin{aligned}\alpha(K_{n+1},x)&=\sum_{k=0}^{【\frac{n+1}{2}】}(-1)^k p(K_{n+1},k)x^{n+1-2k}\\&=\sum_{k=0}^{【\frac{n+1}{2}】}(-1)^k p(K_n,k)x^{n+1-2k}+\sum_{k=0}^{【\frac{n+1}{2}】}(-1)^k np(K_{n-1},k-1)x^{n+1-2k}\end{aligned}$$

即

$$\alpha(K_{n+1},x)=\sum_{k=0}^{【\frac{n+1}{2}】}(-1)^k p(K_n,k)x^{n+1-2k}+\sum_{k=0}^{【\frac{n+1}{2}】}(-1)^k np(K_{n-1},k-1)x^{n+1-2k} \tag{6}$$

如果$【\frac{n-1}{2}】>【\frac{n}{2}】=k$,则式(6)右边的第一项为

$$\begin{aligned}\sum_{k=0}^{【\frac{n+1}{2}】}(-1)^k p(K_n,k)x^{n+1-2k}&=x\sum_{k=0}^{【\frac{n}{2}】}(-1)^k p(K_n,k)x^{n+1-2k}\\&=x\alpha(K_n,x)\end{aligned}$$

在式(6)右边第二项的和式中,若用 k 代替 $k+1$,则得

$$\sum_{k=0}^{【\frac{n-1}{2}】}(-1)^{k+1}np(K_{n-1},k)x^{n-1-2k}=-n\alpha(K_{n-1},x)$$

这样,式(6)就变成了

$$\alpha(K_{n+1},x)=x\alpha(K_n,x)-n\alpha(K_{n-1},x) \tag{7}$$

而这个新导出的 n 阶完全图 K_n 的匹配多项式 $\alpha(K_n,x)$ 与多项式 $He_n(x)$ 有着同样的递推关系式,由此得出它们的结果理应相同,即

$$\alpha(K_n,x)=He_n(x)=2^{-\frac{n}{2}}H_n\left(\frac{x}{\sqrt{2}}\right)$$

于是定理 2 从另一个方面也获证了. 接下来,我们再利用组合学和这里的图的匹配方法来计算积分

$$I(n_1,n_2,\cdots,n_k)=\int_{-\infty}^{\infty}H_{n_1}(x)H_{n_2}(x)\cdots H_{n_k}(x)\mathrm{e}^{-x^2}\mathrm{d}x$$

的值. 当 $k=2$ 时,有

$$I(n_1,n_2)=\int_{-\infty}^{\infty}H_{n_1}(x)H_{n_2}(x)\mathrm{e}^{-x^2}dx=\begin{cases}0, & n_1\neq n_2\\2^n n_1!\sqrt{\pi}, & n_1=n_2\end{cases} \tag{8}$$

很明显,$I(n_1,n_2)$ 就是所谓 Hermite 多项式 $H_n(x)$ 的正交性,为了能够计算出 $I(n_1,n_2,\cdots,n_k)$ 的值,我们可以仿照上述的做法,先计算

$$J(n_1,n_2,\cdots,n_k)=\int_{-\infty}^{\infty}He_{n_1}(x)He_{n_2}(x)\cdots He_{n_k}(x)\mathrm{e}^{-x^2}\mathrm{d}x \tag{9}$$

的值,这是因为 $I(n_1,n_2,\cdots,n_k)$ 和 $J(n_1,n_2,\cdots,n_k)$ 之间存在如下简易关系

$$I(n_1,n_2,\cdots,n_k)=2^{\frac{n_1+n_2+\cdots+n_k-1}{2}}J(n_1,n_2,\cdots,n_k)\tag{10}$$

为了能够求出 $J(n_1,n_2,\cdots,n_k)$,我们特做如下三点约定

$$\boldsymbol{n}=(n_1,n_2,\cdots,n_k)$$

$$J_{\boldsymbol{n}}^{(i)}=J(n_1,n_2,\cdots,n_{i-1},n_i-1,n_{i+1},\cdots,n_k)$$

$$J_{\boldsymbol{n}}^{(i,j)}=J(n_1,n_2,\cdots,n_{i-1},n_i-1,n_{i+1},\cdots,n_{j-1},n_j-1,n_{j+1},\cdots,n_k)$$

根据以上所做的三点约定,就有如下一条引理.

引理 1

$$J_{\boldsymbol{n}}=\sum_{i=2}^{k}n_iJ_{\boldsymbol{n}}^{(1,i)}\text{和}J_{\boldsymbol{0}}=\sqrt{2\pi}$$

证明 由 $He_n(x)$,我们不难得到如下 Rodrigues 关系

$$He_n(x)=(-1)^n\mathrm{e}^{\frac{x^2}{2}}\frac{\mathrm{d}^n\mathrm{e}^{-\frac{x^2}{2}}}{\mathrm{d}x^n}\tag{11}$$

将式(11)两边对变量 x 求导一次,得

$$H'e_n(x)=nHe_{n-1}(x)\tag{12}$$

由此导出

$$\begin{aligned}J_{\boldsymbol{n}}&=\int_{-\infty}^{\infty}He_{n_1}(x)He_{n_2}(x)\cdots He_{n_k}(x)\mathrm{e}^{-x^2}\mathrm{d}x\\&=\int_{-\infty}^{\infty}(-1)^{n_1}\frac{\mathrm{d}^{n_1}}{\mathrm{d}x^{n_1}}\mathrm{e}^{-\frac{x^2}{2}}He_{n_2}(x)\cdots He_{n_k}(x)\mathrm{d}x\\&=\int_{-\infty}^{\infty}(-1)^{n_1-1}\frac{\mathrm{d}^{n_1-1}}{\mathrm{d}x^{n_1-1}}\mathrm{e}^{-\frac{x^2}{2}}\left\{\sum_{i=2}^{k}H'e_{n_2}(x)\prod_{j=2,j\neq 1}^{k}He_{n_j}(x)\right\}\mathrm{d}x\\&=\sum_{i=2}^{k}\int_{-\infty}^{\infty}(-1)^{n_1-1}He_{n_1-1}(x)He_{n_2-1}(x)\prod_{j=2,j\neq 1}^{k}He_{n_j}(x)\mathrm{d}x\\&=\sum_{i=2}^{k}n_iJ_{\boldsymbol{n}}^{(1,i)}\end{aligned}$$

及

$$J_{\boldsymbol{0}}=\int_{-\infty}^{\infty}\mathrm{e}^{-\frac{x^2}{2}}\mathrm{d}x=\sqrt{2\pi}$$

如此一来,我们通过引理1就可以将 $J_{\boldsymbol{n}}$ 的问题转化为计算 $J_{\boldsymbol{n}}^{(1,i)}$ 的问题,而要计算 $J_{\boldsymbol{n}}^{(1,i)}$,我们仍要借助于图 G 中的匹配.现在假定 G 的顶点集 $V(G)$ 可以划分为 k 个独立集 $V_1,V_2,\cdots,V_k$,即

$$\begin{cases}G=V_1\cup V_2\cup\cdots\cup V_k\\V_1\cap V_2\cap\cdots\cap V_k=\varnothing\end{cases}\tag{13}$$

且每个独立集的顶点数为 $|V_i|=n_i$,其中任何一组顶点所连接的边不属于同一独立集 V_i,我们就称 G 为 $V_1,V_2,\cdots,V_k$ 的 k 部完全图,并用符号 $P_{\boldsymbol{n}}=P_n(n_1,n_2,\cdots,n_k)$ 来记它的匹配数,很明显 $P_{\boldsymbol{0}}=1$,并继续沿用上述所做的那三点约定,即

$$\boldsymbol{n}=(n_1,n_2,\cdots,n_k)$$

$$J_{\boldsymbol{n}}^{(i)}=J(n_1,n_2,\cdots,n_{i-1},n_i-1,n_{i+1},\cdots,n_k)$$

$$J_{\boldsymbol{n}}^{(i,j)}=J(n_1,n_2,\cdots,n_{i-1},n_i-1,n_{i+1},\cdots,n_{j-1},n_j-1,n_{j+1},\cdots,n_k)$$

当 $\sum\limits_{i=1}^{k}n_i$ 为奇数时,有

$$P_{\boldsymbol{n}}=0$$

同时记

$$P_{\boldsymbol{n}}^{(i,j)}=P(n_1,n_2,\cdots,n_{i-1},n_i-1,n_{i+1},\cdots,n_{j-1},n_j-1,n_{j+1},\cdots,n_k)$$

则有如下类似的一条引理:

引理 2

$$P_{\boldsymbol{n}}=\sum_{i=2}^{k}n_iP_{\boldsymbol{n}}^{(1,i)}$$

和

$$P_{\boldsymbol{0}}=\sqrt{2\pi}$$

证明 如果我们从图 G 的独立集 V_1 中任意取出一顶点,那么这一点就可以与 V_i 中的任意点进行匹配,一旦它们匹配成功,则余下的就有 $P_{\boldsymbol{n}}^{(1,i)}$ 种方法进行匹配了,根据乘法原理,独立集 V_1 中每个点将产生 $n_iP_{\boldsymbol{n}}^{(1,i)}$ 种匹配,由于图 G 有 k 个独立集 $V_1,V_2,\cdots,V_k$,这样就有

$$P_{\boldsymbol{n}}=\sum_{i=2}^{k}n_iP_{\boldsymbol{n}}^{(1,i)} \tag{14}$$

当 $\boldsymbol{n}=\boldsymbol{0}$ 时,有

$$P_{\boldsymbol{0}}=\sqrt{2\pi} \tag{15}$$

于是引理 2 也就获证了. 由引理 1 和引理 2,我们立马获得如下两条定理:

定理 3 $J_{\boldsymbol{n}}=\sqrt{2\pi}\,P_{\boldsymbol{n}}$, $I_{\boldsymbol{n}}=\sqrt{2^{n_1+n_2+\cdots+n_k}\pi}\,P_{\boldsymbol{n}}$.

定理 4 $P(m,n)=n!\ \delta_{m,n}$.

证明 若图 G 的顶点集 $V(G)$ 可以划分为两个独立集 V_1 和 V_2,且满足

$$\begin{cases}V(G)=V_1\cup V_2\\ V_1\cap V_2=\varnothing\end{cases} \tag{16}$$

其中 $|V_1|=m$, $|V_2|=n$,如果 $m\neq n$,那么就无法在它们之间进行完全匹配了,这样就有 $P(m,n)=0$;如果 $m=n$,将有 $n!$ 种方法进行匹配,于是定理 3 获证.

接下来我们再假定图 G 的顶点集 $V(G)$ 可以划分为三个独立集 V_1,V_2,V_3,且 $|V_1|=l$, $|V_2|=m$, $|V_3|=n$,如果 $l+m+n$ 为奇数,或当 $l>m+n$ 时,则有 $P(l,m,n)=0$;如果 $2s=l+m+n$ 为偶数,且 l,m,n 中任何两个之和不小于第三个,则有

$$P(l,m,n)=\frac{l!\ m!\ n!}{(s-l)!\ (s-m)!\ (s-n)!} \tag{17}$$

证明 不失一般性,我们可以假定 $m\geqslant n$,这样独立集 V_1 中的所有顶点都能与独立集 V_2 和 V_3 中的顶点进行匹配了,而独立集 G_2 和 G_3 余下的那些顶点也有完全匹配的可能,这就意味着 V_1 与 V_2 比 V_1 与 V_3 多出 $m-n$ 个完全匹配,如果这时我们用小写字母 x 表示 V_1 与 V_2 之间的匹配数,用小写字母 y 表示 V_1 与 V_3 之间的匹配数,则有

$$x+y=l$$

和

$$x-y=m-n$$

再联系题设中 $s=\dfrac{l+m+n}{2}$,就有

$$x=s-n$$

和

$$y=s-m$$

此两式是指 V_2 和 V_3 之间有 $s-l$ 种匹配方法，由此得出 V_1 与 V_2 之间有 $\begin{pmatrix} l \\ s-n \end{pmatrix}$ 种匹配方法，V_2 中余下的顶点再来与 V_3 中的顶点进行匹配；如果我们是从 V_1 中取 $(s-n)$ 和 V_2 取出 $(s-n)$ 进行匹配，这将占据 $2(s-n)$ 顶点，而这 $2(s-n)$ 个顶点又将产生 $(s-n)!$ 种匹配方法，同理我们得出 V_2 与 V_3 之间的匹配数为 $\begin{pmatrix} m \\ s-l \end{pmatrix}(s-l)!$，$V_1$ 与 V_3 之间的匹配数为 $\begin{pmatrix} n \\ s-m \end{pmatrix}(s-m)!$，这样一来，我们就得出总匹配数为

$$\begin{aligned} P(l,m,n) &= \begin{pmatrix} l \\ s-n \end{pmatrix}\begin{pmatrix} m \\ s-l \end{pmatrix}\begin{pmatrix} n \\ s-m \end{pmatrix}(s-n)!\,(s-l)!\,(s-m)! \\ &= \frac{(s-n)!\,l!}{(s-n)!\,(l-s+n)!}\,\frac{(s-l)!\,m!}{(s-l)!\,(m-s+l)!}\,\frac{(s-m)!\,n!}{(s-m)!\,(n-s+m)!} \\ &= \frac{l!}{(l-s+n)!}\,\frac{m!}{(m-s+l)!}\,\frac{n!}{(n-s+m)!} \end{aligned} \tag{18}$$

又因

$$s=\frac{l+m+n}{2}$$

就有

$$\begin{aligned} P(l,m,n) &= \frac{l!}{(-s+2s-m)!}\,\frac{m!}{(-s+2s-n)!}\,\frac{n!}{(-s+2s-l)!} \\ &= \frac{l!}{(s-m)!}\,\frac{m!}{(s-n)!}\,\frac{n!}{(s-l)!} \end{aligned} \tag{19}$$

再由定理3，就有

$$\begin{aligned} I(l,m,n) &= \int_{-\infty}^{\infty} H_l(x)H_m(x)H_n(x)\mathrm{e}^{-x^2}\,\mathrm{d}x \\ &= \frac{2^{\sqrt{l+m+n}}\,l!\,m!\,n!\,\sqrt{\pi}}{(s-l)!\,(s-m)!\,(s-n)!} \end{aligned} \tag{20}$$

这样，我们也把 $P(l,m,n)$ 和 $I(l,m,n)$ 的值确定了．接下来我们考察假设图 G 的顶点集 $V(G)$ 可以划分为四个独立集 V_1,V_2,V_3,V_4，且独立集的顶点数 $|V_1|=k$，$|V_2|=l$，$|V_3|=m$，$|V_4|=n$ 的情形．如果 $k+l+m+n$ 为奇数，或当 $k>l+m+n$ 时，则有 $P(k,l,m,n)=0$；如果 $2s=k+l+m+n$ 为偶数，且 k,l,m,n 中任何三个之和不小于第四个，则有

$$P(k,l,m,n)=\frac{k!\,l!\,m!\,n!}{(s-k)!\,(s-l)!\,(s-m)!\,(s-n)!} \tag{21}$$

和

$$\begin{aligned} I(k,l,m,n) &= \int_{-\infty}^{\infty} H_k(x)H_l(x)H_m(x)H_n(x)\mathrm{e}^{-x^2}\,\mathrm{d}x \\ &= \frac{2^{\sqrt{k+l+m+n}}\,k!\,l!\,m!\,n!\,\sqrt{\pi}}{(s-k)!\,(s-l)!\,(s-m)!\,(s-n)!} \end{aligned} \tag{22}$$

这样一来，我们彻底解决了图 G 的顶点集 $V(G)$ 可划分为两个独立集、三个独立集、四个独立集以及一般划分为 k 个独立集时 $J_n=\sqrt{2\pi}P_n$ 计算了．

参考文献

[1] 柯召，魏万迪．组合论(上、下册)[M]．北京：科学出版社，1981．

[2] 李凡长，康宇，童海峰，段爱华等．组合理论及其应用[M]．北京：清华大学出版社，2005．

[3] 卢开澄，卢华明等. 组合数学[M]. 3 版. 北京：清华大学出版社，2002.

[4] 戴一奇，胡冠章，陈卫. 图论与代数结构[M]. 北京：清华大学出版社，1995.

[5] 耿素云，屈婉玲，张立昂. 离散数学[M]. 5 版. 北京：清华大学出版社，2014.

[6] Richard . P. Stanley. Enumerative combinatorics[M]. Volume 1. New York: Cambridge University Press, 1997.

[7] Richard . P. Stanley. Enumerative combinatorics[M]. Volume 2. New York: Cambridge University Press, 1997.

[8] Kenneth H. Rosen. Discrete mathematics and Its application[M]. New York: Pearson Education. Inc. , 1977.

[9] Gary Chartrand, Ping Zhang. Introduction to graph theory[M]. New York: McGraw-Hill Companies, Inc. , 2005.

[10] George E. Andrews. The theory of partitions[M]. New York: Cambridge University Press, 1984.

[11] Andrews G E, Eriksson K. Integer partitions[M]. New York: Cambridge University Press, 2004.

二次函数与特殊四边形存在性有关的压轴题*

董永春[1],黄风[2]

(1.成都市锦江区师一学校　四川　成都　610103;
2.成都市锦江区师一学校　四川　成都　610103)

§1　问题的提出

二次函数部分在中考中占有重要地位,二次函数与特殊四边形的存在性相结合的考题考察学生的理解迁移能力,难度相对较大.这部分考题对学生的构图能力、空间想象能力、计算能力等方面的要求较高,找到题干中已知条件之间的关联,准确分析已知条件与结论之间的联系,是破解这类问题的关键.怎样才能较好地解决此类问题呢?有没有一般方法呢?我们对于特殊四边形存在性问题通常要先分类(按边、对角线等),大致画出特殊四边形存在性的草图,抓住目标点坐标是问题解决的关键.这类问题的函数背景其实仅限制了点的运动轨迹,同时函数解析式让我们表示动点坐标变得可能,问题的关键不在一次函数、反比例函数、还是二次函数,而是特殊四边形的性质本身.在实际中,我们可以根据具体图形的特征,利用几何和代数相结合的方法来解决问题.

§2　有关问题的解决

(一)以构造平行四边形为背景考察

例1(2021锦江区一诊28)　抛物线 $y=ax^2+bx-3(a\neq 0)$ 的图像与 x 轴交于点 $B(-3,0)$,$C(1,0)$,与 y 轴交于点 A.

(1) 求抛物线的表达式和顶点坐标.

(2) 抛物线上是否存在一点 D(不与点 A,B,C 重合),使得直线 DA 将四边形 $DBAC$ 的面积分为 $3:5$ 两部分?若存在,求出点 D 的坐标;若不存在,请说明理由.

(3) 点 P 是抛物线对称轴上一点,在抛物线上是否存在一点 Q,使以点 P,Q,A,B 为顶点的四边形是平行四边形?若存在,直接写出点 Q 的坐标;若不存在,请说明理由.

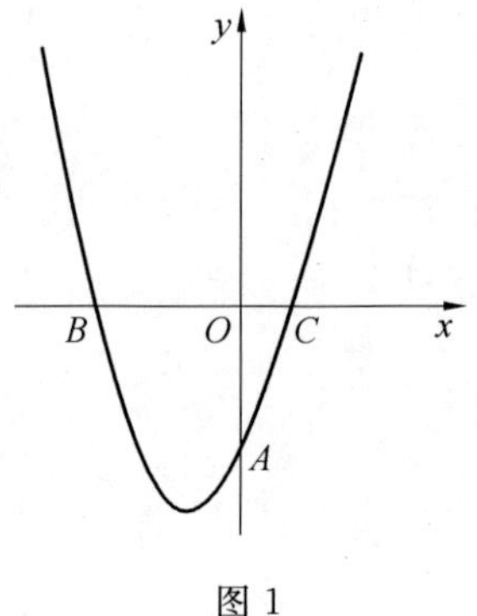

图1

分析　(1) 如图1,$y=x^2+2x-3$,顶点坐标为 $(-1,-4)$.

(2) 点 D 的坐标是 $(-4,5)$ 或 $(-8,45)$.

(3) 分三种情况:

* 成都市课题"基于区域监测与评价数据分析的学习活动设计研究"(CY2022ZG02)阶段性成果.

① 如图2,以 AB 为边时,四边形 $ABPQ$ 是平行四边形,因为抛物线的对称轴是 $x=-1$,所以点 P 的横坐标为 -1,又因为 $A(0,-3)$,$B(-3,0)$,所以点 Q 的横坐标为 2,当 $x=2$ 时,$y=2^2+2\times2-3=5$,所以 $Q(2,5)$;

② 如图 3,以 AB 为边时,四边形 $ABQP$ 是平行四边形,同理得 $Q(-4,5)$;

③ 如图 4,以 AB 为对角线时,四边形 $AQBP$ 是平行四边形,同理得 $Q(-2,-3)$.

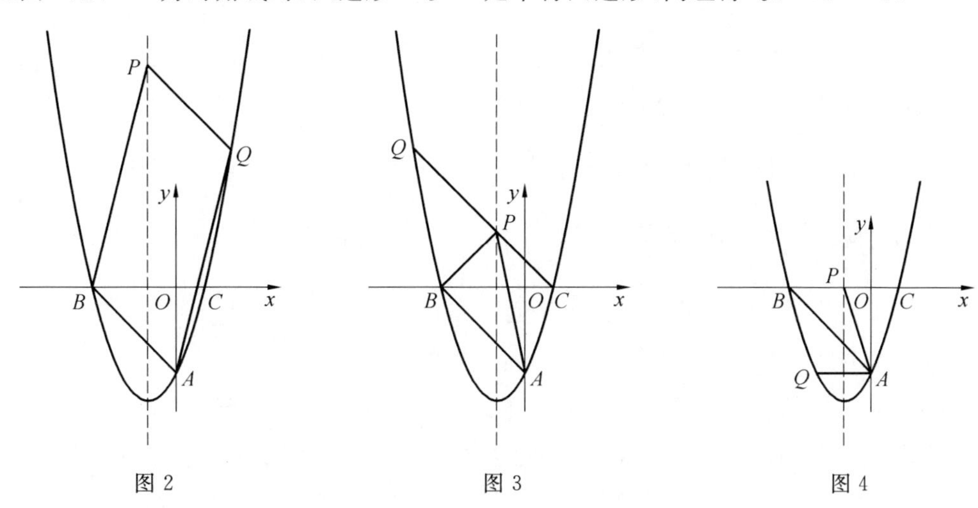

图 2　　图 3　　图 4

综上,点 Q 的坐标为(2,5) 或(−4,5) 或(−2,−3).

点评　此题的关键是学会构图,"两定两动" 型的平行四边形构造常规做法就是分情况讨论,以 AB 为边和以 AB 为对角线分别构图(如图5),借助中点坐标公式或者点坐标的平移来建立方程求解,此题对称轴已知,另一个动点的横坐标是确定的,认真读题就能得到答案."三定一动" 型平行四边形构造可借助平移、全等、中点坐标公式等知识确定坐标. 在平行四边形的构造中,"有对边相等,用坐标差;有对边平行,用 k(斜率) 相等;有对角线互相平分,用中点坐标公式."

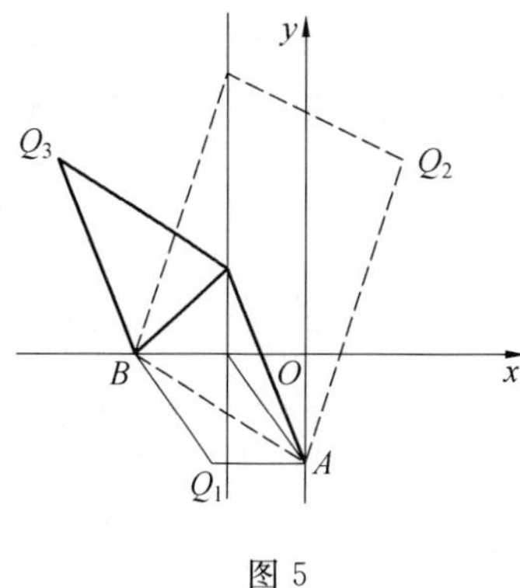

图 5

(二) 以构造正方形为背景考察

例 2(2017 成都中考 28)　如图 6,在平面直角坐标系 xOy 中,抛物线 C:$y=ax^2+bx+c$ 与 x 轴相交于 A,B 两点,顶点为 $D(0,4)$,$AB=4\sqrt{2}$,设点 $F(m,0)$ 是 x 轴的正半轴上一点,将抛物线 C 绕点 F 旋转 180°,得到新的抛物线 C'.

(1) 求抛物线 C 的函数表达式.

(2) 若抛物线 C' 与抛物线 C 在 y 轴的右侧有两个不同的公共点,求 m 的取值范围.

(3) 如图7,P 是第一象限内抛物线 C 上一点,它到两坐标轴的距离相等,点 P 在抛物线 C' 上的对应点为 P',设 M 是 C 上的动点,N 是 C' 上的动点,试探究四边形 $PMP'N$ 能否成为正方形? 若能,求出 m 的值;若不能,请说明理由.

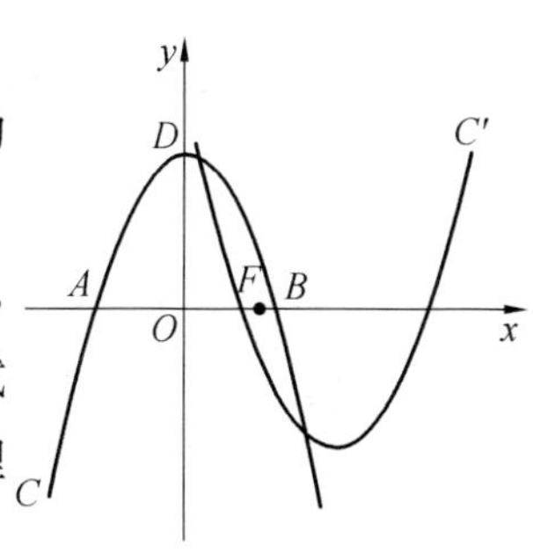

图 6

分析　(1)$y=-\frac{1}{2}x^2+4$;(2)$2<m<2\sqrt{2}$;(3) 结论:四边形 $PMP'N$ 能成为正方形.

情形 1　如图 7,作 $PE\perp x$ 轴于点 E,$MH\perp x$ 轴于点 H. 由题意易知 $P(2,2)$,当 $\triangle PFM$ 是等腰

直角三角形时,四边形 $PMP'N$ 是正方形,所以 $PF=FM$,$\angle PFM=90^\circ$,易证 $\triangle PFE\cong\triangle FMH$,从而可得 $PE=FH=2$,$EF=HM=2-m$,所以 $M(m+2,m-2)$. 因为点 M 在 $y=-\frac{1}{2}x^2+4$ 上,所以 $m-2=-\frac{1}{2}(m+2)^2+4$,解得 $m=\sqrt{17}-3$ 或 $-\sqrt{17}-3$(舍弃),所以 $m=\sqrt{17}-3$ 时,四边形 $PMP'N$ 是正方形.

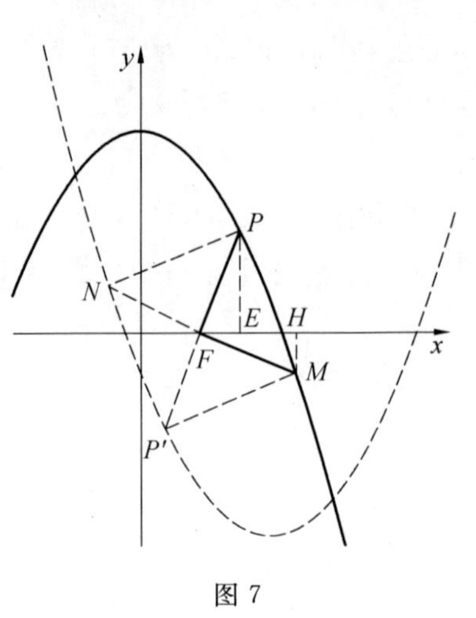

图 7

情形 2 如图 8,四边形 $PMP'N$ 是正方形,同法可得 $M(m-2,2-m)$,把 $M(m-2,2-m)$ 代入 $y=-\frac{1}{2}x^2+4$ 中,$2-m=-\frac{1}{2}(m-2)^2+4$,解得 $m=6$ 或 0(舍弃),所以 $m=6$ 时,四边形 $PMP'N$ 是正方形.

综上,四边形 $PMP'N$ 能成为正方形,$m=\sqrt{17}-3$ 或 6.

点评 本题的难点是要能推断出点 F 是正方形的中心,要认真体会题干"点 $F(m,0)$ 是 x 轴的正半轴上一点,将抛物线 C 绕点 F 旋转 180°,得到新的抛物线 C'",图像的旋转就是图像上每一个点的旋转,本题其实也是"两定两动"的正方形构造,转化为构造三垂直全等(如图 9),得到 $\triangle PFE\cong\triangle FMH$,进而线段相等,线段长转化为坐标,从而得到 $P(2,2)$,$M(m-2,2-m)$(此题也可以理解成"瓜豆模型",有兴趣的读者可以自行完成,注意顶点的顺序要分类讨论). 正方形存在性问题,已知两定点,则可通过构造三垂直全等来求得第 3 个点,具体问题还需具体分析.

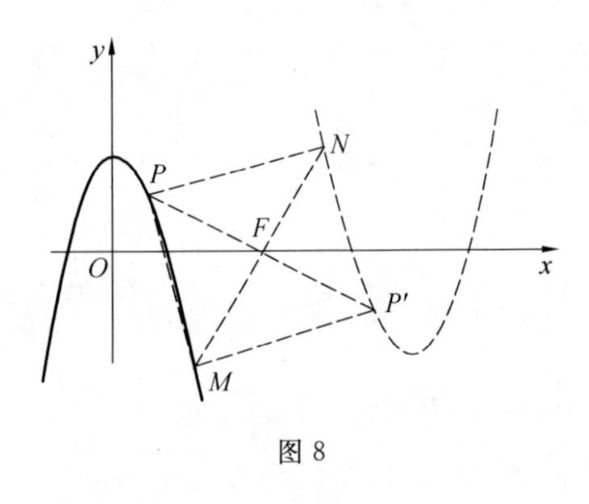

图 8

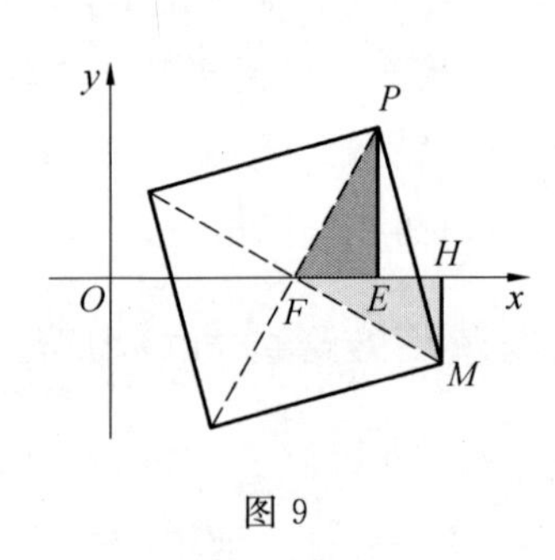

图 9

(三) 以构造菱形为背景考察

例 3(2016 成都中考 28) 如图 10,在平面直角坐标系 xOy 中,抛物线 $y=a(x+1)^2-3$ 与 x 轴交于 A,B 两点(点 A 在点 B 的左侧),与 y 轴交于点 $C\left(0,-\frac{8}{3}\right)$,顶点为 D,对称轴与 x 轴交于点 H,过点 H 的直线 l 交抛物线于 P,Q 两点,点 Q 在 y 轴的右侧.

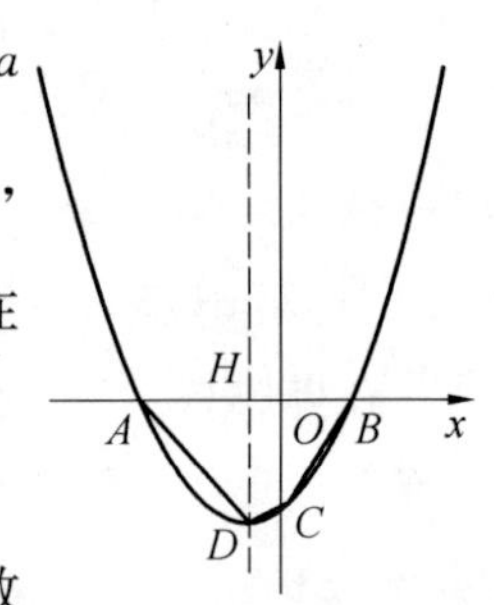

图 10

(1) 求 a 的值及点 A,B 的坐标.

(2) 当直线 l 将四边形 $ABCD$ 分为面积比为 3∶7 的两部分时,求直线 l 的函数表达式.

(3) 当点 P 位于第二象限时,设 PQ 的中点为 M,点 N 在抛物线上,则以 DP 为对角线的四边形 $DMPN$ 能否为菱形? 若能,求出点 N 的坐标;若不能,请说明理由.

分析 (1)$a=\frac{1}{3}$,$A(-4,0)$,$B(2,0)$.

(2) 直线 l 的函数表达式为 $y=2x+2$ 或 $y=-\frac{4}{3}x-\frac{4}{3}$.

(3) 设 $P(x_1,y_1)$,$Q(x_2,y_2)$ 且过点 $H(-1,0)$ 的直线 PQ 的解析式为 $y=kx+b$,所以 $-k+b=0$,则 $b=k$,所以 $y=kx+k$. 因为$\begin{cases}y=kx+k\\y=\frac{1}{3}x^2+\frac{2}{3}x-\frac{8}{3}\end{cases}$,所以

$$\frac{1}{3}x^2+(\frac{2}{3}-k)x-\frac{8}{3}-k=0$$

即

$$x_1+x_2=-2+3k$$
$$y_1+y_2=kx_1+k+kx_2+k=3k^2$$

因为点 M 是线段 PQ 的中点,根据中点坐标公式得 $M(\frac{x_1+x_2}{2},\frac{y_1+y_2}{2})$,所以点 $M(\frac{3}{2}k-1,\frac{3}{2}k^2)$.

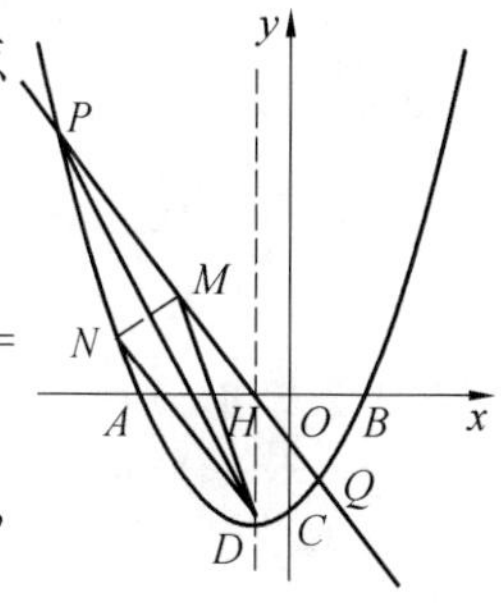

假设存在这样的点 N,如图 11,直线 $DN \parallel PQ$,设直线 DN 的解析式为 $y=kx+k-3$,由$\begin{cases}y=kx+k-3\\y=\frac{1}{3}x^2+\frac{2}{3}x-\frac{8}{3}\end{cases}$,解得 $x_1=-1$,$x_2=3k-1$,所以 $N(3k-1,3k^2-3)$. 因为四边形 $DMPN$ 是菱形,所以 $DN=DM$.

图 11

所以$(3k)^2+(3k^2)^2=(\frac{3k}{2})^2+(\frac{3}{2}k^2+3)^2$,整理得 $3k^4-k^2-4=0$,因为 $k^2+1>0$,所以 $3k^2-4=0$,解得 $k=\pm\frac{2\sqrt{3}}{3}$. 又因为 $k<0$,所以 $k=-\frac{2\sqrt{3}}{3}$,从而 $P(-3\sqrt{3}-1,6)$,$M(-\sqrt{3}-1,2)$,$N(-2\sqrt{3}-1,1)$,所以 $PM=DN=2\sqrt{7}$. 因为 $PM \parallel DN$,所以四边形 $DMPN$ 是平行四边形,又因为 $DM=DN$,所以平行四边形 $DMPN$ 为菱形,从而以 DP 为对角线的四边形 $DMPN$ 能成为菱形,此时点 N 的坐标为$(-2\sqrt{3}-1,1)$.

点评 一般"两定两动"型菱形存在性问题的构造方法是"两圆一线",即以已知的两点为边和对角线来分类讨论. 怎么画图是关键,第一步,根据菱形的基本概念确定怎么分类讨论;第二步,根据菱形的基本性质画出图形;第三步,根据菱形的对边平行这一性质,求出所需的点的坐标. 在此题中菱形 $DMPN$ 顺序是确定的,这一点我们要区别和把握住,点 P、点 Q 都是动点,这时中点 M 往往采取用中点坐标公式表示出来,此题通过构图发现大致形状是唯一确定的,已知点 $D(-1,-3)$,$M(\frac{3}{2}k-1,\frac{3}{2}k^2)$,$N(3k-1,3k^2-3)$ 都依次表示出来,再结合菱形的性质来建立方程,从而问题得到解决. 这个题我们使用的方法称为解析法,大致流程是:设直线方程;和已知的二次函数(反比例函数)联立方程,表示出交点坐标;借助勾股定理、几何图形自身特点(菱形、对边相等、中点等)建立方程,最后消掉或者求出未知数,从而解决问题.

(四) 以构造矩形为背景考察

例 4(2015 成都中考 28) 如图 12,在平面直角坐标系 xOy 中,抛物线 $y=ax^2-2ax-3a(a<0)$

与 x 轴交于 A,B 两点(点 A 在点 B 的左侧),经过点 A 的直线 l:$y=kx+b$ 与 y 轴交于点 C,与抛物线的另一个交点为 D,且 $CD=4AC$.

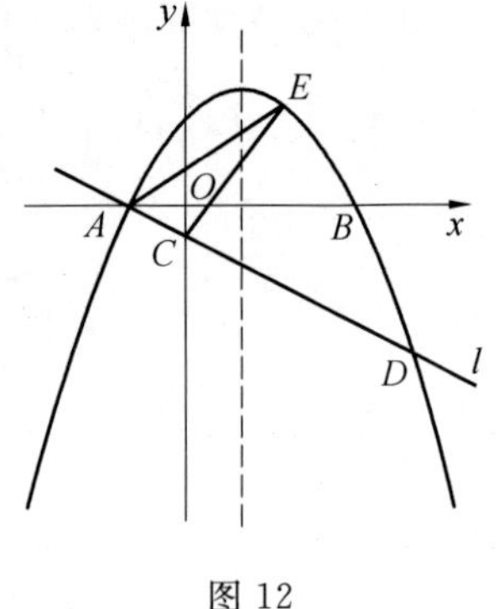

图 12

(1) 直接写出点 A 的坐标,并求直线 l 的函数表达式(其中 k,b 用含 a 的式子表示).

(2) 点 E 是直线 l 上方的抛物线上的一点,若 $\triangle ACE$ 的面积的最大值为 $\frac{5}{4}$,求 a 的值.

(3) 设 P 是抛物线对称轴上的一点,点 Q 在抛物线上,以点 A,D,P,Q 为顶点的四边形能否成为矩形?若能,求出点 P 的坐标;若不能,请说明理由.

分析 (1)$A(-1,0)$,直线 l 的函数表达式为 $y=ax+a$.

(2)$a=-\frac{2}{5}$.

(3) 令 $ax^2-2ax-3a=ax+a$,即 $ax^2-3ax-4a=0$,解得 $x_1=-1$,$x_2=4$,所以 $D(4,5a)$. 因为 $y=ax^2-2ax-3a$,所以抛物线的对称轴为 $x=1$,设 $P_1(1,m)$,则:

① 如图13,若 AD 是矩形的一条边,由 $AQ\parallel DP$ 知 $x_D-x_P=x_A-x_Q$,可知点 Q 的横坐标为 -4,将 $x=-4$ 代入抛物线方程得 $Q(-4,21a)$,$m=y_D+y_Q=21a+5a=26a$,则 $P(1,26a)$,因为四边形 $ADPQ$ 为矩形,所以 $\angle ADP=90^\circ$,所以 $AD^2+PD^2=AP^2$,又因为

$$AD^2=[4-(-1)]^2+(5a)^2=5^2+(5a)^2$$
$$PD^2=(1-4)^2+(26a-5a)^2=3^2+(21a)^2$$

所以

$$[4-(-1)]^2+(5a)^2+(1-4)^2+(26a-5a)^2=(-1-1)^2+(26a)^2$$

即

$$a^2=\frac{1}{7}$$

因为 $a<0$,所以 $a=-\frac{\sqrt{7}}{7}$,则 $P_1(1,-\frac{26\sqrt{7}}{7})$.

② 如图14,若 AD 是矩形的一条对角线,则线段 AD 的中点坐标为$(\frac{3}{2},\frac{5a}{2})$,$Q(2,-3a)$,$m=5a-(-3a)=8a$,则 $P(1,8a)$,因为四边形 $AQDP$ 为矩形,所以 $\angle APD=90^\circ$,则

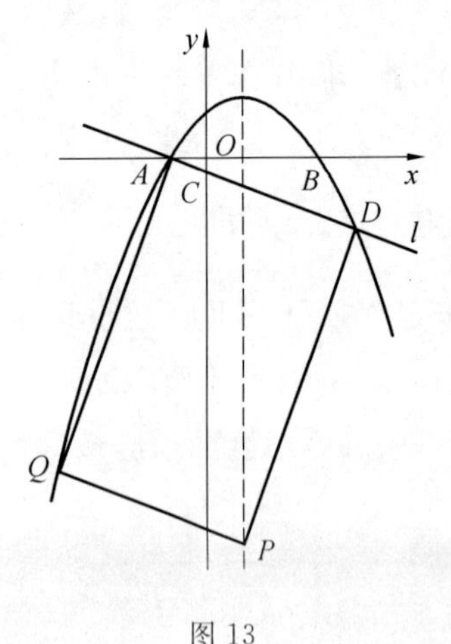

图 13

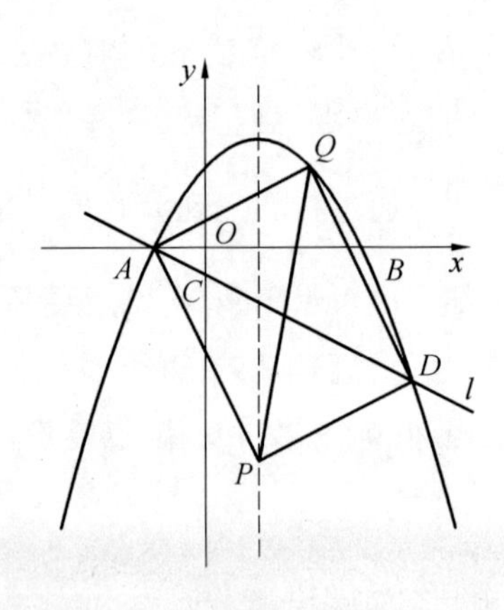

图 14

$$AP^2+PD^2=AD^2$$

又因为

$$AP^2=[1-(-1)]^2+(8a)^2=2^2+(8a)^2$$
$$PD^2=(4-1)^2+(8a-5a)^2=3^2+(3a)^2$$
$$AD^2=[4-(-1)]^2+(5a)^2=5^2+(5a)^2$$

所以

$$2^2+(8a)^2+3^2+(3a)^2=5^2+(5a)^2$$

解得 $a^2=\frac{1}{4}$，又因为 $a<0$，所以 $a=-\frac{1}{2}$，则 $P_2(1,-4)$.

综上可得，点 P 的坐标为 $P_1(1,-4)$，$P_2(1,-\frac{26\sqrt{7}}{7})$.

点评 矩形的存在性问题等价于直角三角形的存在性问题(往往是“两定两动”型)，我们借助勾股定理或者解析式来计算；也可先让动点构成平行四边形，再验证两条对角线相等. 当 AD 为边时，利用“两线”构图方式准确确定点 P 的位置，此时图形中出现“斜直角”，可考虑用勾股定理建立方程来解决.

§3 结 束 语

在处理二次函数与特殊四边形存在性问题相结合的题型时，我们按照“先分类，再画图，后计算”的步骤来处理. 我们应掌握常见的分类讨论方法(如边、对角线)和常见的计算方法(解析法、中点坐标公式、距离公式、点坐标平移)，牢牢把握住二次函数几何综合题的“总体思路线”，需要通过平时积累和专题训练进行强化巩固，分层次逐步进行掌握. 通过二次函数中的特殊四边形存在性问题的解决，提升学生的转化、分类、方程思想、数形结合等数学思想，并在问题解决中体验数学的魅力.

参 考 文 献

[1] G. 波利亚. 怎样解题[M]. 闫育苏，译. 北京：科学出版社，1982.

剖析与瓜豆原理有关的动点问题*

董永春

(成都市锦江区师一学校　四川　成都　610103)

§1　问题的提出

几何动点问题是当下中考的热门话题.瓜豆原理模型就是其中的典型之一,瓜豆原理是解析主、从联动轨迹问题重要的数学原理,在解答的时候需要有轨迹思想.首先要寻找"定点、主动点、从动点",然后从图形变换的角度来看主动点关于定点作了怎样的变换得到从动点,从动点的运动轨迹也可由主动点的运动轨迹作相应的变化得到.瓜豆原理解题过程涉及几何旋转、相似、全等、共线等知识,难度大.我们探究时要挖掘动点关联,确定动点轨迹,实现问题的静态转化.本文通过对瓜豆原理考题的解析,给出了一些解题思考和常见寻找轨迹的方法,已期学生对此类问题有更深入的理解.

§2　有关问题的解决

(一)瓜豆原理之"种"线得线

如图1,点C为定点,点P是直线AB上的一动点,以CP为斜边作$\mathrm{Rt}\triangle CPQ$,且$\angle P=30^\circ$,当点P在直线AB上运动,点Q的运动轨迹也是一条直线,即将点P看成主动点,点Q看成从动点,当点P的轨迹是直线时,点Q的轨迹也是一条直线.

满足条件:

(1) 主动点、从动点与定点连线的夹角是定值($\angle PCQ$是定值);

(2) 主动点、从动点到定点的距离之比是定值($CP:CQ$是定值).

得出结论:

(1) 主动点、从动点的运动轨迹是相同的;

(2) 主动点路径所在直线与从动点路径所在直线的夹角等于定角;

(3) 当主动点、从动点到定点的距离相等时,从动点的运动路径长等于主动点的运动路径长;

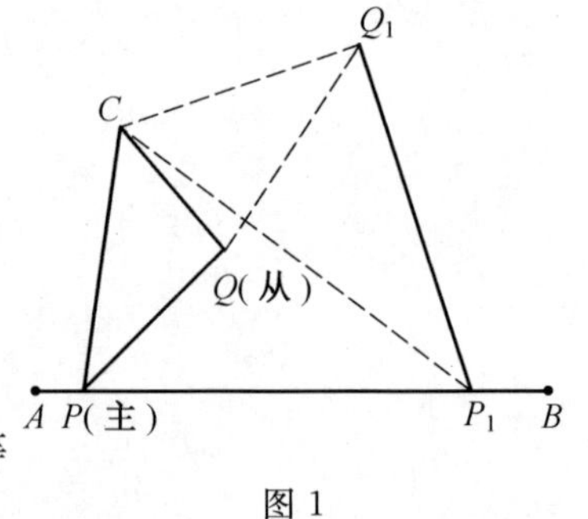

图1

(4) 当主动点、从动点到定点的距离不相等时,$\dfrac{\text{从动点运动路径}}{\text{主动点运动路径}}=\dfrac{\text{从动点到定点距离}}{\text{主动点到定点距离}}$.

例1(2019宿迁)　如图2,正方形$ABCD$的边长为4,E为BC上一点,且$BE=1$,F为边AB上的一个动点,联结EF,以EF为边向右侧作等边$\triangle EFG$,联结CG,则CG的最小值为________.

解　由题知,点F是主动点,点G是从动点,点F在线段上运动,点G也一定在线段的轨迹上运动.

---

* 成都市课题"基于区域监测与评价数据分析的学习活动设计研究"(CY2022ZG02)阶段性成果.

将 $\triangle EFB$ 绕点 E 旋转 $60°$，使 EF 与 EG 重合，得到 $\triangle EHG$，联结 BH，得到 $\triangle EFB \cong \triangle EHG$，从而可知 $\triangle EBH$ 为等边三角形，点 G 在垂直于 HE 的直线 HN 上，延长 HM 交 CD 于点 N. 则 $\triangle EFB \cong \triangle EHG$，所以 $HE = BE = 2$，$\angle BEH = 60°$，$\angle GHE = \angle FBE = 90°$，从而可知 $\triangle EBH$ 为等边三角形. 又因为四边形 $ABCD$ 是矩形，所以 $\angle FBE = 90°$，从而 $\angle GHE = \angle FBE = 90°$，所以点 G 在垂直于 HE 的直线 HN 上，点 G 的运动轨迹是直线 HN. 作 $CM \perp HN$，由垂线段最短可知，CM 即为 CG 的最小值. 作 $EP \perp CM$，联结 BH，EH，如图 3 所示. 则四边形 $HEPM$ 为矩形，所以 $MP = HE = 2$，$\angle HEP = 90°$，则 $\angle PEC = 30°$. 因为 $EC = BC - BE = 4$，所以 $CP = \frac{1}{2}EC = \frac{3}{2}$，从而可知 $CM = MP + CP = 1 + \frac{3}{2} = \frac{5}{2}$，即 CG 的最小值为 $\frac{5}{2}$.

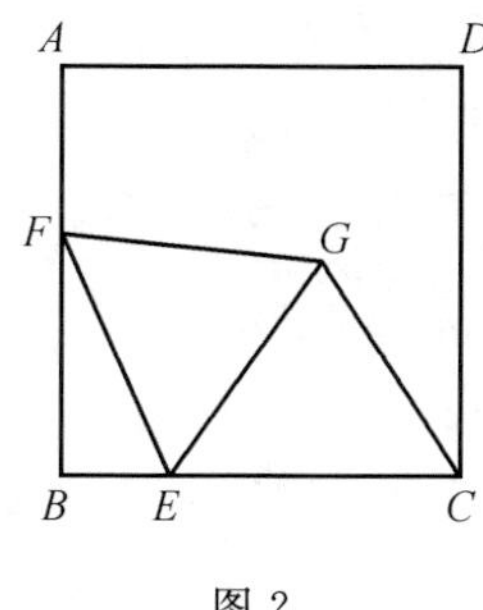

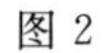
图 2

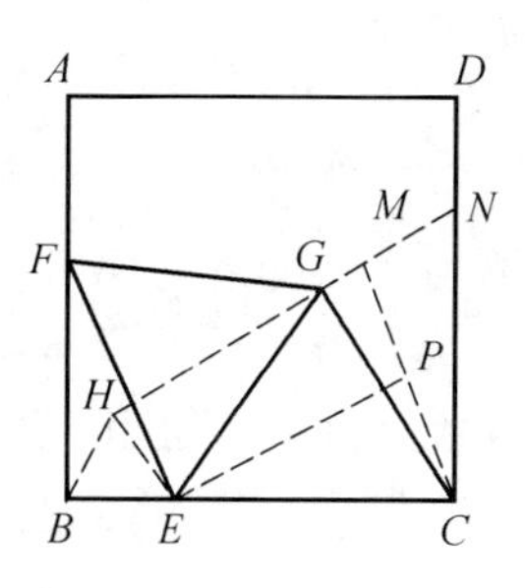

图 3

点评　本题通过分析，点 F 是主动点，点 G 是从动点，点 F 在线段上运动，点 G 也一定在线段上运动. 通过"同类型相构造"，再构造一个等边 $\triangle EBH$（也可以想成在另一个时刻的点 G 在点 H 处），从而判断出点 G 在垂直于 HE 的直线 HN 上运动，其实问题的关键不是选取点 H 也不是构造等边 $\triangle EBH$，而是"主动点与从动点与定点 E 形成的夹角等于主动点路径所在直线与从动点路径所在直线的夹角"，确定点 G 的运动轨迹为 HG 是本题的关键.

【过手 1】（2020 清镇市一模）　如图 4，在平面直角坐标系中，$A(-3,0)$，点 B 是 y 轴正半轴上一动点，以 AB 为边在 AB 的下方作等边 $\triangle ABP$. 当点 B 在 y 轴上运动时，联结 OP，求 OP 的最小值.

解　如图 5，以 OA 为对称轴作等边 $\triangle ADE$，联结 EP，并延长 EP 交 x 轴于点 F，所以 $\angle AED = 60°$，则 $AO = \sqrt{3}\,OE = 3$，所以 $OE = \sqrt{3}$. 因为 $\triangle ADE$ 和 $\triangle ABP$ 是等边三角形，所以 $AB = AP$，$AD = AE$，$\angle BAP = \angle DAE = 60°$，则 $\angle BAD = \angle PAE$. 在 $\triangle ADB$ 和 $\triangle AEP$ 中，$\begin{cases} AB = AP \\ \angle BAD = \angle PAE \\ AD = AE \end{cases}$，所以 $\triangle AEP \cong \triangle ADB$（SAS），从而 $\angle AEP = \angle ADB = 120°$，所以 $\angle OEF = 60°$，则

$$OF = \sqrt{3}\,OE = 3，\angle OFE = 30°$$

所以点 P 在直线 EF 上运动，当 $OP \perp EF$ 时，OP 最小.

所以 $OP = \frac{1}{2}OF = \frac{3}{2}$，则 OP 的最小值为 $\frac{3}{2}$.

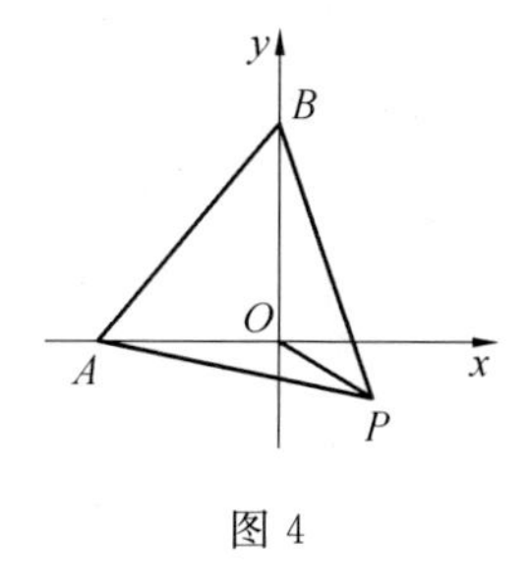

图 4

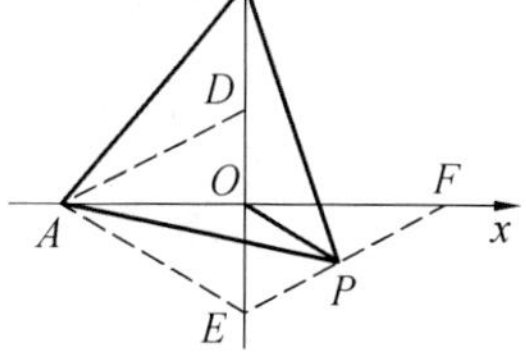

图 5

(二)瓜豆原理之“种”圆得圆

如图6,P 是圆 O 上一个动点,A 为定点,联结 AP,以 AP 为斜边作 $\mathrm{Rt}\triangle APQ$,当点 P 在圆 O 上运动时,点 Q 的轨迹为按 $AP:AQ=AO:AM=\sqrt{2}:1$ 的比例缩放的一个圆.

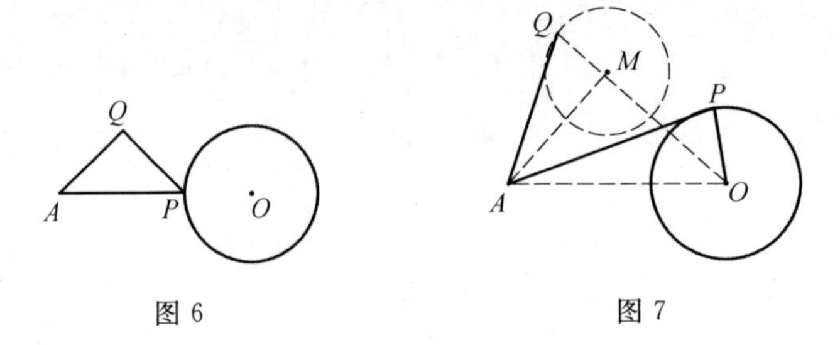

图6　　　　图7

满足条件:

(1) 主动点、从动点与定点连线的夹角是定值($\angle PAQ$ 是定值);

(2) 主动点、从动点到定点的距离之比是定值($AP:AQ$ 是定值).

得出结论:

(1) 主、从动点与定点连线的夹角等于两圆心与定点连线的夹角:$\angle PAQ=\angle OAM$;

(2) 主、从动点与定点的距离之比等于两圆心到定点距离之比:$AP:AQ=AO:AM$,也等于两圆半径之比,也等于两动点运动轨迹之比.

按以上两点即可确定从动点轨迹圆,Q 与 P 的关系相对于旋转+放缩.

例 2(2021锡山区一模)　如图8,矩形 $ABCD$ 中,$AB=6$,$BC=9$,以 D 为圆心,3为半径作圆 D,E 为圆 D 上一动点,联结 AE,以 AE 为直角边作 Rt△AEF,使 $\angle EAF=90°$,$\tan\angle AEF=\dfrac{1}{3}$,则点 F 与点 C 的最小距离为(　　)

A. $3\sqrt{10}-1$　　B. $3\sqrt{7}$　　C. $3\sqrt{7}-1$　　D. $\dfrac{9}{10}\sqrt{109}$

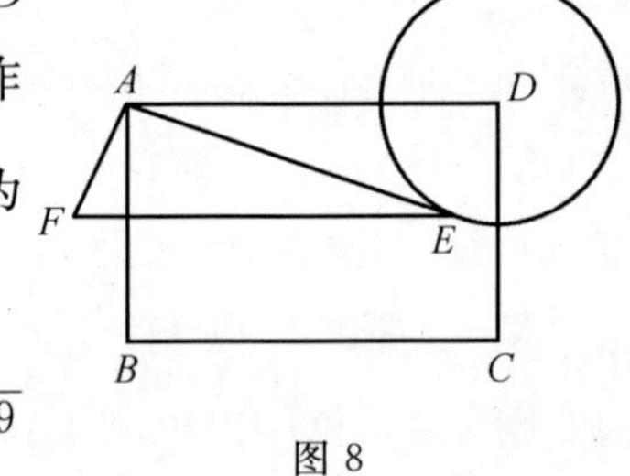

图8

解　点 E 是主动点,点 F 是从动点,点 E 在圆上运动,点 F 也一定在圆上运动.如图9,取 AB 的中点 G,联结 FG. FC. GC.因为 $\angle EAF=90°$,$\tan\angle AEF=\dfrac{1}{3}$,所以 $\dfrac{AF}{AE}=\dfrac{1}{3}$,又因为 $AB=6$,$AG=GB$,所以 $AG=GB=3$,因为 $AD=9$,所以 $\dfrac{AG}{AD}=\dfrac{3}{9}=\dfrac{1}{3}$,则 $\dfrac{AF}{AE}=\dfrac{AG}{AD}$.又因为四边形 $ABCD$ 是矩形,所以 $\angle BAD=\angle B=\angle EAF=90°$,所以 $\angle FAG=\angle EAD$,则 $\triangle FAG\backsim\triangle EAD$,所以 $FG:DE=AF:AE=1:3$,因为 $DE=3$,所以 $FG=1$,所以点 F 的运动轨迹是以 G 为圆心1为半径的圆.

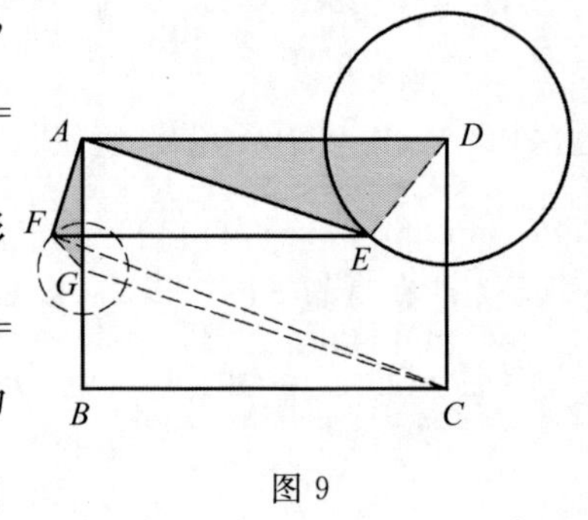

图9

因为 $GC=\sqrt{BC^2+BG^2}=3\sqrt{10}$,所以 $FC\geqslant GC-FG$,从而 $FC\geqslant 3\sqrt{10}-1$,故 CF 的最小值为 $3\sqrt{10}-1$.

点评　本题通过分析,知点 E 是主动点,点 F 是从动点,点 E 在圆上运动,点 F 也一定在圆上运动.通过“同类型相构造”,再构造一个 $\triangle AFG$ 使得 $\triangle FAG\backsim\triangle EAD$,得到点 F 的运动轨迹是以 G 为圆心1为半径的圆,同样问题的关键是“主、从动点与定点的距离之比等于两圆心到定点距离之比,也等于两圆半径之比，即$\frac{R_O}{R_F}=\frac{AE}{AF}=\frac{3}{1}$”. FC 的最小距离就是过圆心 G 时的 FC.

例 3(2017 武汉期末)　在圆 O 中，$\overset{\frown}{AB}$ 所对的圆心角 $\angle AOB=108°$，点 C 为圆 O 上的动点，以 AO，AC 为边构造 $\square AODC$(图 10). 当 $\angle A=\underline{27°}$ 时，线段 BD 最长.

解　点 C 是主动点，点 D 是从动点，点 C 在圆上运动，点 D 也一定在圆上运动.

如图，联结 OC，延长 AO 交圆 O 于点 F，联结 DF.

因为 $\square AODC$，所以 $\angle DOF=\angle A$，$DO=AC$，因为 $OF=AO$，所以 $\triangle DOF\cong\triangle CAO$，则 $DF=OC$，所以点 D 的运动轨迹是以点 F 为圆心 OC 为半径的圆，则当点 D 在 BF 的延长线上时，BD 的值最大.

因为 $\angle AOB=108°$，所以 $\angle FOB=72°$，因为 $OF=OB$，所以 $\angle OFB=54°$.

因为 $FD=FO$，所以 $\angle FOD=\angle FDO=27°$，所以 $\angle A=\angle FOD=27°$.

点评　点 C 是主动点，点 D 是从动点，点 C 在圆上运动，点 D 也一定在圆上运动. 通过“同类型相构造”，再构造一个 $\square COFD$，得到点 D 的运动轨迹是以点 F 为圆心，OC 为半径的圆，BD 的最大距离就是 BD 过圆心 F 时.

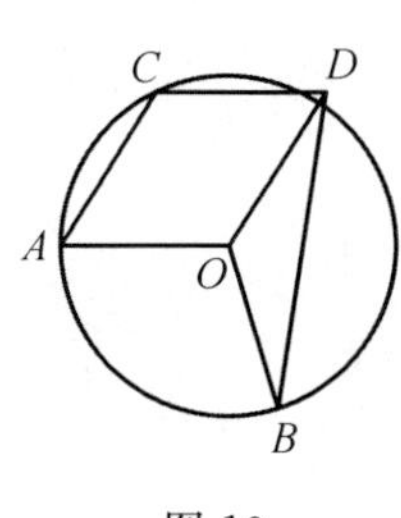

图 10

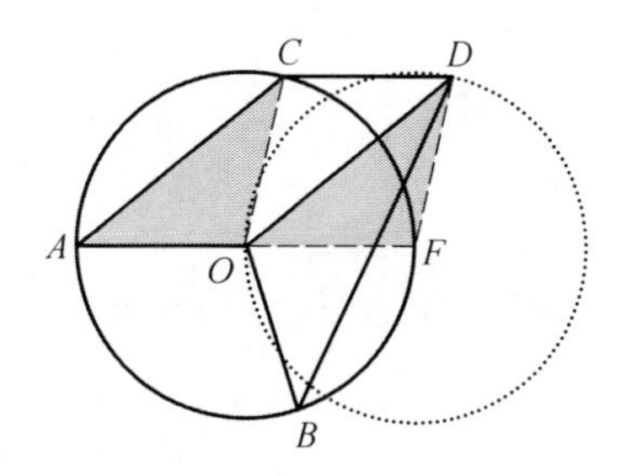

图 11

【过手 1】(2018 南通)　如图 12，正方形 $ABCD$ 中，$AB=2\sqrt{5}$，O 是 BC 边的中点，点 E 是正方形内一动点，$OE=2$，联结 DE，将线段 DE 绕点 D 逆时针旋转 90° 得 DF，联结 AE，CF. 求线段 OF 长的最小值.

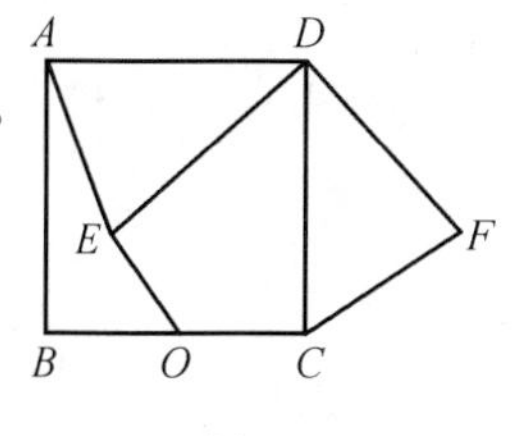

图 12

解　点 E 是主动点，点 F 是从动点，点 E 在圆上运动，点 F 也一定在圆上运动. 如图 13，由于 $OE=2$，所以点 E 可以看作是在以 O 为圆心，2 为半径的半圆上运动，延长 BA 到点 P，使得 $AP=OC$，联结 PE.

因为 $AE=CF$，$\angle PAE=\angle OCF$，所以 $\triangle PAE\cong\triangle OCF$(SAS)，所以 $PE=OF$.

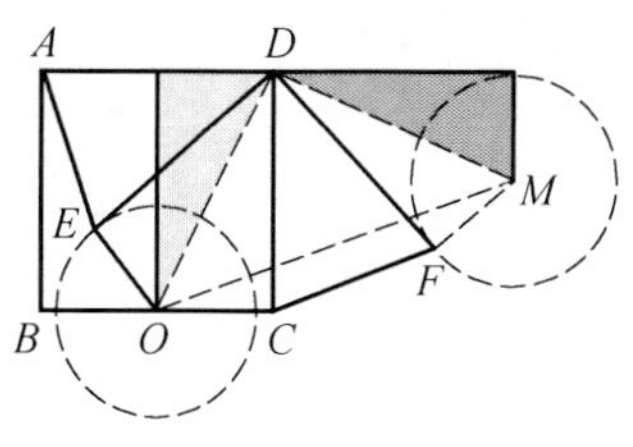

图 13

当 PE 最小时，为 O，E，P 三点共线，则

$$OP=\sqrt{OB^2+PB^2}=\sqrt{(\sqrt{5})^2+(3\sqrt{5})^2}=5\sqrt{2}$$

所以

$$PE=OF=OP-OE=5\sqrt{2}-2$$

故 OF 的最小值是 $5\sqrt{2}-2$.

【过手 2】(2016 余姚)　如图 14，点 $P(3,4)$，圆 P 半径为 2，$A(2.8,0)$，$B(5.6,0)$，点 M 是圆 P 上的动点，点 C 是 MB 的中点，则 AC 的最小值是(　　)

A. 1.4　　B. $\frac{3}{2}$　　C. $\frac{5}{2}$　　D. 2.6

解　点 M 为主动点，点 C 为从动点，点 B 为定点，取 BP 中点 O，以 O 为圆心，OC 为半径作圆，即为点 C 的轨迹. 当 A，C，O 三点共线且点 C 在线段 OA 上时，AC 取到最小值，根据点 B，P 坐标求点 O，即 AC

$=OA-OC$.

如图15,联结 OP 交圆 P 于点 M',联结 OM,由勾股定理得

$$OP=\sqrt{3^2+4^2}=5$$

因为 $OA=AB$,$CM=CB$,所以 $AC=\frac{1}{2}OM$,所以当 OM 最小时,AC 最小.

因此当点 M 运动到点 M' 时(如图16),OM 最小,此时 AC 的最小值 $=\frac{1}{2}OM'=\frac{1}{2}(OP-PM')=\frac{1}{2}\times(5-2)=\frac{3}{2}$.

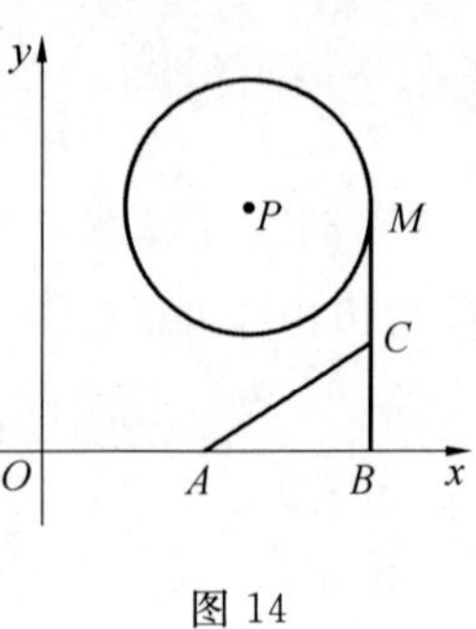

图 14

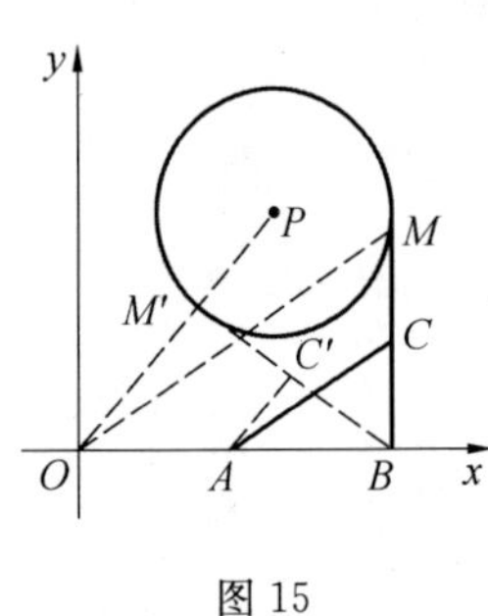

图 15

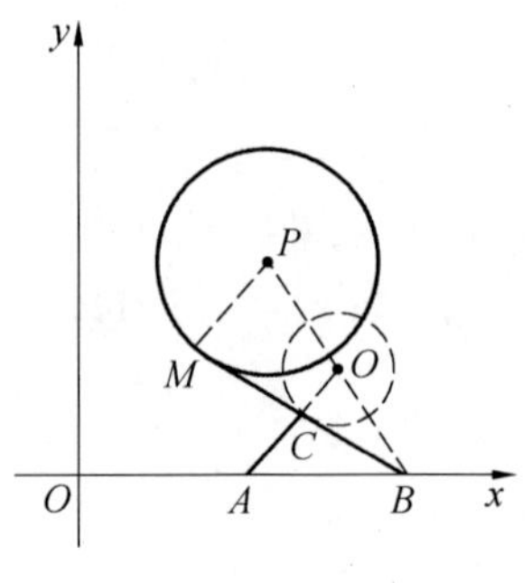

图 16

(三)过手练习

练习1 如图17,$\triangle APQ$ 是等腰直角三角形,$\angle PAQ=90^\circ$ 且 $AP=AQ$,当点 P 在直线 BC 上运动时,求点 Q 的轨迹.

分析 当 AP 与 AQ 夹角固定且 $AP:AQ$ 为定值的话,点 P,Q 的轨迹是同一种图形.任取两个时刻的点 Q 的位置,连线即可,比如点 Q 的起始位置 Q_1 和终点位置 Q_2,联结即得点 Q 的轨迹(如图18).

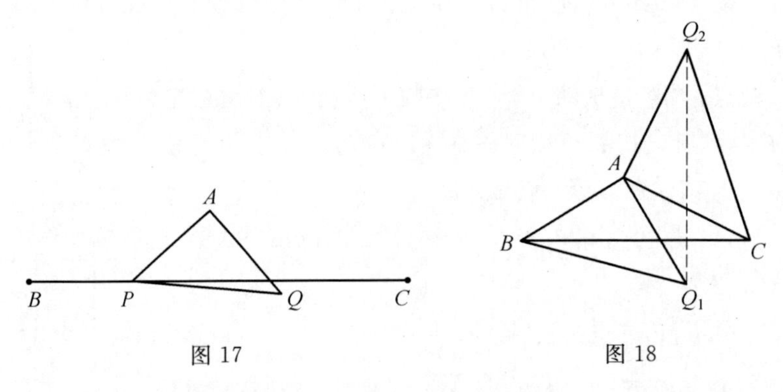

图 17　　　　图 18

练习2(2016·武汉) 如图19,在等腰 Rt$\triangle ABC$ 中,$AC=BC=2\sqrt{2}$,点 P 在以斜边 AB 为直径的半圆上,M 为 PC 的中点.当点 P 沿半圆从点 A 运动至点 B 时,点 M 运动的路径长是(　　)

A. $\sqrt{2}\pi$　　B. π　　C. $2\sqrt{2}$　　D. 2

解 取 AB 的中点 O,AC 的中点 E,BC 的中点 F,联结 OC,OP,OM,OE,OF,EF,如图20所示.因为在等腰 Rt$\triangle ABC$ 中,$AC=BC=2\sqrt{2}$,所以 $AB=\sqrt{2}BC=4$,因此 $OC=\frac{1}{2}AB=2$,$OP=\frac{1}{2}AB=2$.又因为 M 为 PC 的中点,所以 $OM\perp PC$,所以 $\angle CMO=90^\circ$,从而点 M 在以 OC 为直径的圆上,当点 P 在点 A 时,点 M 在点 E;当点 P 在点 B 时,点 M 在点 F,易得四边形 $CEOF$ 为正方形,$EF=OC=2$.

故点 M 的路径为以 EF 为直径的半圆,所以点 M 运动的路径长 $=\frac{1}{2}\cdot 2\pi\cdot 1=\pi$.故选:B.

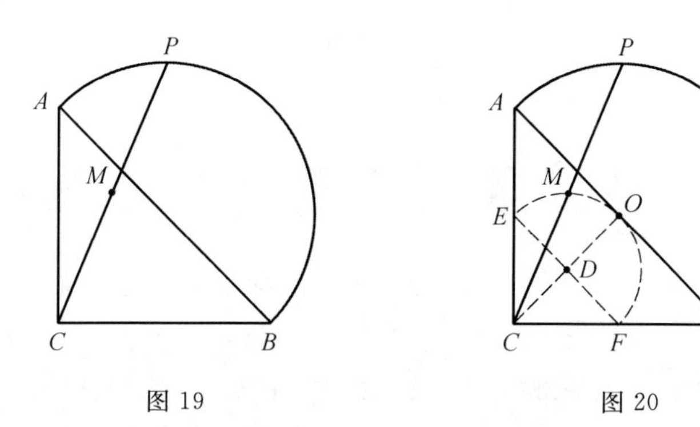

图 19　　　　图 20

练习 3(2021 秋 · 新洲区)　在 $\triangle ABC$ 中,$AB=4$,$AC=2$,以 BC 为边在 $\triangle ABC$ 外作正方形 $BCDE$,BD,CE 交于点 O(如图 21),则线段 AO 的最大值为(　　)

A. $6\sqrt{2}$　　B. 6　　C. $4+2\sqrt{2}$　　D. $3\sqrt{2}$

解　考虑到 AB,AC 均为定值,可以固定其中一个,比如固定 AB,将 AC 看成动线段,根据 $AC=2$,可得点 C 的轨迹是以点 A 为圆心,2 为半径的圆.

观察 $\triangle BOC$ 是等腰直角三角形,锐角顶点 C 的轨迹是以点 A 为圆心,2 为半径的圆,所以点 O 的轨迹也是圆,以 AB 为斜边构造等腰直角三角形,直角顶点 M 为点 O 的轨迹圆的圆心.

接下来题目求 AO 的最大值,所以确定点 O 的轨迹即可,联结 AM 并延长与圆 M 交点即为所求的点 O(如图 22),此时 AO 最大,根据 AB 先求 AM,再根据 BC 与 BO 的比值可得圆 M 的半径与圆 A 半径的比值,得 MO,相加即得 AO. 所以 AO 的最大值为 $3\sqrt{2}$.

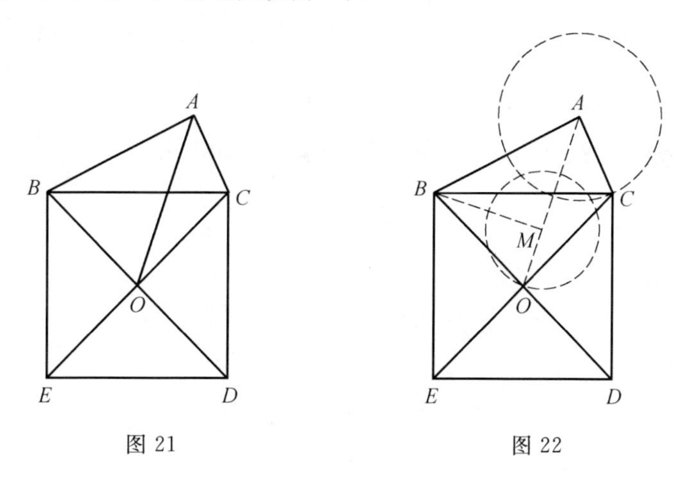

图 21　　　　图 22

§3　结　束　语

种瓜得瓜,种豆得豆;“种”线得线,“种”圆得圆,谓之瓜豆原理. 瓜豆原理解题的一般步骤:第一步,确定主动点的轨迹;第二步,挖掘主、从动点的几何关系;第三步,确定主动点的起点和终点,结合几何相似或全等来推导从动点的轨迹;第四步,根据动点轨迹求解点线、点圆最值问题. 瓜豆原理中蕴含了“化归”思想,将抽象的几何问题变得有迹可循,瓜豆原理中渗透了“整体”思想,将主动点和从动点捆绑在一起来研究,同学们要认真体会.

参 考 文 献

[1] G. 波利亚. 怎样解题[M]. 闫育苏,译. 北京:科学出版社,1982.

关于四面体表面积的几个不等式

樊益武

(西安交通大学附属中学　陕西　西安　710054)

用四面体棱长估计四面体表面积一直是四面体不等式研究的难题,本文很好地解决了这一类问题.这里,我们约定:

四面体 $ABCD$ 的侧面 $\triangle ABC$ 的顶点 A,B,C 所对的三边长分别为 a,b,c,它们的对棱长分别为 x,y,z,顶点 A,B,C,D 所对侧面面积分别为 S_1,S_2,S_3,S_4, $S=S_1+S_2+S_3+S_4$,$\sum$ 表示循环和.

引理　若 $\triangle ABC$ 三边为 a,b,c,面积为 Δ,以 $\sqrt{a},\sqrt{b},\sqrt{c}$ 为边构成三角形面积为 Δ'.则

$$\frac{\sqrt{3}}{4}\Delta \leqslant \Delta'^2 \tag{1}$$

当且仅当三角形 $\triangle ABC$ 为正三角形时等号成立.

证明　由恒等式

$$(xy+yz+zx)^2=3xyz(x+y+z)+\frac{1}{2}[x^2(y-z)^2+y^2(z-x)^2+z^2(x-y)^2]$$

令 $x=b+c-a,y=a+c-b,z=a+b-c$,有

$$(-a^2-b^2-c^2+2ab+2bc+2ca)^2=3(b+c-a)(c+a-b)(a+b-c)(a+b+c)+$$
$$\frac{1}{2}\sum(b+c-a)^2(b-c)^2$$

由 Heron－秦九韶公式,有

$$16\Delta'^2=-\sum a^2+2\sum ab$$

$$(16\Delta'^2)^2=3\times 16\Delta^2+\frac{1}{2}\sum(b+c-a)^2(b-c)^2$$

由此可知引理成立.

定理1　$$S\leqslant\frac{\sqrt{3}}{3}(ax+by+cz) \tag{2}$$

当且仅当正四面体时取等号.

证明　以 $\sqrt{a},\sqrt{b},\sqrt{c}$;$\sqrt{a},\sqrt{y},\sqrt{z}$;$\sqrt{x},\sqrt{b},\sqrt{z}$;$\sqrt{x},\sqrt{y},\sqrt{c}$ 为边皆可以构成三角形,设其面积分别为 S_1',S_2',S_3',S_4',由 Heron－秦九韶公式,得

$$16S_1'^2=-a^2-b^2-c^2+2ab+2bc+2ca$$
$$16S_2'^2=-a^2-y^2-z^2+2ay+2yz+2za$$
$$16S_3'^2=-x^2-b^2-z^2+2xb+2bz+2zx$$
$$16S_4'^2=-x^2-y^2-c^2+2xy+2yc+2cx$$

将以上四式相加,整理得

$$16\sum S_i'^2=-2\sum(a^2+x^2)+2(ab+bc+ca+ay+yz+za+$$

$$xb+bz+zx+xy+yc+cx)$$
$$=-3\sum(a+x)^2+\left[\sum(a+x)\right]^2+4\sum ax$$
$$\leqslant 4\sum ax$$

于是

$$\sum S_1'^2\leqslant\frac{1}{4}\sum ax$$

由式(1)知

$$S\leqslant\frac{4\sqrt{3}}{3}\sum S_1'^2\leqslant\frac{\sqrt{3}}{3}\sum ax$$

定理 2
$$S\leqslant\frac{\sqrt{3}}{36}\left[\sum(a+x)\right]^2\tag{3}$$

当且仅当四面体为正四面体时取等号.

证明 （符号同定理1的证明）作差

$$\frac{1}{3}\left[\sum(a+x)\right]^2-[-2\sum(a^2+x^2)+2(ab+bc+ca+ay+yz+za+$$
$$xb+bz+zx+xy+yc+cx)]$$
$$=\frac{1}{3}[7\sum(a^2+x^2)+2\sum ax-4(ab+bc+ca+ay+yz+za+$$
$$xb+bz+zx+xy+yc+cx)]$$
$$=\frac{1}{6}\{\sum(a+x-b-y)^2+3[(x-y)^2+(y-z)^2+(z-x)^2+(x-b)^2+(b-c)^2+$$
$$(c-x)^2+(a-y)^2+(y-c)^2+(c-a)^2+(a-b)^2+(b-z)^2+(z-a)^2]\}\geqslant 0$$

我们有

$$S\leqslant\frac{4\sqrt{3}}{3}\sum S_1'^2\leqslant\frac{\sqrt{3}}{36}\left[\sum(a+x)\right]^2$$

对于四面体各侧面面积的平方和,可以证明:类似于式(3)的不等式是不存在的,但我们获得了如下结果:

定理 3
$$\sum S_1^2\leqslant\frac{1}{1\,728}\left[\sum(a+x)\right]^4+\frac{1}{16}\sum(a^2-x^2)^2\tag{4}$$

当且仅当正四面体时取等号.

证明 由 Heron－秦九韶公式,得

$$16\sum S_1^2=-3\sum(a^4+x^4)+[\sum(a^2+x^2)]^2-2\sum a^2x^2$$

注意到

$$2a^2x^2=a^4+x^4-(a^2-x^2)^2$$

我们有

$$16\sum S_1^2=-4\sum(a^4+x^4)+[\sum(a^2+x^2)]^2+\sum(a^2-x^2)^2$$

以下我们只需证明:

当 $a,x,b,y,c,z\geqslant 0$ 时,有

$$[\sum(a+x)]^4+432\sum(a^4+x^4)\geqslant 108\left[\sum(a^2+x^2)\right]^2\tag{5}$$
$$[\sum(a+x)]^4+432\sum(a^4+x^4)$$

$$=[\sum(a+x)]^4+216\sum(a^4+x^4)+216\sum(a^4+x^4)$$
$$\geqslant 3\sqrt[3]{216^2[\sum(a+x)]^4[\sum(a^4+x^4)]^2}$$
$$=108\sqrt[3]{\{[\sum(a+x)]^2\sum(a^4+x^4)\}^2}$$
$$\geqslant 108\sqrt[3]{\{[\sum(a^2+x^2)]^3\}^2}$$
$$\geqslant 108[\sum(a^2+x^2)]^2$$

由此定理3得证.

定理4(刘保乾提出) $$S\leqslant\frac{\sqrt{3}}{9}(a+b+c)(x+y+z) \tag{6}$$

当且仅当四面体为正四面体时取等号.

证明 由式(2)的证明可知

$$S\leqslant\frac{\sqrt{3}}{6}[-(a^2+b^2+c^2+x^2+y^2+z^2)+(ab+bc+ca)+(ay+yz+za)+(bx+xz+zb)+(cx+xy+yc)]$$

只需证明

$$\frac{\sqrt{3}}{6}[-(a^2+b^2+c^2+x^2+y^2+z^2)+(ab+bc+ca)+(ay+yz+za)+(bx+xz+zb)+(cx+xy+yc)]\leqslant\frac{\sqrt{3}}{9}(a+b+c)(x+y+z)$$

即

$$6a^2+6b^2+6c^2+6x^2+6y^2+6z^2-6ab-6ca+4ax-2ay-2az-6bc-2bx-2cx-2cy+4cz-6xy-6xz-6yz\geqslant 0$$

考虑二次式矩阵

$$\mathbf{A}=\begin{pmatrix}6&-3&-3&2&-1&-1\\-3&6&-3&-1&2&-1\\-3&-3&6&-1&-1&2\\2&-1&-1&6&-3&-3\\-1&2&-1&-3&6&-3\\-1&-1&2&-3&-3&6\end{pmatrix}$$

解方程(用 Maple 软件)

$$\det(A-\lambda E)=0$$

得矩阵 $\mathbf{A}$ 的特征值为

$$\lambda_1=\lambda_2=12,\lambda_3=\lambda_4=6,\lambda_5=\lambda_6=0$$

因此矩阵 $\mathbf{A}$ 为半正定矩阵,所以

$$6a^2+6b^2+6c^2+6x^2+6y^2+6z^2-6ab-6ca+4ax-2ay-2az-6bc-2bx-2cx-2cy+4cz-6xy-6xz-6yz\geqslant 0$$

注 用同样的方法可以证明 a,b,c 不全在同一侧面时定理4亦成立.

参考文献

[1] 樊益武. 四面体不等式[M]. 哈尔滨:哈尔滨工业大学出版社,2017.

作 者 简 介

樊益武，男，陕西西安交通大学附属中学任职，地址：西安市碑林区柿园路东方星座 A408，邮编 710048.
E-mail：fanyiwu-2004@163. com

关于四面体一类等周定理

樊益武

(西安交通大学附属中学　陕西　西安　710054)

本文约定：四面体 $A_1A_2A_3A_4$ 体积为 V，顶点 A_i 所对的侧面 f_i 的面积和高分别为 S_i，$h_i(i=1,2,3,4)$，棱长 $a_{ij}=|A_iA_j|(1\leqslant i<j\leqslant 4)$，表面积 $S=\sum\limits_{i=1}^{4}S_i$. 关于四面体等周定理可叙述如下：

四面体等周定理　体积一定的四面体中，正四面体表面积最小；表面积一定的四面体中，正四面体体积最大.

具体可写成：

$$V\leqslant\frac{\sqrt[4]{12}}{18}S^{\frac{3}{2}} \tag{1}$$

当且仅当四面体为正四面体时取等号.

本文将考虑另外三种情形下的等周定理.

1. 几个引理

引理1　设 $\triangle ABC$ 的三边长分别为 a,b,c，面积为 Δ，则

$$\Delta\leqslant\frac{\sqrt{3}}{36}(a+b+c)^2 \tag{2}$$

当且仅当三角形为正三角形时取等号.

引理2　在四面体 $A_1A_2A_3A_4$ 中，有

$$h_1\leqslant\frac{2\sqrt{S(S-2S_1)}}{a_{23}+a_{24}+a_{34}} \tag{3}$$

当且仅当侧面 f_2,f_3,f_4 与底面 f_1 所成内二面角相等时取等号.

引理3　给定不共面三条平行线，在其中一条上取线段 A_1A_2 为定长，另两条上各取一点 A_3,A_4，若四面体 $A_1A_2A_3A_4$ 体积为定值，当且仅当点 A_3,A_4 位于线段 A_1A_2 的中垂面时，$\triangle A_1A_3A_4$ 与 $\triangle A_2A_3A_4$ 面积之和最小.

引理4　设四面体 $A_1A_2A_3A_4$ 的侧面积 $S_1+S_2=p$，S_3,S_4 为定值，若体积 V 最大，则 A_3,A_4 一定在棱 A_1A_2 的中垂面上.

证明　假设点 A_3,A_4 中至少有一点不在棱 A_1A_2 的中垂面 α 上，由引理3知在面 α 上存在两点 A'_3，A'_4 使得 $V_{A_1A_2A'_3A'_4}=V$，$S_{A_1A'_3A'_4}+S_{A_2A'_3A'_4}<S_1+S_2$，设 A_1A_2 的中点为 M，记 $\angle A'_3MA'_4=\theta_0$，$|A_1A_2|=2a$，则四面体 $A_1A_2A'_3A'_4$ 的侧面 $A_1A_2A'_3$ 上的高为 $\frac{S_3}{a}\sin\theta_0$，让 $\triangle A_1A_2A'_4$ 以直线 A_1A_2 为轴旋转，记 $\angle A'_3MA'_4=\theta$，$|A_1A_2|=2a$，当 $0<\theta\leqslant\frac{\pi}{2}$ 时，有

$$f(\theta,a)=S_{A_1A'_3A'_4}=\frac{1}{2}\sqrt{\left(a^2+\frac{S_3^2}{a^2}\right)\left(a^2+\frac{S_4^2}{a^2}\right)-\left(a^2+\frac{S_3S_4}{a^2}\cos\theta\right)^2}$$

$$f\left(\frac{\pi}{2},a\right)=\frac{1}{2}\sqrt{S_3^2+S_4^2+\frac{S_3^2S_4^2}{a^4}}$$

若 $f\left(\frac{\pi}{2},a\right)\geqslant\frac{S_1+S_2}{2}>f(\theta_0,a)$，则存在 $\theta_0<\theta'\leqslant\frac{\pi}{2}$，使得 $f(\theta',a)=\frac{S_1+S_2}{2}$，此时的高 $\frac{S_3}{a}\sin\theta'>\frac{S_3}{a}\sin\theta_0$，所以 $V_{A_1A_2A_3'A_4'}>V$，这与 V 最大矛盾.

若 $f\left(\frac{\pi}{2},a\right)<\frac{S_1+S_2}{2}$，则存在充分小的 $a'<a$，使得 $f\left(\frac{\pi}{2},a'\right)=\frac{S_1+S_2}{2}$，这时四面体的高 $\frac{S_3}{a'}>\frac{S_3}{a}\sin\theta_0$，因此 $V_{A_1A_2A_3'A_4'}>V$，这与 V 最大矛盾.（证毕）

2.定理与证明

定理 1　设四面体 $A_1A_2A_3A_4$ 的侧面 S_1 及 $S_2+S_3+S_4=p$ 为定值时，则

$$V\leqslant\frac{\sqrt[4]{3}}{9}\sqrt{(p^2-S_1^2)S_1}\tag{4}$$

当且仅当四面体 $A_1A_2A_3A_4$ 为正三棱锥 $A_1-A_2A_3A_4$ 时取等号.

证明　由不等式(3)(2)，有

$$h_1\leqslant\frac{2\sqrt{S(S-2S_1)}}{a_{23}+a_{24}+a_{34}}\leqslant\frac{\sqrt[4]{3}\sqrt{S(S-2S_1)}}{3\sqrt{S_1}},$$

所以

$$V=\frac{1}{3}S_1h_1\leqslant\frac{\sqrt[4]{3}}{9}\sqrt{S(S-2S_1)S_1}$$

当且仅当侧面 f_2,f_3,f_4 与底面 f_1 所成内二面角相等且 $a_{23}=a_{24}=a_{34}$ 时，即四面体 $A_1A_2A_3A_4$ 为正三棱锥 $A_1-A_2A_3A_4$ 时取等号(证毕).

定理 2　设四面体 $A_1A_2A_3A_4$的侧面 $S_1+S_2=p,S_3,S_4$ 为定值，则

$$V^4\leqslant\frac{1}{2\times3^7}\{36S_3^2S_4^2(p^2-S_3^2-S_4^2)-(p^2-S_3^2-S_4^2)^3+[(p^2-S_3^2-S_4^2)^2+12S_3^2S_4^2]^{\frac{3}{2}}\}\tag{5}$$

取等号时点 A_3,A_4 一定在棱 A_1A_2 的中垂面上.

证明　在四面体 $A_1A_2A_3A_4$ 中，记 f_i 与 f_4 所形成的二面角为 $\theta_i(i=1,2,3)$，设底面 $A_1A_2A_3$ 上的高为 h，则

$$A_2A_3=\frac{2S_1\sin\theta_1}{h},A_1A_3=\frac{2S_2\sin\theta_2}{h},\ A_1A_2=\frac{2S_3\sin\theta_3}{h}$$

注意到

$$\sum_{i=1}^{3}S_i\cos\theta_i=S_4$$

由 Heron－秦九韶公式，有

$$\begin{aligned}h^4S_4^2&=\left(\sum_{i=1}^{3}S_i^2\sin^2\theta_i\right)^2-2\sum_{i=1}^{3}S_i^4\sin^4\theta_i\\&=\left(\sum_{i=1}^{3}S_i^2-\sum_{i=1}^{3}S_i^2\cos^2\theta_i\right)^2-2\sum_{i=1}^{3}S_i^4(1-\cos^2\theta_i)^2\\&=\left(\sum_{i=1}^{3}S_i^2\right)^2-2\sum_{i=1}^{3}S_i^2\sum_{i=1}^{3}S_i^2\cos^2\theta_i+\left(\sum_{i=1}^{3}S_i^2\cos^2\theta_i\right)^2-\end{aligned}$$

$$2\sum_{i=1}^{3}S_i^4+4\sum_{i=1}^{3}S_i^4\cos^2\theta_i-2\sum_{i=1}^{3}S_i^4\cos^4\theta_i$$
$$=\left(\sum_{i=1}^{3}S_i^2\cos^2\theta_i\right)^2-2\sum_{i=1}^{3}S_i^4\cos^4\theta_i+4\sum_{i=1}^{3}S_i^4\cos^2\theta_i-$$
$$2\sum_{i=1}^{3}S_i^2\sum_{i=1}^{3}S_i^2\cos^2\theta_i+\left(\sum_{i=1}^{3}S_i^2\right)^2-2\sum_{i=1}^{3}S_i^4$$
$$=\left(\sum_{i=1}^{3}S_i\cos\theta_i\right)\left(\sum_{i=1}^{3}S_i\cos\theta_i-2S_1\cos\theta_1\right)\cdot$$
$$\left(\sum_{i=1}^{3}S_i\cos\theta_i-2S_2\cos\theta_2\right)\left(\sum_{i=1}^{3}S_i\cos\theta_i-2S_3\cos\theta_3\right)+$$
$$4\sum_{i=1}^{3}S_i^4\cos^2\theta_i-2\sum_{i=1}^{3}S_i^2\sum_{i=1}^{3}S_i^2\cos^2\theta_i+\left(\sum_{i=1}^{3}S_i^2\right)^2-2\sum_{i=1}^{3}S_i^4$$
$$=S_4(S_4-2S_1\cos\theta_1)(S_4-2S_2\cos\theta_1)(S_4-2S_3\cos\theta_1)+$$
$$4\sum_{i=1}^{3}S_i^4\cos^2\theta_i-2\sum_{i=1}^{3}S_i^2\sum_{i=1}^{3}S_i^2\cos^2\theta_i+\left(\sum_{i=1}^{3}S_i^2\right)^2-2\sum_{i=1}^{3}S_i^4$$

令 $x_i=S_i\cos\theta_i(i=1,2,3)$,有

$$x_1+x_2+x_3=S_4$$

则

$$h^4S_4^2=\left(\sum_{i=1}^{3}S_i^2\right)^2-2\sum_{i=1}^{3}S_i^4-S_4^4+4S_4^2\sum x_ix_j-8S_4x_1x_2x_3+4\sum_{i=1}^{3}S_i^2x_i^2-2\sum_{i=1}^{3}S_i^2\sum_{i=1}^{3}x_i^2$$
$$=\left(\sum_{i=1}^{3}S_i^2\right)^2-2\sum_{i=1}^{3}S_i^4-S_4^4+2S_4^2\left(S_4^2-\sum_{i=1}^{3}x_i^2\right)-8S_4x_1x_2x_3+4\sum_{i=1}^{3}S_i^2x_i^2-2\sum_{i=1}^{3}S_i^2\sum_{i=1}^{3}x_i^2$$
$$=\left(\sum_{i=1}^{3}S_i^2\right)^2-2\sum_{i=1}^{3}S_i^4+S_4^4-8S_4x_1x_2x_3+4\sum_{i=1}^{3}S_i^2x_i^2-2\sum_{i=1}^{4}S_i^2\sum_{i=1}^{3}x_i^2$$
$$=\left(\sum_{i=1}^{3}S_i^2\right)^2-2\sum_{i=1}^{3}S_i^4+S_4^4-8S_4x_1x_2x_3-2\sum_{i=1}^{3}\left(\sum_{i=1}^{4}S_k^2-2S_i^2\right)x_i^2$$

如引理4,在线段 A_1A_2 的中垂面上存在点 A_3',A_4'(仍记作 A_3,A_4)使得 $S_1=S_2=\dfrac{p}{2}$,四面体体积不减,不妨设 $S_3\leqslant S_4$,则 $\theta_1=\theta_2\leqslant 90^\circ$, $x_1=x_2=x$,$x_3=S_4-2x$.

考虑

$$f=4S_4x_1x_2x_3+\sum_{i=1}^{3}\left(\sum_{k=1}^{4}S_k^2-2S_i^2\right)x_i^2$$
$$=4S_4x^2(S_4-2x)+2(S_3^2+S_4^2)x^2+(2S_1^2+S_4^2-S_3^2)(S_4-2x)^2$$
$$=-8S_4x^3+2(4S_1^2+5S_4^2-S_3^2)x^2-4S_4(2S_1^2+S_4^2-S_3^2)x+$$
$$S_4^2(2S_1^2+S_4^2-S_3^2)$$
$$f_x'=-24S_4x^2+4(4S_1^2-S_3^2+5S_4^2)x-4S_4(2S_1^2-S_3^2+S_4^2)=0$$

即

$$6S_4x^2-(5S_4^2+4S_1^2-S_3^2)x+S_4(2S_1^2-S_3^2+S_4^2)=0$$

解得

$$x_0=\frac{4S_1^2-S_3^2+5S_4^2-\sqrt{(4S_1^2-S_3^2-S_4^2)^2+12S_3^2S_4^2}}{12S_4}$$

或

$$x'_0=\frac{4S_1^2-S_3^2+5S_4^2+\sqrt{(4S_1^2-S_3^2-S_4^2)^2+12S_3^2S_4^2}}{12S_4}$$

下面先考虑端点情形.

若 $S_1\geqslant\frac{S_3+S_4}{2}$,则 $0\leqslant x\leqslant\frac{S_3+S_4}{2}$,易证 $x'_0>\frac{1}{2}(S_3+S_4)$.

若 $S_1<\frac{S_3+S_4}{2}$,则 $0\leqslant x\leqslant S_1,S_1<S_4$.欲证 $x'_0>S_1$,只要证明

$$g(S_1)=4S_1^2-S_3^2+5S_4^2-12S_1S_4+\sqrt{(4S_1^2-S_3^2-S_4^2)^2+12S_3^2S_4^2}\geqslant 0$$

易证

$$\frac{4S_1^2-S_3^2-S_4^2}{\sqrt{(4S_1^2-S_3^2-S_4^2)^2+12S_3^2S_4^2}}<\frac{1}{2}$$

所以

$$g'(S_1)=8S_1-12S_4+\frac{8(4S_1^2-S_3^2-S_4^2)S_1}{\sqrt{(4S_1^2-S_3^2-S_4^2)^2+12S_3^2S_4^2}}<0$$

因此

$$g(S_1)\geqslant g\left(\frac{S_3+S_4}{2}\right)=0$$

由一元三次函数的性质知 x_0 为 f 的最小值点. 计算可得

$$f_{\min}=\frac{(4S_1^2-S_3^2+5S_4^2)-[(4S_1^2-S_3^2-S_4^2)^2+12S_3^2S_4^2]^{\frac{3}{2}}}{108S_4^2}-\frac{2(2S_1^2-S_3^2+S_4^2)^2+S_3^2(2S_1^2-S_3^2+S_4^2)}{3}$$

因此

$$V_{\max}^4=\frac{1}{2\times 3^7}\{36S_3^2S_4^2(4S_1^2-S_3^2-S_4^2)-(4S_1^2-S_3^2-S_4^2)^3+[(4S_1^2-S_3^2-S_4^2)^2+12S_3^2S_4^2]^{\frac{3}{2}}\}$$

(证毕).

定理 3　设四面体 $A_1A_2A_3A_4$ 的侧面 $S_1+S_2=p,S_3+S_4=q$ 为定值,则

$$V^4\leqslant\frac{1}{2\times 3^7}\left[\frac{1}{2}(2p^2-q^2)(2q^2-p^2)(p^2+q^2)+(p^4-p^2q^2+q^4)^{\frac{3}{2}}\right]\tag{6}$$

取等号时点 A_3,A_4 在棱 A_1A_2 的中垂面上,同时点 A_1,A_2 在棱 A_3A_4 的中垂面上.

由引理 4 及定理 2 可证明,过程从略.

问题　已知四面体的四个侧面的面积分别为 S_1,S_2,S_3,S_4,且互不相等,由此所围成的四面体的最大体积是多少?

参考文献

[1] 郭世平.四面体等周定理的一个初等证法[J]. 中学数学,1991.

[2] 樊益武.四面体不等式[M]. 哈尔滨:哈尔滨工业大学出版社,2017:27,107.

[3] 匡继昌.常用不等式[M].2版.济南:山东科学技术出版社,2010:244.

[4] 左宗明.世界数学命题选讲[M]. 上海:上海科学技术出版社,1989:181.

高阶等差数列的一个性质

杨学枝

(福建省福州市福州第二十四中学　福建　福州　350015)

《数学手册》(人民教育出版社,1979年版)p.10－p.11给出了高阶等差数列的通项公式和前 n 项和公式.本文利用行列式给出高阶等差数列的一个性质,然后用它得到高阶等差数列的通项公式和前 n 项和公式.

定义　数列 $\{a_n\}$,如果从第二项起,以后每一项与它相邻的前面一项之差构成一个新的等差数列,依次类推,如果进行了 r 次,数列 $\{a_n\}$ 的每一个第 r 次差都等于不为零的同一个值,那么,我们称数列 $\{a_n\}$ 为 r 阶等差数列.

关于 r 阶等差数列有以下重要性质.

定理1　设数列 $\{a_n\}$ 为首项不为零的 $r(1\leqslant r\leqslant n-2)$ 阶等差数列,$a_{m_i}(i=1,2,\cdots,r+2)$ 是其中任意 $r+2$ 项,那么

$$\begin{vmatrix} a_{m_1} & 1 & \mathrm{C}_{m_1-1}^1 & \mathrm{C}_{m_1-1}^2 & \cdots & \mathrm{C}_{m_1-1}^r \\ a_{m_2} & 1 & \mathrm{C}_{m_2-1}^1 & \mathrm{C}_{m_2-1}^2 & \cdots & \mathrm{C}_{m_2-1}^r \\ \vdots & \vdots & \vdots & \vdots & & \vdots \\ a_{m_{r+2}} & 1 & \mathrm{C}_{m_{r+2}-1}^1 & \mathrm{C}_{m_{r+2}-1}^2 & \cdots & \mathrm{C}_{m_{r+2}-1}^r \end{vmatrix}\equiv 0 \tag{1}$$

这里及下文约定:组合数 $\mathrm{C}_n^m(m\in\mathbf{N},n\in\overline{\mathbf{Z}^-})$ 为当 $n<m$ 时,$\mathrm{C}_n^m=0$;当 $n\geqslant m$ 时,$\mathrm{C}_n^m=\dfrac{n!}{m!\,(n-m)!}(0!=1)$.

证明　我们对 r 进行数学归纳法证明.

当 $r=1$ 时,即为一阶等差数列,我们要证明

$$\begin{vmatrix} a_{m_1} & 1 & m_1-1 \\ a_{m_2} & 1 & m_2-1 \\ a_{m_3} & 1 & m_3-1 \end{vmatrix}\equiv 0 \tag{2}$$

这里 a_{m_1},a_{m_2},a_{m_3} 是一阶等差数列 $\{a_n\}$ 中的任意三项.

实际上,若一阶等差数列 $\{a_n\}$ 首项为 a_1,公差为 d,根据等差数列的通项公式有

$$\begin{cases} a_{m_1}=a_1+(m_1-1)d \\ a_{m_2}=a_1+(m_2-1)d \\ a_{m_3}=a_1+(m_3-1)d \end{cases}$$

消去 a_1,d,即得式(2).因此,当 $r=1$ 时,式(1)成立.

假设当 $r=k$ 时,对于 k 阶等差数列式(1)成立,现在我们来证明,当 $r=k+1$ 时,对于 $k+1$ 阶等差数列式(1)也成立.

设这时数列 $\{a_n\}$ 是 $k+1$ 阶等差数列,记 $b_i=a_{i+1}-a_i(i=1,2,\cdots,n)$,那么,根据高阶等差数列定义

可知，数列$\{b_n\}$是k阶等差数列，因此有

$$\begin{vmatrix} b_{m_1} & 1 & C_{m_1-1}^1 & C_{m_1-1}^2 & \cdots & C_{m_1-1}^k \\ b_{m_2} & 1 & C_{m_2-1}^1 & C_{m_2-1}^2 & \cdots & C_{m_2-1}^k \\ \vdots & \vdots & \vdots & \vdots & & \vdots \\ b_{m_{k+2}} & 1 & C_{m_{k+2}-1}^1 & C_{m_{k+2}-1}^2 & \cdots & C_{m_{k+2}-1}^k \end{vmatrix} \equiv 0 \tag{3}$$

这里$b_{m_i}(i=1,2,\cdots,k+2,k\leqslant n-2)$是$k$阶等差数列$\{b_n\}$中的任意$r+2$项. 在式(3)中，分别取$m_i=i(i=1,2,\cdots,k+1,k\leqslant n-2)$，$m_{k+2}=m$，得到

$$\begin{vmatrix} b_1 & 1 & & & & \\ b_2 & 1 & C_1^1 & & 0 & \\ b_3 & 1 & C_2^1 & C_2^2 & & \\ b_4 & 1 & C_3^1 & C_3^2 & C_3^3 & \\ \vdots & \vdots & \vdots & \vdots & \vdots & \\ b_{k+1} & 1 & C_k^1 & C_k^2 & C_k^3 & \cdots & C_k^k \\ b_m & 1 & C_{m-1}^1 & C_{m-1}^2 & C_{m-1}^3 & \cdots & C_{m-1}^k \end{vmatrix} \equiv 0 \tag{4}$$

将式(4)左边行列式按最后一行展开，得到

$$b_m A_{k+2\,1} + A_{k+2\,2} + C_{m-1}^1 A_{k+2\,3} + C_{m-1}^2 A_{k+2\,4} + \cdots + C_{m-1}^k A_{k+2\,k+2} \equiv 0 \tag{5}$$

式(5)中A_{ij}表示行列式(4)中位于第i行，第j列的元素的代数余子式，其中$A_{k+2\,1}=C_1^1C_2^2C_3^3\cdots C_k^k=1$，其他各代数余子式中含有$k$阶等差数列$\{b_n\}$中的$b_1,b_2,\cdots,b_{k+1}$等项(其中特别有$A_{k+2\,2}=(-1)^k b_1$).

在式(5)中，分别令$m=1,2,\cdots,n-1$代入，并将所得到的$n-1$个式子左右两边分别相加(规定当$m>n$时，$C_n^m=0$)，同时注意应用等式请读者自己证明)

$$C_n^m + C_{n+1}^m + \cdots + C_{n+k}^m = C_{n+k+1}^{m+1} - C_n^{m+1}$$

得到

$$\sum_{i=1}^{n-1} b_i + C_{n-1}^1 \cdot (-1)^k b_1 + C_{n-1}^2 A_{k+2\,3} + C_{n-1}^3 A_{k+2\,4} + \cdots + C_{n-1}^{k+1} A_{k+2\,k+2} \equiv 0 \tag{6}$$

但由于$\sum\limits_{i=1}^{n-1} b_i = \sum\limits_{i=1}^{n-1}(a_{i+1}-a_i)=a_n-a_1$，代入式(6)，得到

$$a_n - a_1 + C_{n-1}^1 \cdot (-1)^k b_1 + C_{n-1}^2 A_{k+2\,3} + C_{n-1}^3 A_{k+2\,4} + \cdots + C_{n-1}^{k+1} A_{k+2\,k+2} \equiv 0 \tag{7}$$

在式(7)中，分别令$n=m_1,m_2,\cdots,m_{k+3}(k\leqslant n-3)$，便得到$k+3$个等式，在这些等式中，消去$-a_1$，$(-1)^k b_1 \cdot A_{k+2\,3},A_{k+2\,4},\cdots,A_{k+2\,k+2}$等共$k+2$个式子，便得到

$$\begin{vmatrix} a_{m_1} & 1 & C_{m_1-1}^1 & C_{m_1-1}^2 & \cdots & C_{m_1-1}^{k+1} \\ a_{m_2} & 1 & C_{m_2-1}^1 & C_{m_2-1}^2 & \cdots & C_{m_2-1}^{k+1} \\ \vdots & \vdots & \vdots & \vdots & & \vdots \\ a_{m_{k+3}} & 1 & C_{m_{k+3}-1}^1 & C_{m_{k+3}-1}^2 & \cdots & C_{m_{k+3}-1}^{k+1} \end{vmatrix} \equiv 0 \tag{8}$$

式(8)说明，当$r=k+1$时，对于$k+1$阶行列式，式(1)也成立.

综上，定理1获证.

由定理1知道，若已知r阶等差数列$\{a_n\}$中不相同的$r+1$项，便可以求出此数列的通项公式. 即有：

定理2 设数列$\{a_n\}$为$r(1\leqslant r\leqslant n-2)$阶等差数列，$a_{m_i}(i=1,2,\cdots,r+1,r\leqslant n-2)$是其中已知的$r+1$个不同的项，那么

$$\begin{vmatrix} a_{m_1} & 1 & C_{m_1-1}^1 & C_{m_1-1}^2 & \cdots & C_{m_1-1}^r \\ a_{m_2} & 1 & C_{m_2-1}^1 & C_{m_2-1}^2 & \cdots & C_{m_2-1}^r \\ \vdots & \vdots & \vdots & \vdots & & \vdots \\ a_{m_{r+1}} & 1 & C_{m_{r+1}-1}^1 & C_{m_{r+1}-1}^2 & \cdots & C_{m_{r+1}-1}^r \\ a_n & 1 & C_{n-1}^1 & C_{n-1}^2 & \cdots & C_{n-1}^r \end{vmatrix} = 0 \qquad (9)$$

在式(9),分别令 $m_i = i(i=1,2,\cdots,r+1,r \leqslant n-2)$,则有:

推论 1　设 $a_i(i=1,2,\cdots,r+1,r \leqslant n-2)$ 是 r 阶等差数列 $\{a_n\}$ 中的前 $r+1$ 项,a_n 为其通项,那么

$$\begin{vmatrix} a_1 & 1 & & & & \\ a_2 & 1 & C_1^1 & & 0 & \\ a_3 & 1 & C_2^1 & C_2^2 & & \\ a_4 & 1 & C_3^1 & C_3^2 & C_3^3 & \\ \vdots & \vdots & \vdots & \vdots & \vdots & \\ a_{r+1} & 1 & C_r^1 & C_r^2 & C_r^3 & \cdots & C_r^r \\ a_n & 1 & C_{n-1}^1 & C_{n-1}^2 & C_{n-1}^3 & \cdots & C_{n-1}^r \end{vmatrix} \equiv 0 \qquad (10)$$

如果在式(9)中,分别令 $n=1,2,\cdots$,代入,通过行列式运算,同时注意到前面介绍的组合恒等式,即得:

定理 3　设数列 $\{a_n\}$ 为 $r(1 \leqslant r \leqslant n-2)$ 阶等差数列,$a_{m_i}(i=1,2,\cdots,r+1,r \leqslant n-2)$ 是其中已知的 $r+1$ 个不同的项,s_n 表示此数列的前 n 项之和,那么

$$\begin{vmatrix} a_{m_1} & 1 & C_{m_1-1}^1 & C_{m_1-1}^2 & \cdots & C_{m_1-1}^r \\ a_{m_2} & 1 & C_{m_2-1}^1 & C_{m_2-1}^2 & \cdots & C_{m_2-1}^r \\ \vdots & \vdots & \vdots & \vdots & & \vdots \\ a_{m_{r+1}} & 1 & C_{m_{r+1}-1}^1 & C_{m_{r+1}-1}^2 & \cdots & C_{m_{r+1}-1}^r \\ s_n & C_n^i & C_n^2 & C_n^3 & \cdots & C_n^{r+1} \end{vmatrix} = 0 \qquad (11)$$

在式(11)中,若分别令 $m_i = i(i=1,2,\cdots,r+1,r \leqslant n-2)$,则有:

推论 2　设 $a_i(i=1,2,\cdots,r+1,r \leqslant n-2)$ 是 r 阶等差数列 $\{a_n\}$ 中的前 $r+1$ 项,s_n 为此数列前 n 项和,那么

$$\begin{vmatrix} a_1 & 1 & & & & \\ a_2 & 1 & C_1^1 & & 0 & \\ a_3 & 1 & C_2^1 & C_2^2 & & \\ a_4 & 1 & C_3^1 & C_3^2 & C_3^3 & \\ \vdots & \vdots & \vdots & \vdots & \vdots & \\ a_{r+1} & 1 & C_r^1 & C_r^2 & C_r^3 & \cdots & C_r^r \\ s_n & C_n^1 & C_n^2 & C_n^3 & C_n^4 & \cdots & C_n^{r+1} \end{vmatrix} \equiv 0 \qquad (12)$$

对于(10)(12)两式分别按最后一行展开化简即可得到《数学手册》(人民教育出版社,1979年版)p.10～p.11所给出的高阶等差数列的通项公式和前 n 项和公式.

正项等差数列与组合数生成的一类新不等式

罗文军

（秦安县第二中学　甘肃　天水　741600）

摘　要　对两道数学权威期刊上的组合数不等式进行拓展探究，得到7个更一般的优美不等式，通过探究，以期提升数学运算和逻辑推理的数学核心素养.

关键词　问题；等差数列；组合数；不等式

（一）一道《数学通报》问题的推广

《数学通报》2014年第3期问题2173如下：

问题2173　设 n 为正整数，证明：$\frac{1}{1\mathrm{C}_n^1}+\frac{3}{2\mathrm{C}_n^2}+\frac{5}{3\mathrm{C}_n^3}+\cdots+\frac{2n-1}{n\mathrm{C}_n^n}\geqslant\frac{n^2}{2^{n-1}}$.

以下笔者给出本题的一个另证，并进行适当的推广.

证明　因为由组合数的性质

$$k\mathrm{C}_n^k=n\mathrm{C}_{n-1}^{k-1}\quad(k=1,2,3,\cdots,n)$$

得

$$\begin{aligned}&1\mathrm{C}_n^1+2\mathrm{C}_n^2+3\mathrm{C}_n^3+\cdots+n\mathrm{C}_n^n\\&=n\mathrm{C}_{n-1}^{1-1}+n\mathrm{C}_{n-1}^{2-1}+n\mathrm{C}_{n-1}^{3-1}+\cdots+n\mathrm{C}_{n-1}^{n-1}\\&=n(\mathrm{C}_{n-1}^0+\mathrm{C}_{n-1}^1+\mathrm{C}_{n-1}^2+\cdots+\mathrm{C}_{n-1}^{n-1})\\&=n\cdot 2^{n-1}\end{aligned}$$

同理可得

$$1\mathrm{C}_{n-1}^1+2\mathrm{C}_{n-1}^2+3\mathrm{C}_{n-1}^3+\cdots+(n-1)\mathrm{C}_{n-1}^{n-1}=(n-1)\cdot 2^{n-2}$$

$$\begin{aligned}&1(1\mathrm{C}_n^1)+3(2\mathrm{C}_n^2)+5(3\mathrm{C}_n^3)+\cdots+(2n-1)(n\mathrm{C}_n^n)\\&=1(n\mathrm{C}_{n-1}^0)+(1+2)(n\mathrm{C}_{n-1}^1)+(1+2\times 2)(n\mathrm{C}_{n-1}^2)+\cdots+[1+2(n-1)](n\mathrm{C}_{n-1}^{n-1})\\&=n\{(\mathrm{C}_{n-1}^0+\mathrm{C}_{n-1}^1+\mathrm{C}_{n-1}^2+\cdots+\mathrm{C}_{n-1}^{n-1})+2[1\mathrm{C}_{n-1}^1+2\mathrm{C}_{n-1}^2+\cdots+(n-1)\mathrm{C}_{n-1}^{n-1}]\}\\&=n\{2^{n-1}+2(n-1)\cdot 2^{n-2}\}\\&=n[2+2(n-1)]2^{n-2}\\&=n(2n)\cdot 2^{n-2}\\&=n^2\cdot 2^{n-1}\end{aligned}$$

由柯西不等式的变式，得

$$\begin{aligned}&\frac{1}{1\mathrm{C}_n^1}+\frac{3}{2\mathrm{C}_n^2}+\frac{5}{3\mathrm{C}_n^3}+\cdots+\frac{2n-1}{n\mathrm{C}_n^n}\\&=\frac{1^2}{1\times(1\mathrm{C}_n^1)}+\frac{3^2}{3(2\mathrm{C}_n^2)}+\frac{5^2}{5(3\mathrm{C}_n^3)}+\cdots+\frac{(2n-1)^2}{(2n-1)(n\mathrm{C}_n^n)}\end{aligned}$$

$$\geqslant \frac{(1+3+5+\cdots+2n-1)^2}{1(1\mathrm{C}_n^1)+3(2\mathrm{C}_n^2)+5(3\mathrm{C}_n^3)+\cdots+(2n-1)(n\mathrm{C}_n^n)}$$

$$=\frac{(n^2)^2}{n^2\cdot 2^{n-1}}=\frac{n^2}{2^{n-1}}$$

所以

$$\frac{1}{1\mathrm{C}_n^1}+\frac{3}{2\mathrm{C}_n^2}+\frac{5}{3\mathrm{C}_n^3}+\cdots+\frac{2n-1}{n\mathrm{C}_n^n}\geqslant\frac{n^2}{2^{n-1}}$$

当 $n=1$ 时,$\frac{1}{1\mathrm{C}_1^1}=\frac{1^2}{2^{1-1}}$;当 $n=2$ 时,$\frac{1}{1\mathrm{C}_2^1}+\frac{3}{2\mathrm{C}_2^2}=\frac{2^2}{2^{2-1}}$.

所以当 $n=1,2$ 时,不等式$\frac{1}{1\mathrm{C}_n^1}+\frac{3}{2\mathrm{C}_n^2}+\frac{5}{3\mathrm{C}_n^3}+\cdots+\frac{2n-1}{n\mathrm{C}_n^n}\geqslant\frac{n^2}{2^{n-1}}$ 取等号.

将试题进行推广,可得到如下几个问题:

问题1　设 n 为正整数,证明:$\frac{1\mathrm{C}_n^1}{1}+\frac{2\mathrm{C}_n^2}{3}+\frac{3\mathrm{C}_n^3}{5}+\cdots+\frac{n\mathrm{C}_n^n}{2n-1}\geqslant 2^{n-1}$.

证明　由柯西不等式变式得

$$\frac{(1\mathrm{C}_n^1)^2}{1(1\mathrm{C}_n^1)}+\frac{(2\mathrm{C}_n^2)^2}{3(2\mathrm{C}_n^2)}+\frac{(3\mathrm{C}_n^3)^2}{5(3\mathrm{C}_n^3)}+\cdots+\frac{(n\mathrm{C}_n^n)^2}{(2n-1)(n\mathrm{C}_n^n)}$$

$$\geqslant\frac{(1\mathrm{C}_n^1+2\mathrm{C}_n^2+3\mathrm{C}_n^3+\cdots+n\mathrm{C}_n^n)^2}{1(1\mathrm{C}_n^1)+3(2\mathrm{C}_n^2)+5(3\mathrm{C}_n^3)+\cdots+(2n-1)(n\mathrm{C}_n^n)}$$

$$=\frac{(n\cdot 2^{n-1})^2}{n^2\cdot 2^{n-1}}=2^{n-1}$$

即

$$\frac{1\mathrm{C}_n^1}{1}+\frac{2\mathrm{C}_n^2}{3}+\frac{3\mathrm{C}_n^3}{5}+\cdots+\frac{n\mathrm{C}_n^n}{2n-1}\geqslant 2^{n-1}$$

当 $n=1$ 时,$\frac{1\mathrm{C}_1^1}{1}=2^{1-1}$.

所以当 $n=1$ 时,不等式$\frac{1\mathrm{C}_n^1}{1}+\frac{2\mathrm{C}_n^2}{3}+\frac{3\mathrm{C}_n^3}{5}+\cdots+\frac{n\mathrm{C}_n^n}{2n-1}\geqslant 2^{n-1}$ 取等号.

问题2　设 n 为正整数,证明:$\frac{1}{\mathrm{C}_n^0}+\frac{3}{\mathrm{C}_n^1}+\frac{5}{\mathrm{C}_n^2}+\cdots+\frac{2n+1}{\mathrm{C}_n^n}\geqslant\frac{(n+1)^3}{2^n}$.

证明　由组合数性质

$$k\mathrm{C}_n^k=n\mathrm{C}_{n-1}^{k-1}\quad(k=1,2,3,\cdots,n)$$

得

$$\begin{aligned}&1\mathrm{C}_n^0+3\mathrm{C}_n^1+5\mathrm{C}_n^2+\cdots+(2n+1)\mathrm{C}_n^n\\=&1\mathrm{C}_n^0+(1+2)\mathrm{C}_n^1+(1+2\times 2)\mathrm{C}_n^2+\cdots+(2n+1)\mathrm{C}_n^n\\=&(\mathrm{C}_n^0+\mathrm{C}_n^1+\mathrm{C}_n^2+\cdots+\mathrm{C}_n^n)+2(1\mathrm{C}_n^1+2\mathrm{C}_n^2+\cdots+n\mathrm{C}_n^n)\\=&2^n+2(n\mathrm{C}_{n-1}^{1-1}+n\mathrm{C}_{n-1}^{2-1}+\cdots+n\mathrm{C}_{n-1}^{n-1})\\=&2^n+2n(\mathrm{C}_{n-1}^0+\mathrm{C}_{n-1}^1+\cdots+\mathrm{C}_{n-1}^{n-1})\\=&2^n+2n\cdot 2^{n-1}\\=&2^n\cdot(n+1)\end{aligned}$$

$$\frac{1}{\mathrm{C}_n^0}+\frac{3}{\mathrm{C}_n^1}+\frac{5}{\mathrm{C}_n^2}+\cdots+\frac{2n+1}{\mathrm{C}_n^n}=\frac{1^2}{1\mathrm{C}_n^0}+\frac{3^2}{3\mathrm{C}_n^1}+\frac{5^2}{5\mathrm{C}_n^2}+\cdots+\frac{(2n+1)^2}{(2n+1)\mathrm{C}_n^n}$$

$$\geqslant\frac{[1+3+5+\cdots+(2n+1)]^2}{1\mathrm{C}_n^0+3\mathrm{C}_n^1+5\mathrm{C}_n^2+\cdots+(2n+1)\mathrm{C}_n^n}$$

$$=\frac{\left[(n+1)\cdot\frac{(2n+2)}{2}\right]^2}{2^n\cdot(n+1)}$$

$$=\frac{(n+1)^3}{2^n}$$

即

$$\frac{1}{C_n^0}+\frac{3}{C_n^1}+\frac{5}{C_n^2}+\cdots+\frac{2n+1}{C_n^n}\geqslant\frac{(n+1)^3}{2^n}$$

当 $n=1$ 时，$\frac{1}{C_1^0}+\frac{3}{C_1^1}=\frac{(1+1)^3}{2^1}$.

所以当 $n=1$ 时，不等式 $\frac{1}{C_n^0}+\frac{3}{C_n^1}+\frac{5}{C_n^2}+\cdots+\frac{2n+1}{C_n^n}\geqslant\frac{(n+1)^3}{2^n}$ 中取等号.

（二）一道《数学教学》问题的推广

《数学教学》2013 年第 8 期问题 893：设 n 为正整数，求证：$\frac{1\cdot(C_n^1)^2}{2}+\frac{2\cdot(C_n^2)^2}{3}+\cdots+\frac{n\cdot(C_n^n)^2}{n+1}>4^n\cdot\frac{3n}{(2n+3)^2}$.

笔者通过探究，得出了该征解题的 3 个变式题和正项等差数列与组合数构成的 4 个新不等式，现介绍如下，以供参考.

变式 1　设 n 为正整数，求证：$\frac{1\cdot 2^2}{C_n^1}+\frac{2\cdot 3^2}{C_n^2}+\cdots+\frac{n\cdot(n+1)^2}{C_n^n}\geqslant\frac{n(n+1)^2(n+2)^2}{9\cdot 2^{n-1}}$.

证明　因为

$$k(k+1)=\frac{1}{3}[k(k+1)(k+2)-(k-1)k(k+1)]$$

所以

$$1\times 2+2\times 3+\cdots+n(n+1)=\sum_{k=1}^{n}\frac{1}{3}[k(k+1)(k+2)-(k-1)k(k+1)]$$

$$=\frac{1}{3}n(n+1)(n+2)$$

因为

$$kC_n^k=nC_{n-1}^{k-1}\quad(k=1,2,\cdots,n)$$

所以

$$1C_n^1+2C_n^2+\cdots+nC_n^n=n(C_{n-1}^0+C_{n-1}^1+\cdots+C_{n-1}^{n-1})=n\cdot 2^{n-1}$$

从而由柯西不等式的变式，得

$$\frac{1\times 2^2}{C_n^1}+\frac{2\times 3^2}{C_n^2}+\cdots+\frac{n(n+1)^2}{C_n^n}=\frac{(1\times 2)^2}{1C_n^1}+\frac{(2\times 3)^2}{2C_n^2}+\cdots+\frac{[n(n+1)]^2}{nC_n^n}$$

$$\geqslant\frac{[1\times 2+2\times 3+\cdots+n(n+1)]^2}{1C_n^1+2C_n^2+\cdots+nC_n^n}$$

$$=\frac{\frac{1}{9}n^2(n+1)^2(n+2)^2}{n\cdot 2^{n-1}}$$

$$=\frac{n(n+1)^2(n+2)^2}{9\cdot 2^{n-1}}$$

当 $n=1$ 时，上面的不等式取等号.

变式 2 设 n 为正整数,求证:$\frac{1\cdot(C_n^1)^2}{2}+\frac{2\cdot(C_n^2)^2}{2^2}+\cdots+\frac{n\cdot(C_n^n)^2}{2^n}\geqslant\frac{(n\cdot 2^{n-1})^2}{(n-1)\cdot 2^{n+1}+2}$.

证明 因为

$$kC_n^k=nC_{n-1}^{k-1}\quad(k=1,2,\cdots,n)$$

所以

$$1C_n^1+2C_n^2+\cdots+nC_n^n=n(C_{n-1}^0+C_{n-1}^1+\cdots+C_{n-1}^{n-1})=n\cdot 2^{n-1}$$

记

$$S=1\times 2+2\times 2^2+\cdots+(n-1)\cdot 2^{n-1}+n\cdot 2^n$$

则

$$2S=1\times 2^2+2\times 2^3+\cdots+(n-1)\cdot 2^n+n\cdot 2^{n+1}$$

所以

$$-S=(1-n)\cdot 2^{n+1}-2$$

即

$$S=(n-1)\cdot 2^{n+1}+2$$

由柯西不等式的变式,得

$$\begin{aligned}\frac{1\cdot(C_n^1)^2}{2}+\frac{2\cdot(C_n^2)^2}{2^2}+\cdots+\frac{n\cdot(C_n^n)^2}{2^n}&=\frac{(1C_n^1)^2}{1\times 2}+\frac{(2C_n^2)^2}{2\times 2^2}+\cdots+\frac{(nC_n^n)}{n\cdot 2^n}\\&\geqslant\frac{(1C_n^1+2C_n^2+\cdots+nC_n^n)^2}{1\times 2+2\times 2^2+\cdots+n\cdot 2^n}\\&=\frac{(n\cdot 2^{n-1})^2}{(n-1)\cdot 2^{n+1}+2}\end{aligned}$$

当 $n=1$ 时,上面的不等式取等号.

变式 3 设 n 为正整数,求证:$1(C_n^1)^2+2(C_n^2)^2+\cdots+n(C_n^n)^2\geqslant\frac{n\cdot 2^{2n-1}}{n+1}$.

证明 因为

$$kC_n^k=nC_{n-1}^{k-1}\quad(k=1,2,\cdots,n)$$

所以

$$1C_n^1+2C_n^2+\cdots+nC_n^n=n(C_{n-1}^0+C_{n-1}^1+\cdots+C_{n-1}^{n-1})=n\cdot 2^{n-1}$$

因为

$$1+2+3+\cdots+n=\frac{n(n+1)}{2}$$

所以由柯西不等式的变式,得

$$\begin{aligned}1(C_n^1)^2+2(C_n^2)^2+\cdots+n(C_n^n)^2&=\frac{(1C_n^1)^2}{1}+\frac{(2C_n^2)^2}{2}+\cdots+\frac{(nC_n^n)^2}{n}\\&\geqslant\frac{(1C_n^1+2C_n^2+\cdots+nC_n^n)^2}{1+2+\cdots+n}\\&=\frac{(n\cdot 2^{n-1})^2}{\frac{n(n+1)}{2}}\\&=\frac{n\cdot 2^{2n-1}}{n+1}\end{aligned}$$

当 $n=1$ 时,上面的不等式取等号.

笔者通过对以上征解题进行类比和联想,得出了正项等差数列若干项与组合数构成的一类新的不等式,以下约定$\{a_n\}$为正项等差数列,其公差为d,n为正整数.

定理 1 $\dfrac{a_1^2}{C_n^1}+\dfrac{a_2^2}{C_n^2}+\dfrac{a_3^2}{C_n^3}+\cdots+\dfrac{a_n^2}{C_n^n}\geqslant\dfrac{(n+1)^2(a_1+a_n)^2}{4(2^n-1)}$.

证明 由组合数的性质

$$C_n^1+C_n^2+C_n^3+\cdots+C_n^n=2^n-1$$

由柯西不等式变式,得

$$\begin{aligned}&\frac{a_1^2}{C_n^1}+\frac{a_2^2}{C_n^2}+\frac{a_3^2}{C_n^3}+\cdots+\frac{a_n^2}{C_n^n}\\ \geqslant&\frac{(a_1+a_2+a_3+\cdots+a_n)^2}{C_n^1+C_n^2+C_n^3+\cdots+C_n^n}\\ =&\frac{\frac{(n+1)^2(a_1+a_n)^2}{4}}{2^n-1}\\ =&\frac{(n+1)^2(a_1+a_n)^2}{4\cdot(2^n-1)}\end{aligned}$$

当$n=1$时,上面的不等式取等号.

定理 2 $\dfrac{(C_n^1)^2}{a_1}+\dfrac{(C_n^2)^2}{a_2}+\dfrac{(C_n^3)^2}{a_3}+\cdots+\dfrac{(C_n^n)^2}{a_n}\geqslant\dfrac{2\cdot(2^n-1)^2}{n(a_1+a_n)}$.

证明 由组合数的性质

$$C_n^1+C_n^2+C_n^3+\cdots+C_n^n=2^n-1$$

由柯西不等式变式,得

$$\begin{aligned}&\frac{(C_n^1)^2}{a_1}+\frac{(C_n^2)^2}{a_2}+\frac{(C_n^3)^2}{a_3}+\cdots+\frac{(C_n^n)^2}{a_n}\\ \geqslant&\frac{(C_n^1+C_n^2+C_n^3+\cdots+C_n^n)^2}{a_1+a_2+a_3+\cdots+a_n}\\ =&\frac{(2^n-1)^2}{\frac{n(a_1+a_n)}{2}}\\ =&\frac{2(2^n-1)^2}{n(a_1+a_n)}\end{aligned}$$

当$n=1$时,上面的不等式取等号.

定理 3 $\dfrac{a_1^2}{C_n^1}+\dfrac{2a_2^2}{C_n^2}+\dfrac{3a_3^2}{C_n^3}+\cdots+\dfrac{na_n^2}{C_n^n}\geqslant\dfrac{n(n+1)^2(a_1+2a_n)^2}{9\cdot 2^{n+1}}$.

证明 记 $1a_1+2a_2+3a_3+\cdots+na_n$

$$\begin{aligned}&=(1+2+3+\cdots+n)a_1+d(1^2+2^2+3^2+\cdots+n^2)-d(1+2+3+\cdots+n)\\&=\frac{n(n+1)}{2}(a_1-d)+\frac{n(n+1)(2n+1)}{6}d\\&=\frac{n(n+1)}{6}[3a_1+2(n-1)d]\end{aligned}$$

因为

$$kC_n^k=nC_{n-1}^{k-1}\quad(k=1,2,\cdots,n)$$

所以

$$1C_n^1+2C_n^2+\cdots+nC_n^n=n(C_{n-1}^0+C_{n-1}^1+\cdots+C_{n-1}^{n-1})=n\cdot 2^{n-1}$$

由柯西不等式的变式得

$$\frac{1\cdot a_1^2}{C_n^1}+\frac{2\cdot a_2^2}{C_n^2}+\frac{3\cdot a_3^2}{C_n^3}+\cdots+\frac{n\cdot a_n^2}{C_n^n}=\frac{(1a_1)^2}{1C_n^1}+\frac{(2a_2)^2}{2C_n^2}+\frac{(3a_3)^2}{3C_n^3}+\cdots+\frac{(na_n)^2}{nC_n^n}$$

$$\geqslant\frac{(a_1+2a_2+3a_3+\cdots+na_n)^2}{1C_n^1+2C_n^2+3C_n^3+\cdots+nC_n^n}$$

$$=\frac{\frac{n^2(n+1)^2}{36}[3a_1+2(n-1)d]^2}{n\cdot 2^{n-1}}$$

$$=\frac{n(n+1)^2(a_1+2a_n)^2}{9\cdot 2^{n+1}}$$

当 $n=1$ 时,上面的不等式取等号.

定理4 $\frac{1(C_n^1)^2}{a_1}+\frac{2(C_n^2)^2}{a_2}+\frac{3(C_n^3)^2}{a_3}+\cdots+\frac{n(C_n^n)^2}{a_n}\geqslant\frac{3n\cdot 2^{2n-1}}{(n+1)(a_1+2a_n)}$.

证明 由定理3的证明过程知

$$1a_1+2a_2+3a_3+\cdots+na_n=\frac{n(n+1)}{6}[3a_1+2(n-1)d]$$

$$1C_n^1+2C_n^2+\cdots+nC_n^n=n(C_{n-1}^0+C_{n-1}^1+\cdots+C_{n-1}^{n-1})=n\cdot 2^{n-1}$$

由柯西不等式变式得

$$\frac{1(C_n^1)^2}{a_1}+\frac{2(C_n^2)^2}{a_2}+\frac{3(C_n^3)^2}{a_3}+\cdots+\frac{n(C_n^n)^2}{a_n}=\frac{(1C_n^1)^2}{a_1}+\frac{(2C_n^2)^2}{2a_2}+\frac{(3C_n^3)^2}{3a_3}+\cdots+\frac{(nC_n^n)^2}{na_n}$$

$$\geqslant\frac{(1C_n^1+2C_n^2+3C_n^3+\cdots+nC_n^n)^2}{a_1+2a_2+3a_3+\cdots+na_n}$$

$$=\frac{(n\cdot 2^{n-1})^2}{\frac{n(n+1)}{6}[3a_1+2(n-1)d]}$$

$$=\frac{3n\cdot 2^{2n-1}}{(n+1)(a_1+2a_n)}$$

当 $n=1$ 时,上面的不等式取等号.

(三)两道问题的再推广

下面约定数列 $\{a_n\}$ 是正项等差数列,公差为 $d>0$,其前 n 和项为 S_n,n 为正整数.笔者通过探究,得出了正项等差数列 $\{a_n\}$ 的前 n 项和 S_n 与组合数构成的一类新不等式,现介绍如下,以供参考.

定理5 $\frac{S_1}{C_n^1}+\frac{S_2}{C_n^2}+\frac{S_3}{C_n^3}+\cdots+\frac{S_n}{C_n^n}\geqslant\frac{n^2(n+1)^2(2a_1+a_n)}{9n\cdot 2^{n-1}(3a_1+a_n)}$.

证明 设 $\{a_n\}$ 的公差为 d.

由组合数公式 $kC_n^k=nC_{n-1}^{k-1}(k\in\{1,2,3,\cdots,n\})$,得

$$\sum_{k=1}^{n}kC_n^k=n\sum_{k=1}^{n}C_{n-1}^{k-1}=n\cdot 2^{n-1}$$

由组合数公式 $kC_n^k=nC_{n-1}^{k-1}(k\in\{1,2,3\cdots,n\})$,得

$$\sum_{k=1}^{n}k^2C_n^k=n\sum_{k=1}^{n}(k-1)C_{n-1}^{k-1}+n\sum_{k=1}^{n}C_{n-1}^{k-1}$$

再由组合数公式 $(k-1)C_{n-1}^{k-1}=(n-1)C_{n-2}^{k-2}(k\in\{2,3,4,\cdots,n\})$,得

$$n\sum_{k=2}^{n}(k-1)C_{n-1}^{k-1}=n(n-1)\sum_{k=2}^{n}C_{n-2}^{k-2}$$

由公式$\sum\limits_{k=0}^{n} C_n^k = 2^n (k \in \{0,1,2,\cdots,n\})$，得

$$\sum_{k=1}^{n} k^2 C_n^k = n \cdot 2^{n-1} + n(n-1) \cdot 2^{n-2} = n(n+1) \cdot 2^{n-2}$$

$$\begin{aligned}\sum_{k=1}^{n} S_k &= \sum_{k=1}^{n}\left[ka_1 + \frac{k(k-1)}{2}d\right] \\ &= a_1 \sum_{k=1}^{n} k + \frac{d}{2}\sum_{k=1}^{n}(k^2 - k) \\ &= \left(a_1 - \frac{d}{2}\right)\sum_{k=1}^{n} k + \frac{d}{2}\sum_{k=1}^{n} k^2 \\ &= \left(a_1 - \frac{d}{2}\right) \cdot \frac{n(n+1)}{2} + \frac{d}{2} \cdot \frac{n(n+1)(2n+1)}{6} \\ &= \frac{1}{6}n(n+1)[3a_1 + (n-1)d] \\ &= \frac{1}{6}n(n+1)(2a_1 + a_n)\end{aligned}$$

$$\begin{aligned}\sum_{k=1}^{n} C_n^k S_k &= \sum_{k=1}^{n} C_n^k\left[ka_1 + \frac{k(k-1)}{2}d\right] \\ &= \left(a_1 - \frac{d}{2}\right)\sum_{k=1}^{n} kC_n^k + \frac{d}{2}\sum_{k=1}^{n} k^2 C_n^k \\ &= \left(a_1 - \frac{d}{2}\right)n \cdot 2^{n-1} + \frac{d}{2}n(n+1) \cdot 2^{n-2} \\ &= n \cdot 2^{n-3}[4a_1 + (n-1)d] \\ &= n \cdot 2^{n-3}(3a_1 + a_n)\end{aligned}$$

所以由柯西不等式的变式，得

$$\begin{aligned}\frac{S_1}{C_n^1} + \frac{S_2}{C_n^2} + \frac{S_3}{C_n^3} + \cdots + \frac{S_n}{C_n^n} &\geqslant \frac{(S_1 + S_2 + S_3 + \cdots + S_n)^2}{C_n^1 S_1 + C_n^2 S_2 + C_n^3 S_3 + \cdots + C_n^n S_n} \\ &= \frac{\left[\frac{1}{6}n(n+1)(2a_1 + a_n)\right]^2}{n \cdot 2^{n-3}(3a_1 + a_n)} \\ &= \frac{n^2 (n+1)^2 (2a_1 + a_n)}{9n \cdot 2^{n-1}(3a_1 + a_n)}\end{aligned}$$

当 $n=1$ 时，上面不等式中的等号成立.

定理 6 $\quad \dfrac{C_n^1}{S_1} + \dfrac{C_n^2}{S_2} + \dfrac{C_n^3}{S_3} + \cdots + \dfrac{C_n^n}{S_n} \geqslant \dfrac{(2^n - 1)^2}{n \cdot 2^{n-3}(3a_1 + a_n)}$

证明 由组合数公式

$$\sum_{k=1}^{n} C_n^k = 2^n - 1 \quad (k \in \{1,2,3,\cdots,n\})$$

由不等式 1 的证明过程知

$$\sum_{k=1}^{n} C_n^k S_k = n \cdot 2^{n-3}(3a_1 + a_n)$$

由柯西不等式的变式，得

$$\frac{C_n^1}{S_1} + \frac{C_n^2}{S_2} + \frac{C_n^3}{S_3} + \cdots + \frac{C_n^n}{S_n} \geqslant \frac{(C_n^1 + C_n^2 + C_n^3 + \cdots + C_n^n)^2}{C_n^1 S_1 + C_n^2 S_2 + C_n^3 S_3 + \cdots + C_n^n S_n} = \frac{(2^n - 1)^2}{n \cdot 2^{n-3}(3a_1 + a_n)}$$

当 $n=1$ 时,上面不等式中的等号成立.

定理 7 $\frac{S_1}{C_n^1}+\frac{S_2}{2C_n^2}+\frac{S_3}{3C_n^3}+\cdots+\frac{S_n}{nC_n^n}\geqslant\frac{n^2(3a_1+a_n)^2}{16\cdot(2^n-1)a_1+8[(n-2)\cdot 2^{n-1}+1]d}$

证明

$$\sum_{k=1}^{n}\frac{S_k}{k}=\sum_{k=1}^{n}[a_1+(k-1)\cdot\frac{d}{2}]=\sum_{k=1}^{n}a_1+\frac{d}{2}\sum_{k=1}^{n}(k-1)$$

$$=na_1+\frac{d}{2}\cdot\frac{n(n-1)}{2}=\frac{1}{4}n(3a_1+a_n)$$

由前文可知

$$\sum_{k=1}^{n}kC_n^k=n\sum_{k=1}^{n}C_{n-1}^{k-1}=n\cdot 2^{n-1},\sum_{k=1}^{n}C_n^k=2^n-1\quad(k\in\{1,2,3,\cdots,n\})$$

$$\sum_{k=1}^{n}\frac{S_k}{k}C_n^k=\sum_{k=1}^{n}[a_1+(k-1)\cdot\frac{d}{2}]C_n^k$$

$$=(a_1-\frac{d}{2})\cdot\sum_{k=1}^{n}C_n^k+\frac{d}{2}\sum_{k=1}^{n}kC_n^k$$

$$=(a_1-\frac{d}{2})\cdot(2^n-1)+\frac{d}{2}n\cdot 2^{n-1}$$

$$=(2^n-1)a_1+\frac{d}{2}[(n-2)\cdot 2^{n-1}+1]$$

由柯西不等式变式,得

$$\frac{S_1}{C_n^1}+\frac{S_2}{2C_n^2}+\frac{S_3}{3C_n^3}+\cdots+\frac{S_n}{nC_n^n}$$

$$=\frac{\frac{S_1}{1}}{C_n^1}+\frac{\frac{S_2}{2}}{C_n^2}+\frac{\frac{S_3}{3}}{C_n^3}+\cdots+\frac{\frac{S_n}{n}}{C_n^n}$$

$$\geqslant\frac{(\frac{S_1}{1}+\frac{S_2}{2}+\frac{S_3}{3}+\cdots+\frac{S_n}{n})^2}{\frac{S_1}{1}C_n^1+\frac{S_2}{2}C_n^2+\frac{S_3}{3}C_n^3+\cdots+\frac{S_n}{n}C_n^n}$$

$$=\frac{\frac{1}{16}n^2(3a_1+a_n)^2}{(2^n-1)a_1+\frac{d}{2}[(n-2)\cdot 2^{n-1}+1]}$$

$$=\frac{n^2(3a_1+a_n)^2}{16\cdot(2^n-1)a_1+8[(n-2)\cdot 2^{n-1}+1]d}$$

当 $n=1$ 时,上面不等式中等号成立.

定理 8 $\frac{C_n^1}{S_1}+\frac{2C_n^2}{S_2}+\frac{3C_n^3}{S_3}+\cdots+\frac{nC_n^n}{S_n}\geqslant\frac{2(2^n-1)^2}{2(2^n-1)a_1+[(n-2)\cdot 2^{n-1}+1]d}$

证明 由柯西不等式变式和前面证明的式子,得

$$\frac{C_n^1}{S_1}+\frac{2C_n^2}{S_2}+\frac{3C_n^3}{S_3}+\cdots+\frac{nC_n^n}{S_n}$$

$$=\frac{C_n^1}{\frac{S_1}{1}}+\frac{C_n^2}{\frac{S_2}{2}}+\frac{C_n^3}{\frac{S_3}{3}}+\cdots+\frac{C_n^n}{\frac{S_n}{n}}$$

$$=\frac{(C_n^1)^2}{\frac{S_1}{1}C_n^1}+\frac{(C_n^2)^2}{\frac{S_2}{2}C_n^2}+\frac{(C_n^3)^2}{\frac{S_3}{3}C_n^3}+\cdots+\frac{(C_n^n)^2}{\frac{S_n}{n}C_n^n}$$

$$\geqslant \frac{(C_n^1+C_n^2+C_n^3+\cdots+C_n^n)^2}{\frac{S_1}{1}C_n^1+\frac{S_2}{2}C_n^2+\frac{S_3}{3}C_n^3+\cdots+\frac{S_n}{n}C_n^n}$$

$$=\frac{(2^n-1)^2}{(2^n-1)a_1+[(n-2)\cdot 2^{n-1}+1]\cdot\frac{d}{2}}$$

$$=\frac{2\,(2^n-1)^2}{2(2^n-1)a_1+[(n-2)\cdot 2^{n-1}+1]d}$$

当 $n=1$ 时，上面不等式中等号成立.

参考文献

[1] 盛宏礼.正项等差数列一类新不等式[J].数学通讯，2011(22)：34-35.

[2] 盛宏礼.有关正项等差数列的不等式[J].数学通报，2006(07)：53-54.

[3] 罗文军.2015 年 6 月号问题解答[J].数学通报，2015(07)：64.

[4] 盛宏礼.2013 年第 8 期问题 893[J].数学教学，2013(08).

[5] 罗文军.例谈一道数学征解题的探究与推广[J].数理化学习(高中版)，2016(03)：13-14.

作者简介

罗文军，男，生于 1986 年 1 月，甘肃秦安人，中学二级教师，本科学历，主要研究高中数学一题多解和高中数学文化. 2015 年 2 月他被聘为首批华中师范大学考试研究院特聘研究员，2016 年 3 月加入甘肃省数学教育研究会，2021 年 1 月加入中国数学学会，2016 年 9 月被陕西师范大学聘为《中学数学教学参考》特约编辑，2021 年 12 月被聘为《中学数学》编委. 他在《中学数学》《数学通讯》《数学教学》等中学期刊上发表论文 120 多篇，其中发表在《江苏教育》2017 年第 10 期的论文《近年高考数学文化试题的综述》被中国人民大学报刊复印资料《高中数学教与学》全文转载于 2018 年第 2 期，在北大核心期刊《数学通报》问题与解答栏目发表过多个优美问题. 他还参编教辅书 4 套，参与市级课题和省级课题一项，主持市级课题一项. 其曾被评为秦安县第二中学高考优秀教师，青年教学能手，获得秦安县现场优质课二等奖.

E-mail：1448937994@qq.com.

平面内一个含参数的动点不等式

杨学枝

(福建省福州市福州第二十四中学　福建　福州　350015)

近年来,在我国初数界,对平面(或空间)内动点的几何不等式的研究取得了一系列优秀成果,其中江西的刘健先生,江苏的褚小光先生尤为突出.在这方面,笔者也曾尝试作过研究,如在文献[1]~[10]中,也得到过一些结果.在此,笔者再给出一个含有参数的三角形内动点的几何不等式,由于参数可以取不同的值,因此可得到一系列关于三角形内动点的不等式.

定理　平面上,设$\triangle ABC$三边长为$BC=a,CA=b,AB=c$,面积为Δ. P为$\triangle ABC$内部或边界上任意一点,点P到$\triangle ABC$的三边BC,CA,AB所在直线的距离分别为$r_1,r_2,r_3,m,n\in\mathbf{R}$,且$n>m\geqslant 0$,则

$$4(n-m)(2n+m)\Delta^2\geqslant\left[2n\sum bc-(n+m)\sum a^2\right]\left(m\sum r_1^2+2n\sum r_2r_3\right)\tag{1}$$

当且仅当$2n\sum bc-(n+m)\sum a^2>0$,且

$$\frac{r_1}{|n(-a+b+c)-ma|}=\frac{r_2}{|n(a-b+c)-mb|}=\frac{r_3}{|n(a+b-c)-mc|}$$

时,式(1)取等号.以上“$\sum$”表示循环和(下同).

证明　i) 当$2n\sum bc-(n+m)\sum a^2\leqslant 0$时,根据已知条件可知,此时式(1)显然成立,但不可能取到等号.

ii) 当$2n\sum bc-(n+m)\sum a^2>0$时,记

$$\lambda=\frac{(n-m)(2n+m)}{2n\sum bc-(n+m)\sum a^2}$$

则式(1)可以写作

$$4\lambda\triangle^2\geqslant m\sum r_1^2+2n\sum r_2r_3\tag{①}$$

由于

$$\begin{aligned}&4\lambda\triangle^2-m\sum r_1^2-2n\sum r_2r_3\\=&\lambda\left(\sum ar_1\right)^2-m\sum r_1^2-2n\sum r_2r_3\\=&\sum(\lambda a^2-m)r_1^2-2\sum(n-\lambda bc)r_2r_3\end{aligned}$$

因此,要证式①成立,只需证

$$\sum(\lambda a^2-m)r_1^2-2\sum(n-\lambda bc)r_2r_3\geqslant 0\tag{②}$$

由于

$$\lambda a^2-m=\frac{(n-m)(2n+m)a^2}{2n\sum bc-(n+m)\sum a^2}-m$$

$$=\frac{(n-m)(2n+m)a^2-2mn\sum bc+m(n+m)\sum a^2}{2n\sum bc-(n+m)\sum a^2}$$

$$=\frac{4n^2a^2+2m(n+m)b^2+2m(n+m)c^2-4nm\sum bc}{2[2n\sum 2bc-(n+m)\sum a^2]}$$

$$=\frac{(2na-mb-mc)^2+m(2n+m)(b-c)^2}{2[2n\sum bc-(n-m)\sum a^2]}\geqslant 0$$

即

$$\lambda a^2-m\geqslant 0$$

同理可以得到

$$\lambda b^2-m\geqslant 0,\lambda c^2-m\geqslant 0$$

另外,有

$$(\lambda b^2-m)(\lambda c^2-m)-(n-\lambda bc)^2$$
$$=(2nbc-mb^2-mc^2)\lambda-(n^2-m^2)$$
$$=\frac{(n-m)(2n+m)(2nbc-mb^2-mc^2)}{2n\sum bc-(n+m)\sum a^2}-(n^2-m^2)$$
$$=\frac{(n-m)\ [nb+nc-(n+m)a]^2}{2n\sum bc-(n+m)\sum a^2}\geqslant 0$$

即

$$(\lambda b^2-m)(\lambda c^2-m)-(n-\lambda bc)^2\geqslant 0$$

同理可以得到

$$(\lambda c^2-m)(\lambda a^2-m)-(n-\lambda ca)^2\geqslant 0,(\lambda a^2-m)(\lambda b^2-m)-(n-\lambda ab)^2\geqslant 0$$

由 $n>m\geqslant 0$ 及上述计算知,在 $\lambda a^2-m,\lambda b^2-m,\lambda c^2-m$ 中,必有一式大于零,不妨设 $\lambda a^2-m>0$,于是将式 ② 左边配方,得到

$$\left(\sqrt{\lambda a^2-m}r_1-\frac{n-\lambda ab}{\sqrt{\lambda a^2-m}}r_2-\frac{n-\lambda ac}{\sqrt{\lambda a^2-m}}r_3\right)^2+$$
$$\frac{1}{\lambda a^2-m}\left[\sqrt{(\lambda a^2-m)(\lambda b^2-m)-(n-\lambda ab)^2}\,r_2-\sqrt{(\lambda a^2-m)(\lambda c^2-m)-(n-\lambda ac)^2}\,r_3\right]^2+$$
$$\frac{2}{\lambda a^2-m}\{\sqrt{[(\lambda a^2-m)(\lambda b^2-m)-(n-\lambda ab)^2][(\lambda a^2-m)(\lambda c^2-m)-(n-\lambda ac)^2]}-$$
$$(n-\lambda ab)(n-\lambda ac)-(\lambda a^2-m)(n-\lambda bc)\}r_2r_3\geqslant 0$$

由此可知,我们只需证

$$\sqrt{[(\lambda a^2-m)(\lambda b^2-m)-(n-\lambda ab)^2][(\lambda a^2-m)(\lambda c^2-m)-(n-\lambda ac)^2]}$$
$$\geqslant(n-\lambda ab)(n-\lambda ac)+(\lambda a^2-m)(n-\lambda bc)$$
$$=(na^2+mbc-nab-nac)\lambda+n(n-m) \tag{③}$$

当$(na^2+mbc-nab-nac)\lambda+n(n-m)<0$ 时,式 ③ 显然成立.

当$(na^2+mbc-nab-nac)\lambda+n(n-m)\geqslant 0$ 时,则

$$[(\lambda a^2-m)(\lambda b^2-m)-(n-\lambda ab)^2][(\lambda a^2-m)(\lambda c^2-m)-(n-\lambda ac)^2]-$$
$$[(na^2+mbc-nab-nac)\lambda+n(n-m)]^2$$
$$=(n-m)\{[2n\sum bc-(n+m)\sum a^2]a^2\lambda^2-2[mn\sum bc-$$

$$\frac{n(n+m)}{2}\sum a^2+\frac{(n-m)(2n+m)}{2}a^2]\lambda+m(n-m)(2n+m)\}$$

$$=(n-m)(\lambda a^2-m)\{[2n\sum bc-(n+m)\sum a^2]\lambda-(n-m)(2n+m)\}$$

$$=(n-m)(\lambda a^2-m)\left\{\left[2n\sum bc-(n+m)\sum a^2\right]\frac{(n-m)(2n+m)}{2n\sum bc-(n+m)\sum a^2}-(n-m)(2n+m)\right\}$$

$$=0$$

由此可知,此时式③为等式,因此,式②成立,即当 $2n\sum bc-(n+m)\sum a^2>0$ 时,式①成立.由 i),ii),我们便证明了式(1)成立.由以上证明过程可知,当且仅当

$$\begin{cases}2n\sum bc-(n+m)\sum a^2>0\\ \sqrt{(\lambda a^2-m)(\lambda b^2-m)-(n-\lambda ab)^2}\,r_2=\sqrt{(\lambda a^2-m)(\lambda c^2-m)-(n-\lambda ac)^2}\,r_3\end{cases}$$

时,式(1)取等号.

又由以上可得到

$$(\lambda a^2-m)(\lambda b^2-m)-(n-\lambda ab)^2=\frac{(n-m)\left[na+nb-(n+m)c\right]^2}{2n\sum bc-(n+m)\sum a^2}$$

$$=\frac{(n-m)\left[n(a+b-c)-mc\right]^2}{2n\sum bc-(n+m)\sum a^2}$$

因此,式(1)取等号条件又可写作

$$\begin{cases}2n\sum bc-(n+m)\sum a^2>0\\ |n(a+b-c)-mc|r_2=|n(a-b+c)-mb|r_3\end{cases}$$

由于式(1)是关于 a,b,c 对称,因此,当且仅当 $2n\sum bc-(n+m)\sum a^2>0$,且

$$\frac{r_1}{|n(-a+b+c)-ma|}=\frac{r_2}{|n(a-b+c)-mb|}=\frac{r_3}{|n(a+b-c)-mc|}$$

时,式(1)取等号.

定理证毕.

由于式(1)中 m,n 为参数,可取满足 $n>m\geqslant 0$ 的任何实数 m,n,因此,我们选取适当的 m,n 的值,便可得到一系列不等式.下面我们利用式(1)给出一类关于平面上动点的几何不等式.

推论 设 R,r 分别为 $\triangle ABC$ 外接圆半径与内切圆半径,s 为半周长,其他条件同定理中条件,则有:

i)
$$\sum a^2\geqslant 2\sum r_1^2+\left(\frac{4R}{r}+\frac{10}{9}+\frac{16r}{9R}\right)\sum r_2r_3\tag{2}$$

ii)
$$\sum bc\geqslant\sum r_1^2+\left(\frac{2R}{r}+\frac{257}{27}-\frac{136r}{27R}\right)\sum r_2r_3\tag{3}$$

iii)
$$s^2\geqslant\sum r_1^2+\left(\frac{2R}{r}+\frac{16}{3}-\frac{8r}{3R}\right)\sum r_2r_3\tag{4}$$

当且仅当 $\triangle ABC$ 为正三角形,且点 P 为其中心时,式(2)(3)(4)均取等号.

证明 为以下证明时方便,我们记 $x=\frac{R}{2r}\geqslant 1$,$y=\frac{\triangle}{3\sqrt{3}\,r}\geqslant 1$,则易知有

$$\sum a^2=2(27y^2-8x-1)r^2,\ \sum bc=(27y^2+8x+1)r^2$$

因此

$$2n\sum bc-(n+m)\sum a^2$$

$$=[2n(27y^2+8x+1)-2(n+m)(27y^2-8x-1)]\cdot r^2$$
$$=[2(2n+m)(8x+1)-2m\cdot 27y^2]\cdot r^2$$

于是，当 $2n\sum bc-(n+m)\sum a^2>0$ 时，式(1) 可写成

$$\frac{2(n-m)(2n+m)\cdot 27y^2}{(2n+m)(8x+1)-m\cdot 27y^2}\geqslant m\sum r_1^2+2n\sum r_2r_3 \tag{④}$$

引入参数 $p,q(p\geqslant 0,q\geqslant 0)$，使

$$2p\sum a^2+2q\sum bc\geqslant\frac{2(n-m)(2n+m)\cdot 27y^2}{(2n+m)(8x+1)-m\cdot 27y^2}\geqslant m\sum r_1^2+2n\sum r_2r_3 \tag{⑤}$$

用 $\sum a^2=2(27y^2-8x-1)r^2$，$\sum bc=(27y^2+8x+1)r^2$ 代入式 ⑤ 中前一个不等式，并整理得到

$$-m(2p+q)\cdot(27y^2)^2+[4(n+m)p+2nq](8x+1)\cdot 27y^2-(2n+m)(2p-q)(8x+1)^2$$
$$\geqslant(n-m)(2n+m)\cdot 27y^2 \tag{⑥}$$

利用已知不等式

$$-s^4+(4R^2+20Rr-2r^2)s^2-r(4r+r)^3\geqslant 0$$

(参见文献[11])，即

$$-(27y^2)^2+(16x^2+40x-2)\cdot 27y^2-(8x+1)^3\geqslant 0$$

可知，要使式 ⑥ 成立，只需

$$[m(2p+q)(8x+1)-(2n+m)(2p-q)](8x+1)^2$$
$$\geqslant\{m(2p+q)(16x^2+40x-2)-$$
$$[4(n+m)p+2nq](8x+1)+(n-m)(2n+m)\}\cdot 27y^2$$
$$\Leftrightarrow[m(2p+q)(8x+1)-(2n+m)(2p-q)](8x+1)^2$$
$$\geqslant\{16m(2p+q)x^2-[16n(2p+q)-8m(6p+5q)]x-2n(2p+q)-$$
$$2m(4p+q)+2n^2-mn-m^2\}\cdot 27y^2$$

再在上式中令 $m=2(2p+q)$，并经整理可得到

$$\{2(2p-q)[4(2p+q)x+2p+7q-n]+8(2p+q)(2p+3q)x-2(4p^2+8pq-9q^2)\}\cdot$$
$$(8x+1)^2\geqslant\{2[4(2p+q)x+2p+7q-n]^2-24q[4(2p+q)x+2p+7q-n]+$$
$$64(2p+q)(p+q)x-(56p^2+48pq-62q^2)\}\cdot 27y^2$$

(注：这里配出式子：$4(2p+q)x+2p+7q-n$，是为了使此不等式在 $R=2r$ 时，可取得等号).

在上式中，又令 $4(2p+q)x+2p+7q-n=u\dfrac{x-1}{x}$($u$ 为参数)，即取

$$n=4(2p+q)x+2p+7q-u\frac{x-1}{x}$$

代入，得

$$\left[2(2p-q)u\cdot\frac{x-1}{x}+8(2p+q)(2p+3q)x-2(4p^2+8pq-9q^2)\right](8x+1)^2$$
$$\geqslant\left[2u^2\cdot\left(\frac{x-1}{x}\right)^2-24qu\cdot\frac{x-1}{x}+64(2p+q)(p+q)x-(56p^2+48pq-62q^2)\right]\cdot 27y^2$$
$$\Leftrightarrow[(2p-q)u\cdot x(x-1)+4(2p+q)(2p+3q)\cdot x^3-(4p^2+4pq-9q^2)x^2](8x+1)^2$$
$$\geqslant[u^2(x-1)^2-12qux(x-1)+32(2p+q)(p+q)x^3-(28p^2+24pq-31q^2)x^2]\cdot 27y^2 \tag{⑦}$$

由于

$$u^2(x-1)^2-12qux(x-1)+32(2p+q)(p+q)x^3-(28p^2+24pq-31q^2)x^2$$

$=[u(x-1)-6qx]^2+32(2p+q)(p+q)x^3-(28p^2+24pq+5q^2)x^2$

$\geqslant[32(2p+q)(p+q)-(28p^2+24pq+5q^2)]x^2$ （注意：$x\geqslant 1$）

$=(36p^2+72pq+27q^2)x^2\geqslant 0$

又根据Gerretsen不等式：$4R^2+4Rr+3r^2\geqslant s^2$（参见文献[11]），即$16x^2+8x+3\geqslant 27y^2$，因此，要使式⑦成立，又只需有

$$[(2p-q)ux(x-1)+4(2p+q)(2p+3q)x^3-(4p^2+8pq-9q^2)x^2](8x+1)^2$$
$$\geqslant[u^2(x-1)^2-12qux(x-1)+32(2p+q)(p+q)x^3-(28p^2+24pq-31q^2)x^2]\cdot(16x^2+8x+3)$$
$$\Leftrightarrow\{(2p-q)ux(8x+1)^2+[256q(2p+q)x^2-(64p^2-128pq-272q^2)x-(80p^2+64pq-84q^2)]x^2\}(x-1)\geqslant[(u^2-12qu)x-u^2](16x^2+8x+3)(x-1)$$

由$x-1\geqslant 0$知，又只需有

$$(2p-q)ux(8x+1)^2+[256q(2p+q)x^2-(64p^2-128pq-272q^2)x-(80p^2+64pq-84q^2)]x^2-[(u^2-12qu)x-u^2](16x^2+8x+3)\geqslant 0$$
$$\Leftrightarrow 256q(2p+q)x^4-(64p^2-128pq-272q^2+16u^2-128pu-128qu)x^3-(80p^2+64pq-84q^2-8u^2-32pu-80qu)x^2+(2pu+35qu+5u^2)x+3u^2\geqslant 0 \quad ⑧$$

在式⑧中，令$x=1$，并取等号，可得

$$u=\frac{16p^2-64pq-68q^2}{9(2p+3q)} \quad ⑨$$

i) 在式⑨中取$q=0,p\neq 0$，则

$$u=\frac{8}{9}p$$

代入式⑧整理，得

$$188x^3-229x^2+29x+12\geqslant 0$$

即

$$(x-1)(188x^2-41x-12)\geqslant 0$$

由$x\geqslant 1$知，此式成立，即式⑧成立，因此式⑦也成立，且以上均可逆推. 于是，我们可取$q=0,p\neq 0$，$u=\frac{8}{9}p,m=4p,n=8px+2p-\frac{8p(x-1)}{9x}$，代入式⑤，即有

$$\sum a^2\geqslant 2\sum r_1^2+\left(\frac{4R}{r}+\frac{10}{9}+\frac{16r}{9R}\right)\sum r_2r_3$$

即式(2)成立. 由上证明可知，当且仅当$\triangle ABC$为正三角形，且P为其中心时，式(2)取等号.

由于$\frac{4R}{r}+\frac{10}{9}+\frac{16r}{9R}\geqslant 10$，因此，式(2)强于文献[12]中所得不等式

$$\sum a^2\geqslant 2\sum r_1^2+10\sum r_2r_3$$

ii) 在式⑨中取$p=0,q\neq 0$，则

$$u=-\frac{68}{27}p$$

代入式⑧并整理，得则

$$46\,656x^4-27\,676x^3-12\,163x^2-10\,285x+3\,468\geqslant 0$$

即

$$(x-1)(46\,656x^3+18\,980x^2+6\,817x-3\,468)\geqslant 0$$

由 $x\geqslant 1$ 知，此式成立，即式 ⑧ 成立，因此式 ⑦ 也成立，且以上均可逆推，于是，我们可取，$p=0,q\neq 0,u=-\frac{68}{27}q,m=2q,n=4qx+7q+\frac{68q(x-1)}{27x}$，代入式 ⑤，即有

$$\sum bc\geqslant\sum r_1^2+\left(\frac{2R}{r}+\frac{257}{27}-\frac{136r}{27R}\right)\sum r_2r_3$$

即式(3) 成立. 由上证明可知，当且仅当 $\triangle ABC$ 为正三角形，且 P 为其中心时，式(3) 取等号.

由于$\frac{2R}{r}+\frac{257}{27}-\frac{136r}{27R}\geqslant 11$，因此，式(3) 强于文献[12] 中所得不等式

$$\sum bc\geqslant\sum r_1^2+11\sum r_2r_3$$

iii) 同上证法，取 $p=\frac{1}{2},q=1,u=-\frac{8}{3},m=4,n=\frac{8R}{r}+\frac{64}{3}-\frac{8R}{3r}$，也满足式 ⑧，即得式(4)(详证略).

由于$\frac{2R}{r}+\frac{16}{3}-\frac{8r}{3R}\geqslant 8$，因此，式(4) 强于文献[12] 中所得不等式

$$s^2\geqslant\sum r_1^2+8\sum r_2r_3$$

用同样方法还可得到

$$\sum(b+c)^2\geqslant 6\sum r_1^2+\left[\frac{12R}{r}+18+\frac{232(R-2r)}{9R}\right]\sum r_2r_3\geqslant 6\sum r_1^2+42\sum r_2r_3$$

$$\sum(a+b)(a+c)\geqslant 5\sum r_1^2+\left[\frac{10R}{r}+23+\frac{788(R-2r)}{99R}\right]\sum r_2r_3\geqslant 5\sum r_1^2+43\sum r_2r_3$$

取不同的 p,q，只要满足式 ⑧，即可得到一系列关于平面上动点的几何不等式.

本文中问题还可作更加深入的探讨，这里我们就不再赘述了.

参 考 文 献

[1] 杨学枝. 关于四面体内一点到四个面距离的一个不等式[J]. 福建中学数学，1992(06).

[2] 杨学枝. 一个几何不等式的指数推广[C]//《数学竞赛》(第 21 辑). 长沙：湖南教育出版社，1994.

[3] 杨学枝. Janous-Gmeiner 不等式的完善[C]// 陈计，叶中豪等.《初等数学前沿》. 南京：江苏教育出版社，1996.

[4] 杨学枝. 一个“平面一点型”三角形不等式[J]. 中学数学教学参考，1997(10).

[5] 杨学枝. 关于费尔马点的又一个不等式[J]. 中等数学，1998(02):2.

[6] 杨学枝. 一个费尔马点不等式[J]. 中学教研，2000(12).

[7] 杨学枝. 三个点的加权点组的费马问题[J]. 中学数学，2002(08):42-44.

[8] 杨学枝. 平面上六线三角问题[J]. 中学数学，2003(01).

[9] 杨学枝. 涉及平面上动点的两个几何不等式[J]. 中学教研，2004(12).

[10] 杨学枝. 三角形中关于动点的几何不等式[J]. 中学数学，2004(12).

[11] O. Bottemat 等. 几何不等式[M]. 单墫，译. 北京：北京大学出版社，1991.

[12] 褚小光. 一个猜想不等式的证明[J]. 不等式研究通讯(内刊)，2004(03)(总第 43 期).

一类三元循环不等式的拓展

舒红霞[①],徐国辉

(1.湖北省　大冶市第一中学　湖北　大冶　435100;
2.湖北省　大冶市第一中学　湖北　大冶　435100)

文献[1]给出如下结论:

设 a,b,c 皆为正实数,λ,μ,ν 是不全为零的非负实数:

当 $\mu+v\geqslant 2\lambda$ 时

$$\frac{a}{\lambda a+\mu b+\nu c}+\frac{b}{\lambda b+\mu c+\nu a}+\frac{c}{\lambda c+\mu a+\nu b}\geqslant\frac{3}{\lambda+\mu+\nu}\tag{1}$$

当 $\lambda+\mu\geqslant 2v$ 且 $\lambda+v\geqslant 2\mu$ 时

$$\frac{a}{\lambda a+\mu b+\nu c}+\frac{b}{\lambda b+\mu c+\nu a}+\frac{c}{\lambda c+\mu a+\nu b}\leqslant\frac{3}{\lambda+\mu+\nu}\tag{2}$$

为简化叙述,记 $\sum\limits_{\text{cyc}}\frac{a}{\lambda a+\mu b+\nu c}=\frac{a}{\lambda a+\mu b+\nu c}+\frac{b}{\lambda b+\mu c+\nu a}+\frac{c}{\lambda c+\mu a+\nu b}$.

文献[2]给出类似结论:

当 $\lambda\leqslant\frac{\mu^2}{\nu}$ 且 $\lambda\leqslant\frac{\nu^2}{\mu}$ 时

$$\sum_{\text{cyc}}\frac{a}{\lambda a+\mu b+\nu c}\geqslant\frac{3}{\lambda+\mu+\nu}\tag{3}$$

当 $\lambda\geqslant\frac{\mu^2}{\nu}$ 且 $\lambda\geqslant\frac{\nu^2}{\mu}$ 时

$$\sum_{\text{cyc}}\frac{a}{\lambda a+\mu b+\nu c}\leqslant\frac{3}{\lambda+\mu+\nu}\tag{4}$$

事实上,不等式(1)(2)(3)(4)的条件分别等价于:$\lambda\leqslant\frac{\mu+\nu}{2}$,$\lambda\geqslant\max\{2\mu-v,2\nu-\mu\}$,$\lambda\leqslant\min\{\frac{\mu^2}{\nu},\frac{\nu^2}{\mu}\}$,$\lambda\geqslant\max\{\frac{\mu^2}{\nu},\frac{\nu^2}{\mu}\}$,当 $\mu>0,v>0$ 时,若 $\mu=v$,则不等式(1)(2)与(3)(4)完全相同;若 $\mu\neq v$,不妨设 $\mu>v$,此时 $\min\{\frac{\mu^2}{\nu},\frac{\nu^2}{\mu}\}=\frac{\nu^2}{\mu}$,$\max\{2\mu-v,2\nu-\mu\}=2\mu-v$,$\max\{\frac{\mu^2}{\nu},\frac{\nu^2}{\mu}\}=\frac{\mu^2}{\nu}$,由 $\frac{\nu^2}{\mu}<v<\frac{\mu+v}{2}$ 以及 $\frac{\mu^2}{\nu}>2\mu-\nu$ 可知

$$\min\{\frac{\mu^2}{\nu},\frac{\nu^2}{\mu}\}<\frac{\mu+\nu}{2},\max\{2\mu-v,2\nu-\mu\}<\max\{\frac{\mu^2}{\nu},\frac{\nu^2}{\mu}\}$$

所以不等式(1)(2)成立时,(3)(4)必成立.

笔者通过研究得出如下结论:设 a,b,c 皆为正实数,λ,μ,ν 是不全为零的非负实数,则:

① 作者联系方式:邮箱:shucheers@126.com,QQ:4426603.

当 $\mu+v\geqslant 2\lambda$ 时

$$\sum_{\text{cyc}}\frac{a}{\lambda a+\mu b+\nu c}\geqslant\frac{3}{\lambda+\mu+\nu}$$

当 $\lambda\geqslant 2(\mu+v)-\dfrac{6\mu\nu}{\mu+\nu}$ 时

$$\sum_{\text{cyc}}\frac{a}{\lambda a+\mu b+\nu c}\leqslant\frac{3}{\lambda+\mu+\nu}\tag{5}$$

证明 由 $\sum\limits_{\text{cyc}}\dfrac{\lambda a}{\lambda a+\mu b+\nu c}=3-\sum\limits_{\text{cyc}}\dfrac{\mu b+\nu c}{\lambda a+\mu b+\nu c}$ 可知,不等式(5)等价于

$$\sum_{\text{cyc}}\frac{\mu b+\nu c}{\lambda a+\mu b+\nu c}\geqslant\frac{3(\mu+v)}{\lambda+\mu+\nu}\tag{6}$$

而 $\sum\limits_{\text{cyc}}\dfrac{\mu b+\nu c}{\lambda a+\mu b+\nu c}=\sum\limits_{\text{cyc}}\dfrac{(\mu b+\nu c)^2}{(\lambda a+\mu b+\nu c)(\mu b+\nu c)}$,由柯西不等式可得

$$\begin{aligned}&\sum_{\text{cyc}}\frac{(\mu b+\nu c)^2}{(\lambda a+\mu b+\nu c)(\mu b+\nu c)}\\ \geqslant&\frac{[(\mu b+\nu c)+(\mu c+\nu a)+(\mu a+\nu b)]^2}{(\lambda a+\mu b+\nu c)(\mu b+\nu c)+(\lambda b+\mu c+\nu a)(\mu c+\nu a)+(\lambda c+\mu a+\nu b)(\mu a+\nu b)}\end{aligned}$$

上式右边化简得

$$\frac{(\mu+\nu)^2(a+b+c)^2}{(\mu^2+\nu^2)(a^2+b^2+c^2)+(2\mu\nu+\lambda\mu+\lambda\nu)(ab+ac+bc)}$$

欲证式(6)只要证

$$\frac{(\mu+\nu)(a+b+c)^2}{(\mu^2+\nu^2)(a^2+b^2+c^2)+(2\mu\nu+\lambda\mu+\lambda\nu)(ab+ac+bc)}\geqslant\frac{3}{\lambda+\mu+\nu}$$

即证

$$\begin{aligned}&[(\lambda+\mu+\nu)(\mu+\nu)-3(\mu^2+\nu^2)](a^2+b^2+c^2)+\\&[2(\mu+\nu)(\lambda+\mu+\nu)-(6\mu\nu+3\lambda\mu+3\lambda\nu)](ab+bc+ca)\geqslant 0\end{aligned}\tag{*}$$

当 $(\lambda+\mu+\nu)(\mu+\nu)-3(\mu^2+\nu^2)\geqslant 0$ 时,即 $\lambda\geqslant 2(\mu+v)-\dfrac{6\mu\nu}{\mu+\nu}$ 时,由 $a^2+b^2+c^2\geqslant ab+bc+ca$,可知:

式(*)左边 $\geqslant[3(\mu+\nu)(\lambda+\mu+\nu)-3(\mu^2+\nu^2)-(6\mu\nu+3\lambda\mu+3\lambda\nu)](ab+ac+bc)=0$

所以当 $\lambda\geqslant 2(\mu+\nu)-\dfrac{6\mu\nu}{\mu+\nu}$ 时,式(*)成立.于是不等式(6)成立,则不等式(5)成立.

特别地,当 $\mu>0,v>0$ 时,不妨设 $\mu\geqslant v$,则 $\max\{2\mu-v,2\nu-\mu\}=2\mu-v$,而

$$2(\mu+\nu)-\frac{6\mu\nu}{\mu+\nu}-(2\mu-\nu)=3\nu-\frac{6\mu\nu}{\mu+\nu}=3\nu\cdot\frac{(\nu-\mu)}{\mu+\nu}\leqslant 0$$

这说明:$2(\mu+\nu)-\dfrac{6\mu\nu}{\mu+\nu}\leqslant\max\{2\mu-\nu,2\nu-\mu\}$.故不等式(5)成立时,(2)(4)一定成立.

例如,令 $\mu=2,v=4$,分别代入不等式(2)(4)(5)中可得:

① $\sum\limits_{\text{cyc}}\dfrac{a}{6a+2b+4c}\leqslant\dfrac{1}{4}$,② $\sum\limits_{\text{cyc}}\dfrac{a}{8a+2b+4c}\leqslant\dfrac{3}{14}$,③ $\sum\limits_{\text{cyc}}\dfrac{a}{4a+2b+4c}\leqslant\dfrac{3}{10}$

参考文献

[1] 萧振纲,张志华.循环不等式的一个推广[J].福建中学数学,2003(05).

[2] 韩京俊.初等不等式的证明方法[M].哈尔滨:哈尔滨工业大学出版社,2011:18-19.

有心圆锥曲线上三角形的类垂极点

张俭文

(河北省秦皇岛市第五中学　河北　秦皇岛　066000)

摘　要　以有心圆锥曲线一对共轭直径为坐标轴,建立平面仿射坐标系,将三角形的垂极点推广为有心圆锥曲线的类垂极点,揭示有心圆锥曲线上三角形的类垂极点与有心圆锥曲线中类西摩松线、有心圆锥曲线上三角形的一号心、二号九点有心圆锥曲线之间不可分割的内在联系,有心圆锥曲线上三角形的类垂极点几何性质是共性与个性、一般与特殊的对立统一.

关键词　有心圆锥曲线;三角形,类垂极点;平面仿射坐标系

已知$\triangle ABC$和直线l,过点A,B,C作直线l的垂线,垂足分别为A_1,B_1,C_1,过点A_1且与直线BC垂直的直线、过点B_1且与直线CA垂直的直线,过点C_1且与直线AB垂直的直线一定相交于一点X,点X叫$\triangle ABC$关于直线l的垂极点[1].文献[1]不加证明地概要地介绍了垂极点与西摩松线、九点圆之间的内在联系,其主要原因是,单纯运用平面几何方法揭示垂极点与西摩松线、九点圆之间的内在联系是相当困难的.点O是$\triangle ABC$所在平面内一点,在该平面内有一点H满足$\overrightarrow{OH}=\overrightarrow{OA}+\overrightarrow{OB}+\overrightarrow{OC}$,点$H$叫$\triangle ABC$关于点$O$的一号心[2].文献[3]将史坦纳定理和镜像线在有心圆锥曲线中作了推广,其内容是:$\triangle ABC$的顶点在中心为O的有心圆锥曲线L上,$\triangle ABC$关于点O的一号心为H,在曲线L上取一点P,作直线$PM\,/\!/\,AH$,$PN\,/\!/\,BH$,$PQ\,/\!/\,CH$,直线PM与BC、PN与CA、PQ与AB的交点分别为点M,N,Q,点P关于点M,N,Q的对称点分别为P_1,P_2,P_3,线段PH的中点为K,M,N,Q,K四点所在直线l与P_1,P_2,P_3,H四点所在直线l'分别叫有心圆锥曲线L上$\triangle ABC$关于点P的类西摩松线和镜像线.文献[4]进一步指出:当点P在有心圆锥曲线L上运动时,线段PH的中点K的运动轨迹是有心圆锥曲线L上$\triangle ABC$的二号九点有心圆锥曲线L'.以点O为坐标原点,过点O且与直线BC,AH平行的直线为x轴和y轴,建立平面仿射坐标系,由于AH与有心圆锥曲线L共轭于直线BC的直径平行,x轴和y轴是有心圆锥曲线L的一对共轭直径,有心圆锥曲线L方程为$mx^2+ny^2=1$,m,n都不等于零,且至少有一个大于零.选择单位向量$\boldsymbol{e}_1=\overrightarrow{DC}$,$\boldsymbol{e}_2=\overrightarrow{OD}$,$\triangle ABC$的顶点坐标分别为$A(x_1,y_1)$,$B(-1,1)$,$C(1,1)$,点$P$坐标为$x_P$与$y_P$.直线$BC$,$PM$方程分别为$y=1$,$x=x_P$,点$M$坐标为$M(x_P,1)$,点$H$坐标$x_H$与$y_H$分别为$x_H=x_1$,$y_H=y_1+2$,线段$PH$中点$K$坐标$x_K$与$y_K$满足$2x_K=x_P+x_1$,$2y_K=y_P+y_1+2$.有心圆锥曲线$L$上$\triangle ABC$关于点$P$的类西摩松线、镜像线方程分别为

$$y-1=\frac{y_P+y_1}{x_1-x_P}(x-x_P),\quad y-y_1-2=\frac{y_P+y_1}{x_1-x_P}(x-x_1)$$

有心圆锥曲线L上$\triangle ABC$的二号九点有心圆锥曲线L'方程为

$$m\left(x-\frac{1}{2}x_1\right)^2+n\left(y-\frac{y_1+2}{2}\right)^2=\frac{1}{4}$$

下面将三角形的垂极点推广为有心圆锥曲线上三角形的类垂极点,揭示有心圆锥曲线上三角形的类垂极点与有心圆锥曲线中类西摩松线,有心圆锥曲线上三角形一号心、二号九点有心圆锥曲线之间的

内在联系.

定理 1 $\triangle ABC$ 顶点在中心为 O 的有心圆锥曲线 L 上，直线 l 沿曲线 L 非渐近方向，曲线 L 共轭于直线 BC,CA,AB,l 的直径分别为 OD,OE,OF,l'，直线 OD 与 BC、OE 与 CA、OF 与 AB 分别相交于点 D,E,F. 直线 $AA_1 \parallel BB_1 \parallel CC_1 \parallel l'$，直线 AA_1,BB_1,CC_1 与 l 分别相交于点 A_1,B_1,C_1，直线 AA_1，BB_1,CC_1 与曲线 L 的另一交点分别为 A_2,B_2,C_2，过点 A_1,A_2 作直线 $l_{A_1} \parallel l_{A_2} \parallel OD$，过点 B_1,B_2 作直线 $l_{B_1} \parallel l_{B_2} \parallel OE$，过点 C_1,C_2 作直线 $l_{C_1} \parallel l_{C_2} \parallel OF$（见图 1、图 2）. 则：

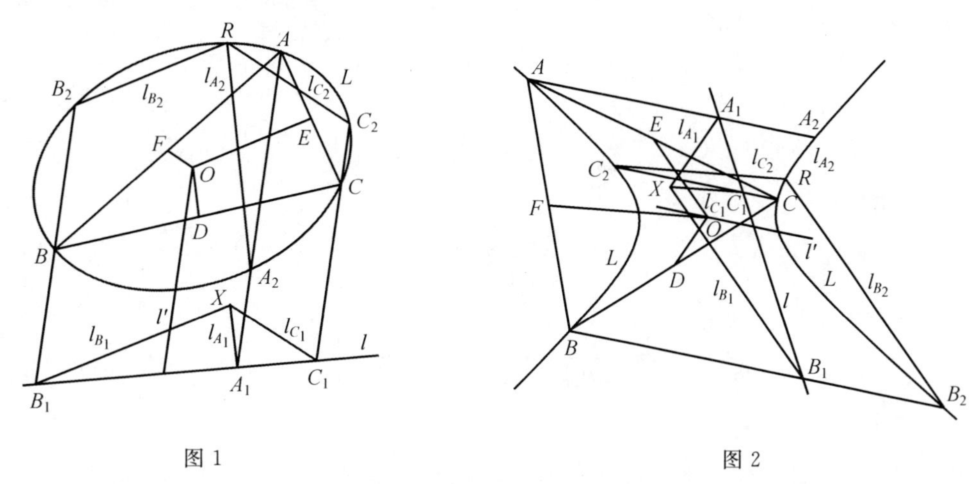

图 1　　　　　　图 2

（Ⅰ）直线 l_{A_1},l_{B_1},l_{C_1} 共点于 X，直线 l_{A_2},l_{B_2},l_{C_2} 共点于有心圆锥曲线 L 上的一点 R. 当直线 l 平行移动时，点 R 是一个定点；

（Ⅱ）点 X 总在有心圆锥曲线 L 上 $\triangle ABC$ 关于点 R 的类西摩松线上，这条类西摩松线与直线 l' 平行；

（Ⅲ）若直线 l 经过点 O，点 X 在有心圆锥曲线 L 上 $\triangle ABC$ 的二号九点有心圆锥曲线 L' 上；

（Ⅳ）若直线 l 与有心圆锥曲线 L 相交于 P,Q 两点，点 X 是有心圆锥曲线 L 上 $\triangle ABC$ 关于点 P,Q,R 的三条类西摩松线的交点；

（Ⅴ）若直线 l 是 $\triangle ABC$ 关于有心圆锥曲线 L 上一点 S 的类西摩松线，则线段 SX 的中点 M 在直线 l 上，点 X 在 $\triangle ABC$ 关于有心圆锥曲线 L 上一点 S 的镜像线 l_S 上.

证明 D,E,F 三点中至多只有一点与点 O 重合，为了不失一般性，假定 D,O 两点不重合. 以点 O 为坐标原点，过点 O 且与直线 BC 平行的直线为 x 轴，直线 OD 为 y 轴，建立平面仿射坐标系，选择单位向量 $\boldsymbol{e}_1=\overrightarrow{DC}$，$\boldsymbol{e}_2=\overrightarrow{OD}$，点 A,B,C 坐标分别为 $A(x_1,y_1)$，$B(-1,1)$，$C(1,1)$. 由于 x 轴和 y 轴是有心圆锥曲线 L 的共轭直径，有心圆锥曲线 L 方程为 $mx^2+ny^2=1$，m,n 都不等于零，且至少有一个大于零. 设直线 l 上任意一点的坐标为 x_0 与 y_0，直线 l 方程为

$$y-y_0=k(x-x_0) \tag{1}$$

直线 l' 的方程为 $mx+nky=0$，直线 AA_1,BB_1,CC_1 方程分别为

$$mx+nky-mx_1-nky_1=0 \tag{2}$$

$$mx+nky+m-nk=0 \tag{3}$$

$$mx+nky-m-nk=0 \tag{4}$$

设直线 l_{A_1} 方程为

$$kx-y-kx_0+y_0+\lambda_{A_1}(mx+nky-mx_1-nky_1)=0$$

由于直线 $l_{A_1} \parallel OD$，直线 OD 方程为 $x=0$，由此得

$$nk\lambda_{A_1}=1$$

直线 l_{A_1} 方程为

$$(m+nk^2)x=nk^2x_0-nk(y_0-y_1)+mx_1 \tag{5}$$

两点 A,B(或 C) 在有心圆锥曲线 L 上,即

$$mx_1^2+ny_1^2=1 \tag{6}$$

$$m+n=1 \tag{7}$$

$$m(x_1+1)(x_1-1)+n(y_1+1)(y_1-1)=0 \tag{8}$$

利用式(8)得直线 OE,OF 方程分别为

$$m(x_1-1)x+n(y_1-1)y=0,m(x_1+1)x+n(y_1-1)y=0$$

设直线 l_{B_1} 方程为

$$kx-y-kx_0+y_0+\lambda_{B_1}(mx+nky+m-nk)=0$$

由于直线 l_{B_1} // OE,有

$$m(x_1-1)(nk\lambda_{B_1}-1)-n(y_1-1)(k+m\lambda_{B_1})=0$$

由此解得

$$\lambda_{B_1}=\frac{m(x_1-1)+nk(y_1-1)}{mn[k(x_1-1)-(y_1-1)]}$$

直线 l_{B_1} 方程为

$$\begin{aligned}&m(m+nk^2)(x_1-1)x+n(m+nk^2)(y_1-1)y-nk^2[mx_0(x_1-1)+n(y_1-1)]+\\&mnk[(y_0-1)(x_1-1)+(x_0+1)(y_1-1)]+m[m(x_1-1)-ny_0(y_1-1)]=0\end{aligned} \tag{9}$$

由于直线 l_{C_1} // OF,用同样方法求得直线 l_{C_1} 方程为

$$\begin{aligned}&m(m+nk^2)(x_1+1)x+n(m+nk^2)(y_1-1)y-nk^2[mx_0(x_1+1)+n(y_1-1)]+\\&mnk[(y_0-1)(x_1+1)+(x_0-1)(y_1-1)]-m[m(x_1+1)+ny_0(y_1-1)]=0\end{aligned} \tag{10}$$

由于直线 l 沿有心圆锥曲线 L 的非渐近方向,$m+nk^2\neq 0$. A,B,C 三点不共线,式(5)(9)(10)中任何两个二元一次方程相对应的 x,y 项系数不成比例,(5)(9)(10)中任何两个二元一次方程都有唯一公共解.将式(9)(10)左右两边分别相减即可导出式(5),二元一次方程(5)(9)(10)有唯一公共解,直线 l_{A_1},l_{B_1},l_{C_1} 共点于 X.将式(5)代入(9)求得点 X 坐标 x_X 与 y_X

$$x_X=\frac{mx_1+nky_1+nk(kx_0-y_0)}{m+nk^2},y_X=\frac{m(y_1-kx_1)-m(kx_0-y_0)}{m+nk^2}+1 \tag{11}$$

设点 A_2 坐标为 $A_2(x_{A_2},y_{A_2})$,由于点 A_2 在直线 AA_1 上,由式(2)得

$$m(x_{A_2}-x_1)+nk(y_{A_2}-y_1)=0 \tag{12}$$

两点 A,A_2 在有心圆锥曲线 L 上,有

$$m(x_1+x_{A_2})(x_{A_2}-x_1)+n(y_1+y_{A_2})(y_{A_2}-y_1)=0$$

再利用式(12)得

$$k(x_1+x_{A_2})-y_1-y_{A_2}=0 \tag{13}$$

由(12)(13)两式解出点 A_2 坐标 x_{A_2} 与 y_{A_2}

$$x_{A_2}=\frac{(m-nk^2)x_1+2nky_1}{m+nk^2},y_{A_2}=\frac{2mkx_1+(nk^2-m)y_1}{m+nk^2} \tag{14}$$

设点 B_2,C_2 坐标分别为 x_{B_2} 与 y_{B_2}、x_{C_2} 与 y_{C_2},由直线 AA_1,BB_1,CC_1 方程(2)(3)(4)可知,将点 A 坐标分别换成点 B,C 坐标,直线 AA_1 的方程分别变成直线 BB_1,CC_1 的方程,将 $x_1=-1$ 与 $y_1=1$,$x_1=1$ 与 $y_1=1$ 分别代入式(14)得

$$x_{B_2}=\frac{nk^2+2nk-m}{m+nk^2},y_{B_2}=\frac{nk^2-2mk-m}{m+nk^2}$$

$$x_{C_2}=\frac{m-nk^2+2nk}{m+nk^2},y_{C_2}=\frac{2mk+nk^2-m}{m+nk^2}$$

由于直线 l_{A_2} // OD，l_{B_2} // OE，l_{C_2} // OF，直线 l_{A_2}，l_{B_2}，l_{C_2} 方程分别为

$$x=\frac{(m-nk^2)x_1+2nky_1}{m+nk^2} \tag{15}$$

$$m(x_1-1)[x-\frac{nk^2+2nk-m}{m+nk^2}]+n(y_1-1)(y-\frac{nk^2-2mk-m}{m+nk^2})=0 \tag{16}$$

$$m(x_1+1)(x-\frac{m-nk^2+2nk}{m+nk^2})+n(y_1-1)(y-\frac{2mk+nk^2-m}{m+nk^2})=0 \tag{17}$$

(15)(16)(17) 中任何两个方程都有公共解，将式(16)(17) 左右两边分别相减即可导出式(15)，二元一次方程(15)(16)(17) 有唯一公共解，三条直线 l_{A_2}，l_{B_2}，l_{C_2} 相交于一点 R. 将式(15) 代入(16)，利用关系式(8) 求得点 R 坐标 x_R 与 y_R

$$x_R=\frac{(m-nk^2)x_1+2nky_1}{m+nk^2},y_R=\frac{(m-nk^2)y_1-2mkx_1}{m+nk^2} \tag{18}$$

由于点 A 在有心圆锥曲线 L 上，有 $mx_1^2+ny_1^2=1$，由此可证明等式

$$m\left[\frac{(m-nk^2)x_1+2nky_1}{m+nk^2}\right]^2+n\left[\frac{(m-nk^2)y_1-2mkx_1}{m+nk^2}\right]^2=1 \tag{19}$$

由等式(19) 可知，点 R 在有心圆锥曲线 L 上. 当直线 l 平行移动时，k 为常量，点 R 坐标表达式(18) 不含 x_0，y_0，点 R 是有心圆锥曲线 L 上一定点. 由式(11) 得

$$x_X-\frac{mx_1+nky_1}{m+nk^2}=\frac{nk(kx_0-y_0)}{m+nk^2},y_X-\frac{m(y_1-kx_1)}{m+nk^2}-1=-\frac{m(kx_0-y_0)}{m+nk^2}$$

将以上两式左右两边相除，得到点 X 坐标所满足的二元一次方程为

$$y-\frac{m(y_1-kx_1)}{m+nk^2}-1=-\frac{m}{nk}(x-\frac{mx_1+nky_1}{m+nk^2})$$

此方程可化为

$$y-1=-\frac{m}{nk}\left[x-\frac{(m-nk^2)x_1+2nky_1}{m+nk^2}\right] \tag{20}$$

由于有心圆锥曲线 L 上 $\triangle ABC$ 关于点 R 的类西摩松线方程为

$$y-1=\frac{y_R+y_1}{x_1-x_R}(x-x_R)$$

利用式(18) 消去上式中 x_R 与 y_R 即可导出直线方程(20)，点 X 总在有心圆锥曲线 L 上 $\triangle ABC$ 关于点 R 的类西摩松线上. 由直线方程(20) 可知，有心圆锥曲线 L 上 $\triangle ABC$ 关于点 R 的类西摩松线与直线 l' 平行.

若直线 l 经过点 O，直线 l 方程(1) 中的 x_0 与 y_0 满足 $kx_0-y_0=0$. 由点 X 坐标(11) 得

$$x_X-\frac{1}{2}x_1=\frac{(m-nk^2)x_1+2nky_1}{2(m+nk^2)} \tag{21}$$

$$y_X-\frac{1}{2}(y_1+2)=\frac{(m-nk^2)y_1-2mkx_1}{2(m+nk^2)} \tag{22}$$

利用等式(19)(21)(22) 得

$$m\left(x_X-\frac{1}{2}x_1\right)^2+n\left(y_X-\frac{y_1+2}{2}\right)^2=\frac{1}{4} \tag{23}$$

因此，点 X 在有心圆锥曲线 L 上 $\triangle ABC$ 的二号九点有心圆锥曲线 L' 上.

若直线 l 与有心圆锥曲线 L 相交于点 P，Q，设 P，Q 两点坐标分别为 x_P 与 y_P、x_Q 与 y_Q，直线 l 方程

(1) 中的 k 满足关系式 $y_P - y_Q = k(x_P - x_Q)$，由此消去点 X 坐标(11) 中的 k，再令式(11) 中的 $x_0 = x_P$，$y_0 = y_P$ 得

$$x_X = \frac{mx_1(x_P - x_Q)^2 + nx_P(y_P - y_Q)^2 - n(x_P - x_Q)(y_P - y_Q)(y_P - y_1)}{m(x_P - x_Q)^2 + n(y_P - y_Q)^2} \tag{24}$$

$$y_X = \frac{m(x_P - x_Q)[(x_P - x_Q)(y_P + y_1) - (x_P + x_1)(y_P - y_Q)]}{m(x_P - x_Q)^2 + n(y_P - y_Q)^2} + 1 \tag{25}$$

$\triangle ABC$ 关于点 P 类西摩松线方程为

$$y - 1 = \frac{y_P + y_1}{x_1 - x_P}(x - x_P)$$

为了证明点 X 在 $\triangle ABC$ 关于点 P 类西摩松线上，只需证明待证等式(26) 成立

$$\frac{y_X - 1}{x_X - x_P} = \frac{y_P + y_1}{x_1 - x_P} \tag{26}$$

由式(24) (25) 得

$$x_X - x_P = \frac{(x_P - x_Q)[m(x_1 - x_P)(x_P - x_Q) - n(y_P - y_Q)(y_P - y_1)]}{m(x_P - x_Q)^2 + n(y_P - y_Q)^2}$$

$$y_X - 1 = \frac{m(x_P - x_Q)[(x_P - x_Q)(y_P + y_1) - (x_P + x_1)(y_P - y_Q)]}{m(x_P - x_Q)^2 + n(y_P - y_Q)^2}$$

将以上两式代入式(26) 得待证等式

$$\frac{m(x_P - x_Q)(y_P + y_1) - m(x_P + x_1)(y_P - y_Q)}{m(x_1 - x_P)(x_P - x_Q) - n(y_P - y_1)(y_P - y_Q)} = \frac{y_P + y_1}{x_1 - x_P} \tag{27}$$

将式(27) 左右两边去分母，展开得

$$(y_P - y_Q)[m(x_1^2 - x_P^2) + n(y_1^2 - y_P^2)] = 0$$

由于点 A，P 在有心圆锥曲线 L 上，等式(27) 成立，从而证明了待证等式(26) 成立. 因此，点 X 在有心圆锥曲线 L 上 $\triangle ABC$ 关于点 P 的类西摩松线上. 同理，点 X 也在有心圆锥曲线 L 上 $\triangle ABC$ 关于点 Q 的类西摩松线上. 再根据结论(Ⅱ)，点 X 是有心圆锥曲线 L 上 $\triangle ABC$ 关于点 P，Q，R 的三条类西摩松线的交点.

若直线 l 是 $\triangle ABC$ 关于有心圆锥曲线 L 上一点 S 的类西摩松线，设点 S 坐标为 x_S 与 y_S，直线 l，l_S 方程分别为

$$y - 1 = \frac{y_S + y_1}{x_1 - x_S}(x - x_S),\ y - y_1 - 2 = \frac{y_S + y_1}{x_1 - x_S}(x - x_1)$$

直线 l 方程(1) 中的 k 满足关系式 $y_S + y_1 = k(x_1 - x_S)$，由此消去点 X 坐标(11) 中的 k，再令式(11) 中的 $x_0 = x_S$，$y_0 = 1$ 得

$$x_X = x_S - \frac{(x_S - x_1)[m(x_S - x_1)^2 + n(y_1 - 1)(y_S + y_1)]}{m(x_S - x_1)^2 + n(y_S + y_1)^2} \tag{28}$$

$$y_X = 1 + y_1 + \frac{m(x_S - x_1)^2 - ny_S(y_S + y_1)^2}{m(x_S - x_1)^2 + n(y_S + y_1)^2} \tag{29}$$

设点 M 坐标为(x_M, y_M)，由中点坐标公式得

$$x_M = \frac{x_S + x_X}{2},\ y_M = \frac{y_S + y_X}{2} \tag{30}$$

由式(28)(29)(30) 得

$$x_M - x_S = \frac{(x_1 - x_S)[m(x_S - x_1)^2 + n(y_1 - 1)(y_S + y_1)]}{2[m(x_S - x_1)^2 + n(y_S + y_1)^2]} \tag{31}$$

$$y_M - 1 = \frac{(y_S + y_1)[m(x_S - x_1)^2 + n(y_1 - 1)(y_S + y_1)]}{2[m(x_S - x_1)^2 + n(y_S + y_1)^2]} \tag{32}$$

将式(31)(32)左右两边相除得

$$y_M - 1 = \frac{y_S + y_1}{x_1 - x_S}(x_M - x_S) \tag{33}$$

因此,线段 PX 的中点 M 在直线 l 上. 由式(28)(29)得

$$x_X - x_1 = \frac{n(x_S - x_1)(y_S + y_1)(y_S + 1)}{m(x_S - x_1)^2 + n(y_S + y_1)^2} \tag{34}$$

$$y_X - y_1 - 2 = -\frac{n(y_S + 1)(y_S + y_1)^2}{m(x_S - x_1)^2 + n(y_S + y_1)^2} \tag{35}$$

将式(34)(35)左右两边相除得

$$y_X - y_1 - 2 = \frac{y_S + y_1}{x_1 - x_S}(x_X - x_1) \tag{36}$$

因此,点 X 在直线 l' 上.

定理1中的点 X,R 形影相伴,是一个不可分割的整体,为了称呼方便,将点 X 叫有心圆锥曲线 L 上 $\triangle ABC$ 关于直线 l 的类垂极点,三角形的垂极点是其中的组成部分,点 R 叫类垂极点 X 的伴随点.

推论1 $\triangle ABC$ 的顶点在中心为 O 的有心圆锥曲线 L 上,经过曲线 L 上一点 P 且沿曲线 L 非渐近方向的直线为 l,$\triangle ABC$ 关于直线 l 的类垂极点 X 总在 $\triangle ABC$ 关于点 P 的类西摩松线上.

定理2 $\triangle ABC$ 三个顶点在中心为 O 的有心圆锥曲线 L 上,$\triangle ABC$ 关于点 O 的一号心为 H,曲线 L 共轭于直线 OH 的直径为 l,在直线 BC,CA 上各取一点 D,E,线段 AD,BE 的中点分别为 M,N,$\triangle ABC$ 关于直线 DE 的类垂极点为 X. 则点 X 在直线 OH 上的充要条件是直线 $MN \parallel l$.

证明 假定直线 BC 不经过点 O,线段 BC 的中点为 G,以点 O 为坐标原点,过点 O 且与直线 BC 平行的直线为 x 轴,直线 OG 为 y 轴,建立平面仿射坐标系,选择单位向量 $\boldsymbol{e}_1 = \overrightarrow{GC}$,$\boldsymbol{e}_2 = \overrightarrow{OG}$,点 A,B,C 坐标分别为 $A(x_1, y_1)$,$B(-1,1)$,$C(1,1)$,点 H 坐标 x_H 与 y_H 分别为 $x_H = x_1$,$y_H = y_1 + 2$. 由于 x 轴和 y 轴是有心圆锥曲线 L 的共轭直径,有心圆锥曲线 L 方程为 $mx^2 + ny^2 = 1$,m,n 都不等于零,且至少有一个大于零. 直线 OH 方程为 $(y_1 + 2)x - x_1 y = 0$,有心圆锥曲线 L 共轭于直线 OH 的直径 l 方程为 $mx_1 x + n(y_1 + 2)y = 0$,直线 BC 方程为 $y = 1$,点 D 在直线 BC 上,设点 D 坐标为 $D(x_0, 1)$. 点 E 在直线 CA 上,点 E 坐标 x_E 与 y_E 分别为 $x_E = 1 + t(x_1 - 1)$,$y_E = 1 + t(y_1 - 1)$. 利用中点坐标公式求得 M,N 两点坐标 x_M 与 y_M,x_N 与 y_N 分别为

$$2x_M = x_0 + x_1\ 2y_M = y_1 + 1, 2x_N = t(x_1 - 1), 2y_N = 2 + t(y_1 - 1)$$

直线 $MN \parallel l$ 的充要条件可表为

$$\frac{(t-1)(y_1 - 1)}{(t-1)x_1 - (x_0 + t)} = -\frac{mx_1}{n(y_1 + 2)} \tag{1}$$

两点 A,B(或 C)在有心圆锥曲线 L 上,则

$$mx_1^2 + ny_1^2 = 1 \tag{2}$$

$$m + n = 1 \tag{3}$$

利用式(2)将(1)化为

$$mx_1(x_0 + t) = (t-1)[n(y_1 - 2) + 1] \tag{4}$$

直线 DE 方程为 $y - 1 = k(x - x_0)$,其中 k 为

$$k = \frac{t(y_1 - 1)}{t(x_1 - 1) - (x_0 - 1)} \tag{5}$$

根据定理1证明中导出的有心圆锥曲线上三角形类垂极点坐标公式得有心圆锥曲线 L 上 $\triangle ABC$ 关于直线 DE 类垂极点 X 的坐标为

$$x_X=\frac{mx_1+nk(y_1-1)+nk^2x_0}{m+nk^2},y_X=\frac{m(y_1+2)-mk(x_1+x_0)+nk^2}{m+nk^2}$$

点 X 在直线 OH 上的充要条件是

$$\frac{m(y_1+2)-mk(x_1+x_0)+nk^2}{mx_1+nk(y_1-1)+nk^2x_0}=\frac{y_1+2}{x_1} \tag{6}$$

D,E 两点不能同时在直线 BC 上，$k\neq 0$. 由式(6)解得

$$k=\frac{1+mx_0x_1+n(y_1-2)}{n[x_1-x_0(y_1+2)]} \tag{7}$$

由式(5)(7)得

$$\frac{t(y_1-1)}{t(x_1-1)-(x_0-1)}=\frac{1+mx_0x_1+n(y_1-2)}{n[x_1-x_0(y_1+2)]} \tag{8}$$

利用式(2)(3)可证如下等式

$$ntx_1(y_1-1)-nt(x_1-1)(y_1-2)=nt(y_1-2)+ntx_1$$

$$mtx_0x_1(x_1-1)+ntx_0(y_1-1)(y_1+2)=tx_0-mtx_0x_1+ntx_0(y_1-2)$$

$$tx_1-ntx_1=mtx_1$$

利用以上三个等式由式(8)导出

$$(x_0-1)\{mx_1(x_0+t)-(t-1)[n(y_1-2)+1]\}=0 \tag{9}$$

由于点 D 不在直线 CA 上，$x_0\neq 1$，由式(9)即可导出式(4). 以上由式(5)(6)导出式(4)的过程是可逆的，点 X 在直线 OH 上的充要条件是直线 $MN \parallel l$.

定理3 $\triangle ABC$ 的顶点在中心为 O 的有心圆锥曲线 L 上，有心圆锥曲线 L 上 A,B 两点的切线分别为 AD,BE，直线 AD 与 BC、BE 与 CA 分别相交于点 D,E，$\triangle ABC$ 关于点 O 的一号心为 H. 则 $\triangle ABC$ 关于直线 DE 的类垂极点 X 在直线 OH 上.

证明 假定直线 BC 不经过点 O，线段 BC 的中点为 G，以点 O 为坐标原点，过点 O 且与直线 BC 平行的直线为 x 轴，直线 OG 为 y 轴，建立平面仿射坐标系，选择单位向量 $\boldsymbol{e}_1=\overrightarrow{GC}$，$\boldsymbol{e}_2=\overrightarrow{OG}$，点 A,B,C 坐标分别为 $A(x_1,y_1)$，$B(-1,1)$，$C(1,1)$，点 H 坐标 x_H 与 y_H 分别为 $x_H=x_1$，$y_H=y_1+2$. 由于 x 轴和 y 轴是有心圆锥曲线 L 的共轭直径，有心圆锥曲线 L 方程为 $mx^2+ny^2=1$，m,n 都不等于零，且至少有一个大于零. 两点 A,B(或 C)在有心圆锥曲线 L 上

$$mx_1^2+ny_1^2=1 \tag{1}$$

$$m+n=1 \tag{2}$$

直线 OH 方程为 $(y_1+2)x-x_1y=0$，有心圆锥曲线 L 共轭于直线 OH 的直径 l 方程为

$$mx_1x+n(y_1+2)y=0$$

直线 BC,CA 的方程分别为

$$y=1,y-1=\frac{y_1-1}{x_1-1}(x-1)$$

有心圆锥曲线 L 上 A,B 两点的切线 AD,BE 的方程分别为

$$mx_1x+ny_1y=1,mx-ny=-1$$

将直线 AD 与 BC、BE 与 CA 的方程分别联立解得点 D,E 的坐标为 x_D 与 y_D，x_E 与 y_E，即

$$x_D=\frac{1-ny_1}{mx_1},y_D=1,x_E=-\frac{m(x_1-1)+n(y_1-1)}{m(x_1-1)-n(y_1-1)},y_E=1-\frac{2m(y_1-1)}{m(x_1-1)-n(y_1-1)}$$

线段 AD,BE 的中点分别为 M,N,M,N 两点坐标分别为 x_M 与 y_M,x_N 与 y_N,则

$$x_M=\frac{mx_1^2-ny_1+1}{2mx_1},y_M=\frac{y_1+1}{2},x_N=-\frac{m(x_1-1)}{m(x_1-1)-n(y_1-1)},y_N=1-\frac{m(y_1-1)}{m(x_1-1)-n(y_1-1)}$$

利用关系式(1)(2)得

$$x_M=\frac{2m-n(y_1-1)(y_1+2)}{2mx_1},x_N=-\frac{m(x_1-1)}{mx_1-ny_1+1-2m}$$

$$2m(mx_1-ny_1+1-2m)+2mn(y_1+2)(y_1-1)+2m^2x_1(x_1-1)=0$$

$$x_M-x_N=-\frac{n(y_1+2)(y_1-1)(mx_1-ny_1+1)}{2mx_1[m(x_1-1)-n(y_1-1)]},y_M-y_N=\frac{(y_1-1)(mx_1-ny_1+1)}{2[m(x_1-1)-n(y_1-1)]}$$

$$\frac{y_M-y_N}{x_M-x_N}=-\frac{mx_1}{n(y_1+2)}$$

直线 MN 与有心圆锥曲线 L 共轭于直线 OH 的直径 l 平行,根据定理 2,$\triangle ABC$ 关于直线 DE 的类垂极点 X 在直线 OH 上.因此,定理 3 是定理 2 的特例.

定理 4　$\triangle ABC$ 的顶点在中心为 O 的有心圆锥曲线 L 上,线段 BC,CA,AB 的中点分别为 D,E,F,过点 O 且沿有心圆锥曲线 L 非渐近方向的任一直线为 l,在直线 l 上取异于点 O 的任意一点 P.过点 P 作三条直线 PD_1,PE_1,PF_1,直线 $PD_1 /\!/ OD$,$PE_1 /\!/ OE$,$PF_1 /\!/ OF$,直线 PD_1 与 BC、PE_1 与 CA、PF_1 与 AB 的交点分别为 D_1,E_1,F_1,直线 EF 与 E_1F_1、FD 与 F_1D_1、DE 与 D_1E_1 分别相交于点 Y_1,Y_2,Y_3.则:

(Ⅰ)三条直线 D_1Y_1,E_1Y_2,F_1Y_3 共点于有心圆锥曲线 L 上 $\triangle ABC$ 关于直线 l 的类垂极点 X;

(Ⅱ)过点 X 作三条直线 XM,XN,XQ,直线 $XM /\!/ OD$,$XN /\!/ OE$,$XQ /\!/ OF$,直线 EF 与 XM、FD 与 XN、DE 与 XQ 分别相交于点 M,N,Q.点 X 关于点 M,N,Q 的对称点 X_1,X_2,X_3 都在直线 l 上.

证明　假定直线 BC 不经过点 O,以点 O 为坐标原点,过点 O 且与直线 BC 平行的直线为 x 轴,直线 OD 为 y 轴,建立平面仿射坐标系,选择单位向量 $\boldsymbol{e}_1=\overrightarrow{DC}$,$\boldsymbol{e}_2=\overrightarrow{OD}$,点 D,A,B,C 坐标分别为 $D(0,1)$,$A(x_1,y_1)$,$B(-1,1)$,$C(1,1)$.由于 x 轴和 y 轴是有心圆锥曲线 L 的共轭直径,有心圆锥曲线 L 方程为 $mx^2+ny^2=1$,m,n 都不等于零,且至少有一个大于零.设直线 l 方程为 $y=kx$,根据定理 1 证明中导出的有心圆锥曲线上三角形的类垂极点坐标公式得有心圆锥曲线 L 上 $\triangle ABC$ 关于直线 l 类垂极点 X 的坐标为

$$x_X=\frac{mx_1+nky_1}{m+nk^2},y_X=\frac{m(y_1-kx_1)}{m+nk^2}+1 \tag{1}$$

直线 $PD_1 /\!/ OD$,点 D_1 坐标为 $D_1(x_0,1)$,根据中点坐标公式,E,F 两点坐标 x_E 与 y_E、x_F 与 y_F 满足

$$2x_E=1+x_1,2y_E=1+y_1,2x_F=x_1-1,2y_F=1+y_1$$

设点 P 坐标为 x_0 与 y_0,用 p 与 q 统一表示 B,C 两点的坐标,用 s 与 t 统一表示 E,F 两点的坐标,有

$$2s=p+x_1,2t=q+y_1$$

直线 $PE_1 /\!/ OE$,$PF_1 /\!/ OF$,直线 PE_1,PF_1 方程统一写成

$$y-y_0=\frac{q+y_1}{p+x_1}(x-x_0) \tag{2}$$

直线 CA,AB 方程统一写成

$$y-q=\frac{y_1-q}{x_1-p}(x-p) \tag{3}$$

由 A,B(或 C) 两点在有心圆锥曲线 L 上,有

$$mx_1^2+ny_1^2=1 \tag{4}$$

$$mp^2+nq^2=1 \tag{5}$$

利用式(4)(5) 可证等式

$$m(x_1+p)(x_1q+py_1)=(y_1+q)(mpx_1-ny_1q+1) \tag{6}$$

$$m(x_1+p)(x_1-p)+n(y_1+q)(y_1-q)=0 \tag{7}$$

利用式(6)(7) 将直线 PE_1 与 PF_1、CA 与 AB 的统一性方程(2)(3) 分别化为

$$y-y_0=\frac{m(x_1q+py_1)}{mpx_1-ny_1q+1}(x-x_0) \tag{8}$$

$$y-q=-\frac{mpx_1-ny_1q+1}{n(x_1q+py_1)}(x-p) \tag{9}$$

用加减消元法解由(8)(9) 两个方程所组成的方程组,利用下面的四个等式

$$mn\,(x_1q+py_1)^2+(mx_1p-ny_1q+1)^2=2(mx_1p-ny_1q+1)$$

$$mn\,(x_1q+py_1)^2=(mx_1p-ny_1q+1)(1-mx_1p+ny_1q)$$

$$x_1(mx_1p-ny_1q)+ny_1(x_1q+py_1)=p$$

$$mx_1(x_1q+py_1)-y_1(mx_1p-ny_1q)=q$$

式(8) 式(9) 的公共解为

$$x=\frac{1}{2}[x_0+x_1+p-x_0(mx_1p-ny_1q)-ny_0(x_1q+py_1)] \tag{10}$$

$$y=\frac{1}{2}[y_0+y_1+q+y_0(mx_1p-ny_1q)-mx_0(x_1q+py_1)] \tag{11}$$

将 $p=1$ 与 $q=1$、$p=-1$ 与 $q=1$ 分别代入式(10)、式(11) 求得点 E_1,F_1 的坐标 x_{E_1} 与 y_{E_1},x_{F_1} 与 y_{F_1}

$$x_{E_1}=\frac{1}{2}[x_0+x_1+1-x_0(mx_1-ny_1)-ny_0(x_1+y_1)]$$

$$y_{E_1}=\frac{1}{2}[y_0+y_1+1+y_0(mx_1-ny_1)-mx_0(x_1+y_1)]$$

$$x_{F_1}=\frac{1}{2}[x_0+x_1-1+x_0(mx_1+ny_1)-ny_0(x_1-y_1)]$$

$$y_{F_1}=\frac{1}{2}[y_0+y_1+1-y_0(mx_1+ny_1)-mx_0(x_1-y_1)]$$

由点 E_1,F_1 的坐标得

$$x_{F_1}-x_{E_1}=mx_0x_1+ny_0y_1-1,\ y_{F_1}-y_{E_1}=m(x_0y_1-x_1y_0)$$

$$x_{E_1}+x_{F_1}=x_0+x_1+n(x_0y_1-x_1y_0),\ y_{E_1}+y_{F_1}=y_0+y_1+1-mx_0x_1-ny_0y_1$$

直线 E_1F_1 方程为

$$m(x_0y_1-x_1y_0)[2x-x_0-x_1-n(x_0y_1-x_1y_0)]-$$
$$(mx_0x_1+ny_0y_1-1)[2y-y_0-y_1-1+mx_0x_1+ny_0y_1]=0$$

利用等式

$$m(x_0y_1-x_1y_0)[x_0-x_1-n(x_0y_1-x_1y_0)]-$$
$$(mx_0x_1+ny_0y_1-1)[mx_0x_1+ny_0y_1+1-y_0-y_1]$$
$$=(y_1-1)(mx_0^2+ny_0^2-1)$$

将直线 E_1F_1 方程化为

$$2m(x_0y_1-x_1y_0)(x-x_0)-2(mx_0x_1+ny_0y_1-1)(y-1)+(y_1-1)(mx_0^2+ny_0^2-1)=0 \tag{12}$$

直线 EF 方程为 $2y-y_1-1=0$，直线 EF 与 E_1F_1 相交于点 Y_1，设直线 D_1Y_1 方程为

$$2m(x_0y_1-x_1y_0)(x-x_0)-2(mx_0x_1+ny_0y_1-1)(y-1)+$$
$$(y_1-1)(mx_0^2+ny_0^2-1)+\lambda(2y-y_1-1)=0$$

将点 D_1 坐标代入上式求得

$$\lambda=mx_0^2+ny_0^2-1$$

直线 D_1Y_1 方程为

$$m(x_0y_1-x_1y_0)(x-x_0)-(mx_0x_1+ny_0y_1-mx_0^2-ny_0^2)(y-1)=0 \tag{13}$$

点 P 在直线 l 上，$y_0=kx_0$. 将直线 D_1Y_1 方程(13) 化为

$$x_0\{m(y_1-kx_1)(x-x_0)-[mx_1+nky_1-x_0(m+nk^2)](y-1)\}=0 \tag{14}$$

点 P 异于点 O，$x_0\neq 0$. 将直线 D_1Y_1 方程(14) 化为

$$m(y_1-kx_1)(x-x_0)-[mx_1+nky_1-x_0(m+nk^2)](y-1)=0 \tag{15}$$

写出直线 D_1X 方程可知，直线 D_1Y_1 方程(15) 就是直线 D_1X 方程，直线 D_1Y_1，D_1X 是同一直线，点 X 在直线 D_1Y_1 上. 同理，点 X 在直线 E_1Y_2，F_1Y_3 上. 对于直线 l 上异于点 O 的任意一点 P，三条直线 D_1Y_1，E_1Y_2，F_1Y_3 共点于有心圆锥曲线 L 上 $\triangle ABC$ 关于直线 l 的类垂极点 X.

直线 $XM\parallel OD$，直线 EF 与 XM 相交于 M，点 M 坐标 x_M 与 y_M 为

$$x_M=x_X,y_M=\frac{1}{2}(y_1+1) \tag{16}$$

设点 X_1 坐标为 x_{X_1} 与 y_{X_1}，点 X_1 与 X 关于点 M 对称，有

$$x_X+x_{X_1}=2x_M,y_X+y_{X_1}=2y_M \tag{17}$$

由式(1)(16)(17) 导出

$$x_{X_1}=\frac{mx_1+nky_1}{m+nk^2},y_{X_1}=\frac{k(mx_1+nky_1)}{m+nk^2}$$

点 X_1 在直线 l 上. 同理，点 X_2，X_3 也在直线 l 上. 在定理 4 中，若直线 l 沿双曲线 L 的一个渐近方向，有

$$m+nk^2=0$$

由此解出

$$m=-nk^2$$

消去直线 D_1Y_1 方程(15) 中的 m，直线 D_1Y_1 方程(15) 可化为

$$k(x-x_0)+y-1=0$$

直线 D_1Y_1 沿双曲线 L 另一个渐近方向，由此得如下推论：

推论 2　$\triangle ABC$ 的顶点在中心为 O，两条渐近线分别在 l_1，l_2 的双曲线 L 上，线段 BC，CA，AB 的中点分别为 D，E，F，在直线 l_1 上取异于点 O 的任意一点 P，过点 P 作三条直线 PD_1，PE_1，PF_1，直线 $PD_1\parallel OD$，$PE_1\parallel OE$，$PF_1\parallel OF$，直线 PD_1 与 BC、PE_1 与 CA、PF_1 与 AB 的交点分别为 D_1，E_1，F_1，直线 EF 与 E_1F_1、FD 与 F_1D_1、DE 与 D_1E_1 分别相交于点 Y_1，Y_2，Y_3. 则直线 $D_1Y_1\parallel E_1Y_2\parallel F_1Y_3\parallel l_2$.

作为定理 4 的特例，将定理 4 中的点 P 换成 $\triangle ABC$ 关于点 O 的一号心 H，则有下面的定理 5：

定理 5　$\triangle ABC$ 顶点在中心为 O 的有心圆锥曲线 L 上，线段 BC，CA，AB 的中点分别为 D，E，F，$\triangle ABC$ 关于点 O 的一号心为 H. 直线 AH 与 BC、BH 与 CA、CH 与 AB 的交点分别为 D_1，E_1，F_1，直线

EF_1 与 E_1F、FD_1 与 F_1D、DE_1 与 D_1E 分别相交于点 X_1,X_2,X_3，直线 EF 与 E_1F_1、FD 与 F_1D_1、DE 与 D_1E_1 分别相交于 Y_1,Y_2,Y_3. 则:

(Ⅰ) X_1,X_2,X_3 都在直线 OH 上;

(Ⅱ) 直线 $AY_1 \parallel BY_2 \parallel CY_3$，直线 OH 是有心圆锥曲线 L 共轭于此三条平行线的直径;

(Ⅲ) A,X_1,Y_2,Y_3 四点共线，B,X_2,Y_1,Y_3 四点共线，C,X_3,Y_1,Y_2 四点共线;

(Ⅳ) 直线 DY_1,EY_2,FY_3 共点于有心圆锥曲线 L 上 $\triangle ABC$ 的二号九点有心圆锥曲线 L' 上一点 P;

(Ⅴ) 有心圆锥曲线 L 上 $\triangle ABC$ 关于直线 OH 的类垂极点为 X，直线 BC 与 Y_2Y_3、CA 与 Y_3Y_1、AB 与 Y_1Y_2 分别相交于点 Z_1,Z_2,Z_3，则点 Z_1,Z_2,Z_3 都在直线 PX 上.

证明 假定直线 BC 不经过点 O，以点 O 为坐标原点，过点 O 且与直线 BC 平行的直线为 x 轴，直线 OD 为 y 轴，建立平面仿射坐标系，选择单位矢量 $\boldsymbol{e}_1=\overrightarrow{DC}$，$\boldsymbol{e}_2=\overrightarrow{OD}$. $\triangle ABC$ 的顶点坐标分别为 $A(x_1,y_1)$，$B(-1,1)$，$C(1,1)$. 设 $\triangle ABC$ 关于点 O 的一号心 H、二号心 K 坐标分别为 x_H 与 y_H，有 $x_H=x_1$，$y_H=y_1+2$. 直线 BC 方程为 $y=1$，点 D_1 坐标为 $x_{D_1}=x_1$，$y_D=1$. 圆锥曲线 L 的方程为 $mx^2+ny^2=1$，其中 m,n 都不为零，且至少有一个大于零. A,B(或 C) 两点在有心圆锥曲线 L 上，有

$$mx_1^2+ny_1^2=1 \tag{1}$$

$$m+n=1 \tag{2}$$

由式(1)(2)得

$$m(x_1+1)(x_1-1)+n(y_1+1)(y_1-1)=0 \tag{3}$$

设点 D,E,F 的坐标分别为 x_D 与 y_D、x_E 与 y_E、x_F 与 y_F，则

$$x_D=0,y_D=1,2x_E=x_1+1,2y_E=y_1+1,2x_F=x_1-1,2y_F=y_1+1$$

结论(Ⅰ)的证明:利用式(3)写出直线 CA 与 BH、AB 与 CH 的方程分别为

$$CA: m(x_1+1)(x-1)+n(y_1+1)(y-1)=0 \tag{4}$$

$$BH: m(x_1-1)(x+1)+n(y_1-1)(y-1)=0 \tag{5}$$

$$AB: m(x_1-1)(x+1)+n(y_1+1)(y-1)=0 \tag{6}$$

$$CH: m(x_1+1)(x-1)+n(y_1-1)(y-1)=0 \tag{7}$$

由于直线 CA,BH 相交于点 E_1，设直线 E_1F 方程为

$$m(x_1+1)(x-1)+n(y_1+1)(y-1)+\lambda_1[m(x_1-1)(x+1)+n(y_1-1)(y-1)]=0$$

将点 F 坐标代入上式，解得

$$\lambda_1=-\frac{m(x_1+1)}{n(y_1-1)}$$

再代入上式得直线 E_1F 方程

$$\begin{aligned}&m(x_1+1)[m(x_1-1)-n(y_1-1)]x+n(y_1-1)[m(x_1+1)-n(y_1+1)]y+\\&m^2(x_1^2-1)+n^2(y_1^2-1)=0\end{aligned} \tag{8}$$

由于直线 AB,CH 相交于点 F_1，设 EF_1 方程为

$$m(x_1-1)(x+1)+n(y_1+1)(y-1)+\lambda_2[m(x_1+1)(x-1)+n(y_1-1)(y-1)]=0$$

将点 E 坐标代入上式，解得

$$\lambda_2=\frac{m(x_1-1)}{n(y_1-1)}$$

再代入上式得直线 EF_1 方程

$$\begin{aligned}&m(x_1-1)[m(x_1+1)+n(y_1-1)]x+n(y_1-1)[m(x_1-1)+n(y_1+1)]y-\\&m^2(x_1^2-1)-n^2(y_1^2-1)=0\end{aligned} \tag{9}$$

由于点 X_1 是直线 EF_1，E_1F 的交点，将点 X_1 坐标 x_{X_1}，y_{X_1} 代入式(8)(9)，再将式(8)(9) 左右两边相加得

$$mn(y_1-1)[(y_1+2)x_{X_1}-mx_1y_{X_1}]=0$$

因 A,B,C 三点不共线，$y_1-1\neq 0$，上式可化为

$$(y_1+2)x_{X_1}-x_1y_{X_1}=0 \tag{10}$$

由于直线 OH 方程为

$$(y_1+2)x-x_1y=0 \tag{11}$$

由式(6)(7) 可知，点 X_1 在直线 OH 上.

同理，点 X_2，X_3 都在直线 OH 上.

结论(Ⅱ) 的证明：由于直线 CA，BH 相交于点 E_1，设点 E_1 坐标为 x_{E_1} 与 y_{E_1}，将点 E_1 坐标代入式(4)(5) 得

$$m(x_1+1)x_{E_1}+n(y_1+1)y_{E_1}=mx_1+ny_1+1 \tag{12}$$

$$m(x_1-1)x_{E_1}+n(y_1-1)y_{E_1}=n(y_1-1)-m(x_1-1) \tag{13}$$

由于直线 AB，CH 相交于点 F_1，设点 F_1 坐标为 x_{F_1} 与 y_{F_1}，将点 F_1 坐标代入式(7)(8) 得

$$m(x_1-1)x_{F_1}+n(y_1+1)y_{F_1}=n(y_1+1)-m(x_1-1) \tag{14}$$

$$m(x_1+1)x_{F_1}+n(y_1-1)y_{F_1}=m(x_1+1)+n(y_1-1) \tag{15}$$

将式(12)(13)，(14)(15) 的左右两边分别相加得

$$mx_1x_{E_1}+ny_1(y_{E_1}-1)-m=0 \tag{16}$$

$$mx_1x_{F_1}+ny_1(y_{F_1}-1)-m=0 \tag{17}$$

由式(16) 式(17) 可知，直线 E_1F_1 方程为

$$mx_1x+ny_1(y-1)-m=0 \tag{18}$$

由于直线 EF 方程为 $2y-y_1-1=0$，直线 EF 与 E_1F_1 相交于点 Y_1，可设直线 AY_1 的方程为

$$mx_1x+ny_1(y-1)-m+\lambda_3(2y-y_1-1)=0$$

将点 A 坐标代入上式，解得

$$\lambda_3=n$$

则直线 AY_1 方程为

$$mx_1x+n(y_1+2)y-2ny_1-1=0 \tag{19}$$

由直线 OH 方程(11) 和直线 AY_1 方程(19) 可知，直线 OH 是有心圆锥曲线 L 共轭于直线 AY_1 的直径. 同理可证，直线 OH 是有心圆锥曲线 L 共轭于直线 BY_2，CY_3 的直径. 因此，直线 AY_1 // BY_2 // CY_3，直线 OH 是有心圆锥曲线 L 共轭于此三条平行线的直径.

结论(Ⅲ) 的证明：将式(12)(13) 的左右两边分别相减得

$$m(x_{E_1}-x_1)+n(y_{E_1}-1)=0$$

D_1，E_1 两点坐标满足二元一次方程

$$m(x-x_1)+n(y-1)=0 \tag{20}$$

式(20) 就是直线 D_1E_1 方程. 将式(14)(15) 的左右两边分别相减得

$$m(x_{F_1}-x_1)-n(y_{F_1}-1)=0$$

F_1，D_1 两点坐标满足二元一次方程

$$m(x-x_1)-n(y-1)=0 \tag{21}$$

式(21) 是直线 F_1D_1 方程. 直线 FD，DE 方程分别为

$$(y_1-1)x-(x_1-1)(y-1)=0 \tag{22}$$

$$(y_1-1)x-(x_1+1)(y-1)=0 \tag{23}$$

设直线 AY_2,AY_3 的方程分别为

$$m(x-x_1)-n(y-1)+\lambda_3[(y_1-1)x-(x_1-1)(y-1)]=0 \tag{24}$$

$$m(x-x_1)+n(y-1)+\lambda_4[(y_1-1)x-(x_1+1)(y-1)]=0 \tag{25}$$

将点 A 坐标代入式(24)(25)解出

$$\lambda_3=n,\lambda_4=n$$

分别求得直线 AY_2,AY_3 的方程是同一方程

$$[m+n(y_1-1)]x-nx_1(y-1)-mx_1=0 \tag{26}$$

设直线 AX_1 方程为

$$\begin{gathered}m(x_1+1)[m(x_1-1)-n(y_1-1)]x+n(y_1-1)[m(x_1+1)-n(y_1+1)]y+\\ m^2(x_1^2-1)+n^2(y_1^2-1)+\lambda_5\{m(x_1-1)[m(x_1+1)+n(y_1-1)]x+\\ n(y_1-1)[m(x_1-1)+n(y_1+1)]y-m^2(x_1^2-1)-n^2(y_1^2-1)\}=0\end{gathered} \tag{27}$$

将点 A 坐标代入式(27)解出

$$\lambda_5=-\frac{x_1+1}{x_1-1}$$

消去(27)中的 λ_5 得直线 AX_1 方程为

$$m(x_1^2-1)[m+n(y_1-1)]x+n^2(y_1^2-1)x_1(y-1)-m^2(x_1^2-1)x_1=0$$

点 A 与 B,C 两点不重合,$x_1^2-1\neq 0$,利用等式 $m(x_1^2-1)+n(y_1^2-1)=0$,将直线 AX_1 方程化为式(26).因此,直线 AX_1,AY_2,AY_3 的方程是同一方程,A,X_1,Y_2,Y_3 四点共线.同理,B,X_2,Y_1,Y_3 四点共线,C,X_3,Y_1,Y_2 四点共线.

结论(Ⅳ)的证明:设直线 DY_1 方程为

$$mx_1x+ny_1(y-1)-m+\lambda_6(2y-y_1-1)=0$$

将点 D 坐标代入解出

$$\lambda_6=-\frac{m}{y_1-1}$$

则直线 DY_1 方程为

$$mx_1(y_1-1)x-[2m-ny_1(y_1-1)](y-1)=0 \tag{28}$$

设直线 EY_2 方程为

$$m(x-x_1)-n(y-1)+\lambda_7[(y_1-1)x-(x_1-1)(y-1)]=0$$

将点 E 坐标代入解出

$$\lambda_7=\frac{m(x_1-1)+n(y_1-1)}{2(y_1-1)}$$

则直线 EY_2 方程为

$$\begin{gathered}(y_1-1)[2m+m(x_1-1)+n(y_1-1)]x-[m(x_1-1)^2+n(y_1-1)(x_1-1)+\\ 2n(y_1-1)](y-1)-2mx_1(y_1-1)=0\end{gathered} \tag{29}$$

设直线 FY_3 的方程为

$$m(x-x_1)+n(y-1)+\lambda_8[(y_1-1)x-(x_1+1)(y-1)]=0$$

将点 F 坐标代入解出

$$\lambda_8=-\frac{m(x_1+1)-n(y_1-1)}{2(y_1-1)}$$

则直线 FY_3 方程为

$$(y_1-1)[2m-m(x_1+1)+n(y_1-1)]x+[m(x_1+1)^2-n(y_1-1)(x_1+1)+2n(y_1-1)](y-1)-2mx_1(y_1-1)=0 \tag{30}$$

直线 EY_2,FY_3 相交于点 P,利用等式 $2m-ny_1(y_1-1)=mx_1^2+m+n(y_1-1)$,将点 P 坐标 x_P 与 y_P 代入式(29)(30),再左右两边分别相减得

$$mx_1(y_1-1)x_P-[2m-ny_1(y_1-1)](y_P-1)=0 \tag{31}$$

由式(28)可知,点 P 在直线 DY_1 上,三条直线 DY_1,EY_2,FY_3 共点于 P. 将点 P 坐标 x_P 与 y_P 代入式(29)(30),再左右两边分别相加,得

$$(y_1-1)[m+n(y_1-1)]x_P+x_1[2m-n(y_1-1)](y_P-1)=2mx_1(y_1-1) \tag{32}$$

将式(31)左右两边分别乘以 x_1,再与式(32)左右两边分别相加,利用下面的关系式得式(33)

$$\begin{gathered}m+mx_1^2+n(y_1-1)=2m-ny_1(y_1-1)\\ [2m-ny_1(y_1-1)]x_P+nx_1(y_1-1)(y_P-1)=2mx_1\end{gathered} \tag{33}$$

由式(31)(33)解得

$$x_P=\frac{2mx_1[2m-ny_1(y_1-1)]}{[2m-ny_1(y_1-1)]^2+mnx_1^2(y_1-1)^2},\ y_P-1=\frac{2m^2x_1^2(y_1-1)}{[2m-ny_1(y_1-1)]^2+mnx_1^2(y_1-1)^2} \tag{34}$$

要证点 P 在有心圆锥曲线 L 上 $\triangle ABC$ 的二号九点有心圆锥曲线 L' 上,根据有心圆锥曲线 L' 方程只需证 $m(2x_P-x_1)^2+n(2y_P-y_1-2)^2=1$,利用式(1)将此待证等式化为待证等式

$$mx_P(x_P-x_1)+n(y_P-1)(y_P-1-y_1)=0 \tag{35}$$

将式(34)代入待证等式(35)即可证明待证等式(35)成立,从而证明了点 P 在有心圆锥曲线 L 上 $\triangle ABC$ 的二号九点有心圆锥曲线 L' 上.

结论(Ⅴ)的证明:由定理1可知,点 X 在有心圆锥曲线 L 上 $\triangle ABC$ 的二号九点有心圆锥曲线 L' 上. 写出直线 OH 方程即可得到点 X 坐标 x_X 与 y_X 为

$$x_X=\frac{x_1(1+2ny_1)}{1+4n(y_1+1)},\ y_X=1-\frac{2mx_1^2}{1+4n(y_1+1)}$$

前面已证直线 $AY_1 /\!/ BY_2 /\!/ CY_3$,根据射影几何中的德沙格定理,Z_1,Z_2,Z_3 三点共线. 将直线 Y_2Y_3 的方程(26)与直线 BC 方程 $y=1$ 联立解得点 Z_1 坐标 x_{Z_1} 与 y_{Z_1}

$$x_{Z_1}=\frac{mx_1}{m+n(y_1-1)},\ y_{Z_1}=1$$

点 Z_1,Z_2,Z_3 具有轮换对称性,要证明点 Z_1,Z_2,Z_3 都在直线 PX 上,只需证点 Z_1 在直线 PX 上. 由式(31)(33)可知,点 P 坐标是以下两个二元一次方程的公共解

$$\begin{gathered}mx_1(y_1-1)x-[2m-ny_1(y_1-1)](y-1)=0\\ [2m-ny_1(y_1-1)]x+nx_1(y_1-1)(y-1)-2mx_1=0\end{gathered}$$

设直线 PZ_1,PX 的方程分别为下面的式(36)(37)

$$mx_1(y_1-1)x-[2m-ny_1(y_1-1)](y-1)+\lambda_9\{[2m-ny_1(y_1-1)]x+nx_1(y_1-1)(y-1)-2mx_1\}=0 \tag{36}$$

$$mx_1(y_1-1)x-[2m-ny_1(y_1-1)](y-1)+\lambda_{10}\{[2m-ny_1(y_1-1)]x+nx_1(y_1-1)(y-1)-2mx_1\}=0 \tag{37}$$

将点 Z_1 坐标代入式(36),将点 X 坐标代入式(37),解得

$$\lambda_9=\lambda_{10}=\frac{mx_1}{n(y_1+2)}$$

由式(36)(37)可知,直线 PZ_1,PX 的方程是同一方程,点 Z_1 在直线 PX 上.同理,点 Z_2,Z_3 都在直线 PX 上.

综上所述,本文借助于有心圆锥曲线共轭于三角形某一边的直径,建立了以有心圆锥曲线共轭直径为坐标轴的平面仿射坐标系,在保证有心圆锥曲线方程尽可能简单的前提下,减少了参与运算和推理的参量数目,将垂极点推广为有心圆锥曲线上三角形的类垂极点,深刻揭示了有心圆锥曲线上三角形的类垂极点与有心圆锥曲线中类西摩松线,有心圆锥曲线上三角形的一号心、二号九点有心圆锥曲线之间有着不可分割的内在联系,有心圆锥曲线上三角形的类垂极点几何性质是共性与个性、一般与特殊的对立统一,垂极点的几何性质是其中的组成部分.

参考文献

[1] R. A. 约翰逊. 近代欧氏几何学[M]. 单墫译. 上海:上海教育出版社. 1999:217.

[2] 曾建国. 熊曾润. 趣谈闭折线K号心[M]. 南昌:江西高校出版社. 2006.

[3] 张俭文. 史坦纳定理与镜像线在有心圆锥曲线中的拓广[J]. 数学通报,2014,53(03):57-61.

[4] 张俭文. 运用有限点集k号心在有心圆锥曲线中拓广九点圆[J]. 数学通报,2015,54(10):49-54.

作者简介

张俭文(1964—),男,汉族,河北省秦皇岛市人,1990年毕业于河北师范学院(已并入河北师范大学)物理系,理学学士学位,秦皇岛市第五中学高级教师,从事物理教学与研究过程中,在《物理教学》《物理教师》《物理通报》《中学物理》《河北理科教学研究》等杂志发表多篇物理教研论文,多次获得河北省优秀教育科研成果奖.本人平时广泛涉猎哲学、科学史、重大科学发现及其模式,坚信圆锥曲线几何内容是共性与个性、一般与特殊的对立统一,将圆锥曲线中的几何问题作为研究方向,并在《数学通报》《初等数学研究在中国》等发表有关文章,加深了对解析几何思想与方法的认识,感悟了科学探究的本质.

E-mail:qhdqwzhzhjw@sohu.com

一道 IMO 试题的证明与推广*

刘金强

（滨州学院　山东　滨州　256600）

本文要从数学竞赛中的一道简单的老题谈起，笔者在翻阅竞赛不等式的研究文献时发现第 36 届 IMO 试题中的一道不等式受到了不少学者的青睐，原题如下：

设 a,b,c 为正数，$abc=1$，求证：$\frac{1}{a^3(b+c)}+\frac{1}{b^3(a+c)}+\frac{1}{c^3(a+b)}\geqslant\frac{3}{2}$.

这道题目有很多老师给出了证明方法，本文总结出这道题目的 11 种证明方法，其中含有笔者给出的待定系数法、递推法、等式配方法三种新的证明方法，然后通过对这些方法的分析，得到了一些有意义的推广形式.

（一）证明方法

证法 1（利用基本不等式）　因为 $abc=1$，所以

$$\frac{1}{a^3(b+c)}=\frac{(abc)^2}{a^3(b+c)}=\frac{b^2c^2}{a(b+c)}$$

则

$$\frac{1}{a^3(b+c)}=\frac{b^2c^2}{a(b+c)}\geqslant bc-\frac{a(b+c)}{4}$$

同理

$$\frac{1}{b^3(a+c)}=\frac{a^2c^2}{b(a+c)}\geqslant ac-\frac{b(a+c)}{4}$$

$$\frac{1}{c^3(b+a)}=\frac{b^2a^2}{c(b+a)}\geqslant ba-\frac{c(b+a)}{4}$$

所以

$$\frac{1}{a^3(b+c)}+\frac{1}{b^3(a+c)}+\frac{1}{c^3(a+b)}\geqslant(ab+bc+ca)-\frac{1}{2}(ab+bc+ca)=\frac{ab+bc+ca}{2}$$

由基本不等式可得

$$\frac{ab+bc+ca}{2}\geqslant\frac{3\sqrt[3]{a^2b^2c^2}}{2}=\frac{3}{2}$$

原式得证.

证法 2（利用基本不等式）　$\frac{1}{a^3(b+c)}+\frac{b+c}{4bc}\geqslant 2\sqrt{\frac{1}{4a^3bc}}=\frac{1}{a}$

$$\frac{1}{b^3(a+c)}+\frac{a+c}{4ac}\geqslant 2\sqrt{\frac{1}{4b^3ac}}=\frac{1}{b},\frac{1}{c^3(a+c)}+\frac{a+c}{4ac}\geqslant 2\sqrt{\frac{1}{4c^3ab}}=\frac{1}{c}$$

所以

* 本文受山东省大学生创新创业训练计划项目资助（编号 S202010449061）.

$$\frac{1}{a^3(b+c)}+\frac{1}{b^3(a+c)}+\frac{1}{c^3(a+b)}\geqslant\frac{1}{a}+\frac{1}{b}+\frac{1}{c}-\frac{1}{4}(\frac{b+c}{bc}+\frac{a+c}{ac}+\frac{a+b}{ab})$$

$$=\frac{1}{2}(\frac{1}{a}+\frac{1}{b}+\frac{1}{c})$$

$$\frac{1}{2}(\frac{1}{a}+\frac{1}{b}+\frac{1}{c})\geqslant\frac{3}{2}\sqrt[3]{\frac{1}{abc}}=\frac{3}{2}$$

所以

$$\frac{1}{a^3(b+c)}+\frac{1}{b^3(a+c)}+\frac{1}{c^3(a+b)}\geqslant\frac{3}{2}$$

说明 上述两种方法都利用了基本不等式,不同的是对式子的处理不同,方法相对比较简单,但仅限于证明本题,很难从中得出一般化的结论.

证法3(利用柯西不等式) 因为 $abc=1$,所以

$$\frac{1}{a^3(b+c)}+\frac{1}{b^3(a+c)}+\frac{1}{c^3(a+b)}=\frac{bc}{a^2(b+c)}+\frac{ac}{b^2(a+c)}+\frac{ab}{c^2(a+b)}$$

由柯西不等式可得

$$\left[\frac{bc}{a^2(b+c)}+\frac{ac}{b^2(a+c)}+\frac{ab}{c^2(a+b)}\right]\cdot\left[\frac{b+c}{bc}+\frac{a+c}{ac}+\frac{a+b}{ab}\right]$$

$$\geqslant\left(\sqrt{\frac{bc}{a^2(b+c)}}\cdot\sqrt{\frac{b+c}{bc}}+\sqrt{\frac{ac}{b^2(a+c)}}\cdot\sqrt{\frac{a+c}{ac}}+\sqrt{\frac{ab}{c^2(a+b)}}\cdot\sqrt{\frac{a+b}{ab}}\right)^2$$

$$=\left(\frac{1}{a}+\frac{1}{b}+\frac{1}{c}\right)^2$$

而

$$\frac{b+c}{bc}+\frac{a+c}{ac}+\frac{a+b}{ab}=2\left(\frac{1}{a}+\frac{1}{b}+\frac{1}{c}\right)$$

所以

$$\frac{1}{a^3(b+c)}+\frac{1}{b^3(a+c)}+\frac{1}{c^3(a+b)}\geqslant\frac{1}{2}(\frac{1}{a}+\frac{1}{b}+\frac{1}{c})\geqslant\frac{1}{2}\cdot3\sqrt[3]{\frac{1}{abc}}=\frac{3}{2}$$

证法4(利用排序不等式) $LHS=\frac{(abc)^2}{a^3(b+c)}+\frac{(abc)^2}{b^3(a+c)}+\frac{(abc)^2}{c^3(a+b)}$

$$=\frac{bc}{a(b+c)}\cdot bc+\frac{ac}{b(a+c)}\cdot ac+\frac{ab}{c(a+b)}\cdot ab$$

由对称性,不妨设 $a\leqslant b\leqslant c$,则

$$ab\leqslant ac\leqslant bc,ab+ac\leqslant ab+bc\leqslant ac+bc$$

所以

$$\frac{1}{a(b+c)}\geqslant\frac{1}{b(a+c)}\geqslant\frac{1}{c(a+b)}$$

由此可知 LHS 为顺序和,由排序不等式得

$$LHS\geqslant\frac{bc}{a(b+c)}\cdot ab+\frac{ac}{b(a+c)}\cdot bc+\frac{ab}{c(a+b)}\cdot ac=\frac{b}{a(b+c)}+\frac{c}{b(a+c)}+\frac{a}{c(a+b)}$$

$$LHS\geqslant\frac{bc}{a(b+c)}\cdot ac+\frac{ac}{b(a+c)}\cdot ab+\frac{ab}{c(a+b)}\cdot bc=\frac{c}{a(b+c)}+\frac{a}{b(a+c)}+\frac{b}{c(a+b)}$$

两式相加可得

$$2LHS\geqslant\frac{1}{a}+\frac{1}{b}+\frac{1}{c}\geqslant3\sqrt[3]{\frac{1}{abc}}=3$$

即

$$LHS \geqslant \frac{3}{2}$$

原式得证.

说明 柯西不等式、排序不等式是证明不等式常用的方法,这两种方法的难点在于对式子的拼凑和处理,在排序不等式中构造合适的不等关系也成为解题的关键,因此如果能利用好这两个不等式,证明的形式就会简化很多,但受到解题方法的限制,不易向多个变量推广.

证法 5(利用待定系数法) 因为 $abc=1$,所以

$$\frac{1}{a^3(b+c)}+\frac{1}{b^3(a+c)}+\frac{1}{c^3(a+b)}=\frac{b^2c^2}{a(b+c)}+\frac{a^2c^2}{b(a+c)}+\frac{a^2b^2}{c(a+b)}$$

设 $\lambda>0$,则有

$$\frac{b^2c^2}{a(b+c)}+\lambda a(b+c)\geqslant 2\sqrt{\lambda}bc,\frac{a^2c^2}{b(a+c)}+\lambda b(a+c)\geqslant 2\sqrt{\lambda}ac,\frac{a^2b^2}{c(a+b)}+\lambda c(a+b)\geqslant 2\sqrt{\lambda}ab$$

三式相加可得

$$\begin{aligned}&\frac{b^2c^2}{a(b+c)}+\frac{a^2c^2}{b(a+c)}+\frac{a^2b^2}{c(a+b)}\\&\geqslant(2\sqrt{\lambda}-2\lambda)\cdot(ab+bc+ac)\geqslant 6(\sqrt{\lambda}-\lambda)\sqrt[3]{(abc)^3}\\&=6(\sqrt{\lambda}-\lambda)\end{aligned}$$

令 $6(\sqrt{\lambda}-\lambda)=\frac{3}{2}$,解得 $\lambda=\frac{1}{4}$,代入证明过程得到满足取等号的条件 $a=b=c=1$,故原式成立.

说明 待定系数法是处理分式不等式常用的方法,其本质在于利用均值不等式去分母时,由于几个不等式取到等号的条件不同,所以考虑引进待定系数 λ,借此帮助我们解决问题,利用这种方法也可以将不等式向高次、多项推广.

证法 6(利用向量内积法) 王志进、程美两位老师在《数学通报》2005 年第 44 期第五卷给出了一种创新证法——向量内积法,过程如下:

构造向量

$$\boldsymbol{a}=(\sqrt{a(b+c)},\sqrt{b(a+c)},\sqrt{c(a+b)})$$

$$\boldsymbol{b}=\left(\sqrt{\frac{1}{a^3(b+c)}},\sqrt{\frac{1}{b^3(a+c)}},\sqrt{\frac{1}{c^3(a+b)}}\right)$$

因为

$$|\boldsymbol{a}|^2\ |\boldsymbol{b}|^2\geqslant|\boldsymbol{a}\cdot\boldsymbol{b}|^2$$

所以

$$[a(b+c)+b(a+c)+c(a+b)]\cdot\left[\frac{1}{a^3(b+c)}+\frac{1}{b^3(a+c)}+\frac{1}{c^3(a+b)}\right]\geqslant\left(\frac{1}{a}+\frac{1}{b}+\frac{1}{c}\right)^2$$

所以

$$\frac{1}{a^3(b+c)}+\frac{1}{b^3(a+c)}+\frac{1}{c^3(a+b)}\geqslant\frac{(ab+bc+ac)^2}{2a^2b^2c^2(ab+bc+ac)}=\frac{ab+bc+ac}{2}\geqslant\frac{3\sqrt[3]{abc}}{2}=\frac{3}{2}$$

说明 向量内积法作为这道题目的一种创新型证法可以说十分巧妙,但其弊端也十分明显,构造向量这一步无疑是最困难的了,技巧性很强,而且很难从中得出一般性的结论.

证法 7(利用卡尔松不等式) 首先介绍卡尔松不等式的一般形式:

设 $a_{ij}\geqslant 0(i=1,2,\cdots,n;j=1,2,\cdots,m)$,则有

$$\prod_{j=1}^{m}\left(\sum_{i=1}^{n}a_{ij}\right)^{\frac{1}{m}}\geqslant\sum_{i=1}^{n}\left(\prod_{j=1}^{m}a_{ij}\right)^{\frac{1}{n}}$$

即对于非负实数矩阵 $\begin{bmatrix} a_{11} & \cdots & a_{1m} \\ a_{21} & \cdots & a_{2m} \\ \vdots & & \vdots \\ a_{n1} & \cdots & a_{nm} \end{bmatrix}$,每列和的几何平均不小于每行几何平均的和.乔希民老师在《商洛师范专科学校学报》2004 年第 18 卷第 4 期中利用卡尔松不等式给出了下面的这个证明:

构造数阵

$$\begin{pmatrix} \dfrac{b^2c^2}{ab+ac} & ab+ac \\ \dfrac{a^2c^2}{ab+bc} & ab+bc \\ \dfrac{a^2b^2}{ac+bc} & ac+bc \end{pmatrix}$$

由卡尔松不等式有

$$\begin{aligned} &\left[\left(\frac{b^2c^2}{ab+ac}+\frac{a^2c^2}{ab+bc}+\frac{a^2b^2}{ac+bc}\right)\cdot(2ab+2bc+2ac)\right]^{\frac{1}{2}} \\ \geqslant &\left[\frac{b^2c^2}{ab+ac}\cdot(ab+ac)\right]^{\frac{1}{2}}+\left[\frac{a^2c^2}{ab+bc}\cdot(ab+bc)\right]^{\frac{1}{2}}+\left[\frac{a^2b^2}{ac+bc}+(ac+bc)\right]^{\frac{1}{2}} \\ = &ab+bc+ac \end{aligned}$$

所以

$$\begin{aligned} \frac{1}{a^3(b+c)}+\frac{1}{b^3(a+c)}+\frac{1}{c^3(a+b)} &= \frac{b^2c^2}{a(b+c)}+\frac{a^2c^2}{b(a+c)}+\frac{a^2b^2}{c(a+b)} \\ &\geqslant \frac{ab+bc+ac}{2} \\ &\geqslant \frac{1}{2}\cdot 3\sqrt[3]{a^2b^2c^2}=\frac{3}{2} \end{aligned}$$

原式得证.

说明 通过构造矩阵来间接证明原不等式,在高中数学竞赛中并不常见,也超出了普通高中生的知识范围,而且矩阵的构造也很有技巧性,因此这种方法实际难度较大,但它对不等式的推广却十分有益,可以通过这种方法得到更强的结论.

令 $x=\frac{1}{a}, y=\frac{1}{b}, z=\frac{1}{c}, xyz=1$,原不等式则转化为

$$\frac{x^2}{y+z}+\frac{y^2}{x+z}+\frac{z^2}{x+y}\geqslant\frac{3}{2}$$

实际上我们有更一般的结论成立:设 $x,y,z>0$,则有

$$\frac{x^2}{y+z}+\frac{y^2}{x+z}+\frac{z^2}{x+y}\geqslant\frac{x+y+z}{2}$$

这个不等式也是第二届友谊杯国际数学邀请赛试题,下面通过其他方法证明上式,从而来间接证明原不等式.

证法 8(利用递推法) 设

$$M_n=\frac{x^n}{y+z}+\frac{y^n}{x+z}+\frac{z^n}{z+y}, S_n=x^n+y^n+z^n$$

则当 $n\geqslant 1$ 时有等式 $M_n=S_1\cdot M_{n-1}-S_{n-1}$ 成立.特别的当 $n=1$ 时,$M_1=S_1\cdot M_0-3$;当 $n=2$ 时,$M_2=S_1\cdot M_1-S_1$,所以

$$M_0=\frac{1}{x+y}+\frac{1}{y+z}+\frac{1}{a+z}\geqslant\frac{3}{\sqrt[3]{(x+y)(y+z)(x+z)}}$$

由基本不等式可知

$$\sqrt[3]{(x+y)(y+z)(x+z)}\leqslant\frac{(z+y)+(y+z)+(x+z)}{3}=\frac{2S_1}{3}$$

所以

$$M_0\geqslant\frac{3}{\frac{2S_1}{3}}=\frac{9}{2S_1}$$

$$M_1=S_1\cdot M_0-3\geqslant S_1\cdot\frac{9}{2S_1}-3=\frac{3}{2}\quad(\text{内斯比特不等式})$$

$$M_2=S_1\cdot M_1-S_1\geqslant S_1\cdot\frac{3}{2}-S_1=\frac{x+y+z}{2}$$

原式得证.

说明 笔者另辟蹊径通过建立递推关系来证明不等式,但这种方法本身的局限性比较大,只能适合极少数不等式问题,而且递推关系的建立和证明过程中不等式的处理都一定程度上增加了这种方法的证明难度,再者虽然有递推式的成立,但利用递推式向高次进行推广时计算量十分巨大,也很难发现一般性的结论.

证法 9(利用概率不等式) 这里首先给出数学期望的一个性质:设ξ是一个取有限值$x_1,x_2,\cdots,x_n$的离散型随机变量,其概率分布列为$P(\xi=x_i)=p_i,i=1,2,\cdots,n$,则$E(\xi^2)-E^2(\xi)=\sum_{i=1}^{n}x_i^2\cdot P_i-E^2(\xi)=\sum_{i=1}^{n}[x_i-E(\xi)]^2\cdot P_i\geqslant 0$,故$E(\xi)^2\geqslant E^2(\xi)$,当且仅当$x_1=x_2=\cdots x_n=E(\xi)$时,等号成立.

刘南山老师利用上述性质给出了下面的证明方法:设$s=x+y+z$,构造随机变量ξ的概率分布列为

$$P(\xi=\frac{x}{s-x})=\frac{s-x}{2s},P(\xi=\frac{y}{s-y})=\frac{s-y}{2s},P(\xi=\frac{z}{s-z})=\frac{s-z}{2s}$$

所以

$$E(\xi)=\frac{x}{s-x}\cdot\frac{s-x}{2s}+\frac{y}{s-y}\cdot\frac{s-y}{2s}+\frac{z}{s-z}\cdot\frac{s-z}{2s}=\frac{x+y+z}{2s}=\frac{1}{2}$$

$$E(\xi)^2=(\frac{x}{s-x})^2\cdot\frac{s-x}{2s}+(\frac{y}{s-y})^2\cdot\frac{s-y}{2s}+(\frac{z}{s-z})^2\cdot\frac{s-z}{2s}=\frac{1}{2s}(\frac{x^2}{s-x}+\frac{y^2}{s-y}+\frac{z^2}{s-z})$$

因为$E(\xi)^2\geqslant E^2(\xi)$,所以$\frac{1}{2s}(\frac{x^2}{s-x}+\frac{y^2}{s-y}+\frac{z^2}{s-z})\geqslant\frac{1}{4}$,则$\frac{x^2}{s-x}+\frac{y^2}{s-y}+\frac{z^2}{s-z}\geqslant\frac{s}{2}$,故原式得证.

说明 利用概率中数学期望的一个性质来证明不等式,该方法构思巧妙,十分新颖,其难度在于构建离散型随机变量的分布列,并且这种方法也只能证明少数不等式,利用这种方法进行推广时,仅能得到一个很弱的结论,推广的意义不大.

证法 10(利用琴生不等式) 记$s=x+y+z,f(u)=\frac{u^2}{s-u}(0<u<s)$,则

$$f'(u)=\frac{2su-u^2}{(s-u)^2}$$

$$f''(u)=\frac{2s^2}{(s-u)^3}>0$$

因此 $f(u)$ 是$(0,s)$上的下凸函数,且$\frac{x^2}{y+z}+\frac{y^2}{x+z}+\frac{z^2}{x+y}=\frac{x^2}{s-x}+\frac{y^2}{s-y}+\frac{z^2}{s-z}=f(x)+f(y)+f(z)$,由琴生不等式得

$$f(x)+f(y)+f(z)\geqslant 3f(\frac{x+y+z}{3})=3f(\frac{s}{3})=\frac{x+y+z}{2}$$

原式得证.

说明 函数是高中数学课程的主线,利用函数凹凸性、导数来解决不等式问题是一个很好的选择,可以解决很多分式不等式问题,其关键在于函数的构造.利用琴生不等式也可以简化证明过程,降低证明难度,同时在推广时也可以得出很多一般性的结论.

证法11(利用等式配方法) 笔者通过配方得到

$$\frac{(2x-y-z)^2}{y+z}=\frac{4x^2}{y+z}-4x+y+z$$

$$\frac{(2y-x-z)^2}{x+z}=\frac{4y^2}{x+z}-4y+x+z,\frac{(2z-y-x)^2}{y+x}=\frac{4z^2}{y+x}-4z+y+x$$

将三式进行相加可得

$$\frac{x^2}{y+z}+\frac{y^2}{x+z}+\frac{z^2}{x+y}=\frac{x+y+z}{2}+\frac{1}{4}\left[\frac{(2x-y-z)^2}{y+z}+\frac{(2y-x-z)^2}{x+z}+\frac{(2z-x-y)^2}{x+y}\right]$$

由于 $x,y,z\in\mathbf{R}^+$,$\frac{1}{4}\left[\frac{(2x-y-z)^2}{y+z}+\frac{(2y-x-z)^2}{x+z}+\frac{(2z-x-y)^2}{x+y}\right]\geqslant 0$,当且仅当 $x=y=z$ 时等号成立,所以$\frac{x^2}{y+z}+\frac{y^2}{x+z}+\frac{z^2}{x+y}\geqslant\frac{x+y+z}{2}$,当且仅当 $x=y=z$ 时等号成立,原式得证.

说明 通过配方,笔者很好地将等式与不等式联系了起来,等式的存在也更容易解释不等式成立的原因,但这个配方并不容易得到.这种方法也可以得到原不等式的加强式,在向多项推广时也得到了较强的结论.

(二)解后再思考

命题1 设 a,b,c 为正数,则

$$\frac{1}{a^3(b+c)}+\frac{1}{b^3(a+c)}+\frac{1}{c^3(a+b)}\geqslant\frac{1}{2abc}(\frac{1}{a}+\frac{1}{b}+\frac{1}{c})$$

命题2 设 $a,b,c\in\mathbf{R}^+$,且 $abc=1$,$n\in\mathbf{N}^+$ 且 $n\geqslant 2$,则有

$$\frac{1}{a^n(b+c)}+\frac{1}{b^n(a+c)}+\frac{1}{c^n(a+b)}\geqslant\frac{3}{2}\quad\text{(指数推广形式)}$$

命题3 设 $a_i>0$,$i=1,2,\cdots,m$,且$\prod\limits_{i=1}^{m}a_i=1$,$n\geqslant m\geqslant 2$,则有

$$\sum_{i=1}^{m}\frac{1}{a_i^n(\sum\limits_{\substack{j=1\\j\neq i}}^{m}a_j)}\geqslant\frac{m}{m-1}$$

命题4 设 $a_i>0$,$i=1,2,\cdots,m$,$n\geqslant m\geqslant 2$,则有

$$\sum_{i=1}^{m}\frac{1}{a_i^n(\sum\limits_{\substack{j=1\\j\neq i}}^{m}a_j)}\geqslant\frac{1}{m-1}(\prod_{i=1}^{m}\frac{1}{a_i})(\sum_{i=1}^{m}\frac{1}{a_i^{n-m+1}})$$

乔希民老师利用卡尔松不等式和其他方法对原式的证明给出了上述四个推广形式,这里不再进行证明.

笔者通过对上述 11 种证明方法的深入分析，尝试着将原不等式朝着高次、多项等方向进行推广，得到了下面几个更强、更具一般性的命题，这些命题在形式上有着很高的相似性，具有较强的研究价值.

命题 5　设 $a_1,a_2,\cdots,a_m\in\mathbf{R}^+\ (m\geqslant 2)$，$S_n=\sum\limits_{i=1}^{m}a_i^n$，则有

$$\sum_{i=1}^{m}\frac{a_i^n}{S_{\frac{n}{2}}-a_i^{\frac{n}{2}}}\geqslant\frac{S_{\frac{n}{2}}}{n-1}$$

证明　设 $\lambda>0$，我们利用证法 5 能得到一组不等式

$$\frac{a_1^n}{S_{\frac{n}{2}}-a_1^{\frac{n}{2}}}+\lambda(S_{\frac{n}{2}}-a_1^{\frac{n}{2}})\geqslant 2\sqrt{\lambda}\cdot a_1^{\frac{n}{2}}$$

$$\frac{a_2^n}{S_{\frac{n}{2}}-a_2^{\frac{n}{2}}}+\lambda(S_{\frac{n}{2}}-a_2^{\frac{n}{2}})\geqslant 2\sqrt{\lambda}\cdot a_2^{\frac{n}{2}}$$

$$\vdots$$

$$\frac{a_m^n}{S_{\frac{n}{2}}-a_m^{\frac{n}{2}}}+\lambda(S_{\frac{n}{2}}-a_m^{\frac{n}{2}})\geqslant 2\sqrt{\lambda}\cdot a_m^{\frac{n}{2}}$$

将上面各式进行累加，得

$$\sum_{i=1}^{m}\frac{a_i^n}{S_{\frac{n}{2}}-a_i^{\frac{n}{2}}}\geqslant\left[2\sqrt{\lambda}-(n-1)\lambda\right]\cdot S_{\frac{n}{2}}$$

令 $2\sqrt{\lambda}-(n-1)\lambda=\frac{1}{n-1}$，解得 $\lambda=\frac{1}{(n-1)^2}$，代入证明过程得出满足等号成立的条件为

$$a_1=a_2=\cdots=a_m=1$$

命题 5 得证.

命题 6　设 $a_1,a_2,\cdots,a_m\in\mathbf{R}^+\ (m\geqslant 2)$，$s=\sum\limits_{i=1}^{m}a_1$，则有

$$\sum_{i=1}^{m}\frac{a_i}{s-a_i}\geqslant\frac{m}{m-1}$$

命题 7　设 $a_1,a_2,\cdots,a_m\in\mathbf{R}^+\ (m\geqslant 2)$，$s=\sum\limits_{i=1}^{m}a_1$，则有

$$\sum_{i=1}^{m}\frac{a_i^n}{s-a_i}\geqslant\frac{m^{2-n}s^{n-1}}{m-1}$$

证明　利用证法 10，设 $s=a_1+a_2+\cdots+a_m(m\geqslant 2)$，$f(u)=\frac{u^n}{s-u}(0<u<s,n\geqslant 1)$，则

$$f'(u)=\frac{n(s-u)u^{n-1}+u^n}{(s-u)^2}$$

$$f''(u)=\frac{n(n-1)u^n}{u^2(s-u)}+\frac{2nu^n}{u(s-u)^2}+\frac{2u^2}{(s-u)^3}>0$$

因此 $f(u)$ 是 $(0,s)$ 上的下凸函数，由琴生不等式可得

$$\sum_{i=1}^{m}\frac{a_i^n}{s-a_i}=\sum_{i=1}^{m}f(a_i)\geqslant mf\left(\frac{\sum\limits_{i=1}^{m}a_i}{m}\right)=\frac{m^{2-n}s^{n-1}}{m-1}$$

命题 7 得证，特别的当 $n=1$ 时，可以得到内斯比特不等式的一个推广即命题 6，同时命题 6 也是 1976 年英国数学竞赛试题.

命题 8　设 x,y,z 为正数，且 $s=x+y+z$，则

$$\frac{x^2}{y+z}+\frac{y^2}{x+z}+\frac{z^2}{x+y}\geqslant\frac{s}{2}+\frac{\sum\limits_{\text{cyc}}(3x-s)}{4s}\geqslant\sqrt{\frac{\sum\limits_{\text{cyc}}(3x-s)}{2}}\quad(\text{两个等号不能同时取到})$$

证明 记 $s=x+y+z$,由证法11可得

$$\frac{x^2}{y+z}+\frac{y^2}{x+z}+\frac{z^2}{x+y}\geqslant\frac{x+y+z}{2}+\frac{1}{4}\left[\frac{(2x-y-z)^2}{x+y+z}+\frac{(2y-x-z)^2}{x+y+z}+\frac{(2z-x-y)^2}{x+y+z}\right]$$

所以我们可以得到这样一个加强式

$$\frac{x^2}{y+z}+\frac{y^2}{x+z}+\frac{z^2}{x+y}\geqslant\frac{s}{2}+\frac{\sum\limits_{\text{cyc}}(3x-s)}{4s}\geqslant\sqrt{\frac{\sum\limits_{\text{cyc}}(3x-s)}{2}}\quad(\text{两个等号不能同时取到})$$

故

$$\frac{x^2}{y+z}+\frac{y^2}{x+z}+\frac{z^2}{x+y}\geqslant\frac{s}{2}+\frac{\sum\limits_{\text{cyc}}(3x-s)}{4s},\frac{x^2}{y+z}+\frac{y^2}{x+z}+\frac{z^2}{x+y}>\sqrt{\frac{\sum\limits_{\text{cyc}}(3x-s)}{2}}$$

利用上述方法我们可以得到下面更一般的推广式(由于篇幅限制,此处证明省略).

命题9 设 $a_1,a_2\cdots,a_n\in\mathbf{R}^+(n\geqslant 2)$,且 $S=\sum\limits_{i=1}^{n}a_i$,则

$$(n-1)\sum_{i=1}^{n}\frac{a_i^2}{S-a_i}\geqslant(n-2)S+\frac{\sum\limits_{i=1}^{n}(na_i-S)}{(n-1)S}$$

$$\geqslant 2\sqrt{\frac{(n-2)\sum\limits_{i=1}^{n}(na_i-S)}{(n-1)}}\quad(\text{两个等号不同时取到})$$

$$(n-1)\sum_{i=1}^{n}\frac{a_i^2}{S-a_i}>2\sqrt{\frac{(n-2)\sum\limits_{i=1}^{n}(na_i-S)}{(n-1)}}$$

注意到若将 $\frac{x^2}{y+z}+\frac{y^2}{x+z}+\frac{z^2}{x+y}\geqslant\frac{x+y+z}{2}$ 进行简单的替换变形后可得到

$$\frac{x^2}{x+y}+\frac{y^2}{y+z}+\frac{z^2}{x+z}\geqslant\frac{x+y+z}{2}$$

而这个不等式也是成立的.并且我们有下面更一般的结论(证明可见《不等式的秘密》第一卷).

命题10 设 $a,b,c\in\mathbf{R}^+,n=1,2,3,4,5,6$,则

$$\frac{a^{n+1}}{a^n+b^n}+\frac{b^{n+1}}{b^n+c^n}+\frac{c^{n+1}}{c^n+a^n}\geqslant\frac{a+b+c}{2}$$

文章的最后笔者总结了与原不等式或推广形式类似的5个命题,其中命题11与命题7相似,命题12与命题8相似,命题13与命题10相似,命题14,15与原不等式的变换形式相似,由此可见一道题目的背后也隐藏很多规律,并且很多题目都是相通的,若能在解后再思考,便能达到举一反三的效果.

命题11(1984年巴尔干数学竞赛题) 设 $a_1,a_2,\cdots,a_n\in\mathbf{R}^+(n\geqslant 2)$,且 $a_1+a_2+\cdots+a_n=1$,求证

$$\sum_{i=1}^{n}\frac{a_i}{2-a_i}\geqslant\frac{n}{2n-1}$$

命题12(第31届IMO备选试题) 设 $a,b,c,d>0$,且 $ab+bc+cd+da=1$,求证

$$\frac{a^3}{b+c+d}+\frac{b^3}{a+c+d}+\frac{c^3}{a+b+d}+\frac{d^3}{a+b+c}\geqslant\frac{1}{3}$$

命题 13(第 24 届全苏联数学竞赛试题) 设 $a_1,a_2,\cdots,a_n\in\mathbf{R}^+(n\geqslant 2)$,且 $a_1+a_2+\cdots a_n=1$,求证

$$\frac{a_1^2}{a_1+a_2}+\frac{a_2^2}{a_2+a_3}+\cdots+\frac{a_n^2}{a_n+a_1}\geqslant\frac{1}{2}$$

命题 14(Cezar Lupu) 设 $a,b,c\in\mathbf{R}^+$,且满足 $a+b+c+abc=4$,求证

$$\frac{a}{\sqrt{b+c}}+\frac{b}{\sqrt{a+c}}+\frac{c}{\sqrt{a+b}}\geqslant\frac{a+b+c}{\sqrt{2}}$$

命题 15 设 $a,b,c\in\mathbf{R}^+$,证明:$\dfrac{a}{\sqrt{a+b}}+\dfrac{b}{\sqrt{b+c}}+\dfrac{c}{\sqrt{c+a}}\geqslant\dfrac{\sqrt{a}+\sqrt{b}+\sqrt{c}}{\sqrt{2}}$.

但我们需要注意的是,上述命题虽然与文中的题目相似,但证明方法却不完全相同,甚至是大相径庭,正所谓牵一发而动全身,当不等式的某一内部结构发生改变,其外在表现也会同时改变,这也正是不等式问题复杂多变的原因,其中的证明方法与规律也留给读者思考了.

参考文献

[1] 乔希民. IMO 中的代数不等式问题研究(Ⅰ)[J]. 商洛师范专科学校学报,2004(04):116-120.

[2] 王志进,程美. 竞赛不等式的创新证法——向量内积法[J]. 数学通报,2005(04):53-54.

[3] 刘南山. 也谈一类竞赛不等式的创新证法[J]. 数学通报,2006(05):56-58.

[4] 宋志敏,尹枥. 一道数学征解题的解后再思考[J]. 数学通报,2010,49(12):32-34.

作者简介

刘金强,男,本科学历,滨州学院,数学与应用数学专业学生.

E-mail:1138003124@qq.com

环索线的第二定义与相关性质

吴　波

(重庆市长寿龙溪中学　重庆　401249)

摘　要　本文提出了环索线的第二定义,并证明这个定义与通常的定义等价.再由第二定义出发证明或推广了环索线的若干性质,然后基于第二定义提出了环索线的"共轭基点"的概念,并提供了若干判定共轭基点的方法.

关键词　环索线;结点;焦点;焦轴;共轭基点

§1　引　　言

在文献[1]中我们探讨了由 Apollonius 圆引出的如下轨迹问题:

问题 1[1]　设 O,A,B 是平面上三个不共线的定点且 $|OA|\neq|OB|$.求使得直线 PA,PB 关于直线 PO 对称的动点 P 的轨迹.

文献[1]已推导出其轨迹是一条非退化的三次曲线.并说明在点 B 取定直线的无穷远点(但不是 OA 上的无穷远点)这种极限情形下,该轨迹是一条环索线.

对于问题1,我们还有如下问题:

问题 2　在问题1中的轨迹上是否存在异于 A,B 的两点 M,N,使得对轨迹上的任意点 P 都有直线 PM,PN 关于直线 PO 对称?

在对问题2的研究中,我们发现:这样的两点 M,N 不仅存在,而且有无穷多对!并且问题1中的轨迹就是环索线,而不仅仅是在上述极限情形下是一条环索线而已!

文献[2]介绍了环索线的定义和若干性质,文献[3]介绍了环索线的8种做法,文献[4][5]又给出了环索线的3种做法.而问题1中的轨迹与这些做法均不相同.

本文将问题1中的轨迹作为环索线的一个新定义,并证明它与通常的定义等价.而由这个新定义出发,可以比较简单地证明或推广环索线的许多性质.因此,我们将称其为环索线的第二定义.

又,问题1中"点 B 为定直线的无穷远点"这种极限情形比较特殊,并且非常重要.因此我们有必要将这种极限情形下的轨迹重新叙述一遍,并仿照文献[1]给出其轨迹的做法.

问题 3　如图1,O,A 是平面上两定点,k 是过点 O 但不过点 A 的定直线.求动点 P 的轨迹使得直线 PA 与过点 P 且平行于 k 的直线 k' 关于直线 PO 对称(约定轨迹中含 O,A 两点).

步骤 1　如图1,过点 O 任作一直线 n,并作点 A 关于直线 n 的对称点 A'.

步骤 2　过点 A' 作直线 $k'\parallel k$,直线 k' 与 n 相交于点 P.

步骤 3　让直线 n 绕点 O 旋转,追踪点 P,即可得动点 P 的轨迹.

如图1,以射线 OA 和直线 k 所成两角的角平分线所在的直线为坐标轴建立平面直角坐标系.

设 $|OA|=a$,$\angle AOx=\theta$,文献[1]中已得到其轨迹方程为

$$(x^2+y^2)(x\sin\theta+y\cos\theta)=2axy \tag{1}$$

该轨迹有一条渐近线(图 1 中直线 m),其方程为

$$x\sin\theta + y\cos\theta + a\sin 2\theta = 0$$

结合后文 §2 中 2.2 的结果知:

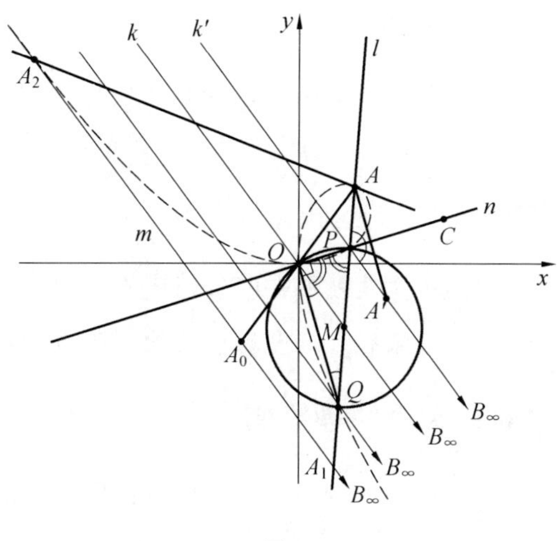

图 1

命题 1 如图 1,问题 3 中所得的轨迹是环索线,其焦点是 $A(a\cos\theta, a\sin\theta)$,焦轴是直线 k.

易知 k 的方程为 $x\sin\theta + y\cos\theta = 0$,因此渐近线 m // 焦轴 k(也可参见 §2 中定理 1). 注意到点 A 关于原点的对称点 $A_0(-a\cos\theta, -a\sin\theta)$ 满足渐近线 m 的方程,因此有:

命题 2 如图 1,环索线的渐近线 m 上的任意点 A_1 与焦点 A 所连的线段都被焦轴 k 平分.

§2 环索线的相关结果综述

陈谷新教授曾在《工程图学学报》(现名《图学学报》)上以"平面三次代数曲线"为题分 10 期介绍了外文文献中关于三次曲线的诸多结果. 其中的文献[2][3]专门介绍了环索线,本小节将转引这些结果,并证明定义 1 和问题 3 中的轨迹条件等价.

2.1 环索线的定义及相关概念

定义 1[2] 如图 2,在平面直角坐标系 Oxy 中有一定点 F(不在 y 轴上),过点 F 作动直线 l 交 y 轴于点 P. 以 P 为圆心,以 PO 为半径作圆 P,圆 P 与直线 l 的两个交点 M,N 的轨迹叫作环索线.

文献[2]中称点 F 为环索线的特殊焦点 —— 本文简称为环索线的焦点(文献[4][5]中则称之为"焦心"),y 轴所在的直线叫作焦轴,点 O 叫作结点.

如图 2,设焦点 F 在 x 轴上的射影为 G,又设 $|OF| = a$,$\angle OFG = \alpha$,则定义 1 中的环索线方程为

$$x(x^2+y^2) = a(x^2-y^2)\sin\alpha + 2axy\cos\alpha$$

当 $\alpha = 90°$,即点 F 在 x 轴上时,此时环索线呈轴对称,因此叫作正环索线. 而不呈轴对称的环索线叫作斜环索线.

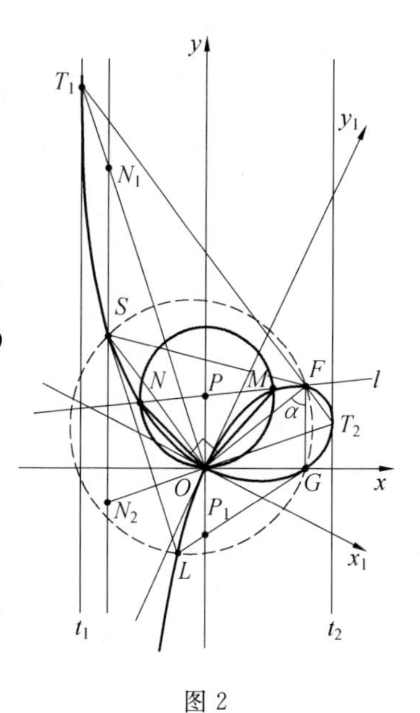

图 2

说明 在本文中"环索线"是正环索线与斜环索线的统称. 而某些文章中的"环索线"是专指本文中的"正环索线". 注意区别.

文献[2]介绍了图2中斜环索线上的重要的几个点:结点O,焦点$F(a\sin\alpha,a\cos\alpha)$,点$F$在$x$轴上的射影$G(a\sin\alpha,0)$,点$F$的切线点$S(-a\sin\alpha,a\sin\alpha\tan\alpha)$,环索线的最左点$T_1\left(-a,\frac{a\cos\alpha}{1-\sin\alpha}\right)$,最右点$T_2\left(a,\frac{a\cos\alpha}{1+\sin\alpha}\right)$,环索线在点$S$和$G$处的两切线的交点$L$.

注 其中"F的切线点S"意指"S是环索线在点F处的切线与环索线的交点".

重要的直线有:焦轴(在图2中即是y轴);环索线在结点O处的两条切线x_1,y_1互相垂直,其方程分别为:$y=-x\tan\frac{\alpha}{2}$,$y=x\cot\frac{\alpha}{2}$;环索线的渐近线$s:x=-a\sin\alpha$;在最左点T_1处的切线$t_1:x=-a$;在最右点T_2处的切线$t_2:x=a$.图2中的环索线就夹在两条切线t_1,t_2之间.由这几条直线方程可知:

定理1[2] 环索线的焦轴、渐近线、环索线在最左右点处的切线,这四条直线相互平行.

2.2 定义1和问题3中轨迹条件的等价性

如图2,若以结点O处的两条切线x_1,y_1为坐标轴建立平面直角坐标系Ox_1y_1——即是将原平面直角坐标系绕点O沿顺时针方向旋转$\frac{\alpha}{2}$,文献[2]末就将上面定义1中的环索线的方程简化为

$$(x^2+y^2)\left(x\cos\frac{\alpha}{2}+y\sin\frac{\alpha}{2}\right)=2axy \tag{2}$$

在此坐标系下的焦点F的坐标为$\left(a\sin\frac{\alpha}{2},a\cos\frac{\alpha}{2}\right)$.

方程(1)和(2)两式对照可知:它们本质相同!下面我们证明这两个轨迹的条件是等价的.

证明 (i)如图1,设B_∞是直线k和k'的无穷远点.过点A作直线l交k于点M,交问题3中的轨迹于点P,Q.

由问题3条件知:PA,PB_∞关于PO对称,则

$$\angle CPA=\angle CPA'$$

结合$PB_\infty /\!/ OB_\infty$知

$$\angle MPO=\angle MOP$$

则

$$MP=MO$$

同理,有$MQ=MO$.

这表明:P,Q是直线l与圆M(以M为圆心、以MO为半径的圆)的两个交点.

即P,Q两点符合定义1条件,因此问题3中的轨迹是环索线.其中A是焦点,k是焦轴.

(ii)反过来,若图1的轨迹是以A为焦点、以k为焦轴按定义1生成的环索线.

设过焦点A的直线l与焦轴k交于点M.以M为圆心、以MO为半径作圆M,直线l与圆M交于点P,Q,过点P作直线$k' /\!/ k$.

由定义1有:$MP=MO=MQ$,因此$\angle MPO=\angle MOP$.

结合$k /\!/ k'$有$\angle CPA=\angle CPA'$,即PA和直线k'(即PB_∞)关于PO对称.

同理,对点Q也有类似结论成立.

因此,点P,Q也满足问题3中的轨迹条件.证毕.

事实上,方程(1)和(2)所对应的环索线方程只是取的角参数不同而已——图1中的参数θ对应在图2中即是$\angle FOx_1$(当$\theta=45°$时为正环索线).这正是命题1中断言问题3的轨迹是环索线并能确定其

焦点的原因.

由此,对图1中的环索线,由定义1有下述性质:

性质1 如图1,环索线的焦点为A,结点为O.过焦点A的直线l与环索线的另两个交点为P,Q,则$OP \perp OQ$且PQ的中点在焦轴k上.

性质1本来蕴含在定义1中,这里我们把它明示出来.比如在图2中,F是焦点,y轴是焦轴,文献[2]就推得:在图2中有$OF \perp OS$(因FS是环索线的切线,所以F是二重点),$OT_1 \perp OT_2$(结论2中已表明了T_1T_2过焦点F).

又由命题2,线段AA_1也被焦轴平分,所以$AP = A_1Q$.当直线l变成焦点A处的切线时,A,P两点重合,因此A_1,Q两点重合,则有:

命题3 环索线在焦点处的切线过环索线与其渐近线的交点.

2.3 环索线的若干性质

文献[2]介绍了图2中的环索线的如下8个结论:

结论1[2] 环索线上任一点M与结点O的连线OM是$\angle SMG$的分角线.

结论2[2] 环索线的最左点T_1,最右点T_2,焦点F三点共线且$T_1T_2 \parallel OS$.

结论3[2] 如图2,环索线在结点O处的两条切线x_1,y_1分别是$\angle FOP_1$,$\angle FOP$的分角线.

结论4[2] 直线OT_1是T_1T_2与t_1的夹角的平分线,直线OT_2是T_1T_2与t_2的夹角的平分线.

结论5[2] 环索线的渐近线s的方程为$x + a\sin\alpha = 0$.

结论6[2] 环索线在点S和G处的两切线的交点L在环索线上.

结论7[2] 如图2,环索线上的四点S,F,G,L共圆.

结论8[2] 直线OT_1,OT_2与渐近线s分别交于点N_1,N_2,则$SN_1 = SN_2$.

§3 环索线的第二定义

我们将问题1中的轨迹作为环索线的第二定义.

定义2 如图3,O,A,B是平面上不共线的三个定点且$|OA| \neq |OB|$.使得直线PA,PB关于直线PO对称的动点P的轨迹叫作环索线.

定义3 如图3,对定义2中的环索线,我们称A,B为环索线的一对共轭基点,直线AB为环索线的一条基线.而称$\triangle OAB$为环索线的一个基三角形.

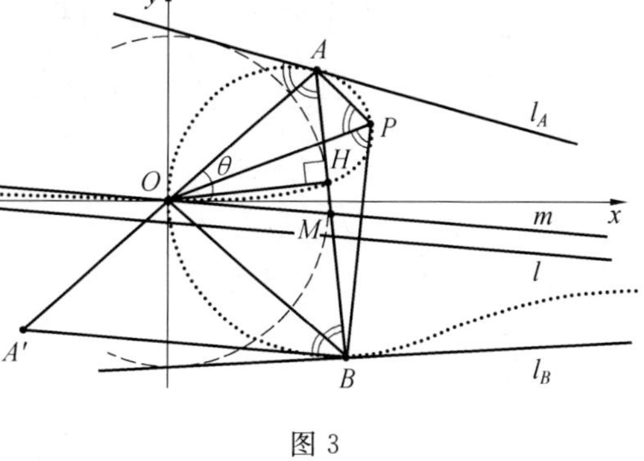

图3

在图3中$|OA| < |OB|$,则基点A在环索线的环上,而其共轭基点B则位于环索线的一个分支上.即:

结论9 环索线的一对共轭基点中,离结点较近的基点位于环索线的环上,离结点较远的基点则位于环索线的一个分支上.

另外,由定义2显然有:

结论10 环索线的基三角形$\triangle OAB$的正、负等角中心,结点O在基线上的正投影H都在这条环索线上.

如图1,如问题3所示,当A是环索线的焦点时,其共轭基点B是焦轴k的无穷远点.而由定理1知渐近线与焦轴平行,因此焦轴的无穷远点也就是渐近线的无穷远点,从而也就是环索线的无穷远点.即

得下述定理:

定理 2　环索线的焦点的共轭基点是环索线上(或其焦轴、渐近线上)的无穷远点.

这表明:环索线的焦点确实是一个非常特殊而重要的点.

如图3,设 $|OA|=a$,$|OB|=b$(不妨设 $a<b$),$\angle AOB=2\theta(0^\circ<\theta<90^\circ)$. 以 O 为原点,以 $\angle AOB$ 的内外角平分线所在的直线为坐标轴建立平面直角坐标系. 文献[1]已推导出定义2中的轨迹方程为

$$(x^2+y^2)[x(a-b)\sin\theta-y(a+b)\cos\theta]+2abxy=0 \tag{3}$$

其渐近线 l 的方程为

$$x(a-b)\sin\theta-y(a+b)\cos\theta+\frac{ab(a^2-b^2)\sin 2\theta}{a^2+b^2+2ab\cos 2\theta}=0$$

设图3中基三角形 $\triangle OAB$ 的边 AB 的中点为 M,易知渐近线 l 与 OM 平行. 即有:

结论 11　如图3,A,B 是环索线的一对共轭基点. 则结点 O 与 AB 中点的连线与渐近线平行.

而由定义1和定理1,焦轴过结点且与渐近线平行. 则结论11表明:

定理 3　如图3,A,B 是环索线的一对共轭基点. 则结点 O 与 AB 中点的连线即是环索线的焦轴.

§4　两个定义的等价性

在§2中已证明定义1与问题3中轨迹条件等价. 因此要证明定义1和定义2等价,只需证方程(3)和(1)是可以互化的.

证明　(i) 如图3,记点 A 关于原点的对称点为 A',由余弦定理知

$$|A'B|^2=a^2+b^2+2ab\cos 2\theta$$

则

$$[(a-b)\sin\theta]^2+[(a+b)\cos\theta]^2=|A'B|^2$$

因 $a<b$,$0^\circ<\theta<90^\circ$,因此必存在锐角 β 使得

$$\begin{cases}(a-b)\sin\theta=-|A'B|\sin\beta\\(a+b)\cos\theta=|A'B|\cos\beta\end{cases}$$

再令 $\dfrac{ab}{|A'B|}=a'$,将这几个等式代入方程(3)化简可得

$$(x^2+y^2)(x\sin\beta+y\cos\beta)=2a'xy \tag{4}$$

经此代换,方程(3)就转化为了方程(1)的形式. 因此,定义2中的轨迹曲线确实是环索线.

注:类似地,可以证明曲线 $(x^2+y^2)(lx+my)=2nxy$(其中 $lmn\neq 0$)是环索线.

(ii) 反过来,对由方程(1)所确定的环索线,任取锐角 $\gamma(\gamma\neq\theta)$,然后在其环上取点 $P(p\cos\gamma,p\sin\gamma)$,代入方程(1)得

$$\sin\gamma\cos\theta+\cos\gamma\sin\theta=\frac{2a}{p}\sin\gamma\cos\gamma$$

又在其分支上取点 $Q(q\cos(-\gamma),q\sin(-\gamma))$,代入方程(1)得

$$\sin\gamma\cos\theta-\cos\gamma\sin\theta=\frac{2a}{q}\sin\gamma\cos\gamma$$

由上两式解得

$$\sin\theta=\frac{a(q-p)}{pq}\sin\gamma,\cos\theta=\frac{a(p+q)}{pq}\cos\gamma$$

将它们代入方程(1)后变形即得

$$(x^2+y^2)[x(p-q)\sin\gamma-y(p+q)\cos\gamma]+2pqxy=0 \tag{5}$$

这表明:由方程(1)所表示的环索线其实也可以由方程(3)的形式来表示.

因此,定义1与定义2是等价的.证毕.

图3中的两坐标轴 x,y 对应在图2中即是环索线在结点 O 处的那两条切线 x_1,y_1.

上面的证明中还蕴含了两个重要信息.证明的第(i)部分已经给出了 a' 的几何意义.进一步的分析表明:其中 β 的几何意义是 BA' 关于 x 轴(或 y 轴)对称的直线的倾斜角.注意到 $BA' \parallel OM$ (M 是 AB 中点),因此 β 即是 OM 关于 x 轴(或 y 轴)对称的直线的倾斜角.

由命题1,方程(4)所确定的环索线的焦点为 $(a'\cos\beta, a'\sin\beta)$.所以上面方程(3)变为(4)的过程,实质上是由环索线的一对共轭基点 A,B 如何去确定其焦点的方法.具体地说,如图3,先取 AB 的中点 M,由定理3知 OM 是焦轴.再作 OM 关于 x 轴(或 y 轴)对称的直线,在该直线的第一象限部分取到原点距离为 a' 的点即是焦点.

而方程(1)可变形为方程(5)则表明:对由方程(1)所确定的环索线也可以由三点 O,P,Q 按第二定义中的方式生成——从而 P,Q 是一对共轭基点.注意证明(ii)中 P,Q 两点对应的角参数分别为 γ,$-\gamma$(因 γ 为锐角,则点 P 必在环索线的环上,而点 Q 必在环索线的某个分支上).因此,上面证明的第(ii)部分是证明了:

定理4 x,y 是环索线在其结点 O 处的两切线,则环索线上的两点 P,Q 是一对共轭基点的充要条件是直线 OP,OQ 关于 x(或 y)对称.

推论 图2中的 S 和 G 是一对共轭基点.

注意到证明(ii)中的 γ 可以取遍除 θ 外的任意锐角,所以这样的共轭基点对 P,Q 有无穷多对!这表明:对问题2的回答是肯定的.事实上,环索线的环上除结点和焦点之外的任意点都有一个与其共轭的基点落在环索线的某个分支上.具体地说,环索线的环被结点和焦点分成两段,按基点的共轭关系,每段对应环索线的一个分支.

另外,由定理3有:

性质2 如图3,联结环索线的一对共轭基点的线段的中点在焦轴上.

§5 用第二定义证明(或推广)环索线的若干性质

由定义2可以方便地给出文献[2]中除结论8之外的那些结论的证明或推广.

性质3 如图3,A,B 是环索线的一对共轭基点.则环索线在点 A 处的切线 l_A 和基线 AB 关于直线 OA 对称,在点 B 处的切线 l_B 和基线 AB 关于直线 OB 对称.

证明 由定义2,对环索线上任一点 P 都有直线 PA,PB 关于直线 PO 对称.如图3,当点 P 运动到与点 A 重合时.环索线的割线 PA 即转化为环索线在点 A 处的切线 l_A.而定义2中的对称关系即转化为"切线 l_A 和基线 AB 关于直线 OA 对称".对点 B 同此.证毕.

定理4的推论已表明:S 和 G 是一对共轭基点.后文中性质6的推论并结合定理8表明:图2中最左点 T_1,最右点 T_2 也是一对共轭基点.而定理2已说明焦点与焦轴的无穷远点是一对共轭基点.因此结论1,3,4都只是性质3在取不同共轭基点对时的特例.

性质4 如图4,A,B 是环索线的一对共轭基点,O 是结点.则环索线在点 A 处的切线 l_A 与在点 B 处的切线 l_B 的交点 C 在此环索线上,且 C 的共轭基点是 O 在基线 AB 上的正投影 H.

证明 由性质3知:点 A 处的切线 l_A 和 AB 关于直线 OA 对称,点 B 处的切线 l_B 和 AB 关于直线

OB 对称,即 O 是 $\triangle ABC$ 的内心(如图4)或其基线一侧的旁心(如图3,但 C 未画出).因此有 CA 与 CB 关于 CO 对称.即点 C 满足定义2条件,因此点 C 在此环索线上.

如图3和4,由结论10知点 H 必在环索线上.由定理4知 OA,OB 关于 y 轴对称.

又 $x \perp y$,O 是 $\triangle ABC$ 的内心或旁心,且 $OH \perp AB$.

由此计算可得:$\angle HOx = \angle COx$,即直线 OH,OC 关于 x 轴对称.

结合定理4知:C,H 是一对共轭基点.证毕.

结论6是性质4的特例.而图1中焦点 A 的共轭基点就是环索线的无穷远点,而环索线在无穷远点处的切线就是其渐近线,因此命题3也是性质4的特例.

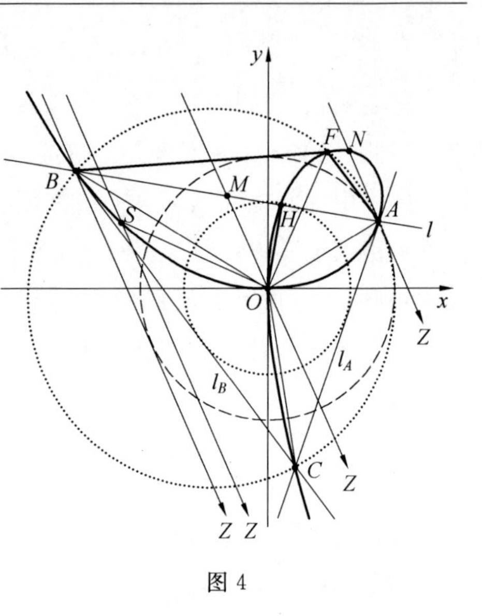

图4

上面的证明中已得到:结点 O 是 $\triangle ABC$ 的内心或旁心.为便于表述,我们作如下定义:

定义4 如图4,环索线在一对共轭基点 A,B 处的两条切线 l_A,l_B 和基线 AB 所围成的三角形叫作基切线三角形.

由此,上面的结论即可表述为:

性质5 环索线的结点是基切线三角形的内心或其基线一侧的旁心.

关于基切线三角形,还有如下有趣结论:

性质6 环索线的基切线三角形的外接圆必过焦点.

证明 如图4,O 是环索线的结点,F 是焦点,A,B 是一对共轭基点.M 是线段 AB 中点.由定理3知 OM 是焦轴.

记焦轴 OM 上的无穷远点为 Z(图4中以箭头指向 Z).过点 A,B 分别作焦轴的平行线 AZ,BZ.

由定理2知,焦点 F 的共轭基点就是焦轴上的无穷远点 Z.因此由定义2知,AF,AZ 关于 AO 对称.

而由性质3知,AB 与点 A 处的切线 l_A 关于 AO 对称.

因此有

$$\angle FAC = \angle BAZ$$

同理有

$$\angle FBC = \angle ABZ$$

又 $AZ \parallel BZ$,因此

$$\angle BAZ + \angle ABZ = 180^\circ$$

从而

$$\angle FAC + \angle FBC = 180^\circ$$

所以 A,B,C,F 四点共圆.证毕.

性质6将结论7推广到了一般情形.

前面已说明:环索线的最左点和最右点是一对共轭基点.但由定理1知,环索线在最左点 T_1 和最右点 T_2 处的切线平行,其夹角为0.则由性质6有:$\angle T_1FT_2 = 180^\circ$(如图2).再结合定义2可得:

推论 如图2,环索线的最左点 T_1、最右点 T_2、焦点 F 三点共线且 $OF \perp T_1T_2$.

性质7 O 是环索线的结点,F 是焦点,A,B 是一对共轭基点,则

$$\triangle AOF \backsim \triangle FOB$$

证明 如图 4,性质 6 的证明中已有:AF,AZ 关于 AO 对称,即

$$\angle OAF=\angle OAZ$$

又 $AZ \parallel OM$,则

$$\angle OAZ=\angle AOM$$

所以

$$\angle OAF=\angle AOM$$

因 A,B 是一对共轭基点,由定理 4 有

$$\angle AOy=\angle BOy$$

又由结论 3(或者定理 4) 知

$$\angle MOy=\angle FOy$$

上两式相加得

$$\angle AOM=\angle FOB$$

综上可得

$$\angle OAF=\angle FOB$$

又因 A,B 是一对共轭基点,由定义 2 有

$$\angle AFO=\angle OFB$$

所以

$$\triangle AOF \backsim \triangle FOB$$

证毕.

由性质 7 可知

$$\angle OFA=\angle OFB,|FA|\cdot|FB|=|FO|^2$$

即得:

性质 8 O 是环索线的结点,F 是焦点,A,B 是一对共轭基点,则 FO 平分 $\angle AFB$ 且 $|FA|\cdot|FB|=|FO|^2$.

性质 9 如图 4,F 是环索线的焦点,A,B 是一对共轭基点,直线 BF 与环索线的异于 B,F 的交点为 N,则 AN 与焦轴平行.

证明 如图 4,M 是 AB 中点,由定理 3 知,OM 即是环索线的焦轴,即是 AB 被焦轴 OM 平分. 而 BN 过焦点 F,由性质 1 知,BN 也被焦轴 OM 平分. 因此 $AN \parallel OM$. 证毕.

§6 环索线与圆外切完全四线形

下面的几个性质表明:环索线与圆外切完全四线形有密切联系.

性质 10 A,B 和 P,Q 是环索线的两对共轭基点,其中点 A,P 在环上. 当点 B,Q 在环索线的不同分支上时,结点 O 是四边形 $APBQ$ 的内心(如图 5(a));当点 B,Q 在环索线的同一分支上时,结点 O 是蝶形 $APBQ$ 的旁心(如图 5(b)).

证明 如图 5(a) 与(b),因 A,B 是一对共轭基点,由定义 2 有:PA,PB 关于直线 PO 对称,QA,QB 关于直线 QO 对称. 又 P,Q 也是一对共轭基点,由定义 2 有:AP,AQ 关于直线 AO 对称,BP,BQ 关于直线 BO 对称. 因此点 O 到四边形 $APBQ$ 四边的距离相等. 因两对共轭基点的位置关系的不同,有图 5(a) 和图 5(b) 两种情形. 证毕.

性质10中的四边形 $APBQ$ 有可能退化.比如 P 取图4中的焦点 F,则 Q 是环索线的无穷远点 Z,此时情形如图4.而当 P 取图4中的点 C,则 Q 是图4中的点 H,此时四边形 $APBQ$ 退化为四边形 $AHBC$.

另外,在图5(a)中当点 P 逐渐接近结点 O 时,四边形 $APBQ$ 将由凸的变为凹的.

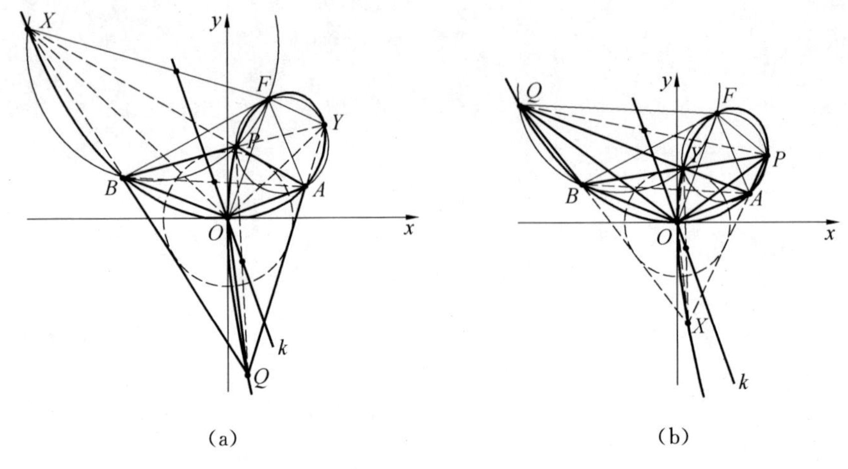

图5

性质11 如图5(a)与5(b),A,B 和 P,Q 是环索线的两对共轭基点.则四边形 $APBQ$ 的两个对边点都在此环索线上,且它们是一对共轭基点.

证明 如图5(a)与5(b),设对边 AP,BQ 所在直线交于点 X,对边 AQ,BP 所在直线交于点 Y.

由性质10知,O 是四边形 $APBQ$ 的内心或旁心,则 XA,XB 关于 XO 对称.而 A,B 是环索线的一对共轭基点,O 为结点,结合定义2知,X 在此环索线上.同理可知,Y 也在此环索线上.

(i) 如图5(a),由性质10知,点 O 是 $\triangle PBX$ 的旁心,则

$$\angle BOX=\angle QBO-\angle QXO=\frac{1}{2}(\angle QBP-\angle QXP)=\frac{1}{2}\angle BPX$$

同理,有

$$\angle AOY=\frac{1}{2}\angle APY$$

所以

$$\angle BOX=\angle AOY$$

因 A,B 是环索线的一对共轭基点,由定理4有 OA,OB 关于 y 轴对称,则 OX,OY 也关于 y 轴对称.结合定理4即知,X,Y 是一对共轭基点.

(ii) 对图5(b)的情形可证:$\angle BOX$ 与 $\angle AOY$ 互补,然后可类似证明结论仍成立.证毕.

性质12 如图5(a)与5(b),A,B 和 P,Q 是环索线的两对共轭基点.对四边形 $APBQ$ 四边所在的直线构成的完全四线形,其 Newton 线是环索线的焦轴 k,其 Miquel 点是环索线的焦点 F.

证明 (1) 由性质2易知,这个完全四线形的 Newton 线是环索线的焦轴.

(2) 如图5(b),因 A,B 和 P,Q 是环索线的两对共轭基点,由性质8知

$$|FA|\cdot|FB|=|FO|^2=|FP|\cdot|FQ|$$

则

$$\frac{|FA|}{|FQ|}=\frac{|FP|}{|FB|}$$

且性质8还表明 FO 平分 $\angle AFB$,FO 平分 $\angle PFQ$.则

$$\angle AFQ=\angle PFB$$

因此有

$$\triangle AFQ \backsim \triangle PFB$$

则

$$\angle AQF = \angle PBF, \angle QAF = \angle BPF$$

因此，A,P,F,Y 四点共圆，B,Q,F,Y 四点共圆.

这表明：焦点 F 是 $\triangle APY$，$\triangle BQY$ 的外接圆的交点，也即是这个完全四线形的 Miquel 点.

对图5(a)所示的情形，因为性质11中已证明 X,Y 是一对共轭基点，因此图5(a)的情形可转化为图5(b)的情形. 即上面的证明对图5(a)也同样适用. 证毕.

反过来，对圆外切完全四线形，我们有如下结论：

定理5 圆 O 的四条切线 l_1,l_2,l_3,l_4 构成一个不呈轴对称的完全四线形. A_{ij} 是直线 l_i 与 l_j 的交点. 以 O 为结点，以 A_{12},A_{34} 为基点的环索线必过 $A_{13},A_{24},A_{14},A_{23}$，且 A_{13} 和 A_{24}，A_{14} 和 A_{23} 是这条环索线的两对共轭基点.

结合结论10有下述推论：

推论 条件同定理5，这条环索线还过点 O 分别在三条对顶线 $A_{12}A_{34}$，$A_{13}A_{24}$，$A_{14}A_{23}$ 上的正投影.

§7 共轭基点的若干判定方法

由§5中的性质可见，共轭基点对环索线来说是非常重要的. 讨论这些性质的逆可以得到一些共轭基点的判定方法，本节罗列如下(因篇幅所限，大多未加证明)：

定理6 如图3，过环索线的环上异于结点的 A,H 所做的直线与环索线的异于点 A,H 的第三个交点为 B. 则 A,B 是一对共轭基点的充要条件是 $OH \perp AH$.

证明 由结论10知必要性显然.

充分性 由定理4知，A 的共轭基点总是存在的. 设 A 的共轭基点是 B'，则由定义2有：HA,HB' 关于 HO 对称. 而由题设有 $\angle OHA = 90°$，则 $\angle OHB' = 90°$，即 A,H,B' 三点共线. 由此得 A,H,B',B 四点共线. 但直线与三次曲线的交点最多只有三个，因此 B',B 两点重合.

所以 A,B 是一对共轭基点. 充分性得证. 证毕.

推论 如图3，在环索线的环上取异于结点的点 H，过点 H 作 OH 的垂线，该垂线与环索级的异于点 H 的那两个交点 A,B 是一对共轭基点.

定理7 如图4，A,B 是环索线的一对共轭基点的充要条件是：环索线在 A,B 两点处的两条切线的交点 C 也在此环索线上.

定理8 如图4，O 是环索线的结点，F 是焦点，则环索线环上的点 A 和分支上的点 B 是一对共轭基点的充要条件是：直线 FA,FB 关于 FO 对称.

性质9的逆也是成立的，即有：

定理9 如图4，F 是环索线的焦点，N 是环索线上异于结点、焦点的任意点，过点 N 作焦轴的平行线与环索线的另一个交点为 A，NF 与环索线的异于 N,F 两点的交点为 B，则 A,B 是一对共轭基点.

关于定理6，还有一个非常有趣的结论(参见文献[5])：

定理10[5] H 是环索线上的一个动点，作直线 $l \perp OH$，则直线 l 的包络是一条抛物线.

事实上，文献[5]得到了：抛物线准线上一点 O 关于这条抛物线的垂足曲线是一条环索线. 此时 O 是环索线的结点，抛物线准线为环索线的焦轴，O 与抛物线焦点连线的中点为环索线的焦点. 有兴趣的读者可以参阅原文.

后记　本文初稿完成后,于2018年6月29日投稿给某期刊.2019年1月9日,该期刊的编辑老师在回信中转述了审稿专家的意见:

"事实上这个定义至少在1962年就已经被别人给出,参见Paul Kelly,David Merriell,A Property of the Strophoid,The American Mathematical Monthly, Vol. 69, No. 5 (May, 1962), p.416-418.除此之外,国外还有不少其他的关于环索线(strophoid)的研究.作者在本文中的探索可能有部分还是有些意义的,但作者应该广泛调查国外的文献而不要只局限于国内的文献(作者在正文前面的说明中说'关于三次曲线的文章不是很多',事实与此相反,国外有很多关于三次曲线的文献),在此基础上对本文进行精简修改,然后再提交审稿."

信中所说的文献即是参考文献[6].受语言及环境所限,笔者写稿之前并不知道这篇文章.虽然文献[6]早就给出了这种构造环索线的方法,但并未证明它与定义1等价,也没有利用它去推证环索线的其他性质(事实上,文献[6]的篇幅是比较短的).而本文表明:可以用环索线的这个"第二定义"很方便地推出环索线的诸多性质.因此,环索线的这种构造法还是非常有意义的,本文是文献[6]的一个很好的补充.

参考文献

[1] 吴波,向霞.由Apollonius圆引出的一个轨迹问题及其对偶[J].数学通报,2018,57(5):57-60.

[2] 陈谷新.平面三次代数曲线(连载No.6)[J].工程图学学报,1991,1:91-96.

[3] 陈谷新.平面三次代数曲线(连载No.7)[J].工程图学学报,1991,2:84-89.

[4] 周良德.形成正、斜环索线的两种方法[J].湘潭大学自然科学学报,1992,14(3):81-88.

[5] 周良德.形成布尔梅斯特(Burmester)曲线的新方法[J].湘潭大学自然科学学报,2002,24(4):70-72.

[6] Paul Kelly,David Merriell. A property of the strophoid[J]. The American Mathematical Monthly,1962,69(5): 416-418.

作者简介

吴波,男,1974年生,重庆长寿人,1996年毕业于重庆教育学院数学系(后更名为"重庆第二师范学院"),中学一级教师,主要从事初等数学研究和教学工作,发表有《本原海伦数组公式》《也说蝴蝶定理的一般形式》《二次曲线的一个封闭性质——whc174的拓广和本质》《完全四点形九点二次曲线束及其对偶》《Brahmagupta四边形的构造方法》等多篇论文.

E-mail:xinbuqianshan@foxmail.com

勃罗卡角问题的研究综述*

宋志敏[1]，尹枥[2]

（1.山东省滨州市北镇中学　山东　滨州　256600；
2.滨州学院理学院　山东　滨州　256603）

摘　要　本文主要概述了勃罗卡角近些年的研究进展，最后给出了一些开放性的问题.

关键词　勃罗卡角；不等式；勃罗卡点

勃罗卡角是中学数学中一个非常重要的研究课题，近些年来得到很多人的注意. 勃罗卡角往往与勃罗卡点紧密联系在一起，勃罗卡点最早由法国数学家勃罗卡提出：在任意一个 $\triangle ABC$ 中，存在一个点 P，使得 $\angle PAB$，$\angle PBC$，$\angle PCA$ 三个角相等，公共角记为 α，那么点 P 被称为勃罗卡点，而 α 称为勃罗卡角.

一、三角形内勃罗卡角的一些结果

为了叙述方便，如图1，假设 $\triangle ABC$ 的三边 BC，CA，AB 的长度分别为 a，b，c，边 AP，BP，CP 的长度分别为 x，y，z，$\triangle PAB$，$\triangle PBC$，$\triangle PCA$ 的面积分别为 Δ_1，Δ_2，Δ_3，$\triangle ABC$ 的面积为 Δ，且 $\angle A$，$\angle B$，$\angle C$ 分别用 A，B，C 来表示. 对于经典三角形中的勃罗卡角有两个经典结论，它把勃罗卡角的计算问题归结到三角形的三个角 A，B，C.

定理 1[1]　设 P 为 $\triangle ABC$ 的勃罗卡点，角 α 为三角形的勃罗卡角，则

$$\cot\alpha=\cot A+\cot B+\cot C$$

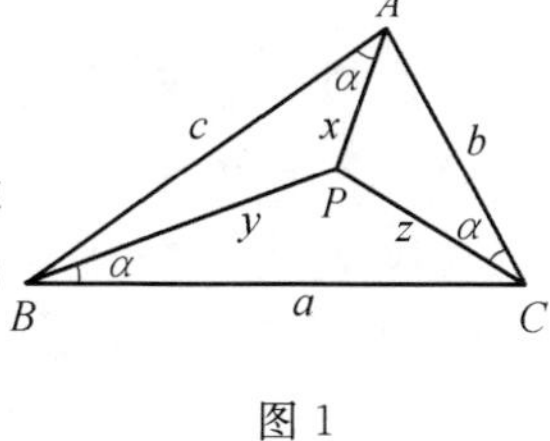

图 1

上述公式在文献[1]中被徐鉴堂利用正弦定理证明，是勃罗卡角的一个最基本的计算公式，此公式也见于文献[34]. 之后钱旭锋，李建潮在文献[31]中证明上述等式等价于

$$\csc^2\alpha=\csc^2 A+\csc^2 B+\csc^2 C.$$

随后张永召在文献[22]中利用正弦定理与面积的恒等关系得到如下的关系：

定理 2[2,22]　设 P 为 $\triangle ABC$ 的勃罗卡点，角 α 为三角形的勃罗卡角，则

$$\frac{1}{\sin^2\alpha}=\frac{1}{\sin^2 A}+\frac{1}{\sin^2 B}+\frac{1}{\sin^2 C}$$

然而2000年丁介平在文献[2]中再一次证明了上述等式. 涉及勃罗卡角的其他公式与性质非常多，上述两个性质是最基本的，感兴趣的读者可以参考相应的这个课题的大量文献[8，14，15，30]. 在文献[12]中，沈建平应用正弦定理和复杂的运算得到：

定理 3[2]　设 P 为 $\triangle ABC$ 的勃罗卡点，角 α 为三角形的勃罗卡角，则

* 本文受山东省教育教学研究课题：一般课题，核心素养下高中数学体验式课堂教学设计研究，2020JXY321；滨州市教育规划项目（BJK13520－104）资助.

$$x+y+z=\frac{a^2b+b^2c+c^2a}{\sqrt{a^2b^2+b^2c^2+c^2a^2}}$$

在文献[12]的基础上,司徒筱芬在文献[13]中证明了勃罗卡点的两个新性质,其中的一个结论是

$$b\frac{\overrightarrow{PA}}{|\overrightarrow{PA}|}+c\frac{\overrightarrow{PB}}{|\overrightarrow{PB}|}+a\frac{\overrightarrow{PC}}{|\overrightarrow{PC}|}=\mathbf{0}$$

这个公式开始关注利用向量来进行研究,对后面研究四边形内勃罗卡角问题有很大的启发意义.李显权在文献[18]《一个奇妙的向量恒等式》一文中证明了下面漂亮的结果:

定理 4[18] 设 P 为 $\triangle ABC$ 的勃罗卡点,角 α 为 $\triangle ABC$ 的勃罗卡角,且令

$$\overrightarrow{AB}\cdot\overrightarrow{AP}=\omega_1,\overrightarrow{BC}\cdot\overrightarrow{BP}=\omega_2,\overrightarrow{CA}\cdot\overrightarrow{CP}=\omega_3,\overrightarrow{AB}\cdot\overrightarrow{AC}=\omega_1',\overrightarrow{BC}\cdot\overrightarrow{BA}=\omega_2',\overrightarrow{CA}\cdot\overrightarrow{CB}=\omega_3'$$

则

$$\omega_1+\omega_2+\omega_3=\omega_1'+\omega_2'+\omega_3'$$

上面的等式证明主要是利用了面积关系与定理1.1,在此基础上,他又导出了勃罗卡角的八个性质,详细的可以看文献[18].

最近,杨贵武在文献[19]对上面的定理4重新进行了研究,在借鉴张景中院士和彭翕成博士关于点几何的论文[25,26,27]基础上,直接证明了上述定理,并以此为工具推导出定理1和关于勃罗卡角的一些新的恒等式.该文对上述恒等式完成了一次深入探究,是一篇研究较深的文献.在文献[16]中袁方证明了如下的一个向量恒等式:

定理 5[16] 设 P 为 $\triangle ABC$ 的勃罗卡点,角 α 为 $\triangle ABC$ 的勃罗卡角,则

$$c^2a^2\overrightarrow{PA}+a^2b^2\overrightarrow{PB}+b^2c^2\overrightarrow{PC}=\mathbf{0}$$

此外,值得注意的是莫项清在勃罗卡点与一道IMO试题中证明了如下结果:

定理 6[28] 设 P 为 $\triangle ABC$ 的勃罗卡点,角 α 为 $\triangle ABC$ 的勃罗卡角,则有

$$\cot\alpha=\frac{a^2+b^2+c^2}{4\Delta}$$

随后,陈明利用Stewart定理给出了一种有意义的类比结论,详细的结果请看文献[23].

上面的结果多是关注角的计算问题或者是寻求向量恒等式方面,在文献[20]中,董林开始关注勃罗卡点到各顶点的距离公式等基本结论.例如,他利用余弦定理与正弦定理证明了:

定理 7[20] 设 P 为 $\triangle ABC$ 的勃罗卡点,角 α 为 $\triangle ABC$ 的勃罗卡角,则有

$$\cos\alpha=\frac{a^2+b^2+c^2}{2\sqrt{a^2b^2+b^2c^2+c^2a^2}}$$

$$PA=\frac{b^2c}{\sqrt{a^2b^2+b^2c^2+c^2a^2}}$$

$$PB=\frac{c^2a}{\sqrt{a^2b^2+b^2c^2+c^2a^2}}$$

$$PC=\frac{a^2b}{\sqrt{a^2b^2+b^2c^2+c^2a^2}}$$

并在此定理基础上给出了5个推论,其中包含有不等式,之前的研究多是关注等式的寻求,这儿开始有意识地考察不等式,这也为后面的研究提供了思路,事实上,PA,PB,PC 的计算公式可见于文献[29],由黄书绅老师证明.最早可见于龚辉斌老师的论文[33].

值得注意的是杨学枝老师的一篇经典文章[21]首先给出勃罗卡问题的推广,然后证明了勃罗卡角的一个重要命题:

定理 8[21] 设 P 为 $\triangle ABC$ 所在平面上一点,射线 PB 到 PC,PC 到 PA,PA 到 PB 的角分别为 α,

β, γ,则有

$$PA = \frac{bc\sin(\alpha - A)}{m}$$

$$PB = \frac{ca\sin(\beta - B)}{m}$$

$$PC = \frac{ab\sin(\gamma - C)}{m}$$

其中

$$m^2 = \sum bc\sin\alpha\sin(\alpha - A)$$

上面三式中的 m 开平方的符号与其分子中式子的符号相同.

最近,关于勃罗卡角的不等式已经有一些结果,例如李静,宋志敏,尹枥在一篇未发表的论文中利用 Stewart 定理与 Radon 不等式证明了:

定理 9　设 P 为 $\triangle ABC$ 的勃罗卡点,角 α 为 $\triangle ABC$ 的勃罗卡角,则有

$$\left(\frac{PA}{r_3}\right)^2 + \left(\frac{PB}{r_1}\right)^2 + \left(\frac{PC}{r_2}\right)^2 \leqslant 12\cot^2\alpha$$

其中点 P 到三边 AB, BC, CA 或其延长线的距离分别为 r_1, r_2, r_3.

钱旭锋,李建潮在文献[31]中也提到了一个有趣的不等式:

定理 10[31]　设 P 为 $\triangle ABC$ 的勃罗卡点,角 α 为 $\triangle ABC$ 的勃罗卡角,则有

$$\frac{a}{PB} + \frac{b}{PC} + \frac{c}{PA} \geqslant 6\sqrt{3}\sin\alpha$$

在此文中,他们也利用柯西不等式证明了与勃罗卡角有关的一些有趣的几何不等式.

二、三角形内类勃罗卡角的相关问题

类比于勃罗卡角的问题,宋志敏、尹枥在文献[11]中研究了一类有趣的类勃罗卡角问题. 若在 $\triangle ABC$ 内,存在点 P 使得 $\angle PAB = \alpha$, $\angle PBC = k\alpha$, $\angle PCA = l\alpha$, k, l 为正整数,那么点 P 叫作三角形的类勃罗卡点,而角 $\alpha, k\alpha, l\alpha$ 称为三角形的类勃罗卡角.

如图 2,我们仍旧假设 $\triangle ABC$ 的三边 BC, CA, AB 的长度分别为 a, b, c, $\triangle PAB, \triangle PBC, \triangle PCA$ 的面积分别为 $\Delta_1, \Delta_2, \Delta_3$, $\triangle ABC$ 的面积为 Δ,且 $\angle A$, $\angle B$, $\angle C$ 分别用 A, B, C 来表示. 他们得到如下结果:

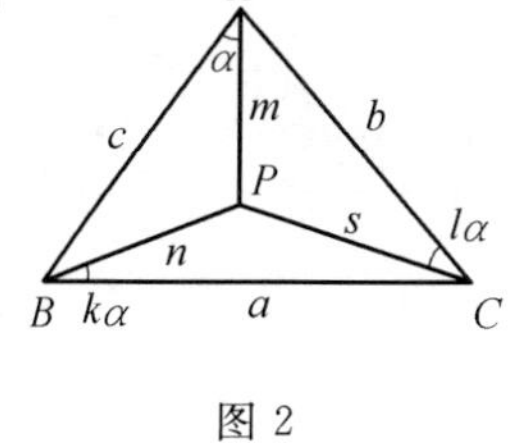

图 2

定理 11[11]　设 P 为 $\triangle ABC$ 的类勃罗卡点,角 $\alpha, k\alpha, l\alpha$ 为三角形的类勃罗卡角,k, l 为正整数,则

$$\frac{\sin\alpha\sin(l\alpha)}{\sin A\sin[A + (l-1)\alpha]} + \frac{\sin\alpha\sin(k\alpha)}{\sin B\sin[B + (k-1)\alpha]} + \frac{\sin(k\alpha)\sin(l\alpha)}{\sin C\sin[C + (k-l)\alpha]} = 1$$

特别的,当 $k = l = 1$ 时,定理 11 中等式变为

$$\frac{1}{\sin^2\alpha} = \frac{1}{\sin^2 A} + \frac{1}{\sin^2 B} + \frac{1}{\sin^2 C}$$

这就是前面的定理 2.

定理 12[11]　设 P 为 $\triangle ABC$ 的类勃罗卡点,角 $\alpha, k\alpha, l\alpha$ 为三角形的类勃罗卡角,k, l 为正整数,则

$$\frac{a^2 + b^2 + c^2}{4} = \Delta_1\cot\alpha + \Delta_2\cot(k\alpha) + \Delta_3\cot(l\alpha)$$

特别的,当 $k = l = 1$ 时,上述等式变为

$$\frac{a^2+b^2+c^2}{4}=(\Delta_1+\Delta_2+\Delta_3)\cot\alpha=\Delta\cot\alpha$$

此时若利用外森比克不等式 $a^2+b^2+c^2\geqslant 4\sqrt{3}\Delta$,以及 $\Delta_1+\Delta_2+\Delta_3=\Delta$,可得 $\cot\alpha\geqslant\sqrt{3}$. 如此从另外一个角度给出了三角形内勃罗卡角的范围为 $0<\alpha\leqslant\frac{\pi}{6}$,这是一个重要的结果. 这方面的研究仅此一篇文章,后续还有很多工作可以研究.

三、四边形内勃罗卡角的相关问题

在三角形内勃罗卡角研究的同时,陈松凯,郑少锋开始研究四边形内勃罗卡点与勃罗卡角的相关问题. 首先他们定义若在四边形 $ABCD$ 内,存在点 P 使得

$$\angle PAB=\angle PBC=\angle PCD=\angle PDA=\alpha$$

那么点 P 叫作四边形的勃罗卡点,而角 α 称为四边形的勃罗卡角(如图 3).

在文献[7]中他们指出不是所有四边形都存在勃罗卡点(见文献[7]中命题 3). 特别的他们给出了一个勃罗卡点存在的必要条件:即四边形的边与角必须满足等式

$$\frac{a^2+b^2+c^2+d^2}{ab\sin(\angle ABC)+bc\sin(\angle BCD)+cd\sin(\angle CDA)+da\sin(\angle DAB)}\leqslant 1$$

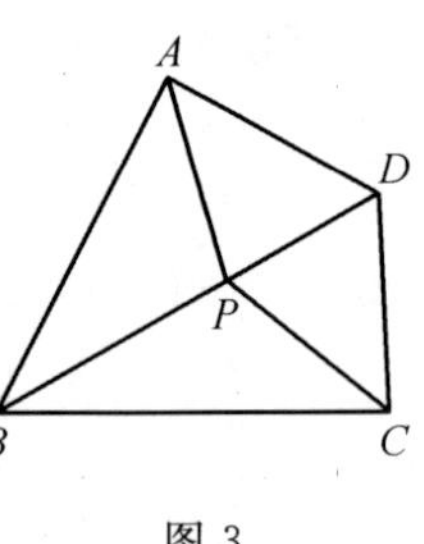

图 3

关于四边形内勃罗卡点与勃罗卡角的存在性问题在文献[7]中有详细的讨论,下面总假设所讨论四边形的勃罗卡点与勃罗卡角是存在的,并且假设四边形的边 AB,BC,CD,DA 的长度分别为 a,b,c,d,边 AP,BP,CP,DP 的长度分别为 m,n,s,t,四边形 $ABCD$ 的面积为 Δ.

在文献[4]中,董军,宋志敏通过两个引理:

引理 1[4] 设 P 为四边形 $ABCD$ 的勃罗卡点,角 α 为四边形 $ABCD$ 的勃罗卡角,且令 $\overrightarrow{AB}\cdot\overrightarrow{AP}=\omega_1$, $\overrightarrow{BC}\cdot\overrightarrow{BP}=\omega_2$, $\overrightarrow{CD}\cdot\overrightarrow{CP}=\omega_3$, $\overrightarrow{DA}\cdot\overrightarrow{DP}=\omega_4$,则

$$\omega_1+\omega_2+\omega_3+\omega_4=2\Delta\cot\alpha$$

引理 2[4] 设 P 为四边形 $ABCD$ 的勃罗卡点,角 α 为四边形 $ABCD$ 的勃罗卡角,则

$$\omega_1+\omega_2+\omega_3+\omega_4=\frac{1}{2}(a^2+b^2+c^2+d^2)$$

得到了几个较好的结果:

定理 13[4] 设 P 为四边形 $ABCD$ 的勃罗卡点,四边形 $ABCD$ 的面积为 Δ,则

$$\Delta=\frac{1}{4\cot\alpha}(a^2+b^2+c^2+d^2)$$

定理 14[4] 设 P 为四边形 $ABCD$ 的勃罗卡点,角 α 为四边形 $ABCD$ 的勃罗卡角,则

$$\frac{1}{\sin^2\alpha}=\frac{1}{2\Delta}\left(\frac{ab}{\sin B}+\frac{bc}{\sin C}+\frac{cd}{\sin D}+\frac{da}{\sin A}\right)$$

定理 15[4] 设 P 为四边形 $ABCD$ 的勃罗卡点,角 α 为四边形 $ABCD$ 的勃罗卡角,则

$$\frac{1}{\sin 2\alpha}=\frac{\frac{ab}{\sin B}+\frac{bc}{\sin C}+\frac{cd}{\sin D}+\frac{da}{\sin A}}{a^2+b+c^2+d^2}$$

文末他们给出了一个猜想:

猜想 设 P 为四边形 $ABCD$ 的勃罗卡点,角 α 为四边形 $ABCD$ 的勃罗卡角,且设 $\overrightarrow{AB}\cdot\overrightarrow{AD}=\omega_1'$, $\overrightarrow{BC}\cdot\overrightarrow{BA}=\omega_2'$, $\overrightarrow{CD}\cdot\overrightarrow{CB}=\omega_3'$, $\overrightarrow{DA}\cdot\overrightarrow{DC}=\omega_4'$,则

$$\omega_1+\omega_2+\omega_3+\omega_4=\omega_1'+\omega_2'+\omega_3'+\omega_4'$$

非常快的，刘才华在文献[9]中否定了这个猜想.最近，曹景云，尹枥又得到了四边形内勃罗卡角的三个公式，其中的两个结论为：

定理 16[6] 设角 α 为四边形 $ABCD$ 的勃罗卡角，则

$$\sin^4\alpha=\sin(A-\alpha)\sin(B-\alpha)\sin(C-\alpha)\sin(D-\alpha)$$

定理 17[6] 设角 α 为四边形 $ABCD$ 的勃罗卡角，则

$$\cos\alpha=\frac{a^2+b^2+c^2+d^2}{2ma+2nb+2sc+2td}$$

在同一篇文章中，他们利用四边形内的外森比克不等式(见文献[5])以及下面的引理：

引理 3[3] 设 P 为凸四边形 $ABCD$ 的勃罗卡点，角 α 为凸四边形 $ABCD$ 的勃罗卡角，则

$$\Delta=\frac{1}{4\cot\alpha}(a^2+b^2+c^2+d^2)$$

给出了凸四边形 $ABCD$ 内勃罗卡角的一个必要条件，即只有当 $0<\alpha\leqslant\frac{\pi}{4}$ 时，角 α 才有可能为凸四边形 $ABCD$ 的勃罗卡角.在文献[24]中，苗大文在一般四边形中应用正弦定理与琴生不等式也证明了上述必要条件，但是证明较为复杂.

宋志敏，吴灵霞在文献[3]中应用杨学枝老师的一个恒等式对凸四边形的勃罗卡角问题进行了深入研究，他们通过下述引理：

引理 4[10] 设对角线 $AC=x,BD=y$，则在凸四边形中成立

$$16\Delta^2+(a^2+b^2+c^2+d^2)^2=4(a^2b^2+b^2c^2+c^2d^2+d^2a^2+x^2y^2)$$

以及引理 3 得到一个有趣的定理：

定理 18[3] 设 P 为凸四边形 $ABCD$ 的勃罗卡点，角 α 为凸四边形 $ABCD$ 的勃罗卡角，对角线 $AC=x,BD=y$，则有

$$\cos^2\alpha=\frac{(a^2+b^2+c^2+d^2)^2}{4(a^2b^2+b^2c^2+c^2d^2+d^2a^2+x^2y^2)}$$

四、关于勃罗卡角的一些新问题、新思想

直到现在为止，勃罗卡角仍然是中学数学研究中一个重要的开放性课题，仍旧有很多工作有待我们去解决、去发现，这里我们提出一些新的可能出结果的思想与思路：

问题 1 研究三角形内与勃罗卡角或勃罗卡点的一些不等式，特别是联系着其他的一些著名的几何不等式如外森比克不等式，Nesbitt 不等式等来对其进行研究.

问题 2 三角形内类勃罗卡角的研究刚刚开始，此问题该如何更好地提出问题，研究与波罗卡相关的问题.

问题 3 球面三角形中的勃罗卡角与勃罗卡点如何提出？如何定义？在合适的定义之下研究勃罗卡角的计算与性质证明.

问题 4 寻求更多的与三角形内或四边形内勃罗卡角或勃罗卡点有关的向量恒等式，特别是四边形内，这方面的结果还是非常的少.

问题 5 多边形(五边形以上)中的勃罗卡角与勃罗卡点的一些恒等式与向量恒等式的寻求.值得注意的是在文献[32]中，文家金，王明华，萧昌建在凸多边形内提出了广义勃罗卡角与勃罗卡点的概念，并证明了凸多边形内勃罗卡角的一个重要的不等式，在此基础上研究了凸多边形内的若干几何不等式.

参考文献

[1] 徐鉴堂. 勃罗卡点与卢勃罗卡角的几个计算公式[J]. 安顺学院学报,1994(02):43-47.
[2] 丁介平. 勃罗卡角的计算公式[J]. 数学通报,2000(05):23-26.
[3] 宋志敏,吴灵霞. 凸四边形内勃罗卡角的一个计算公式[J]. 中学数学杂志,2012(01):33.
[4] 董军,宋志敏. 四边形内勃罗卡角的几个计算公式[J]. 中学数学杂志,2013(09):27.
[5] 董林. Weitzenbock 不等式的研究综述[J]. 中学数学杂志,2020(05):28-30.
[6] 曹景云,尹枥. 四边形内勃罗卡角的三个公式[J]. 中学数学研究,2021(04):37.
[7] 陈松凯,郑少锋. 四边形内勃罗卡点的充要条件[J]. 漳州师院学报(自然版),1995(04):54-56,119.
[8] 吴嘉程. 关于勃罗卡角的几个计算公式[J]. 苏州市职业大学学报,2007(4):99-100.
[9] 刘才华. 一个与四边形勃罗卡点相关猜想的否定[J]. 中学数学杂志,2014(01):38.
[10] 杨学枝. 平面凸四边形的一个恒等式[J]. 中学数学杂志,2011(05):23-24.
[11] 宋志敏,尹枥. 三角形内类勃罗卡角的几个公式[J]. 中学数学研究,2021(10):35-36.
[12] 沈建平. 勃罗卡点的一个计算公式[J]. 数学通报,1993(03):23-24.
[13] 司徒筱芬. 勃罗卡点的两个新性质[J]. 中学数学研究,2006(06):19-20.
[14] 吴嘉程. 关于勃罗卡角的几个问题[J]. 苏州教育学院学报,2000(04):80-82.
[15] 孙凤军,李双成. 与勃罗卡点相关的几个命题推广[J]. 兵团教育学院学报,1999(02):63-64.
[16] 袁方. 有关勃罗卡点的一个结论[J]. 数学之友,2012(05):67.
[17] 苗大文. 关于勃罗卡点的两个命题[J]. 数学通讯,1998(02):34.
[18] 李显权. 一个奇妙的向量恒等式[J]. 数学通报,2010,49(12):46-47.
[19] 杨贵武. 对一个向量恒等式的反思[J]. 数学通报,2021,60(10):61-62.
[20] 董林. 关于勃罗卡点的基本结论及若干推论[J]. 数学通讯,2016(24):42-44.
[21] 杨学枝. 勃罗卡(brocard)问题的推广及应用[J]. 中学数学杂志,2014(07):18-20.
[22] 张永召. 关于勃罗卡角、点的两个关系式[J]. 中学数学教学参考,1997(06).
[23] 陈明. 关于勃罗卡角的一个有趣问题[J]. 中学数学,1995(04):36.
[24] 苗大文. 四边形的勃罗卡角范围[J]. 中学数学杂志,2018(09):62-63.
[25] 张景中,彭翕成. 点几何的教育价值[J]. 数学通报, 2019(02):1-4,12.
[26] 张景中,彭翕成. 点几何的解题应用:计算篇[J]. 数学通报,2019,58(03):1-5,58.
[27] 彭翕成,张景中. 点几何的解题应用:恒等式篇[J] . 数学通报,2019,58(04):11-15.
[28] 莫项清. 勃罗卡点与一道 IMO 试题[J]. 中学数学,1992(01).
[29] 黄书绅. 勃罗卡点到三角形三顶点的距离公式[J]. 中学数学,1994(02):37-38.
[30] 刘康宁. 两个相关三角形的勃罗卡角的一个性质[J]. 中学数学教学,1994(01):29.
[31] 钱旭锋,李建潮. 也谈勃罗卡角[J]. 数学通讯,2017(20):48-49.
[32] 文家金,王明华,萧昌建. 含广义 Brocard 角的一类不等式及其应用[J]. 成都大学学报(自然科学版),2003(02):24-27.
[33] 龚辉斌. 勃罗卡点到三角形各顶点的距离公式[J]. 中学教研,1993(07):9-10.
[34] 黄海波. 一道预赛题的背景揭示与研讨[J]. 数学通讯,2015(19):35-36.

作 者 简 介

宋志敏(1979.7—)女,汉族,山东滨州人,主要研究方向:不等式及其应用,在各类数学杂志上以第一作者发表论文 30 余篇,其中 SCI 收录 1 篇,中文核心期刊《数学通报》发表 3 篇.

联系地址:山东省滨州市北镇中学(256600)

E-mail:songzhimin1979@163.com

半角三角函数不等式的若干应用

尹华焱[1],杨学枝[2]

(1.湖南　湘潭　411202;

2.福建省福州市福州第二十四中学　福建　福州　350015)

§1　前　　言

三角形中半角三角函数不等式是三角形中几何不等式的非常用趣且其应用极为广泛的一类不等式.笔者自20世纪九十年代末曾对其较为系统地探讨与研究,并在文献[1]即《我国研究三角形中半角三角函数不等式情况综述》中对笔者与其他研究者于当时得到的若干结果作了较为系统的叙述.由于此类不等式一般都较强,从而对研究三角形中的几何不等式有着极为广泛的应用,在文献[1]中我们给出了一些,虽然文献[1]已发表20余年,然而笔者对三角函数不等式的应用余味未尽,今特将多年来关于此类不等式的若干新的应用(包括未公开发表的与新得到的)结果整理成文以就正于同仁.

符号约定:在 $\triangle ABC$ 中,约定

a,b,c—— 边长

A,B,C—— 内角

s—— 半周

R—— 外接圆半径

r—— 内切圆半径

Δ—— 面积

m_a,m_b,m_c—— 中线

w_a,w_b,w_c—— 角平分线

r_a,r_b,r_c—— 旁切圆半径

$\sum$—— 循环和

$\prod$—— 循环积

如无特别标明,文中的不等式均指 $\triangle ABC$ 为正三角形时取得等号.

从文献[1]中引用的半角三角函数不等式均在其右上角标注[1],以便读者查阅.

在下文中所引用的三角形中熟知的下列不等式、恒等式

$$s\geqslant 3\sqrt{3}r,R\geqslant 2r,R\geqslant \frac{2}{3\sqrt{3}}s,m_a\geqslant \frac{b+c}{2}\cos\frac{A}{2}$$

$$s\leqslant 2R+(3\sqrt{3}-4)r,\prod\sin\frac{A}{2}=\frac{r}{4R},\prod\cos\frac{A}{2}=\frac{s}{4R},\sum\cos A=1+\frac{r}{R}$$

$$4R^2+4Rr+3r^2\geqslant s^2\geqslant 16Rr-5r^2,\sum\sin A=\frac{s}{4R}$$

不再一一说明.

§2 应　　用

1. 关于 $\sum r_a w_a$ 的上、下界

命题 1

$$(8\sqrt{2}+2)Rr-(23-16\sqrt{2})r^2 \geqslant \sum r_a w_a \geqslant 8Rr+11r^2 \tag{1}$$

证　先证恒等式

$$(r+r_a)w_a=\frac{2\Delta}{\cos\frac{A}{2}} \tag{2}$$

事实上，由 $w_a=\frac{2bc}{b+c}\cos\frac{A}{2}$，$\cos\frac{A}{2}=\sqrt{\frac{s(s-a)}{bc}}$，$r=\frac{\Delta}{s}$，$r_a=\frac{\Delta}{s-a}$ 有

$$(r+r_a)w_a\cdot\frac{\cos\frac{A}{2}}{2\Delta}=\left(\frac{\Delta}{s}+\frac{\Delta}{s-a}\right)\frac{bc}{b+c}\cos^2\frac{A}{2}$$

$$=\left(\frac{1}{s}+\frac{1}{s-a}\right)\cdot\frac{s(s-a)}{b+c}=1$$

故式(2)成立.

由式(2)有

$$\sum r_a w_a=2\Delta\sum\frac{1}{\cos\frac{A}{2}}-r\sum w_a$$

$$=\frac{2\Delta}{\prod\cos\frac{A}{2}}\sum\cos\frac{B}{2}\cos\frac{C}{2}-r\sum w_a$$

$$=8Rr\sum\cos\frac{B}{2}\cos\frac{C}{2}-r\sum w_a \tag{3}$$

以

$$1+\frac{2\sqrt{2}-1}{4R}s+\frac{10+3\sqrt{3}-3\sqrt{6}}{4R}r\leqslant\sum\cos\frac{B}{2}\cos\frac{C}{2}\leqslant\sqrt{2}+\frac{s}{4R}+\frac{18-3\sqrt{3}-8\sqrt{2}}{4R}r$$ [1]

$$\sum w_a\geqslant s+(9-3\sqrt{3})r$$ [2]

$$\sqrt{3}s\geqslant\sum w_a\quad(\text{熟知})$$

代入式(3)得

$$\sum r_a w_a\leqslant 8Rr\left(\sqrt{2}+\frac{s}{4R}+\frac{18-3\sqrt{3}-8\sqrt{2}}{4R}r\right)-r[s+(9-3\sqrt{3})r]$$

$$\Leftrightarrow\sum r_a w_a\leqslant 8\sqrt{2}Rr+sr+(27-3\sqrt{3}-16\sqrt{2})r^2$$

$$\Leftarrow\sum r_a w_a\leqslant 8\sqrt{2}Rr+[2R+(3\sqrt{3}-4)r]r+(27-3\sqrt{3}-16\sqrt{2})r^2$$

$$\Leftrightarrow\sum r_a w_a\leqslant(8\sqrt{2}+2)Rr+(23-16\sqrt{2})r^2 \tag{4}$$

又

$$\sum r_a w_a\geqslant 8Rr\left(1+\frac{2\sqrt{2}-1}{4R}s+\frac{10-3\sqrt{3}-6\sqrt{2}}{4R}r\right)-\sqrt{3}sr$$

$$\Rightarrow \sum r_a w_a \geqslant 8Rr + (4\sqrt{2} - 2 - \sqrt{3}) \cdot 3\sqrt{3}r^2 + 2(10 + 3\sqrt{3} - 6\sqrt{6})r^2$$

$$\Leftrightarrow \sum r_a w_a \geqslant 8Rr + 11r^2 \tag{5}$$

由式(4)(5) 知命题1成立,证毕.

推论 1

$$\sum r_a w_a \leqslant \frac{27}{2}Rr \tag{6}$$

由式(1) 可证式(6).

注 1　式(6) 由笔者提出,褚小光证明,见文献[3].

2.关于 $\sum r_a w_a$ 的一个不等式猜想

刘健,刘保乾分别在文献[4] 和[5] 中提出了关于 $\sum a w_a$ 下界的一个猜想,下面给出证明.

命题 2

$$\sum a w_a \geqslant \frac{32}{3}Rr + 2\left(9\sqrt{3} - \frac{32}{3}\right)r^2 \tag{7}$$

证明　由

$$\sum a w_a = 2\Delta \sum \frac{w_a}{h_a} \geqslant 2\Delta \sum \frac{1}{\cos \frac{B-C}{2}}$$

$$\sum \frac{1}{\cos \frac{B-C}{2}} \geqslant 1 + 4\sqrt{\frac{2R^2}{s^2 + 2Rr + r^2}}\ [1]$$

有

$$\begin{aligned}
\text{式(7)} &\Leftarrow 8r\sqrt{\frac{2R^2}{s^2 + 2Rr + r^2}} + 2sr \geqslant \frac{32}{3}Rr + 2\left(9\sqrt{3} - \frac{32}{3}\right)r^2 \\
&\Leftrightarrow [16R - 3s + (27\sqrt{3} - 32)r^2]^2(s^2 + 2Rr + r^2) \leqslant 288s^2R^2 \\
&\Leftarrow [16R + (18\sqrt{3} - 32)r]^2(s^2 + 2Rr + r^2) \leqslant 288s^2R^2 \\
&\Leftrightarrow 32R^2s^2 - 512R^3r + (1\,024 - 576\sqrt{3})Rrs^2 - (1\,152\sqrt{3} - 1\,729) \cdot \\
&\quad R^2r^2 - (1\,996 - 1\,152\sqrt{3})r^2s^2 + (1\,728\sqrt{3} - 2\,968)Rr^3 - \\
&\quad (1\,996 - 1\,152)r^4 \geqslant 0 \\
&\Leftarrow 32R^2(s^2 - 16Rr + 5r^2) + (998 - 576\sqrt{3})s^2r(R - 2r) + \\
&\quad 26Rr(16Rr - 5r^2) - (1\,152\sqrt{3} - 1\,632)R^2r^2 + (1\,728\sqrt{3} - 2\,968) \cdot \\
&\quad Rr^3 - (1\,996 - 1\,552\sqrt{3})r^4 \geqslant 0 \\
&\Leftrightarrow 32R^2(s^2 - 16Rr + 5r^2) + (998 - 376\sqrt{3})rs^2(R - 2r) + \\
&\quad (1\,549 - 864\sqrt{3})Rr^2(R - 2r) + (499 - 288\sqrt{3})r^2(R - 2r)^2 \geqslant 0
\end{aligned} \tag{8}$$

由于 $998 - 576\sqrt{3} > 0, 1\,549 - 864\sqrt{3} > 0, 499 - 288\sqrt{3} > 0$ 知式(8) 成立,从而命题2得证.

注 2　在文献[1] 中,我们曾未加证明地给出了命题2中式(7),后来因故也未将证明公开发表,今在本文中给出证明.

3.若干 Hcx － N 问题的解决

笔者之一在文献[6] 中提出了100个三角形的几个不等式问题,冠以序号 Hcx － N,下面给出 Hcx － 36,Hcx － 37,Hcx － 44 的证明.

(1)Hcx － 36 的证明

命题 3(Hcx－36) $$\sum(w_b+w_c)\sin\frac{A}{2}\geqslant\sum w_a \tag{9}$$

证明 由恒等式

$$\sum\sin\frac{A}{2}-1=\frac{s}{2R\sum\cos\frac{A}{2}}{}^{[1]}$$

$$\sum\frac{1}{b+c}=\frac{5s^2+4Rr+r^2}{2s(s^2+2Rr+r^2)}\quad(易证)$$

以及

$$\sum\cos\frac{A}{2}\leqslant 2+\frac{s}{2R}-\frac{16-9\sqrt{3}}{4R}r^{[1]}\leqslant 2+\frac{9-4\sqrt{3}}{9R}s$$

$$\sum w_a\geqslant s+\frac{3\sqrt{3}Rr}{s}+(7-3\sqrt{3})r^{[1]}$$

$$\sum w_a\sin\frac{A}{2}=\frac{abc}{2R}\sum\frac{1}{b+c}\quad(易证)$$

有

$$\begin{aligned}
&\sum(w_b+w_c)\sin\frac{A}{2}\geqslant\sum w_a\\
\Leftrightarrow&\sum w_a\left(\sum\sin\frac{A}{2}-1\right)\geqslant\sum w_a\sin\frac{A}{2}\\
\Leftrightarrow&\sum w_a\geqslant\frac{2R\sum\cos\frac{A}{2}}{s}\cdot\frac{abc}{2R}\cdot\frac{5s^2+4Rr+r^2}{2s(s^2+2Rr+r^2)}\\
\Leftarrow&s+\frac{3\sqrt{3}Rr}{s}+(7-3\sqrt{3})r\\
\geqslant&4Rr\cdot\left[\frac{18R+(9-4\sqrt{3})s}{9R}\right]\cdot\left[\frac{5s^2+4Rr+r^2}{2s(s^2+2Rr+r^2)}\right]\\
\Leftrightarrow&18(s^2+2Rr+r^2)[s^2+3\sqrt{3}Rr+(7-3\sqrt{3})sr]\\
\geqslant&4r(5s^2+4Rr+r^2)[18R+(9-4\sqrt{3})s]\\
\Leftrightarrow&9s^4-(27-13\sqrt{3})rs^3-(162-27\sqrt{3})Rrs^2+9r^2s^2+\\
&(54-22\sqrt{3})Rr^2s+(45-19\sqrt{3})r^3s-(144-54\sqrt{3})R^2r^2+\\
&(27\sqrt{3}-36)Rr^3\geqslant 0
\end{aligned}\tag{10}$$

又

$$(54-22\sqrt{3})Rr^2s\geqslant(54-22\sqrt{3})\cdot 3\sqrt{3}Rr^3$$

$$(45-19\sqrt{3})r^3s\geqslant(45-19\sqrt{3})\cdot 3\sqrt{3}r^4$$

$$(27-13\sqrt{3})rs^3\leqslant(27-13\sqrt{3})\cdot\frac{3\sqrt{3}}{2}Rrs^2$$

将上述三式代入式(10)经化简整理,得

$$\begin{aligned}
式(10)\Leftarrow&18s^4-(207+27\sqrt{3})Rrs^2+18r^2s^2-(288-108\sqrt{3})R^2r^2+\\
&(378\sqrt{3}-468)Rr^3+(270\sqrt{3}-342)r^4\geqslant 0
\end{aligned}\tag{11}$$

又由

$$(207+27\sqrt{3})Rrs^2\leqslant 254Rrs^2-(2\ 538-1\ 458\sqrt{3})r^4$$

$$(288-108\sqrt{3})R^2r^2 \leqslant 101R^2r^2-(432\sqrt{3}-748)r^4$$

$$(378\sqrt{3}-468)Rr^3 \geqslant 186Rr^3+(758\sqrt{3}-1\ 308)r^4$$

代入式(11)化简整理有

$$\begin{aligned}
\text{式}(11) \Leftarrow & 18s^4-254Rrs^2+18r^2s^2-101R^2r^2+186Rr^3+140r^4 \geqslant 0 \\
\Leftrightarrow & 18(s^2-16Rr+5r^2)^2+(322Rr-162r^2)s^2-4\ 709R^2r^2+ \\
& 3\ 066Rr^3-310r^4 \geqslant 0 \\
\Leftarrow & 18(s^2-16Rr+5r^2)^2+(322Rr-161r^2)(16Rr-5r^2)-4\ 709R^2r^2+ \\
& 3\ 066Rr^3-310r^4 \geqslant 0 \\
\Leftarrow & 18(s^2-16Rr+5r^2)^2+(443R-250r)(R-2r)r^2 \geqslant 0
\end{aligned}$$

上式显然,从而命题3获证.

推论 2(shc53) $$\sum(m_b+m_c)\sin\frac{A}{2} \geqslant \sum w_a{}^{[7]} \tag{12}$$

注 3 褚小光、尹华焱在文献[8]中曾给出 shc 53 的一个证明.

命题 4(Hcx−44) $$\sum\frac{w_b+w_c}{b+c} \geqslant 2+\frac{27-12\sqrt{3}}{2s}r \tag{13}$$

证明 由

$$\begin{aligned}
\sum\frac{w_b+w_c}{b+c} &= \frac{2abc}{\prod(b+c)}\sum\left(\frac{a+b}{a}\cos\frac{A}{2}+\frac{a+c}{c}\cos\frac{C}{2}\right) \\
&= \frac{2abc}{\prod(b+c)}\left(\sum\cos\frac{A}{2}+\sum a\sum\frac{\cos\frac{A}{2}}{a}\right) \\
&\Leftrightarrow \frac{4R}{s^2+2Rr+r^2}\left(r\sum\cos\frac{A}{2}+2s\sum\sin\frac{B}{2}\sin\frac{C}{2}\right)
\end{aligned} \tag{14}$$

由式(14)及

$$\sum\sin\frac{B}{2}\sin\frac{C}{2} \geqslant \frac{s}{4R}+\frac{6-3\sqrt{3}}{4R}r^{[1]}$$

$$\sum\cos\frac{A}{2} \geqslant 2+\frac{\sqrt{2}-1}{2R}s+\frac{9\sqrt{3}-3\sqrt{6}-8}{2R}r^{[1]}$$

从而

$$\begin{aligned}
\text{式}(13) \Leftarrow & \frac{4R}{s^2+2Rr+r^2}\left[r\left(2+\frac{\sqrt{2}-1}{2R}s+\frac{9\sqrt{3}-3\sqrt{6}-8}{2R}\right)\right]+2s\left(\frac{s}{4R}+\frac{6-3\sqrt{3}}{4R}r\right) \\
\geqslant & \frac{4S+(27+12\sqrt{3})r}{2s} \\
\Leftrightarrow & 8Rs+(4\sqrt{2}-4)s^2-(27-12\sqrt{3})s^2+ \\
& (24-12\sqrt{3})s^2+(36\sqrt{3}-12\sqrt{6}-32)sr- \\
& 4sr-2(27-12\sqrt{3})Rr-(27-12\sqrt{3})r^2 \geqslant 0 \\
\Leftrightarrow & (4\sqrt{2}-3)s^2+(24\sqrt{3}-12\sqrt{6}-20)sr-(54-24\sqrt{3})Rr- \\
& (27-12\sqrt{3})r^2 \geqslant 0 \\
\Leftarrow & (4\sqrt{2}-3)s^2+(24\sqrt{3}-12\sqrt{6}-20)[2R+(3\sqrt{3}-4)r]r- \\
& (54-24\sqrt{3})Rr-(27-12\sqrt{3})r^2 \geqslant 0 \\
\Leftrightarrow & s^2 \geqslant \frac{94+24\sqrt{6}-72\sqrt{3}}{4\sqrt{2}-3}Rr+\frac{108\sqrt{2}-48\sqrt{6}+144\sqrt{3}-269}{4\sqrt{2}-3}r^2
\end{aligned}$$

$$\Leftarrow s^2 \geqslant 16Rr - 5r^2$$

从而命题 4 获证.

推论 3
$$\sum \frac{w_b + w_c}{b + c} \geqslant 2 + (3\sqrt{3} - 4)\frac{r}{R} \tag{15}$$

(2)Hcx − 34 的证明

命题 5(Hcx − 34)
$$\sum \frac{1}{w_a} \leqslant \frac{1}{2r} + \sqrt{\sum \frac{1}{a^2}} \tag{16}$$

证明　由恒等式
$$\sum \frac{1}{w_a} = \frac{1}{2r}\sum \sin\frac{A}{2} + \frac{1}{2s}\sum \cos\frac{A}{2}^{[9]} \tag{17}$$

及

$$\sum \sin\frac{A}{2} \leqslant 1 + \frac{s}{4R} - \frac{3\sqrt{3} - 4}{4R}r^{[1]}$$

$$\sum \cos\frac{A}{2} \leqslant 2 + \frac{s}{4R} - \frac{16 - 9\sqrt{3}}{4R}r^{[1]}$$

$$s^2 \geqslant 16Rr - 5r^2 + \frac{r^2(R - 2r)}{R - r}^{[10]}$$

有

$$\begin{aligned}
\text{式}(16) &\Leftarrow \frac{1}{2r}\left(1 + \frac{s}{4R} - \frac{3\sqrt{3} - 4}{4R}r\right) + \frac{1}{2s}\left(2 + \frac{s}{4R} - \frac{16 - 9\sqrt{3}}{4R}r\right) \\
&\leqslant \frac{1}{2r} + \frac{\sqrt{\sum b^2c^2}}{4Rsr} \\
&\Leftarrow s^2 + 8Rr - (3\sqrt{3} - 5)sr - (16 - 9\sqrt{3})r^2 \leqslant 2\sqrt{\sum b^2c^2}
\end{aligned} \tag{18}$$

式(18) 两边平方,又知
$$\sum b^2c^2 = s^2 + 16R^2r^2 + r^4 - 8Rrs^2 + 2r^2s^2 + 8Rr^3$$

得

$$\begin{aligned}
\text{式}(18) \Leftrightarrow\ & 3s^4 - 32Rrs^2 + 8r^2s^2 + 32Rr^3 + 4r^4 \\
&\geqslant 16Rrs^2 + (3\sqrt{3} - 5)^2s^2r^2 + (16 - 9\sqrt{3})^2r^4 - \\
&\quad 2(3\sqrt{3} - 5)s^3r - 2(16 - 9\sqrt{3})s^2r^2 - 16(3\sqrt{3} - 5)Rsr^2 - \\
&\quad 16(16 - 9\sqrt{3})Rr^3 + 2(3\sqrt{3} - 5)(16 - 9\sqrt{3})sr^3
\end{aligned} \tag{19}$$

以 $16Rr - 5r^2 + \frac{r^2(R - 2r)}{R - r}$ 代入式(19) 中 $3s^4$ 的一个 s^2,有

$$\begin{aligned}
\text{式}(19) \Leftarrow\ & (6\sqrt{3} - 10)s^3 + 2(16 - 9\sqrt{3})s^2r + 16(3\sqrt{3} - 5)Rrs + \\
& 16(16 - 9\sqrt{3})Rr^2 + 32Rr^2 + 4r^3 \\
&\geqslant (3\sqrt{3} - 5)^2s^2r + (16 - 9\sqrt{3})^2r^3 + \\
&\quad 2(3\sqrt{3} - 5)(16 - 9\sqrt{3})sr^2 + 4s^2r + \frac{3r^2s^2}{R - r}
\end{aligned} \tag{20}$$

以 $3\sqrt{3}r$ 代入式(20) 中 $(6\sqrt{3} - 10)s^3$ 中的一个 s,则

$$\begin{aligned}
\text{式}(20) \Leftarrow\ & (6\sqrt{3} - 10) \cdot 3\sqrt{3}s^2r + 2(16 - 9\sqrt{3})s^2r + 16(3\sqrt{3} - 5)Rrs + \\
& 16(16 - 9\sqrt{3})Rr^2 + 32Rr^2 + 4r^3
\end{aligned}$$

$$\geqslant (3\sqrt{3}-5)^2 s^2 r+(16-9\sqrt{3})^2 r^3+$$

$$2(3\sqrt{3}-5)(16-9\sqrt{3})sr^2+4s^2 r+\frac{3r^2 s^2}{R-r}$$

$$\Leftrightarrow (6\sqrt{3}-10)Rs^2-(6\sqrt{3}-10)s^2 r+(288-144\sqrt{3})R^2 r-$$

$$(288-144)Rr^2-(54-30\sqrt{3})sRr+(54-30\sqrt{3})sr^2+$$

$$(288\sqrt{3}-495)Rr^2-(288\sqrt{3}-495)r^3-3s^2 r\geqslant 0 \tag{21}$$

由 $s\leqslant 2R+(3\sqrt{3}-4)r$ 及 $s\geqslant 3\sqrt{3}r$,以$\frac{s-(3\sqrt{3}-4)r}{2}$,$3\sqrt{3}r$ 分别代入式(21) 中的 R 和一个 s,以 $s\leqslant 2R+(3\sqrt{3}-4)r$ 代入式(21) 中 $-(54-30\sqrt{3})sRr$ 中的 s,则有

$$\text{式(21)}\Leftarrow (3\sqrt{3}-5)[s-(3\sqrt{3}-4)r]\cdot 3\sqrt{3}sr-(6\sqrt{3}-10)s^2 r+$$

$$(288-144\sqrt{3})R^2 r-(288-144\sqrt{3})Rr^2-(54-30\sqrt{3})[2R+(3\sqrt{3}-4)r]Rr+$$

$$(54-30\sqrt{3})sr^2+(288\sqrt{3}-495)Rr^2-(288\sqrt{3}-495)r^2-3s^2 r\geqslant 0$$

$$\Leftrightarrow (34-21\sqrt{3})s^2+(180-84\sqrt{3})R^2+(297-171\sqrt{3})sr-$$

$$(297-150\sqrt{3})Rr-(288\sqrt{3}-495)r^2\geqslant 0 \tag{22}$$

由 $180-84\sqrt{3}>0$,$297-171\sqrt{3}>0$,并以$\frac{4}{27}s^2$ 代$(180-84\sqrt{3})R^2$ 中的 R^2,$3\sqrt{3}$ 代$(297-171\sqrt{3})sr$ 中的 s,得

$$\text{式(22)}\Leftarrow (34-21\sqrt{3})s^2+(180-84\sqrt{3})\cdot\frac{4}{27}s^2+(297-171\sqrt{3})\cdot 3\sqrt{3}r^2-$$

$$(297-150\sqrt{3})Rr-(288\sqrt{3}-495)r^2\geqslant 0$$

$$\Leftrightarrow (546-301\sqrt{3})s^2-(2\,673-1\,350\sqrt{3})Rr+(5\,427\sqrt{3}-9\,396)r^2\geqslant 0$$

$$\Leftarrow s^2\geqslant 16Rr-5r^2$$

从而,命题 5 获证.

注 4 由式(16) 及文献[11] 中的结果$\sum\frac{1}{w_a}\geqslant\frac{1}{21}+\frac{1}{\sqrt{2Rr}}$有如下关于$\sum\frac{1}{w_a}$的优美的不等式链

$$\frac{1}{2r}+\sqrt{\sum\frac{1}{a^2}}\geqslant\sum\frac{1}{w_a}\geqslant\frac{1}{2r}+\sqrt{\sum\frac{1}{bc}} \tag{23}$$

4.若干公众号上及网上提出的问题的解答

命题 6

$$\sum\frac{m_a}{b+c}\geqslant 1+\frac{3}{4}(9-4\sqrt{3})\frac{r}{s} \tag{24}$$

(式(24) 是刘保乾在其公众号“珠峰不等式”(529) 中提出的).

证明 由 $m_a\geqslant\frac{b+c}{2}\cos\frac{A}{2}$,得

$$\sum\cos\frac{A}{2}\geqslant 2+\frac{\sqrt{2}-1}{2R}s+\frac{9\sqrt{3}-3\sqrt{6}-8}{2R}r \text{[1]}$$

欲证式(24),只需证

$$\sum\cos\frac{A}{2}\geqslant 2+\frac{3}{2}(9-4\sqrt{3})\frac{r}{s}$$

$$\Leftarrow\frac{\sqrt{2}-1}{2R}s+\frac{9\sqrt{3}-3\sqrt{6}-8}{2R}r\geqslant\frac{3}{2}(9-4\sqrt{3})\frac{r}{s}$$

$$\Leftrightarrow(\sqrt{2}-1)s^2+(9\sqrt{3}-3\sqrt{6}-8)sr\geqslant 3(9-4\sqrt{3})Rr$$

$$\Leftarrow(\sqrt{2}-1)(16Rr-5r^2)+3\sqrt{3}(9\sqrt{3}-3\sqrt{6}-8)r^2$$

$$\geqslant 3(9-4\sqrt{3})Rr$$

$$\Leftrightarrow(16\sqrt{2}+12\sqrt{3}-43)R\geqslant 2(16\sqrt{2}+12\sqrt{3}-43)r$$

$$\Leftrightarrow R\geqslant 2r$$

从而,命题 6 获证.

命题 7

$$\frac{2\sqrt{3}}{3}\prod\cot\frac{A}{2}\geqslant\sum\frac{1}{\sin\frac{A}{2}}\tag{25}$$

(式(25) 是刘保乾在林新群的公众号《量级研究与数学习》中提出的).

证明 由

$$\cot\frac{A}{2}=\frac{s-a}{r},\prod\sin\frac{A}{2}=\frac{r}{4R}$$

及

$$\sum\sin\frac{B}{2}\sin\frac{C}{2}\leqslant\frac{5-2\sqrt{2}}{8R}s+\frac{12+6\sqrt{6}-15\sqrt{3}}{8R}r\text{[1]}$$

有

$$\text{式(25)}\Leftrightarrow\frac{2\sqrt{3}}{3}\cdot\frac{\prod(s-a)}{r^3}\geqslant\frac{4R}{r}\sum\sin\frac{B}{2}\sin\frac{C}{2}$$

$$\Leftarrow\frac{\sqrt{3}s}{6R}\geqslant\frac{5-2\sqrt{2}}{8R}+\frac{12+6\sqrt{6}-15\sqrt{3}}{8R}r$$

$$\Leftrightarrow(4\sqrt{3}-15+6\sqrt{2})s\geqslant(36-45\sqrt{3}+18\sqrt{6})r$$

$$\Leftrightarrow s\geqslant 3\sqrt{3}r$$

从而,命题获证.

命题 7

$$\sum\frac{\sin B+\sin C}{\sin\frac{A}{2}}\geqslant 6\sqrt{3}\tag{26}$$

(有奖解题擂台(137),原载《中学数学教学》,提出人黄兆麟)

证明

$$\text{式(26)}\Leftrightarrow\sum\sin A\sum\frac{1}{\sin\frac{A}{2}}-\sum\frac{\sin A}{\sin\frac{A}{2}}\geqslant 6\sqrt{3}$$

$$\Leftrightarrow\frac{\sum\sin A\sum\sin\frac{B}{2}\sin\frac{C}{2}}{\prod\sin\frac{A}{2}}-2\sum\cos\frac{A}{2}\geqslant 6\sqrt{3}\tag{27}$$

由

$$\sum\cos\frac{A}{2}\leqslant\frac{3\sqrt{3}}{2}$$

$$\sum\sin\frac{B}{2}\sin\frac{C}{2}\geqslant\frac{s}{4R}+\frac{6-3\sqrt{3}}{4R}r\text{[1]}$$

知

$$\text{式(27)}\Leftarrow\frac{s}{R}\left(\frac{s}{4R}+\frac{6-3\sqrt{3}}{4R}r\right)\geqslant\frac{9\sqrt{3}}{4R}r$$

$$\Leftrightarrow s^2+(6-3\sqrt{3})sr\geqslant 9\sqrt{3}Rr$$

$$\Leftarrow 16Rr-5r^2+(6-3\sqrt{3})\cdot 3\sqrt{3}r^2\geqslant 9\sqrt{3}Rr$$

$$\Leftrightarrow R\geqslant 2r$$

从而命题7获证.

命题8

$$(\sum a)^3\prod(s-a)\geqslant(\sum a^2)^3\prod\cos A \tag{28}$$

(式(28)是网友Pigfly2004年6月在Aops上提出的三角形中的一个不等式,刘保乾在文献[12]中曾给出了一个证明,这里给另一证明).

证明 由 $a=2R\sin A,\Delta=s\prod(s-a)=\dfrac{a^2b^2c^2}{16R^2}$,有

$$式(28)\Leftrightarrow 2(\sum a)^3\frac{s\prod(s-a)}{2s}\geqslant(\sum a^2)^3\sum\cos A$$

$$\Leftrightarrow 2(\sum a)^2\frac{a^2b^2c^2}{16R^2}\geqslant(\sum a^2)^3\sum\cos A$$

$$\Leftrightarrow(\sum\sin A)^2\prod\sin^2 A\geqslant 2(\sum\sin^2 A)^3\prod\cos A \tag{29}$$

(i) 当 $\triangle ABC$ 为非锐角三角形时,则式(29)显然成立.

(ii) 当 $\triangle ABC$ 为锐角三角形时,对式(29)作角变换 $A\to\left(\dfrac{\pi}{2}-\dfrac{A}{2}\right)$,则只需证下式

$$\left(\sum\cos\frac{A}{2}\right)\left(\prod\cos^2\frac{A}{2}\right)\geqslant 2\left(\sum\cos^2\frac{A}{2}\right)^3\prod\sin\frac{A}{2} \tag{30}$$

成立.事实上式(30)对任意三角形成立.由

$$\prod\cos\frac{A}{2}=\frac{s}{4R},\prod\sin\frac{A}{2}=\frac{r}{4R},\sum\cos^2\frac{A}{2}=2+\frac{r}{2R}$$

及

$$\left(\sum\cos\frac{A}{2}\right)^2\geqslant 4+\frac{2\sqrt{2}-1}{2R}s+\frac{11-6\sqrt{6}+3\sqrt{3}}{2R}r \text{[1]}$$

$$\Rightarrow\left(\sum\cos\frac{A}{2}\right)^2\geqslant 4+\frac{11r}{2R} \tag{31}$$

知

$$式(29)\Leftrightarrow\left(\sum\cos\frac{A}{2}\right)^2\frac{s^2}{16R^2}\geqslant 2\left(2+\frac{r}{2R}\right)\frac{r}{4R}$$

$$\Leftarrow\left(4+\frac{11r}{2R}\right)^2\cdot\frac{(16Rr-5r^2)}{16R^2}\geqslant 2\left(2+\frac{r}{2R}\right)\frac{r}{4R}$$

$$\Leftarrow 46R^2-79Rr-2r^2\geqslant 0$$

$$\Leftrightarrow(R-2r)(40R+r)\geqslant 0$$

从而命题8获证.

5.关于 $\sum\dfrac{m_a}{a}$ 的一个新下界

命题9

$$\sum\frac{m_a}{a}\geqslant\frac{\sum a\sum a^2}{4abc}+(12\sqrt{3}-18)\frac{r}{4R} \tag{32}$$

(杨学枝在文献[13]证明了 $\sum\dfrac{m_a}{a}\geqslant\dfrac{\sum a\sqrt{\sum a^2b^2}}{abc}$,式(32)是其加强).

证明 由

$$m_a \geqslant \frac{b+c}{2}\cos\frac{A}{2}, \sum a = 2s, \sum a^2 = 2(s^2 - 4Rr - r^2)$$

$$\sum \sin\frac{B}{2}\sin\frac{C}{2} \geqslant \frac{s}{4R} + \frac{6-3\sqrt{3}}{4R}r \text{[1]}$$

$$\sum \cos\frac{A}{2} \geqslant 1 + \sqrt{1 + \frac{s}{4R} + \frac{27-15\sqrt{3}}{2R}r} \text{[1]}$$

知

$$\text{式}(32) \Leftarrow \sum \frac{b+c}{2a}\cos\frac{A}{2} \geqslant \frac{s^2}{4Rr} - 1 + (12\sqrt{3}-19)\frac{r}{4R}$$

$$\Leftrightarrow \frac{1}{2}\sum \frac{4R\cos\frac{A}{2}\cos\frac{B-C}{2}\cos\frac{A}{2}}{4R\sin\frac{A}{2}\cos\frac{A}{2}} \geqslant \frac{s^2}{4Rr} - 1 + (12\sqrt{3}-19)\frac{r}{4R}$$

$$\Leftrightarrow \frac{1}{2}\left(\frac{\sum \sin\frac{B}{2}\sin\frac{C}{2}}{\prod \sin\frac{A}{2}}\prod\cos\frac{A}{2} + \frac{s}{r}\sum\sin\frac{B}{2}\sin\frac{C}{2} - \frac{1}{r}\sum a\sin\frac{B}{2}\sin\frac{C}{2}\right)$$

$$\geqslant \frac{s^2}{4Rr} - 1 + (12\sqrt{3}-19)\frac{r}{4R}$$

$$\Leftrightarrow \frac{1}{2}\left(\frac{\sum \sin\frac{B}{2}\sin\frac{C}{2}}{\frac{r}{4R}}\right)\frac{s}{4R} + \frac{s}{r}\sum\sin\frac{B}{2}\sin\frac{C}{2}$$

$$\geqslant \frac{s^2}{4Rr} - 1 + (12\sqrt{3}-19)\frac{r}{4R}$$

$$\Leftrightarrow \frac{s}{r}\sum\sin\frac{B}{2}\sin\frac{C}{2} - \frac{1}{2}\sum\cos\frac{A}{2} \geqslant \frac{s^2}{4Rr} - 1 + (12\sqrt{3}-19)\frac{r}{4R}$$

$$\Leftarrow \frac{s}{r}\left(\frac{s}{4R} + \frac{6-3\sqrt{3}}{4R}r - \frac{1}{2}\sum\cos\frac{A}{2}\right) \geqslant \frac{s^2}{4Rr} - 1 + (12\sqrt{3}-19)\frac{r}{4R}$$

$$\Leftrightarrow \frac{6-3\sqrt{3}}{2R}s + 2 - (12\sqrt{3}-19)\frac{r}{2R} \geqslant \sum\cos\frac{A}{2}$$

$$\Leftarrow \left(\frac{6-3\sqrt{3}}{2R}s + 1 - \frac{12\sqrt{3}-19}{2R}r\right)^2 \geqslant 1 + \frac{s}{2R} + \frac{27-15\sqrt{3}}{2R}r$$

$$\Leftrightarrow (22-12\sqrt{3})Rs + (63-36\sqrt{3})s^2 - (18\sqrt{3}-22)Rr -$$

$$(258\sqrt{3}-444)sr + (793-456\sqrt{3})r^2 \geqslant 0 \tag{33}$$

注意到 $R \geqslant \frac{s-(3\sqrt{3}-4)r}{2}$ 代入式(33)第一项中的 R 并化简整理得

$$\text{式}(33) \Leftarrow (11-6\sqrt{3})[s^2 - (3\sqrt{3}-4)sr] + (63-36\sqrt{3})s^2 -$$

$$(18\sqrt{3}-22)Rr - (258\sqrt{3}-444)sr + (793-456\sqrt{3})r^2 \geqslant 0$$

$$\Leftrightarrow (74-42\sqrt{3})s^2 - (315\sqrt{3}-542)sr - (18\sqrt{3}-22)Rr + (793-456\sqrt{3})r^2 \geqslant 0$$

$$\Leftarrow (74-42\sqrt{3})(16Rr-5r^2) - (315\sqrt{3}-542)sr -$$

$$(18\sqrt{3}-22)Rr + (793-456\sqrt{3})r^2 \geqslant 0$$

$$\Leftrightarrow (1\,206-690\sqrt{3})R - (315\sqrt{3}-542)sr + (423-246\sqrt{3})r \geqslant 0$$

$$\Leftarrow \frac{(1\,206-690\sqrt{3})[s-(3\sqrt{3}-4)r]}{2}-(315\sqrt{3}-542)s+(423-246\sqrt{3})r\geqslant 0$$

$$\Leftrightarrow(2\,290-1\,320\sqrt{3})s+(11\,880-6870\sqrt{3})r\geqslant 0$$

$$\Leftrightarrow s\geqslant 3\sqrt{3}r$$

从而,命题 9 得证.

注 5　式(32) 强于 $\sum\frac{m_a}{a}\geqslant\frac{\sum a\sqrt{\sum b^2c^2}}{abc}$,只需证

$$\frac{\sum a\sqrt{\sum b^2c^2}}{abc}\geqslant\frac{\sum a\sum a^2}{4abc}+(12\sqrt{3}-18)\frac{r}{4R} \tag{34}$$

以 $\sum a=2s$, $\sum a^2=2(s^2-4Rr-r^2)\cdot abc=4Rr$, $\sum b^2c^2=s^4-8Rrs^2+16R^2r^2+2s^2r+8Rr^3+r^4$ 代入式(34),经化简、整理,只需证

$$[s^2-4Rr+(12\sqrt{3}-19)r^2]^2\geqslant s^4+16R^2r-8Rrs^2+2s^2r^2+8Rr^2+r^4$$

$$\Leftrightarrow(24\sqrt{3}-40)s^2-(96\sqrt{3}-144)Rr+(792-456)r^2\geqslant 0$$

$$\Leftarrow(24\sqrt{3}-40)(16Rr-5r^2)-(96\sqrt{3}-144)Rr+(792-456)r^2\geqslant 0$$

$$\Leftrightarrow(288\sqrt{3}-496)R-(576\sqrt{3}-992)r\geqslant 0$$

$$\Leftrightarrow R\geqslant 2r$$

从而式(34) 成立.

6. 关于 $\sum w_a$ 的一个上界

命题 10

$$\sum w_a\leqslant\frac{\sum a}{3}\cdot\sum\cos\frac{A}{2} \tag{35}$$

证明　郑小彬在文献[14] 中证明了刘保乾在文献[15] 中提出的 $\sum w_a$ 的一个漂亮的上界,即

$$\sum c\delta_a\leqslant\frac{4}{3}s+(9-4\sqrt{3})r \tag{36}$$

又由

$$\sum\cos\frac{A}{2}\geqslant 2+\frac{\sqrt{2}-1}{2R}s+\frac{9\sqrt{3}-3\sqrt{6}-8}{2R}r$$ [1]

故得到

$$式(35)\Leftarrow\frac{\sum a}{3}\sum\cos\frac{A}{2}\geqslant\frac{4}{3}s+(9-4\sqrt{3})r$$

$$\Leftrightarrow\frac{2s}{3}\left(2+\frac{\sqrt{2}-1}{2R}s+\frac{9\sqrt{3}-3\sqrt{6}-8}{2R}r\right)\geqslant\frac{4}{3}s+(9-4\sqrt{3})r$$

$$\Leftrightarrow\frac{\sqrt{2}-1}{3R}s^2+\frac{9\sqrt{3}-3\sqrt{6}-8}{3R}sr\geqslant(9-4\sqrt{3})r$$

$$\Leftarrow\frac{\sqrt{2}-1}{3R}(16Rr-5r^2)+\frac{9\sqrt{3}-3\sqrt{6}-8}{3R}\cdot 3\sqrt{3}r^2\geqslant(9-4\sqrt{3})r$$

$$\Leftrightarrow(16\sqrt{2}+12\sqrt{3}-43)R-(32\sqrt{2}+24\sqrt{3}-86)r\geqslant 0$$

$$\Leftrightarrow R\geqslant 2r$$

从而,命题 10 获证.

参考文献

[1] 杨学枝，尹华焱. 我国研究三角形中半角三角函数不等式情况综述[C] // 杨学枝. 不等式研究. 西藏：西藏人民出版社，2000.

[2] 杨学枝，尹华焱. 关于 $\sum w_a$ 的下界[J]. 研究通讯，1999(04).

[3] 褚小光. 一个三角形猜想不等式的证明[J]. 福建中学数学，1998(06).

[4] 刘健. 问题与猜想 CWx − 13[J]. 研究通讯，1999(04).

[5] 刘保乾. 110 个有趣的不等式问题[C] // 杨学枝. 不等式研究. 西藏：西藏人民出版社，2000.

[6] 尹华焱. 100 个涉及三角形 Ceva 线，旁切圆半径的不等式猜想[C] // 杨学枝. 不等式研究. 西藏：西藏人民出版社，2000.

[7] 刘健. 100 个待解决的三角形不等式问题[C] // 单墫. 几何不等式在中国. 江苏：江苏教育出版社，1996.

[8] 褚小光，尹华焱. 关于三正数的一个代数不等式[J]. 中学数学教学参考，2000(08).

[9] 尹华焱，杨学枝. 关于三角形中半角三角函数的若干几何不等式[J]. 福建中学数学，1997(05).

[10] 杨学枝. 一类不等式的统一证法[J]. 数学竞赛(19)，长沙：湖南教育出版社，1994.

[11] 黄西灵. 关于三角形内角平分线的一个不等式[J]. 福建中学数学，1996(03).

[12] 刘保乾. 一个不等式难题的证明[DB/OL]. 珠峰不等式(635).

[13] 杨学枝. 关于 $\sum \frac{m_a}{a}$ 的一个不等式链[J]. 湖南数学通讯，1993(01).

[14] 郑少彬. 刘保乾征解题的解答[DB/OL]. 量级研究与数学学习，[2019-01-07].

[15] 刘保乾. 一个三角形角平分线和上界不等式征解[DB/OL]. 号量级研究与数学学习，[2019-11].

揭开含参函数零点赋值问题的秘密

赵南平

(福建省邮电学校　福建　福州　350015)

我们在解含参函数零点问题，应用零点存在性定理解题时常会遇到如下的赋值问题：在集合 D(D 是函数 $y=f(x)$ 定义域的子集) 中找一个值 x_0，使 $f(x_0)>0$(或 $f(x_0)<0$). 这问题常出现于压轴题的解答过程中，因解无定法而显得难度较大. 高考试卷参考答案及各种参考书的解答中都是直接给出 x_0 的值，而这值是如何求出来的均未作交代，让人看了答案也满头雾水. 如 2018 年浙江第 22 题竟出现 $m=\mathrm{e}^{-|a|+k}$，$n=\left(\dfrac{|a|+1}{a}\right)^2$，会使 $f(m)-km-a>0$，$f(n)-kn-a<0$ 这样怪异的 m，n(本文给出了另外的答案，见例 12). 如何找到这样的 x_0 值呢？真的是解无定法吗？本文试图撩开这神秘的面纱，对此问题作一番探讨，借以抛砖引玉.

一、零点赋值问题的解题思路

1. 将 $f(x)$ 看成两个函数之和(也可先将 $f(x)$ 变形，如同除以一个恒正的式子，使函数形式变得简单，如例 4、例 12)，一个保持不变，对另一个(设为 $h(x)$) 进行适当变形. 变形的目标是：(1) 尽量减少项数；(2) 形式尽量简单(如不含 e^x，$\ln x$)；(3) 其中多项式的次数尽量低(如不含高次项). 变形后的新函数设为 $g(x)$，$g(x)$ 最好是一次函数、二次函数或简单的指数函数、对数函数.

2. $g(x)$ 要满足以下三个条件：(1) 若要在 D 中找 x_0，使 $f(x_0)>0$(或 $f(x_0)<0$)，则 $f(x)\geqslant g(x)$(或 $g(x)\leqslant f(x)$)，即变形时不等号的方向要保持一致；(2) 方程 $g(x)=0$ 或不等式 $g(x)\geqslant 0$(或 $g(x)\leqslant 0$) 要有解；(3) 解要在区间 D 内. 这样求出的解就是我们所要找的 x_0 值.

注　(1) 找 x_1，使 $f(x_1)>0$ 的放缩方向应是：$f(x)>g(x)$ 或 $f(x)\geqslant g(x)$. 若是 $f(x)>g(x)$，应解不等式 $g(x)\geqslant 0$；若是 $f(x)\geqslant g(x)$，只需解方程 $g(x)=0$ 或不等式 $g(x)\geqslant 0$. 同理，找 x_2，使 $f(x_2)<0$ 的放缩方向应是：$f(x)<g(x)$ 或 $f(x)\leqslant g(x)$. 若是 $f(x)<g(x)$，应解不等式 $g(x)\leqslant 0$；若是 $f(x)\leqslant g(x)$，只需解方程 $g(x)=0$ 或不等式 $g(x)\leqslant 0$.

(2) 若有多次放缩，(如 $f(x)\geqslant h(x)\geqslant g(x)$) 应看几个不等式的等号有没有可能同时取到. 若能，应解不等式 $g(x)>0$；若不能，可解不等式 $g(x)\geqslant 0$ 或方程 $g(x)=0$.

(3) 若解方程 $g(x)=0$，根就可取作 x_0；若解不等式 $g(x)\geqslant 0$(或 $g(x)\leqslant 0$)，解集中的任何一个值都可以取为 x_0，这样 x_0 可以有无数个值.

(4) 求出解后一定要检验所求解是否在集合 D 内. 可去比较这解与区间端点的大小关系(如例 3、例 11、例 12)，一般用求差法. 若不好判定，可设出这解与区间端点的差函数，利用导数判断这函数的单调性(若 $f'(x)$ 的正负无法直接判断，还需要二次求导，如例 4)，并结合区间端点的函数值来判断差的符号(如例 5、例 10).

(5) 由于对 $f(x)$ 变形的方法不同，得到的 x_0 也可以不同，即 x_0 不唯一.

二、如何得到新函数 $g(x)$

1. 减少项数：将 $f(x)$ 中恒正（找 $f(x_0)>0$ 时）或恒负（找 $f(x_0)<0$）的项去掉. 如正（或负）的常数，e^x 恒正（如例 1），$\sqrt{x}\geqslant 0$（如例 12），实数平方非负，二次三项式 ax^2+bx+c 当 $\Delta=b^2-4ac<0$ 时，其值与 a 同号（恒正或恒负）等.

2. 常值代换：(1) 对 e^x，$\ln x$ 看能不能用 0，1 来替换它：当 $x<0$ 时，$0<e^x<1$（如例 1、例 3）；当 $x>0$ 时，$e^x>1$（如例 4、例 6、例 7）；当 $0<x<1$ 时，$\ln x<0$；当 $x>0$ 时，$\ln x>0$（如例 12）.

(2) 用 x 取值范围的端点值代替 x（如例 7、例 8）.

(3) 若 $f(x)$ 中有函数 $h(x)$ 在 (a,b) 内单调递增（或递减），找 $f(x_0)>0$ 时，可用 $h(a)$（或 $h(b)$）代替 $h(x)$；找 $f(x_0)<0$ 时，可用 $h(b)$（或 $h(a)$）代替 $h(x)$.

(4) 若 $f(x)$ 中有函数 $h(x)$ 在 D 内有最大（小）值，也可用最大（小）值来代替 $h(x)$. 如：二次函数最值；$y=xe^x$ 的最小值为 $-\frac{1}{e}$；$y=\frac{x}{e^x}$ 的最大值为 $\frac{1}{e}$（如例 2）；$y=x\ln x$ 的最小值为 $-\frac{1}{e}$；$y=\frac{\ln x}{x}$ 的最大值为 $\frac{1}{e}$；$-1\leqslant\sin x\leqslant 1$，$-1\leqslant\cos x\leqslant 1$.（如例 13）

3. 因式分解：尽量使 $g(x)$ 能因式分解，如能提取公因式（如例 1、例 3、例 4、例 5、例 10）或对公式能否利用平方差公式约分成整式.

禁忌　放缩后的新函数 $y=g(x)$ 不能是 x^n（如 x）的单项式，即 $g(x)\neq A\cdot x^n$（如 $g(x)\neq A\cdot x$），其中 A 不含 x. 因为若 $g(x)=A\cdot x^n$，解 $g(x)=0$，将得 $x=0$；解 $g(x)>0$（或 $g(x)<0$），将得 $x>0$ 或 $x<0$. 与其这样，倒不如将 $x=0$ 代入 $f(x)$ 去判断 $f(0)$ 的正、负. 这时可考虑能否放缩成含 x^2，$\sqrt{x}$ 或 $\frac{1}{x}$ 的代数式.

4. 利用放缩公式：

(1)"$e^x\geqslant$"型：由麦克劳林公式：$e^x=1+\frac{x}{1!}+\frac{x^2}{2!}+\frac{x^3}{3!}+\cdots$ 得 $e^x\geqslant 1+x$（当且仅当 $x=0$ 时取等号）（如例 5、例 6）. 由此得 $e^x\geqslant ex>x$（如例 1、例 4、例 6），$e^x\geqslant\frac{1}{2}x^2+x+1>\frac{x^2}{2}+x$（如例 4、例 10）. 当 $x>0$ 时，$e^x>x^2$（如例 4、例 5、例 7、例 10）. 一般地，$e^x=(e^{\frac{x}{n}})^n\geqslant\left(\frac{e}{n}x\right)^n>\frac{x^n}{n^n}$（如 $e^x>\frac{1}{6}x^3$）.（如例 4、例 5、例 10）

(2)"$\ln x\leqslant$"型：由 $\ln(1+x)=x-\frac{x^2}{2}+\frac{x^3}{3}-\cdots$ 得 $\ln(x+1)\leqslant x$. 由此得：$\ln x\leqslant x-1<x$（当且仅当 $x=1$ 时取等号）（如例 1、例 5、例 8），$\ln x\leqslant\frac{x}{e}<\frac{x}{2}$（如例 8），$\ln x\leqslant x^2-x$（如例 5），$\ln x=\ln(\sqrt{x})^2<2\sqrt{x}-2$，$\ln x<\sqrt{x}$（如例 5、例 11）. 一般地，$\ln x\leqslant\frac{1}{n}x^n$（如 $\ln x\leqslant\frac{1}{3}x^3$）（如例 5），$\ln x=\ln(x^{\frac{1}{n}})^n\leqslant n\cdot(x^{\frac{1}{n}}-1)\leqslant n\cdot x^{\frac{1}{n}}$（如例 1）.

(3)"$e^x\leqslant$"型：当 $x<0$ 时，$e^x<-\frac{1}{x}$（如例 1、例 3），$e^x<\frac{1}{x^2}$；当 $x<1$ 时，$e^x\leqslant\frac{1}{1-x}$（当且仅当 $x=0$ 时取等号）.（如例 6）

注　将 e^x 改写成 $\frac{1}{e^{-x}}$，由"$e^{-x}\geqslant$"型的放缩可得"$e^x=\frac{1}{e^{-x}}\leqslant$"的许多放缩（如例 7）.

(4)“$\ln x \geqslant$”型:$\ln x \geqslant -\frac{1}{ex} > -\frac{1}{x}$(如例8),$\ln x \geqslant 1-\frac{1}{x}$(如例8),$\ln x > -\frac{1}{\sqrt{x}}$;当$0<x<1$时,$\ln x > \frac{1}{2}\left(x-\frac{1}{x}\right)$.

注 (1)可以利用指数、对数运算法则将一些与指数式、对数式联结在一起的式子转化为单一的指数式或对数式,以便利用上述放缩公式进行放缩.如:$ae^x = e^{x+\ln a}$,$b\ln x = \ln x^b$,$\ln x + a = \ln(x \cdot e^a)$等.

(2)若$f(x)$中有不一样的指数(或对数)形式或指数、对数混杂形式,常先放缩成只有一种指数(或对数)的形式.

(5)当$0<x<\frac{\pi}{2}$时,$\sin x < x < \tan x$;当$x \geqslant 0$时,$\sin x \geqslant x - \frac{1}{2}x^2$,$|\sin nx| \leqslant n|\sin x|(n \in \mathbf{N})$.

(6)当$x \geqslant 0$时,$\cos x \geqslant 1-\frac{1}{2}x^2$,$\cos x \geqslant x - \frac{2x^2}{\pi}$.

(7)当$x \in \left(0,\frac{\pi}{2}\right)$时,$\tan x > x + \frac{x^3}{3}$.

(8)当$x \geqslant -1$时,$\sqrt{x+1} < \frac{x}{2}+1$.

注 放缩时可加强条件,将“$\geqslant$”(或“$\leqslant$”)号改为“$>$”(或“$<$”)号.

5.部分替代法:(1)要在$(b,+\infty)$或$(-\infty,a)$内找x_0,使$f(x_0)>0$,可选一个比b大(或比a小)的数c(c常用待定系数法来求),若$f(x)$中有函数$h(x)$在$x>c$(或$x<c$)时,$h(x)>h(c)$,就可用$h(c)$来代替$h(x)$,得新函数$g(x)$,解$g(x)>0$得到$x_0>d$且$d>b$(或$x_0<d$,且$d<a$).可取$x_0=\max\{c,d\}+1$(或$x_0=\min\{c,d\}-1$)或取$x_0=c+d$(或$x_0=c-d$)(如例3、例7)

(2)如要在$(b,+\infty)$或$(-\infty,a)$内找x_0,使$f(x_0)<0$,可选一个比b大(或比a小)的数c,若$f(x)$中有函数$h(x)$在$x>c$(或$x<c$)时,$h(x)<h(c)$,就可用$h(c)$来代替$h(x)$,得新函数$g(x)$,解$g(x)<0$得到$x_0>d$且$d>b$(或$x_0<d$且$d<a$),可取$x_0=\max\{c,d\}+1$(或$x_0=\min\{c,d\}-1$),或取$x_0=c+d$(或$x_0=c-d$)(如例6).

6.绝对值代换:若由于字母的取值情况导致某些式子的符号无法判定时(如解一元二次方程或一元二次不等式时,判别式Δ的符号无法确定;或解一元一次不等式$ax>b$或$ax<b$时,a的符号不确定),可考虑用绝对值$|x|$来代换x:$-|x| \leqslant x \leqslant |x|$,$-|x| \leqslant -x \leqslant |x|$.(如例12)

三、找值技巧:待定系数法和特殊点法.

1. $f(x)$中含$\ln x$时,常设$x=e^m$,这样代入$f(x)$后会去掉$\ln x$,且由于$e \approx 2.7$,$e^2 \approx 7.4$,$\frac{1}{e} \approx 0.37$,$\frac{1}{e^2} \approx 0.14$,可试着给$m$一些值($e^m$的值易于估值),看$m$取什么值时会符合$f(x)>0$(或$f(x)<0$)的要求(如例1、例5、例8)

2.如要找的$x_0 \in (b,+\infty)$,可设$x=mb+n$或$x=mb$,其中$m>1$,$n>0$(这样求出的$x>b$);如要找的$x_0 \in (-\infty,a)$,可设$x=ma+n$或$x=ma$,其中$m<1$,$n<0$(这样$x<a$).代入$f(x)$后可依据$f(x)>0$(或$f(x)<0$)要成立需满足的条件试着给m,n一些值让运算能进行下去或能提取公因式,看m,n取什么值时会符合要求(如例1、例4、例5、例6、例9、例10).

注 (1)对多项式函数常用此法消去高次项.

(2)对极值点是数字的常设$x=m$(如例3、例4).

3. $f(x)$ 中含 a^x(或 e^x) 时,也可考虑作代换:令 $t=a^x$(或 $t=e^x$),这样 $x=\frac{\ln t}{\ln a}$(或 $x=\ln t$)(如例 11).

4.特殊点法:用一些特殊点代入函数,判断函数值的正负.特殊点可以取:

(1) 区间的端点:当区间端点的函数值不存在时,可求其极限值. ① 当区间是$(b,+\infty)$时,要取点的值要比较大,如可取指数形式($x'=e^a$). ② 当区间是$(0,a)$时,要取点的值要比较小,可取 $x'=e^{-a}$(如例 8).若在$(a,+\infty)$上已取到点 x',使 $f(x')>0$(或 $f(x')<0$),也可取倒数 $x''=\frac{1}{x'}$试试看(如例 2、例 5、例 6、例 8).

(2) 一些特殊的常数.如 0(如例 1、例 4、例 8、例 10、例 11),± 1,(如例 3、例 5、例 7),$\pm e$,$\pm\frac{1}{e}$(如例 1),….三角中的零点问题常用此法,如取 $x=0,\frac{\pi}{2},\cdots$ 等.

(3) 当区间是(a,b)时,可以用二分法取点,即取 $x_1=\frac{a+b}{2}$,判断 $f(x_1)$ 的符号,若达不到目的,再取$\left(a,\frac{a+b}{2}\right)$或$\left(\frac{a+b}{2},b\right)$的中点,……

(4) 利用函数图像的对称性对称取点(如例 13).

四、精典范例

例 1(2017 全国Ⅰ卷理 21(2)(压轴)) 已知函数 $f(x)=ae^{2x}+(a-2)e^x-x$,若 $f(x)$ 有两个零点,求 a 的取值范围.

解析 本题采用对 $f(x)$ 分类讨论的方法. $f(x)$ 在$(-\infty,\ln a^{-1})$单调递减,在$(\ln a^{-1},+\infty)$单调递增,函数 $f(x)$ 图像如图 1 所示.当 $a>0$ 时,$f(x)$ 要有两个零点,$f(x)_{\min}=f(\ln a^{-1})$ 必须小于 0,解得 $0<a<1$.

于是要找 $x_1<\ln a^{-1}$ 和 $x_2>\ln a^{-1}$,使 $f(x_1)>0,f(x_2)>0$.

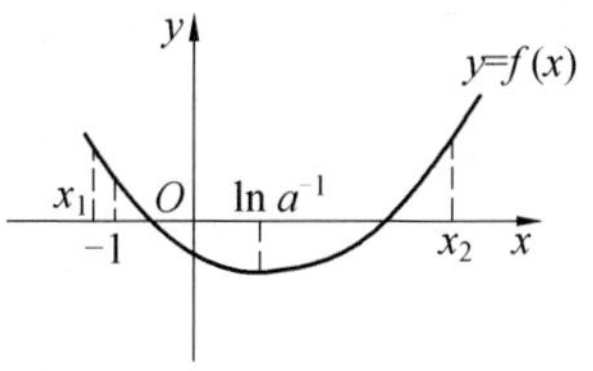

解法一 这时 $e^{2x}>0,a>0$,所以 $f(x)>(a-2)e^x-x$,因为 $x<0$ 时,$e^x<-\frac{1}{x}$,$a-2<0$,所以 $f(x)>\frac{2-a}{x}-x$,解$\frac{2-a}{x}-x\geqslant 0$,得 $x\leqslant -\sqrt{2-a}$,取 $x_1=-\sqrt{2-a}<0$,满足 $x<0<\ln\frac{1}{a}$,$f(x_1)>0$,据此也可取 $x_1=-1$ 或 $x_1=-\sqrt{2}$.

图 1

解法二 因为 $x<0$ 时,$e^x<1$,而 $a-2<0$,所以 $f(x)>ae^{2x}+a-2-x$,因为 $ae^{2x}>0$,所以 $f(x)>a-2-x$,解 $a-2-x\geqslant 0$,得 $x\leqslant a-2<0$.取 $x_1=a-2$.据此也可取 $x_1=-2,x_1=-1$,则 $f(x_1)>0$.

解法三 因为 $e^x>x$,所以 $-x>-e^x$,则 $f(x)>ae^{2x}+(a-2)e^x-e^x=e^x[ae^x+(a-3)]$,解 $ae^x+(a-3)\geqslant 0$,得 $x\geqslant\ln\frac{3-a}{a}$.因为 $0<a<1$,所以 $2<3-a<3$,则 $\ln\frac{3-a}{a}>\ln\frac{1}{a}$,所以取 $x_2=\ln\frac{3-a}{a}$,满足 $f(x_2)>0$.

解法四 $f(x)=e^x[ae^x+(a-2)]-x$.因为 $e^x>x$,所以只需

$$ae^x+(a-2)\geqslant 1 \tag{1}$$

即可使 $f(x)\geqslant e^x-x>0$，解式(1)得 $x\geqslant \ln\dfrac{3-a}{a}$. 因为 $\ln\dfrac{3-a}{a}>\ln\dfrac{1}{a}$，所以可取 $x_2=\ln\dfrac{3-a}{a}$.

解法五(换元)　令 $e^x=t(t>0)$，$x=\ln t$，$f(x)$ 换元得

$$g(t)=at^2+(a-2)t-\ln t$$

$$g'(t)=\frac{(at-1)(2t+1)}{t}$$

当 $a>0$ 时，$g(x)$ 在 $\left(0,\dfrac{1}{a}\right)$ 上单调递减，在 $\left(\dfrac{1}{a},+\infty\right)$ 上单调递增，函数 $g(x)$ 图像如图 2 所示. 所以

$$g(t)_{\min}=g\left(\frac{1}{a}\right)=\ln a+1-\frac{1}{a}$$

为使 $g(t)$ 有两个零点，需 $\ln a+1-\dfrac{1}{a}<0$，所以 $0<a<1$. 这时需找 $t_1<\dfrac{1}{a}$，使 $g(t_1)>0$；找 $t_2>\dfrac{1}{a}$，使 $g(t_2)>0$. 因为 $\ln t<t$，所以 $g(t)>at^2+(a-2)t-t=at^2+(a-3)t=t[at-(3-a)]$，解 $at-(3-a)\geqslant 0$，得 $t\geqslant\dfrac{3-a}{a}>0$，即 $x=\ln t=\ln\dfrac{3-a}{a}>\ln\dfrac{1}{a}$. 所以可取 $x_2=\ln\dfrac{3-a}{a}$，会满足 $f(x_2)>0$. 因为

$$g\left(\frac{1}{e}\right)=\frac{a}{e^2}+\frac{a-2}{e}+1=\frac{a+e^2+(a-2)e}{e^2}=\frac{a+e(e-2+a)}{e^2},0<\frac{1}{e}<\frac{1}{a}$$

所以可取 $t_1=\dfrac{1}{e}$，即 $x_1=-1$，会满足 $f(x_1)>0$.

解法六　(同解法五换元)令 $e^x=t(t>0)$，设 $t=m\cdot\dfrac{1}{a}(m>1)$，因为 $\ln t<t$，所以 $g(t)>at^2+(a-3)t$，则 $g\left(m\cdot\dfrac{1}{a}\right)\geqslant\dfrac{m[m-(3-a)]}{a}$，解 $m[m-(3-a)]\geqslant 0$，得 $m\geqslant 3-a$. 因为 $0<a<1$，所以 $2<3-a<3$，则 $m>3$. 若取 $m=4$，$t=\dfrac{4}{a}$，$x=\ln\dfrac{4}{a}$. 若取 $m=3-a$，则 $t_2=\dfrac{3-a}{a}>0$，所以 $x_2=\ln\dfrac{3-a}{a}$.

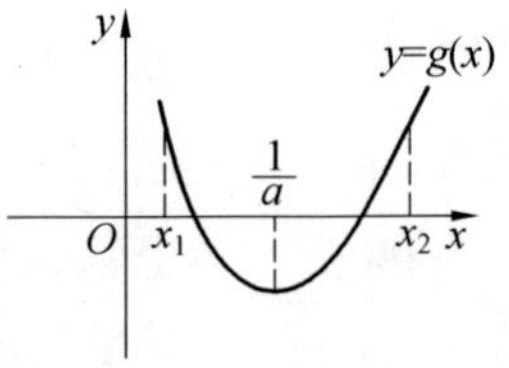

图 2

解法七　本题也可以用分离参数法来解. 分离参数得 $a=\dfrac{2e^x+x}{e^{2x}+e^x}$. 设 $g(x)=\dfrac{2e^x+x}{e^{2x}+e^x}$. 研究 $y=g(x)$ 与 $y=a$ 两图像交点个数，$g(x)$ 图像如图 3 所示. 当 $0<a<1$ 时，$g(-2)<0<a$，$g(0)=1>a$，在区间 $(-2,0)$ 内，$y=g(x)$ 与 $y=a$ 有一个交点. 现要找 $x_1>0$，使 $g(x_1)<a$. 因为 $e^x>x$，所以

$$g(x)<\frac{2e^x+e^x}{e^{2x}+e^x}=\frac{3}{e^x+1}<\frac{3}{e^x}$$

解 $\dfrac{3}{e^x}\leqslant a$，得 $x\geqslant\ln\dfrac{3}{a}$. 因为 $\dfrac{3}{a}>1$，所以 $\ln\dfrac{3}{a}>0$. 因此可取 $x_1=\ln\dfrac{3}{a}$，则 $g(x_1)<a$.

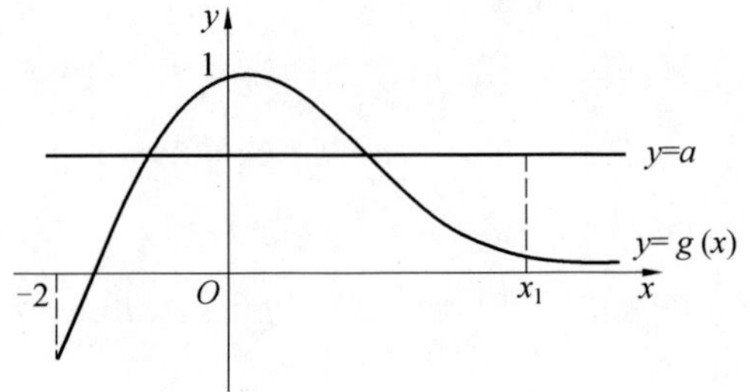

图 3

注　(1) 本题若这样放缩：$x<0$ 时，$-x>0$，所以 $f(x)>ae^{2x}+(a-2)e^x=e^x[ae^x+(a-2)]$，解 $ae^x+(a-2)\geqslant 0$，得 $x\geqslant\ln\dfrac{2-a}{a}$. 因为 $0<a<1$，所以 $\dfrac{2-a}{a}>2$，$\ln\dfrac{2-a}{a}>0$，这与 $x<0$ 的约定不符，所以此法行不通.

(2) 本题也可转化为 $h(x)=g(x)$ 来解.

例 2(2013 山东理 21(2)) 设函数 $f(x)=\dfrac{x}{e^{2x}}+c(c\in\mathbf{R})$,试讨论关于 x 的方程 $|\ln x|=f(x)$ 根的个数.

解析 令 $g(x)=|\ln x|-f(x)=|\ln x|-\dfrac{x}{e^{2x}}-c(x\in(0,+\infty))$. 本题采用对 $g(x)$ 分类讨论的方法. $g(x)$ 在 $(0,1)$ 内单调递减,在 $(1,+\infty)$ 内单调递增,函数 $g(x)$ 图像如图 4 所示. 则 $g(x)_{\min}=g(1)=-e^{-2}-c$. 当 $g(1)<0$,即 $c>-e^{-2}$ 时,要找 $0<x_1<1$,使 $g(x_1)>0$,这时 $g(x)=-\ln x-xe^{-2x}-c$;要找 $x_2>1$,使 $g(x_2)>0$,这时 $g(x)=\ln x-xe^{-2x}-c$. 当 $0<x<1$ 时,$\dfrac{2x}{e^{2x}}$ 的最大值是 $\dfrac{1}{e}$,$\dfrac{-x}{e^{2x}}\geqslant-\dfrac{1}{2}e^{-1}>-1$,这时 $g(x)>-\ln x-1-c$,解 $-\ln x-1-c\geqslant0$,得 $x\leqslant e^{-1-c}$. 因为 $-1-c<-1+e^{-2}<0$,所以 $x<e^0=1$,可取 $x_1=e^{-1-c}$,会满足 $g(x_1)>0$. 当 $x>1$ 时,同上 $g(x)>\ln x-1-c$,解 $\ln x-1-c\geqslant0$,得 $x\geqslant e^{1+c}$. 因为 $1+c>0$,所以 $e^{1+c}>1$,可取 $x_2=e^{1+c}$,会满足 $g(x_2)>0$.(其余略)

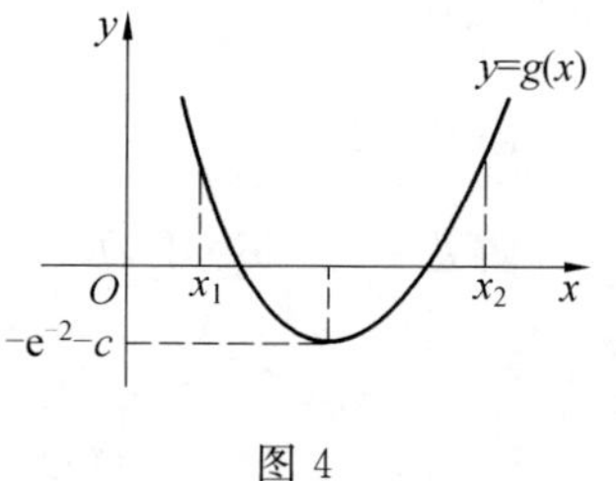

图 4

注 (1) 本题 x_1,x_2 恰互为倒数.

(2) 本题也可转化为 $g(x)=h(x)$ 来解.

例 3(2016 全国乙卷文 21(2)(压轴)) 已知函数 $f(x)=(x-2)e^x+a(x-1)^2$,若 $f(x)$ 有两个零点,求 a 的取值范围.

解析 本题采用对 $f(x)$ 分类讨论的方法. 当 $a>0$ 时,$f(x)$ 在 $(-\infty,1)$ 内单调递减,在 $(1,+\infty)$ 内单调递增,$f(1)=-e<0$,$f(2)=a>0$,$f(0)=a-2$ 可能小于 0,函数 $f(x)$ 图像如图 5 所示. 现要找 $x_1<0$,使 $f(x_1)>0$.

解法一 $f(x)=(x-2)e^x+a(x^2-2x+1)=(x-2)e^x+a(x^2-2x)+a$,因为 $a>0$,所以 $f(x)>(x-2)e^x+a(x-2)x=(x-2)[e^x+ax]$. 因为 $x-2<0$,所以要 $f(x)>0$,需 $e^x+ax<0$. 因为 $x<0$,所以 $e^x<1$,$e^x+ax<1+ax$,解 $1+ax\leqslant0$,得 $x\leqslant-\dfrac{1}{a}$. 因为 $-\dfrac{1}{a}<0$,所以可取 $x_1=-\dfrac{1}{a}$,则 $f(x_1)>0$.

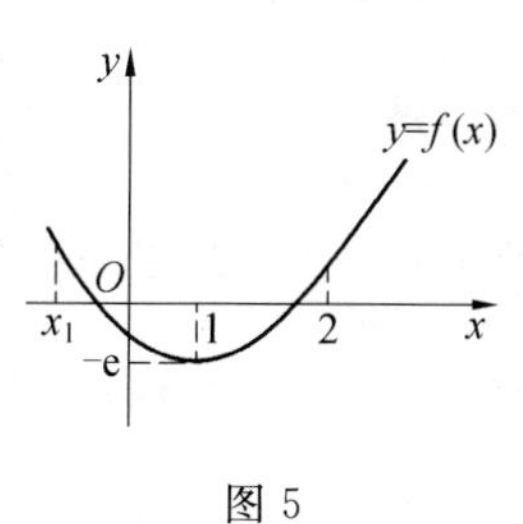

图 5

注 (1) $f(x)$ 也可作如下变形

$$\begin{aligned}f(x)&=(x-2)e^x+a[(x-2)+1]^2\\&=(x-2)e^x+a(x-2)^2+2a(x-2)+a\\&>(x-2)e^x+a(x-2)^2+2a(x-2)\\&=(x-2)(e^x+ax)\end{aligned}$$

(2) 本题 $x-2$ 可正可负,所以由 $e^x>x$ 推出 $f(x)>(x-2)x+a(x-1)^2$ 是错误的.

但当 $x>2$ 时,若由 $e^x>x-1$ 可得

$$f(x)>(x-2)(x-1)+a(x-1)^2=(x-1)[(x-2)+a(x-1)]$$

解

$$(x-2)+a(x-1)=0$$

得

$$x=\frac{a+2}{a+1}$$

但$\frac{a+2}{a+1}<2$,所以此法不行.

解法二 同解法一,得需$e^x+ax<0$.因为当$x<0$时,$e^x<-\frac{1}{x}$,所以$e^x+ax<e^x-\frac{1}{x}=\frac{ax^2-1}{x}$.解$\frac{ax^2-1}{x}\leqslant 0$,$ax^2-1\geqslant 0$得$x\leqslant -\sqrt{\frac{1}{a}}$或$x\geqslant\sqrt{\frac{1}{a}}$(不合).因此若取$x_1=-\sqrt{\frac{1}{a}}$,可使$f(x_1)>0$.

解法三 设$x_1=b<0$,则$f(x)=(b-2)e^b+a(b-1)^2$.因为$b-2<0$,试让$e^b\leqslant ma$,$m<0$.解

$$b^2+(m-2)b+(1-2m)=m(m+4)>0$$

得$m<-4$或$m>0$.解

$$\Delta=(m-2)^2-4(1-2m)=m(m+4)\geqslant 0$$

得$b\leqslant\frac{2-m-\sqrt{m(m+4)}}{2}$或$b\geqslant\frac{2-m+\sqrt{m(m+4)}}{2}$(舍去).当$m\geqslant\frac{1}{2}$时,$\frac{2-m-\sqrt{m(m+4)}}{2}\leqslant 0$.因此若取$x_1=\min\{\ln ma,\frac{2-m-\sqrt{m(m+4)}}{2}\}(m>\frac{1}{2})$,就会使$f(x_1)>0$,若取$m=1$,得$x_1=\min\{\ln a,\frac{1-\sqrt{5}}{2}\}$;若取$m=2$,得$x_1=\min\{\ln 2a,-\sqrt{3}\}$;……

注 试卷参考答案是:$b<0$,且$b<-\frac{a}{2}$.

例4(2018全国Ⅱ卷理21(2)(压轴)) 已知函数$f(x)=e^x-ax^2$.若$f(x)$在$(0,+\infty)$只有一个零点,求a.

解析 本题先将$f(x)$变形为$f(x)=x^2(e^xx^{-2}-a)$,令$h(x)=e^xx^{-2}-a$,采用对$h(x)$分类讨论的方法.$h'(x)=\frac{(x-2)e^x}{x^3}$,$h(x)$在$(0,2)$上单调递减,在$(2,+\infty)$上单调递增,函数图像如图6所示.则$h(x)_{\min}=h(2)=\frac{e^2}{4}-a$.当$a=\frac{e^2}{4}$时,$h(x)$只有一个零点;当$a>\frac{e^2}{4}$时,$h(2)<0$.现要找$0<x_1<2$和$x_2>2$,使$h(x_1)>0$,$h(x_2)>0$.

解法一 因为$e^x>ex$,所以$h(x)>\frac{e}{x}-a$,解$\frac{e}{x}-a\geqslant 0$,得$x\leqslant\frac{e}{a}$.因为$a>\frac{e^2}{4}$,所以$\frac{e}{a}<\frac{4}{e}<2$,所以可取$x_1=\frac{e}{a}$,会满足$h(x_1)>0$.因为$e^x=(e^{\frac{x}{3}})^3>\left(\frac{ex}{3}\right)^3=\frac{e^3x^3}{27}$,所以$h(x)>\frac{e^3x^3}{27}-a$,解$\frac{e^3x^3}{27}-a\geqslant 0$,得$x\geqslant\frac{27a}{e^3}$,所以可取$x_2=\frac{27a}{e^3}$,会满足$h(x_2)>0$,这时$h(x)$有两个零点.

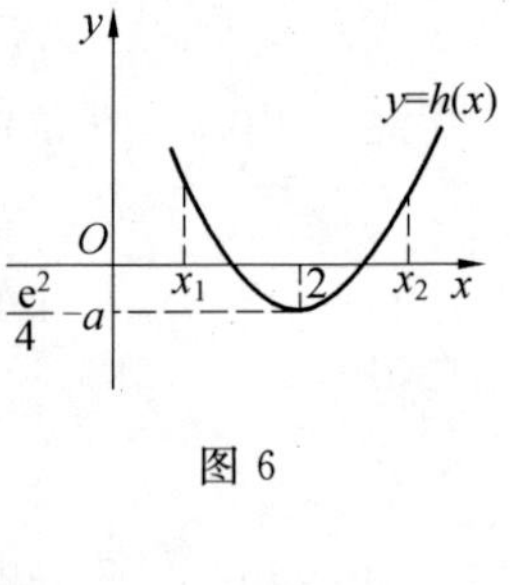

图6

注 也可用$e^x>x$放缩得$x\leqslant\frac{1}{a}$,可取$x_1=\frac{1}{a}$,由$e^x>\frac{x^3}{27}$放缩得$x\geqslant 27a$,可取$x_2=27a$.

解法二 同解法一,得$h(x)=e^xx^{-2}-a$.因为$x\neq 0$时$e^x>x+1$,放缩得$h(x)>\frac{x+1}{x^2}-a=\frac{-ax^2+x+1}{x^2}$,解$-ax^2+x+1\geqslant 0$,得$\frac{1-\sqrt{1+4a}}{2a}\leqslant x\leqslant\frac{1+\sqrt{1+4a}}{2a}$.当$a>\frac{3}{4}$时,$\frac{1+\sqrt{1+4a}}{2a}<2$,而$a>\frac{e^2}{4}$,因此可取$x_1=\frac{1+\sqrt{1+4a}}{2a}$,会满足$h(x_1)>0$.

解法三 同解法一，得 $h(x)=\frac{e^x}{x^2}-a$. 因为 $e^x>\frac{x^2}{2}+x$，所以 $h(x)>\frac{1}{x}+(\frac{1}{2}-a)$，解 $\frac{1}{x}+(\frac{1}{2}-a)\geqslant 0$，得 $x\leqslant\frac{2}{2a-1}$. 因为解 $a>\frac{e^2}{4}$，所以 $\frac{2}{2a-1}>0$. 因此若取 $x_1=\frac{2}{2a-1}$，会满足 $h(x_1)>0$. 另由 $e^x>\frac{x^4}{256}$ 得 $h(x)>\frac{x^4}{256}-a$，解 $\frac{x^4}{256}-a\geqslant 0$，得 $x\geqslant 16\sqrt{a}$. 若取 $x_2=16\sqrt{a}$，会使 $h(x)>0$. 同样，若由 $e^x>\frac{x^a}{n^n}$，可得 x_2 的很多解.

解法四 同解法一，得 $h(x)=\frac{e^x}{x^2}-a$. 设 $x=b$，则 $h(b)=\frac{e^b}{b^2}-a$. 因为 $e^b>b$，所以 $h(b)>\frac{1}{b}-a$，解 $\frac{1}{b}-a\geqslant 0$，得 $b\leqslant\frac{1}{a}$. 所以可取 $x_1=\frac{1}{a}$，会满足 $h(x_1)>0$.

解法五 本题也可先将 $f(x)$ 变形为 $f(x)=e^x(1-ax^2\cdot e^{-x})$. 令

$$h(x)=1-ax^2\cdot e^{-x}$$

则

$$h'(x)=ax(x-2)e^{-x}$$

当 $a>0$ 时，$h(x)$ 在 $[0,2)$ 上单调递减，在 $(2,+\infty)$ 内单调递增，函数 $h(x)$ 图像如图 7 所示. 则 $h(x)_{\min}=h(2)=1-\frac{4a}{e^2}$. 当 $a=\frac{e^2}{4}$ 时，$h(x)$ 只有一个零点；当 $a>\frac{e^2}{4}$ 时，$h(0)=1>0$，$h(2)<0$，现要找 $x_2>2$，使 $h(x_2)>0$. 因为当 $x>2$ 时 $e^x>x^2$，所以 $e^x=(e^{\frac{x}{2}})^2>\left[\left(\frac{x}{2}\right)^2\right]^2=\frac{x^4}{16}$，则 $h(x)>1-\frac{16a}{x^2}$. 解 $1-\frac{16a}{x^2}\geqslant 0$，得 $x\geqslant 4\sqrt{a}$. 因为 $a>\frac{e^2}{4}$，所以 $4\sqrt{a}>2e>2$，从而可取 $x_2=4\sqrt{a}$，会满足 $h(x_2)>0$.

图 7

注 试卷参考答案的解答是：$h(4a)>0$.

解法六 同解法四，得 $h(x)=1-\frac{e^x}{x^2}$. 由 $e^x>x$，得 $h(x)>1-ax$，解 $1-ax\geqslant 0$，得 $x\leqslant\frac{1}{a}$. 所以可取 $x_1=\frac{1}{a}$. 又由 $e^x>\frac{x^3}{27}$，得 $h(x)>1-\frac{27a}{x}$，解 $1-\frac{27a}{x}\geqslant 0$，得 $x\geqslant 27a$. 所以可取 $x_2=27a$.

解法七 本题也可对 $f(x)$ 分类讨论如下：$f'(x)=e^x-2ax$. 由于 $f'(x)$ 正负无法直接判断，故二次求导得 $f''(x)=e^x-2a$，解 $f''(x)=0$ 得 $x=\ln 2a$. 当 $a>\frac{1}{2}$ 时，$f'(x)$ 在 $[0,\ln 2a)$ 上单调递减，在 $(\ln 2a,+\infty)$ 内单调递增，函数 $f'(x)$ 图像如图 8 所示. 则 $f'(x)_{\min}=f'(\ln 2a)=2a(1-\ln 2a)$.

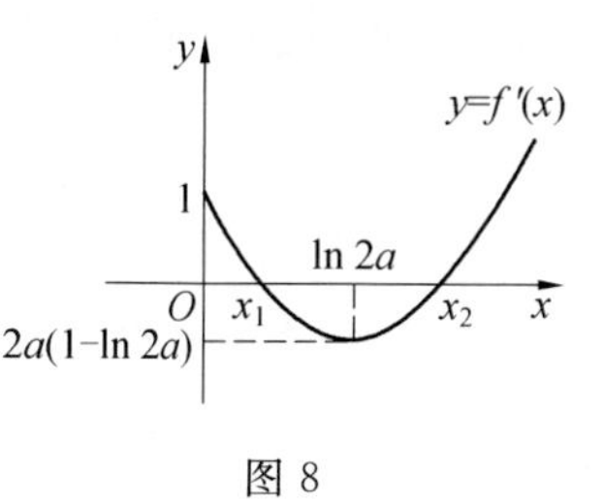

图 8

当 $a>\frac{e}{2}$ 时，$f'(\ln 2a)<0$，$f'(0)=1$.

这时 $f'(x)=0$ 有两个零点，设为 x_1，x_2，且 $x_1<x_2$，$f'(x_1)=f'(x_2)=0$（如表 1），所以 $e^{x_2}=2ax_2$.

表 1

x	$(0,x_1)$	(x_1,x_2)	$(x_2,+\infty)$
$f'(x)$	+	−	+
$f(x)$	↑	↓	↑

$f(x)$ 图像如图9所示，$f(0)=1$，$f(x_2)=e^{x_2}-ax_2^2=2ax_2-ax_2^2=ax_2(2-x_2)$．当 $f(x_2)=0$，即 $x_2=2$ 时，$f(x)$ 恰有一个零点，这时 $a=\frac{e^2}{4}$. 当 $f(x_2)<0$，即 $a>\frac{e^2}{4}$ 时，$f(x)$ 有两个零点. 为此，要找 $x_1'<x_2$ 和 $x_2'>x_2$，使 $f(x_1')>0$，$f(x_2')>0$.

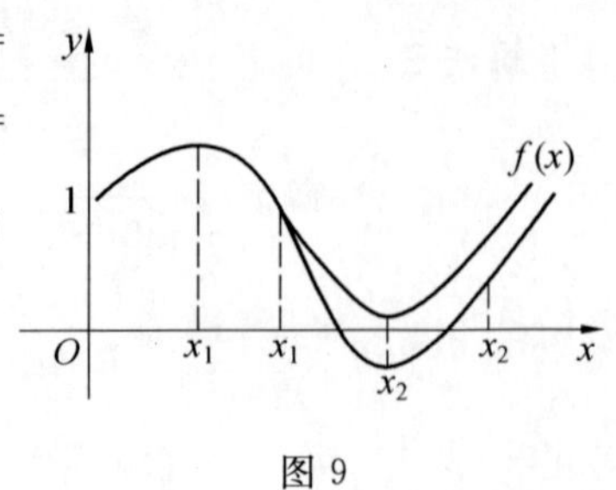

图 9

因为

$$e^x=(e^{\frac{x}{3}})^3>\left(\frac{2x}{3}\right)^3=\frac{8x^3}{27}$$

所以

$$f(x)>\frac{8x^3}{27}-ax^2=\frac{8x^3}{27}\left(x-\frac{27}{8}a\right)$$

解

$$\frac{8x^3}{27}\left(x-\frac{27}{8}a\right)\geqslant 0$$

得

$$x\geqslant\frac{27}{8}a$$

所以可取 $x_2'=\frac{27}{8}a$(或取 $x_2'=4a$)，会满足 $f(x_2')>0$.

由 $e^x>\frac{1}{2}x^2+x$，得 $f(x)>\frac{1}{2}x^2+x-ax^2=\frac{x}{2}[(1-2a)x+2]$，解 $x[(1-2a)x+2]\geqslant 0$，得 $x\leqslant\frac{2}{2a-1}$. 取 $x_1'=\frac{2}{2a-1}(>0)$，会满足 $f(x_1')>0$.

注　本题也可由 $e^x>x$ 得 $f(x)>x-ax^2=-x(ax-1)$. 解 $-x(ax-1)>0$，得 $0<x<\frac{1}{a}$. 所以可取 $x'_1=\frac{1}{a}$，会使 $f(x'_1)>0$.

解法八　同解法七，取 $x_2'=\frac{27}{8}a$(或取 $x_2'=4a$). 因为 $x>0$ 时 $e^x>1$，所以 $f(x)>1-ax^2$，解 $1-ax^2\geqslant 0$，得 $0<x\leqslant\sqrt{\frac{1}{a}}$. 若取 $x_1'=\sqrt{\frac{1}{a}}$，会满足 $f(x_1')>0$.

注　本题也可对两个 $h(x)$ 和 $f(x)$ 用分离参数法来解.

例5(2013江苏文20(2)(压轴))　设函数 $f(x)=\ln x-ax$，$g(x)=e^x-ax$，其中 a 为实数，若 $g(x)$ 在 $(-1,+\infty)$ 上是单调增函数，试求 $f(x)$ 的零点个数，并证明你的结论.

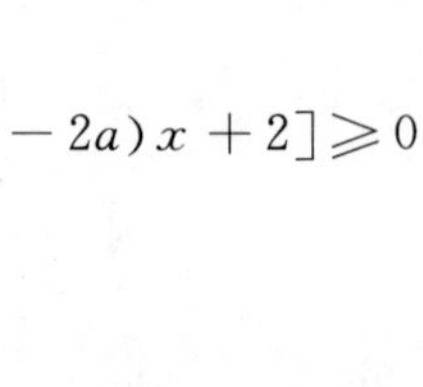

解析　本题采用对 $f(x)$ 分类讨论的方法. 由 $g(x)$ 在 $(-1,+\infty)$ 内单调递增，可得 $a\leqslant e^{-1}$(具体解略). 当 $a=0$ 时，有唯一零点 $(x=1)$．$f'(x)=\frac{1}{x}-a$. 当 $a<0$ 时，$f'(x)>0$，$f(x)$ 在 $(0,+\infty)$ 内单调递增，$f(1)=-a>0$，函数 $f(x)$ 图像如图10所示. 要找 $0<x_1<1$，使 $f(x_1)<0$.

图 10

解法一　因为 $\ln x<x-1$，所以 $f(x)<x-1-ax$，解 $x-1-ax\leqslant 0$，得 $x\leqslant\frac{1}{1-a}$.

因为 $a<0$，所以 $1-a>1$，则 $\frac{1}{1-a}<1$，所以可取 $x_1=\frac{1}{1-a}$，会满足 $f(x_1)<0$，则 $f(x)$ 有唯一

零点.

（注　另解如下：因为 $0<x_1<1$，$a<0$，所以 $f(x)<\ln x-a$. 解 $\ln x-a\leqslant 0$，得 $x\leqslant \mathrm{e}^a$，所以也可取$x_1=\mathrm{e}^a$）. 当 $0<a\leqslant \frac{1}{\mathrm{e}}$ 时，$f(x)$ 在 $\left(0,\frac{1}{a}\right)$ 上单调递增，在 $\left(\frac{1}{a},+\infty\right)$ 上单调递减，函数 $f(x)$ 图像如图 11 所示. 所以

$$f(x)_{\max}=f\left(\frac{1}{a}\right)=-\ln a-1$$

当 $a=\frac{1}{\mathrm{e}}$ 时，$f(x)$ 有一个零点. 当 $0<a<\frac{1}{\mathrm{e}}$ 时，$f\left(\frac{1}{a}\right)>0$，要找 $x_1<\frac{1}{a}$，使 $f(x_1)<0$. 同上可得 $x\leqslant\frac{1}{1-a}$. 因为 $0<a<\frac{1}{\mathrm{e}}$，$\frac{1}{1-a}<\frac{1}{a}$，所以可取 $x_1=\frac{1}{1-a}$，会满足 $f(x_1)<0$.（也可取 $x_1=1(a=0)$，或$x_1=\frac{\mathrm{e}}{\mathrm{e}-1}\left(a=\frac{1}{\mathrm{e}}\right)$）另外，要找 $x_2>\frac{1}{a}$，使 $f(x_2)<0$. 因为 $\ln x<2\sqrt{x}$，所以 $f(x)<2\sqrt{x}-ax=\sqrt{x}(2-a\sqrt{x})$，解 $2-a\sqrt{x}\leqslant 0$，得 $x\geqslant\left(\frac{2}{a}\right)^2$. 因为$\frac{1}{a}>\mathrm{e}$，所以$\left(\frac{2}{a}\right)^2>\left(\frac{1}{a}\right)^2>\frac{1}{a}$，从而可取 $x_2=\left(\frac{2}{a}\right)^2$，会满足 $f(x_2)<0$，这时 $f(x)$ 有两个零点.

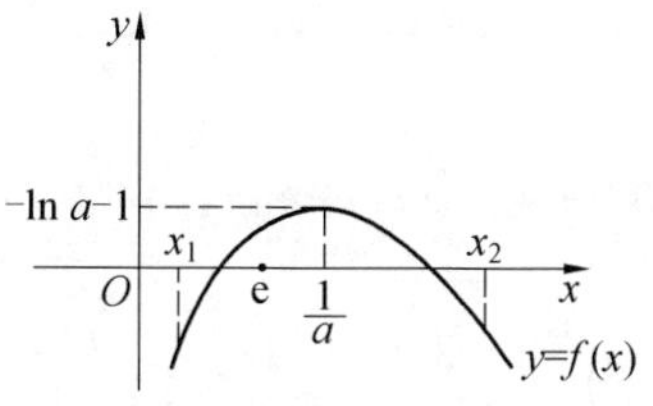

图 11

注　本题若由 $\ln x<nx^{\frac{1}{n}}$ 还可得x_2 的多种解答，如$x_2=\left(\frac{3}{a}\right)^{\frac{3}{2}}$，……

解法二　因为当 $0<a<\frac{1}{\mathrm{e}}$ 时 $\ln x<x^2-x$，所以 $f(x)<x^2-x-ax=x[x-(1+a)]$，解 $x[x-(1+a)]\leqslant 0$，得 $0<x\leqslant 1+a$，因为 $a+1<\mathrm{e}<\frac{1}{a}\leqslant 0$，所以可取$x_1=a+1$，会使 $f(x_1)<0$.

解法三　因为 $\ln x<\frac{1}{3}x^3$，所以 $f(x)<\frac{1}{3}x^3-ax=\frac{1}{3}(x^2-3a)$. 解 $x(x^2-3a)\leqslant 0$，得 $x\leqslant-\sqrt{3a}$（不合）或 $0<x\leqslant\sqrt{3a}$，因为$\sqrt{3a}<\frac{1}{a}$，所以可取$x_1=\sqrt{3a}$，会满足 $f(\sqrt{3a})<0$.

同样，由 $\ln x<\frac{1}{n}x^n$，还可得x_1 的多种解答.

解法四　设 $x=\mathrm{e}^m$，则 $f(\mathrm{e}^m)=m-a\mathrm{e}^m$. 当 $a<0$ 时，试着让 $m=a<0$，则 $f(\mathrm{e}^a)=a-a\mathrm{e}^a=a(1-\mathrm{e}^a)$. 因为 $a<0$，$\mathrm{e}^a<1$，所以 $a(1-\mathrm{e}^a)<0$，即 $f(\mathrm{e}^a)<0$，所以可取 $x_1=\mathrm{e}^a$，会满足 $f(x_1)<0$. 当 $0<a<\frac{1}{\mathrm{e}}$ 时，$\frac{1}{a}>\mathrm{e}$，让 $m>2$，这时 $\mathrm{e}^m>m^2$，$f(\mathrm{e}^m)<m-am^2=m(1-am)$. 解 $1-am\leqslant 0$，得 $m\geqslant\frac{1}{a}>\mathrm{e}>2$，所以可取 $x_2=\mathrm{e}^{\frac{1}{a}}$，会使 $f(x_2)<\mathrm{e}$.

解法五　同解法四，得 $f(\mathrm{e}^m)=m-a\mathrm{e}^m$，因为 $\mathrm{e}^m>m+1$，所以当 $0<a<\frac{1}{\mathrm{e}}$ 时，$f(\mathrm{e}^m)<m-a(m+1)=(1-a)m-a$，解 $(1-a)m-a\leqslant 0$，得 $m\leqslant\frac{a}{1-a}$. 所以可取 $x_1=\frac{a}{\mathrm{e}^{1-a}}$，因为$\frac{a}{1-a}<1$，$x_1=\mathrm{e}^{\frac{a}{1-a}}<\mathrm{e}<\frac{1}{a}$，会满足 $f(x_1)<0$.

解法六　同解法四，得 $f(\mathrm{e}^m)=m-a\mathrm{e}^m$. 因为 $\mathrm{e}^m>\frac{m^3}{27}$，所以当 $0<a<\frac{1}{\mathrm{e}}$ 时，$f(\mathrm{e}^m)<m-\frac{am^3}{27}=$

$\frac{m}{27}(27-am^2)$,解$\frac{m}{27}(27-am^2)\leqslant 0$,得$-\sqrt{\frac{27}{a}}\leqslant m\leqslant 0$或$m\geqslant\sqrt{\frac{27}{a}}$,所以可取$x_1=e^0=1$或$x_1=e^{-\sqrt{\frac{27}{a}}}$,会满足$f(x_1)<0$. 因为当$x>e$时,$e^m>m^2$,所以$e^{\sqrt{\frac{27}{a}}}>\frac{27}{a}>\frac{1}{a}$,若取$x_2=e^{\sqrt{\frac{27}{a}}}$,会满足$f(x_2)<0$.

同样由$e^x\geqslant\frac{x^n}{n^n}$可得$x_1,x_2$的多种解答.

解法七 设$x=m\cdot\frac{1}{a}(m>0)$,则$f\left(\frac{m}{a}\right)=(\ln m-\ln a)-m$. 要$f\left(\frac{m}{a}\right)<0$,只需$\ln m-\ln a\leqslant 0$,只需$0<m\leqslant a$,如取$m=\frac{a}{2}$,则$x_1=\frac{1}{2}<\frac{1}{a}$,这时$f\left(\frac{1}{2}\right)<0$;如取$m=a$,则$x_1=1$,这时$f(1)<0$. 同上,设$x=m\cdot\frac{1}{a}$,$f\left(\frac{m}{a}\right)=\ln m-\ln a-m$. 若取$m=\frac{1}{a}$,则$f\left(\frac{1}{a^2}\right)=-2\ln a-\frac{1}{a}=-\left(2\ln a+\frac{1}{a}\right)$. 设$g(a)=2\ln a+\frac{1}{a}$,则$g'(a)=\frac{2a-1}{a^2}<0$. 所以$g(a)$在$\left(0,\frac{1}{e}\right)$内单调递减,而$g\left(\frac{1}{e}\right)=-2+e>0$,所以$g(a)>0$,则$f\left(\frac{1}{a^2}\right)<0$,这时$x'_2=\frac{1}{a^2}>\frac{1}{a}$.

注 本题还可采用分离参数法、转化为讨论$y=\ln x$与$y=ax$两函数图像交点个数等方法来解.

例6(2015全国Ⅰ卷文21(1)(压轴)) 设函数$f(x)=e^{2x}-a\ln x$. 讨论$f(x)$的导函数$f'(x)$零点的个数.

解析 本题采用对$f'(x)$进行分类讨论的方法. $f'(x)=2e^{2x}-\frac{a}{x}(x>0)$,当$a\leqslant 0$时,$f'(x)$没有零点;当$a>0$时,$f'(x)$在$(0,+\infty)$上单调递增,函数$f'(x)$图像如图12所示. 现要找$x_1>0$,$x_2>0$,使$f'(x_1)<0$,$f'(x_2)>0$.

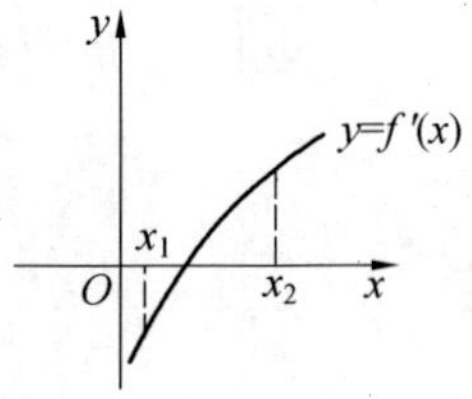

解法一 因为$0<x<1$时,$e^x\leqslant\frac{1}{1-x}$,所以$f'(x)\leqslant 2\cdot\frac{1}{1-2x}-\frac{a}{x}=\frac{(2+2a)x-a}{x(1-2x)}$. 当$0<x<\frac{1}{2}$时,$x(1-2x)>0$,解$(2+2a)x-a\leqslant 0$,得$x\leqslant\frac{a}{2(1+a)}$. 因为$\frac{a}{2(1+a)}>0$,所以这时可取$x_1=\min\left\{\frac{1}{2},\frac{a}{2(1+a)}\right\}$,会满足$f'(x_1)<0$. 又因为$x>0$时,$e^{2x}>1$,所以$f'(x)>2-\frac{a}{x}$,解$2-\frac{a}{x}\geqslant 0$,得$x\geqslant\frac{a}{2}>0$,所以可取$x_2=\frac{a}{2}$,会满足$f'(x_2)>0$.

图12

解法二 因为$e^{2x}>2x$,所以$f'(x)>4x-\frac{a}{x}=\frac{4x^2-a}{x}$,解$4x^2-a\geqslant 0$,得$x\geqslant\frac{\sqrt{a}}{2}$($x\leqslant-\frac{\sqrt{a}}{2}$不合). 若取$x_2=\frac{\sqrt{a}}{2}$,会满足$f'(x_2)>0$.

解法三 因为$e^x>x^2$,$2f(x)>2\cdot(2x)^2-\frac{a}{4}=\frac{4x^3-a}{x}$,解$\frac{4x^3-a}{x}\geqslant 0$,得$x\geqslant\sqrt[3]{\frac{a}{4}}>0$. 所以可取$x_2=\sqrt[3]{\frac{a}{4}}$,会使$f'(\sqrt[3]{\frac{a}{4}})>0$.

同样,若由$e^x>\frac{x^n}{n^n}$还可得x_2的多种解答.

解法四　同解法一. 当 $a>0$ 时,$f\left(\frac{a}{2}\right)>0$(或 $f(a)>0$),$f'(x)$ 在 $(0,+\infty)$ 单调递增,函数 $f'(x)$ 图像如图 13 所示. 可设 $x_1=m\cdot\frac{a}{2}(0<m<1)$. 当 $x<x_1$ 时,$-\frac{a}{x}<-\frac{2}{m}$,这时 $f'(x)<2\mathrm{e}^{2x}-\frac{2}{m}$,解 $2\mathrm{e}^{2x}-\frac{2}{m}\leqslant 0$,得 $x\leqslant\frac{1}{2}\ln\frac{1}{m}$. 可取 $x_1=\min\left\{\frac{m}{2}a,\frac{1}{2}\ln\frac{1}{m}\right\}(0<m<1)$,就可使 $f'(x_1)<0$,如:当 $m=\frac{1}{2}$ 时,$x_1=\min\left\{\frac{1}{4}a,\frac{1}{2}\ln 2\right\}$;当 $m=\frac{1}{4}$ 时,$x_1=\min\left\{\frac{1}{8}a,\ln 2\right\}$,……

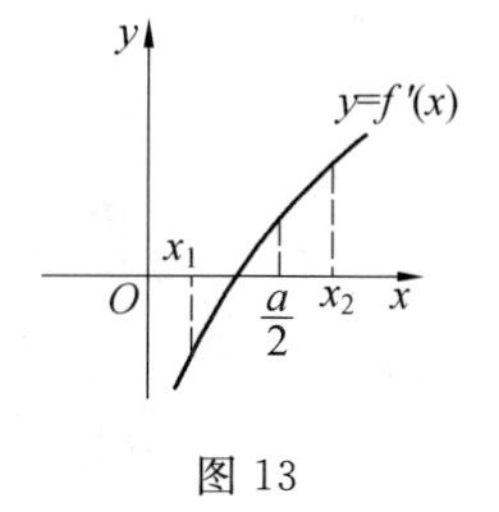

图 13

注　(1) 试卷参考答案的解答是:当 $0<b<\frac{a}{4}$ 且 $b<\frac{1}{4}$ 时,$f'(b)<0$.

(2) 本题也可采用分离常数法来解.

解法五　$f'(x)=\frac{2}{\mathrm{e}^{-2x}}-\frac{a}{x}$. 因为 $x\neq 0$ 时,$\mathrm{e}^{-2x}>-2x+1$,所以

$$f'(x)<\frac{2}{1-2x}-\frac{a}{x}=\frac{(2+2a)x-a}{x(1-2x)}$$

解 $\frac{(2+2a)x-a}{x(1-2x)}\leqslant 0$,得 $0<x\leqslant\frac{a}{2(a+1)}\left(<\frac{1}{2}\right)$.

因为 $\frac{a}{2(a+1)}<\frac{a}{2}$,所以可取 $x_1=\frac{a}{2(a+1)}$,会满足 $f'(x_1)<0$.

解法六　同解法三,得 $x_2=\sqrt{a}$,试设 $x_1=\frac{1}{\sqrt{a}}$,则 $f'\left(\frac{1}{\sqrt{a}}\right)=2\mathrm{e}^{\frac{2}{\sqrt{a}}}-a\sqrt{a}=\frac{2}{\mathrm{e}^{-\frac{2}{\sqrt{a}}}}-a\sqrt{a}$.

因为 $\mathrm{e}^{-\frac{2}{\sqrt{a}}}>-\frac{2}{\sqrt{a}}$,所以 $f'\left(\frac{1}{\sqrt{a}}\right)=-\sqrt{a}-a\sqrt{a}<0$. 因为 $\frac{1}{\sqrt{a}}>0$,所以若取 $x_1=\frac{1}{\sqrt{a}}$,会满足 $f'(x_1)<0$.

例 7　已知函数 $f(x)=a+\sqrt{x}\ln x(a\in\mathbf{R})$,试求 $f(x)$ 的零点个数,并证明你的结论.

解析　本题采用对 $f(x)$ 分类讨论的方法. $f'(x)=\frac{1}{2\sqrt{x}}(2+\ln x)$. $f(x)$ 在 $(0,\mathrm{e}^{-2})$ 单调递减,在 $(\mathrm{e}^{-2},+\infty)$ 上单调递增,则 $f(x)_{\min}=f\left(\frac{1}{\mathrm{e}^2}\right)=a-\frac{2}{\mathrm{e}}$. 当 $a\leqslant 0$ 时,$f\left(\frac{1}{\mathrm{e}^2}\right)<0$,函数 $f(x)$ 图像如图 14 所示. 要找 $x_2>\frac{1}{\mathrm{e}^2}$,使 $f(x_2)>0$,这时 $f(x)$ 只有一个零点. 当 $0<a<\frac{2}{\mathrm{e}}$ 时,$f(x)$ 在 $(0,\mathrm{e}^{-2})$ 单调递减,在 $(\mathrm{e}^{-2},+\infty)$ 单调递增,$f\left(\frac{1}{\mathrm{e}^2}\right)<0$,$f(1)=a>0$,函数 $f(x)$ 图像如图 15 所示. 现要找 $x_1<\frac{1}{\mathrm{e}^2}$,使 $f(x_1)>0$,这时 $f(x)$ 有两个零点.

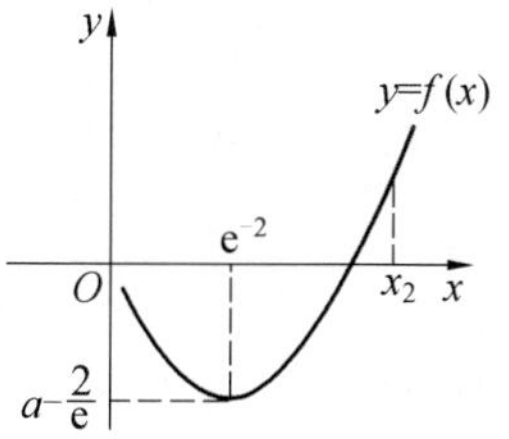

图 14

解法一　设 $x=\mathrm{e}^m$,则 $f(\mathrm{e}^m)=a+\mathrm{e}^{\frac{m}{2}}m=a\left(1+\frac{m}{a}\cdot\mathrm{e}^{\frac{m}{2}}\right)$. 若 $a<0$,取 $m>0$,$\mathrm{e}^{\frac{m}{2}}>1$,$1+\frac{m}{a}\cdot\mathrm{e}^{\frac{m}{2}}>\frac{m}{a}+1$. 所以 $f(\mathrm{e}^m)>a\left(\frac{m}{a}+1\right)=m+a$. 只需 $m\geqslant -a$(这时 $m>0$,$x\geqslant\mathrm{e}^{-a}$),就可使 $f(\mathrm{e}^m)>0$. 因此若取 $x_2=\mathrm{e}^{-a}(>\mathrm{e}^{-2})$ 就可使 $f(x_2)>0$. 若 $0<a<\frac{2}{\mathrm{e}}$,取 $m<-2\mathrm{e}$,$f(\mathrm{e}^m)=a\left[1+\frac{\frac{m}{a}}{\mathrm{e}^{-\frac{m}{2}}}\right]$. 因为当 $x>2$ 时

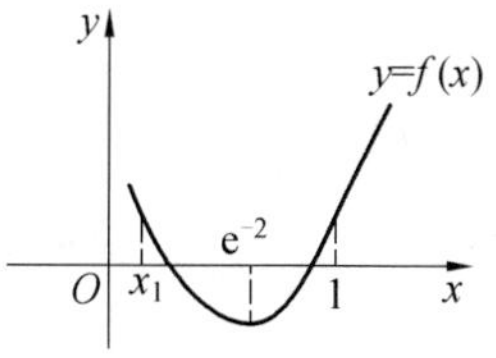

图 15

$e^x > x^2$,所以 $e^{-\frac{m}{2}} > \left(-\frac{m}{2}\right)^2 = \frac{m^2}{4}$,所以 $\frac{1}{e^{-\frac{m}{2}}} < \frac{4}{m^2}$. 因为 $\frac{m}{a} < 0$,所以 $\frac{\frac{m}{a}}{e^{-\frac{m}{2}}} > \frac{m}{a} \cdot \frac{4}{m^2} = \frac{4}{am}$,则 $f(e^m) > 1 + \frac{4}{am}$,所以只需 $1 + \frac{4}{am} \geqslant 0$,即 $m \leqslant -\frac{4}{a}$(这时 $m \leqslant -2e, x \leqslant e^{-\frac{4}{a}}$). 因为 $-\frac{4}{a} < -2e$,所以若取 $x_1 = e^{-\frac{4}{a}}(< e^{-2})$,会满足 $f(x_1) > 0$.

解法二 $a \leqslant 0$ 时找 x_2 还可以这样解:让 $x \geqslant 4 > e^{-2}$,则 $\sqrt{x} \geqslant 2$,所以 $f(x) \geqslant a + 2\ln x$,解 $a + 2\ln x > 0$,得 $x > e^{-\frac{a}{2}}$. 所以若取 $x_2 = \max\{4, e^{-\frac{a}{2}}\} + 1$,就会使 $f(x_2) > 0$. 若让 $x \geqslant 9$,同上可得 $x > e^{-\frac{a}{3}}$,所以也可取 $x_2 = \max\{9, e^{-\frac{a}{3}}\} + 1$,就会使 $f(x_2) > 0$.

解法三 当 $a \leqslant 0$ 时,要找 $x_2 > \frac{1}{e^2}$,这时 $x > \frac{1}{e}$,所以 $f(x) > a + \frac{1}{e}\ln x$. 解 $a + \frac{1}{e}\ln x \geqslant 0$,得 $x \geqslant e^{-ae}$. 因为 $e^{-ae} > e^{-2}$,所以可取 $x_2 = e^{-ae}$,会满足 $f(x_2) > 0$.

注 本题也可采用分离参数的方法来解.

例 8(2019 全国 Ⅱ 卷理 20(1)) 已知函数 $f(x) = \ln x - \frac{x+1}{x-1}$. 讨论 $f(x)$ 的单调性,并证明 $f(x)$ 有且仅有两个零点.

解析 本题采用对 $f(x)$ 分类讨论的方法. $f(x)$ 在 $(0,1)$, $(1,+\infty)$ 单调递增,函数 $f(x)$ 图像如图 16 所示,现要找 $x_1 > 1$,使 $f(x_1) < 0$; 找 $x_2 > 1$,使 $f(x_2) > 0$;找 $x_3 < 1$,使 $f(x_3) < 0$; 找 $x_4 < 1$,使 $f(x_4) > 0$.

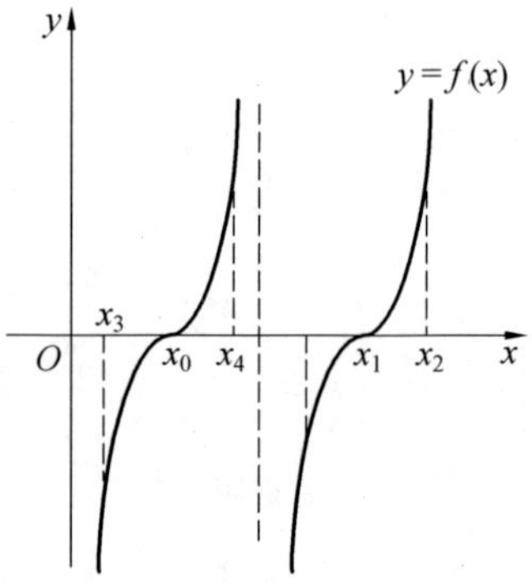

图 16

解法一 设 $x = e^m$,则

$$f(x) = m - \frac{e^m + 1}{e^m - 1} = m - \left(1 + \frac{2}{e^m - 1}\right) = (m-1) - \frac{2}{e^m - 1}$$

令 $m = 1$,得 $x = e > 1$,此时 $f(e) = -\frac{2}{e-1} < 0$,所以可取 $x_1 = e$,会满足 $f(x_1) < 0$.

令 $m = 2$, 得 $x = e^2 > 1$,此时 $f(e^2) = 1 - \frac{2}{e^2 - 1} > 0$,所以可取 $x_2 = e^2$,会满足 $f(e^2) > 0$.

令 $m = -1$,得 $x = e^{-1} < 1$, 此时 $f(e^{-1}) = -2 - \frac{2}{e^{-1} - 1} > 0$,所以可取 $x_4 = e^{-1}$,会满足 $f(x_4) > 0$.

令 $m = -2$,得 $x = e^{-2} < 1$,此时 $f(e^{-2}) = -3 - \frac{2}{e^{-2} - 1} < 0$, 所以可取 $x_3 = e^{-2}$,会满足 $f(x_3) < 0$.

解法二 同上由 $f(x_1) < 0$ 和 $f(x_2) > 0$ 知 $f(x)$ 在 $(1,+\infty)$ 上有一个零点,设为 x_0(隐零点),这时 $f(x_0) = \ln x_0 - \frac{x_0 + 1}{x_0 - 1} = 0$. 试取点 $x_0' = \frac{1}{x_0}$, $x_0' \in (0,1)$,这时 $f(x_0') = \ln \frac{1}{x_0} - \frac{\frac{1}{x_0} + 1}{\frac{1}{x_0} - 1} = -\ln x_0 - \frac{1 + x_0}{1 - x_0} = -\left(\ln x_0 - \frac{x_0 + 1}{x_0 - 1}\right) = 0$. 则 $f(x)$ 在 $(0,1)$ 上也有一个零点.

解法三 本题也可对 $\ln x$ 放缩：由 $\ln x < x-1$，得

$$f(x) < (x-1) - \frac{x+1}{x-1} = \frac{x^2-3x}{x-1}$$

解 $\frac{x^2-3x}{x-1} \leqslant 0$，得 $1 \leqslant x \leqslant 3$ 或 $x \leqslant 0$（不合）. 因为 $3 > 1$，所以可取 $x_1 = 3$.

同样若由 $\ln x < x$ 可得 $1 \leqslant x \leqslant 1+\sqrt{2}$，所以也可取 $x_1 = 1+\sqrt{2}$. 另，因为 $x > 2$ 时 $\ln x < \frac{1}{2}x$，可得 $1 \leqslant x \leqslant \frac{3+\sqrt{17}}{2}$（$>2$），所以还可取 $x_1 = \frac{3+\sqrt{17}}{2}$.

解法四 本题还可以对 $\ln x$ 如下放缩：由 $0 < x < 1$ 时 $\ln x > 1 - \frac{1}{x}$，得

$$f(x) > 1 - \frac{1}{x} - \frac{x+1}{x-1} = \frac{-3x+1}{x(x-1)}$$

解 $\frac{-3x+1}{x(x-1)} \geqslant 0$，得 $0 < x \leqslant \frac{1}{3}$ 或 $x \geqslant 1$（不合）. 若取 $x_4 = \frac{1}{3}$（<1），会满足 $f(x_4) > 0$.

同样，若由 $\ln x > -\frac{1}{2x}$ 可得 $\frac{-3+\sqrt{17}}{2} \leqslant x \leqslant 1$，所以也可取 $x_4 = \frac{\sqrt{17}-3}{4}$，会满足 $f(x_4) > 0$.

解法五 本题也可对 $\frac{x+1}{x-1}$ 进行放缩：$\frac{x+1}{x-1} = 1 + \frac{2}{x-1}$，当 $x > 1$ 时，$\frac{x+1}{x-1} > 1$，所以 $f(x) = \ln x - \left(1 + \frac{2}{x-1}\right) < \ln x - 1$，解 $\ln x - 1 \leqslant 0$，得 $x \leqslant \mathrm{e}$，所以可取 $x_1 = \mathrm{e} > 1$，会满足 $f(x_1) < 0$.

例 9（2020 全国 Ⅲ 卷文 20(2)） 已知函数 $f(x) = x^3 - kx + k^2$，若 $f(x)$ 有三个零点，求 k 的取值范围.

解析 本题采用对 $f(x)$ 直接分类讨论的方法. $f'(x) = 3x^2 - k$，当 $k > 0$ 时，$f(x)$ 在 $\left(-\infty, -\frac{\sqrt{3k}}{3}\right)$ 和 $\left(\frac{\sqrt{3k}}{3}, +\infty\right)$ 单调递增，在 $\left(-\frac{\sqrt{3k}}{3}, \frac{\sqrt{3k}}{3}\right)$ 单调递减，则 $f(x)_{\max} = f\left(-\frac{\sqrt{3k}}{3}\right) = k\sqrt{k}\left(\sqrt{k} + \frac{2\sqrt{3}}{9}\right)$，$f(x)_{\min} = f\left(\frac{\sqrt{3k}}{3}\right) = k\sqrt{k}\left(\sqrt{k} - \frac{2\sqrt{3}}{9}\right)$，$f(0) = k^2 > 0$，函数 $f(x)$ 图像如图 17 所示. 当 $\begin{cases} k\sqrt{k}\left(\sqrt{k} + \frac{2\sqrt{3}}{9}\right) > 0 \\ k\sqrt{k}\left(\sqrt{k} - \frac{2\sqrt{3}}{9}\right) < 0 \end{cases}$，即 $0 < k < \frac{4}{27}$ 时 $f(x)$ 有三个零点，这时需找 $x_1 < -\frac{\sqrt{3k}}{3}$，使 $f(x_1) < 0$；找 $x_2 > \frac{\sqrt{3k}}{3}$，使 $f(x_2) > 0$. 设 $x = m \cdot \frac{\sqrt{3k}}{3} + n$，这时

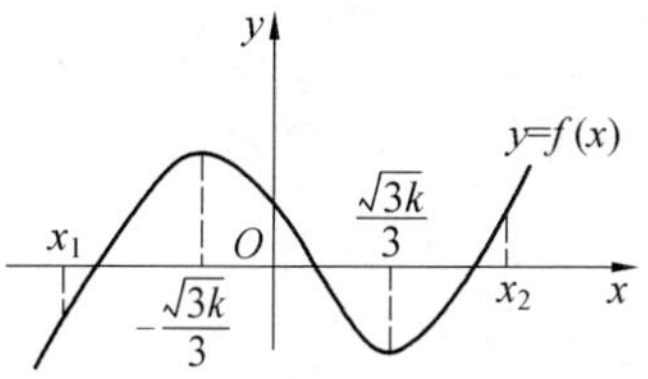

图 17

$$f(x) = m^3 \cdot \frac{k\sqrt{3k}}{9} + 3 \cdot \frac{m^2 k}{3} \cdot n + 3 \cdot \frac{m\sqrt{3k}}{3} \cdot n^2 + n^3 - \frac{mk\sqrt{3k}}{3} - kn + k^2$$

试设 $m = \sqrt{3k}$，$n > 0$，则

$$f(x) = k^3 + 3nk^2 + 3n^2k + n^3 - nk = k^3 + 3nk^2 + (3n^2 - n)k + n^3$$

所以若使 $3n^2 - n \geqslant 0$，即 $n \geqslant \frac{1}{3}$，就可使 $f(x) > 0$. 若取 $n = 1$，得 $x = \sqrt{3k} \cdot \frac{\sqrt{3k}}{3} + 1 = k + 1\left(k + 1 > \frac{\sqrt{3k}}{3}\right)$，所以取 $x_2 = k + 1$，会满足 $f(x_2) > 0$. 试设 $m = -\sqrt{3k}$，$n < 0$，则

$$f(x)=-k^3+3nk^2-3n^2k+n^3+2k^2-nk$$
$$=-k^3+(3n+2)k^2-(3n^2+n)k+n^3$$

只需$\begin{cases}n<0\\3n+2<0\\3n^2+n>0\end{cases}$,即 $n\leqslant -\frac{2}{3}$,就可使 $f(x)<0$. 若取 $n=-1$,得 $x=-\sqrt{3k}\cdot\frac{\sqrt{3k}}{3}-1=-k-1\left(-k-1<-\frac{\sqrt{3k}}{3}\right)$,所以取$x_1=-k-1$,会满足 $f(x_1)<0$.

例 10(2014 天津理 20(1)(压轴)) 设 $f(x)=x-ae^x(a\in\mathbf{R})$,$x\in\mathbf{R}$,已知函数 $y=f(x)$ 有两个零点x_1,x_2,且$x_1<x_2$,求 a 的取值范围.

解析 本题采用对 $f(x)$ 分类讨论的方法. $f'(x)=1-ae^x$. 当 $a>0$ 时,$f(x)$ 在$\left(-\infty,\ln\frac{1}{a}\right)$单调递增,在$\left(\ln\frac{1}{a},+\infty\right)$单调递减,则 $f(x)_{\max}=f\left(\ln\frac{1}{a}\right)=-\ln a-1$,函数 $f(x)$ 图像如图 18 所示. 由 $f\left(\ln\frac{1}{a}\right)>0$ 得:当 $0<x<\frac{1}{e}$ 时,$f(x)$ 有两个零点. $f(0)=-a<0$,这时需要找$x_1>\ln\frac{1}{a}$,使 $f(x_1)<0$.

解法一 设 $x=m\ln\frac{1}{a}+n(m>1,n>0)$. 则

$$f\left(m\ln\frac{1}{a}+n\right)=-m\ln a+n-a\cdot a^{-m}\cdot e^n=-m\ln a+n-a^{1-m}\cdot e^n$$

若令 $m=1$,得 $f\left(\ln\frac{1}{a}+n\right)=\ln\frac{1}{a}+n-e^n$. 因为$e^n>2n$,所以

$$f\left(\ln\frac{1}{a}+n\right)<\ln\frac{1}{a}-n$$

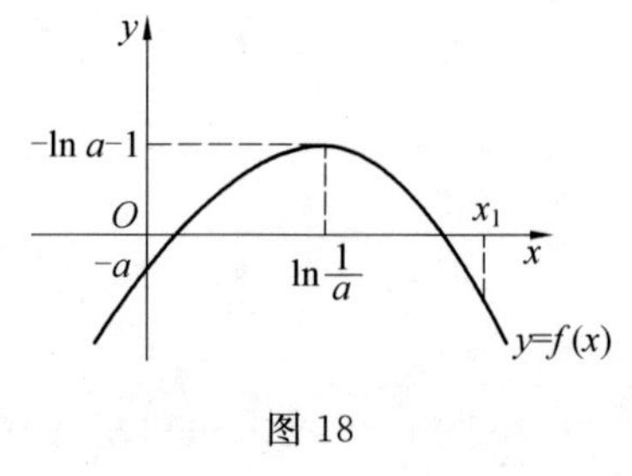

图 18

解 $\ln\frac{1}{a}-n\leqslant 0$,得 $n\geqslant\ln\frac{1}{a}>0$. 因此若取$x_1=\ln\frac{1}{a}+\ln\frac{1}{a}=2\ln\frac{1}{a}=-2\ln a$,会满足 $f(x_1)>0$. 若取 $n=\frac{1}{a}\left(>\ln\frac{1}{a}\right)$,$x_1=\ln\frac{1}{a}+\frac{1}{a}=\ln\frac{e^{\frac{1}{a}}}{a}$,也会满足 $f(x_1)<0$.

解法二 对 e^x 放缩. 由 $x\geqslant 2$ 时,$e^x>x^2$,得 $f(x)<x-ax^2=x(1-ax)$. 解$(1-ax)x\leqslant 0$,得 $x\leqslant 0$ 或 $x\geqslant\frac{1}{a}$. 因为$\frac{1}{a}>\ln\frac{1}{a}$,$\frac{1}{a}>e$,所以若取$x_1=\frac{1}{a}$,会满足 $f(x_1)<0$.

解法三 由$e^x>\frac{x^2}{2}+x$,得

$$f(x)<x-\frac{ax^2}{2}-ax=-\frac{x}{2}[ax-2(1-a)]$$

解 $-\frac{x}{2}[ax-2(1-a)]\leqslant 0$,得 $x\leqslant 0$ 或 $x\geqslant\frac{2(1-a)}{a}$. 设

$$g(a)=\frac{2(1-a)}{a}-\ln\frac{1}{a}=\frac{2}{a}-2+\ln a$$

则

$$g'(a)=\frac{-2}{a^2}+\frac{1}{a}=\frac{a-2}{a^2}<0$$

所以 $g(a)$ 在$\left(0,\frac{1}{e}\right)$上单调递减,而 $g\left(\frac{1}{e}\right)=2e-3>0$,所以 $g(a)>0$,即$\frac{2(1-a)}{a}>\ln\frac{1}{a}$,所以可取

$x_1=\frac{2}{a}-2$,会满足 $f(x_1)<0$.

解法四 由$e^x>\frac{1}{6}x^3$,得

$$f(x)<x-\frac{ax^3}{6}=\frac{x}{6}(6-ax^2)$$

解 $x(6-ax^2)\leqslant 0$,得 $-\sqrt{\frac{6}{a}}\leqslant x\leqslant 0$ 或 $x\geqslant\sqrt{\frac{6}{a}}$. 因为$\sqrt{\frac{1}{a}}>\ln\frac{1}{a}$,所以$\sqrt{\frac{6}{a}}>\ln\frac{1}{a}$,因此若取 $x_1=\sqrt{\frac{6}{a}}$,可使 $f(x_1)<a$.

同样,若由$e^x>\frac{x^n}{n^n}$还可得x_1的多种解答.

注 (1) 高考试题参考答案是:取$x_1=\ln\frac{2}{a}+\frac{2}{a}$时,$f(x_1)<0$.

(2) 本题也可用分离参数法来解.

例 11(2021 浙江 22(2)(压轴)) 若 a,b 为实数,且 $a>1$,函数 $f(x)=a^x-bx+e^2(x\in\mathbf{R})$,若对任意 $b>2e^2$,函数 $f(x)$ 有两个不同的零点,求 a 的取值范围.

解 $f'(x)=a^x\ln a-b$,$b>0$ 时,$f(x)$ 在$\left(-\infty,\log_a\frac{b}{\ln a}\right)$单调递减,在$\left(\log_a\frac{b}{\ln a},+\infty\right)$单调递增,函数 $f(x)$ 图像如图 19 所示. 则

$$f(x)_{\min}=f\left(\log_a\frac{b}{\ln a}\right)=\frac{b}{\ln a}-\frac{b}{\ln a}\cdot\ln\frac{b}{\ln a}+e^2$$

设 $t=\frac{b}{\ln a}$,则

$$f(x)_{\min}=g(t)=t-t\ln t+e^2$$

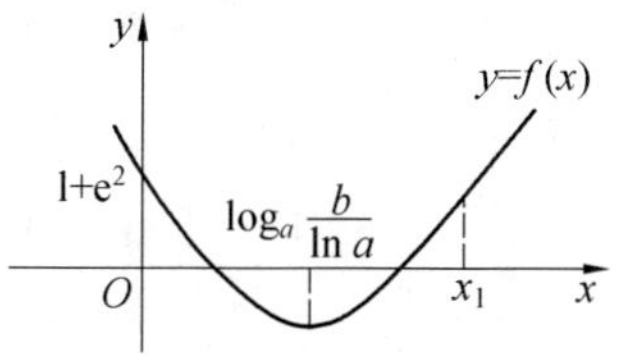

图 19

为使 $f(x)$ 有两个不同的零点,需 $g(t)<0$. 求导知 $t>e^2$ 时 $g(t)<0$,这时 $1<a\leqslant e^2$(推导略).

因为 $f(0)=1+e^2>0$,所以要找$x_1>\log_a\frac{b}{\ln a}$,使 $f(x_1)>0$. 为此设$a^x=u$,$u=\frac{\ln u}{\ln a}$,$f(x)=\varphi(u)=u-\frac{b}{\ln a}\cdot\ln u+e^2$. 因为 $\ln u<2\sqrt{u}$,所以 $\varphi(u)>u-\frac{2b}{\ln a}\sqrt{u}+e^2$. 解 $u-\frac{2b}{\ln a}\sqrt{u}+e^2\geqslant 0$,得 $\sqrt{u}\geqslant\frac{b+\sqrt{b^2-e^2\ln^2a}}{\ln a}$. 因为 $0<\ln a\leqslant 2$,所以$e^2\ln^2a\leqslant 4e^2$,而 $b>2e^2$,所以$b^2-e^2\ln^2a>0$. 又因为$\log_a\frac{b}{\ln a}<\frac{b}{\ln a}$,所以$\frac{b+\sqrt{b^2-e^2\ln^2a}}{\ln a}>\log_a\frac{b}{\ln a}$. 因此若取$x_1=\frac{2\ln\left(\frac{b+\sqrt{b^2-e^2\ln^2a}}{\ln a}\right)}{\ln a}$(也可取 $x_1=\frac{2\ln\frac{2b}{\ln a}}{\ln a}$),可使 $f(x_1)>0$.

注 试卷参考答案是:$f\left(3\log_a\frac{b}{\ln a}\right)=f\left(\frac{3\ln\frac{b}{\ln a}}{\ln a}\right)>0$.

例 12(2018 浙江 22(2)(压轴)) 已知函数 $f(x)=\sqrt{x}-\ln x$. 若 $a\leqslant 3-4\ln 2$,证明:对于任意 $k>0$,直线 $y=kx+a$ 与曲线 $y=f(x)$ 有唯一公共点.

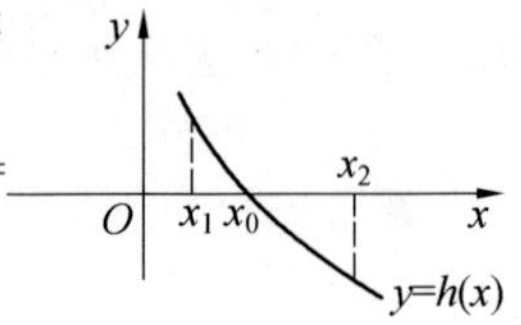

证明 由题意曲线$y=f(x)=\sqrt{x}-\ln x$与直线$y=kx+a$有唯一公共点,等价于$\frac{\sqrt{x}-\ln x-a}{x}-k=0$有唯一解.令$h(x)=\frac{\sqrt{x}-\ln x-a}{x}-k$,则$h'(x)=\frac{\ln x-\frac{\sqrt{x}}{2}+a-1}{x^2}$.可证$h'(x)\leqslant 0$,所以$h(x)$在$(0,+\infty)$单调递减,函数图像如图20所示.

图20

为证明$y=\ln(x)$有零点,需要找$x_1>0,x_2>0$,使$h(x_1)>0,h(x_2)<0$.因为$\sqrt{x}>0$,所以$h(x)>\frac{-\ln x-a}{x}-k$.又因为$x\neq 1$时,$\ln x<x-1$,所以$h(x)>\frac{-x-a+1}{x}-k$.解$\frac{-x-a+1}{x}-k\geqslant 0$,得$x\leqslant\frac{1-a}{1+k}$.因为$a\leqslant 3-4\ln 2$,所以$1-a>0$.又因为$k>0$,所以$\frac{1-a}{1+k}>0$.因此可取$x_1=\frac{1-a}{1+k}$,会使$f\left(\frac{1-a}{1+k}\right)>0$.又因为$x>1$时$\ln x>0$,所以$h(x)<\frac{\sqrt{x}-a}{x}-k<0$.又因为$-a\leqslant|a|$,所以$h(x)\leqslant\frac{\sqrt{x}-|a|}{x}-k$.解$\frac{\sqrt{x}+|a|}{x}-k<0$,即$kx-\sqrt{x}-|a|>0$,得$\sqrt{x}<\frac{1-\sqrt{1+4k|a|}}{2k}$(不合)或$\sqrt{x}>\frac{1+\sqrt{1+4k|a|}}{2k}(>0)$.这时$x>\left(\frac{1+\sqrt{1+4k|a|}}{2k}\right)^2$.因此若取$x_2=\left(\frac{1+\sqrt{1+4k|a|}}{2k}\right)^2+1$,可使$h(x_2)<0$.

注 (1)试卷的参考答案是:$m=e^{-|a|+k}$时会使$f(m)-km-a>0$,$n=\left(\frac{|a|+1}{k}\right)^2+1$时会使$f(n)-kn-a<0$.

(2)本题也可用分离参数法来解.

例13(2013北京文18(2)) 若曲线$y=x^2+x\sin x+\cos x$与直线$y=b$有两个不同交点,求b的取值范围.

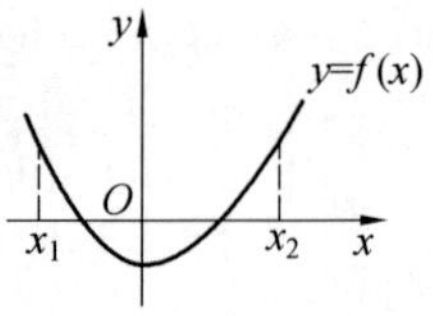

解 设$f(x)=x^2+x\sin x+\cos x-b$.本题采用对$f(x)$分类讨论的方法.$f'(x)=x(2+\cos x)$,解$f'(x)=0$,得$x=0$,$f(0)=1-b$.$f(x)$在$(-\infty,0)$上单调递减,在$(0,+\infty)$上单调递增,函数$f(x)$图像如图21所示.当$1-b<0$,即$b>1$时$f(x)$有两个零点,这时要找$x_1<0,x_2>0$,使$f(x_1)>0,f(x_2)>0$.因为$-1\leqslant\sin x\leqslant 1,-1\leqslant\cos x\leqslant 1,x>0$或$x<0$时,$x\sin x+\cos x>-x-1$,所以

图21

$f(x)>x^2-x-1-b$.解$x^2-x-(b+1)\geqslant 0$,得$x\leqslant\frac{1-\sqrt{5+4b}}{2}$或$x\geqslant\frac{1+\sqrt{5+4b}}{2}$.因为$\frac{1-\sqrt{5+4b}}{2}<0,\frac{1+\sqrt{5+4b}}{2}>0$,所以可取$x_1=\frac{1-\sqrt{5+4b}}{2},x_2=\frac{1+\sqrt{5+4b}}{2}$,会满足$f(x_1)>0$,$f(x_2)>0$.

注 也可取$x_1=-b-1\left(<\frac{1-\sqrt{5+4b}}{2}\right)$和$x_2=b+1\left(>\frac{1+\sqrt{5+4b}}{2}\right)$.

最后,2021年新高考Ⅱ卷22(2)(压轴)、2020年全国Ⅰ卷文20(2)、2019年天津文20(2)①(压轴)、2018年全国Ⅱ卷文21(2)(压轴)、2013年福建文22(3)(压轴)等高考试题都出现零点赋值问题,有兴趣的读者可试用本文介绍的方法解解看.

作 者 简 介

赵南平，中学数学特级教师，正高级教师，至今已由出版社出版中、高考数学著作共37种，在全国18家CN级数学杂志（如《数学通报》《数学教学》《数学通讯》《福建中学数学》）上发表数学论文29篇.

通讯地址：福建省福州市仓山区六一南路118号汇达二区5座102室.

2022年高考数学文化试题统计与赏析

罗文军

(甘肃省秦安县第二中学　甘肃　秦安　741600)

摘　要　2022年高考数学文化试题考查了考生的阅读理解能力和运算求解能力等关键能力,落实了对数学运算、数学抽象、数据分析、数学建模、逻辑推理和直观想象等数学核心素养的考查,落实了《中国高考评价体系》和《普通高中数学课程标准》中提出的对数学文化的考查要求,落实了文件《中华优秀传统文化进中小学课程教材指南》的相关精神,落实了数学文化内涵的整体育人功能,凸显综合性、应用性和创新性.以下,笔者对2022年高考数学文化真题进行统计与赏析,并谈谈2023年高考数学文化试题备考策略.

关键词　数学文化;统计;分析;赏析;备考

§1　引　　言

2021年8月教育部印发的文件《中华优秀传统文化进中小学课程教材指南》中指出,"数学、地理、物理、化学、生物学等是中华优秀传统文化教育的载体,也要结合学科特点,选择有关学科领域典籍、人物故事、基本常识、成就、文化遗存等,引导学生体会其中蕴含的思想方法,感悟中华民族智慧与创造,培养学生勇于探索、自强不息的精神,坚定文化自信,增强民族自豪感."

《普通高中数学课程标准(2017年版2020年修订本)》在课程结构章节给出的数学文化的内涵是"数学文化是指数学的思想、精神、语言、方法、观点,以及他们的形成和发展;还包括数学在人类生活、科学技术、社会发展中的贡献和意义,以及与数学相关的人文活动."还提出了在数学课程中融入数学文化.

§2　2022年高考数学文化试题特征统计与分析

先对2022年高考数学文化试题特征进行统计(表1).

表1　2022年高考数学文化试题特征统计表

卷别与题号	题型	类别	出处	价值	分值	知识点分布	关键能力
新高考Ⅰ卷4题	单项选择题	社会生活	南水北调工程水库蓄水	应用价值、理性精神	5	立体几何	空间想象能力、运算求解能力、数学建模能力
新高考Ⅱ卷3题	单项选择题	人文艺术	中国古代建筑中的举架结构	应用价值、美学价值、人文价值	5	等差数列、直线斜率的定义	运算求解能力、创新能力

续表 1

卷别与题号	题型	类别	出处	价值	分值	知识点分布	关键能力
全国甲卷理科，8题	选择题	数学史料	古代科学家沈括的杰作《梦溪笔谈》中研究的弧长计算方法“会圆术”	理性精神、科学价值	5	扇形的弧长、解直角三角形	运算求解能力、创新能力
全国乙卷理科，4题	选择题	科技创新	嫦娥二号卫星在进行深空探测时的绕日周期	应用价值、科学价值	5	数列、函数、不等式	运算求解能力、逻辑思维能力
浙江卷，11题	填空题	数学史料	南宋著名数学家“秦九韶”的“三斜求积”面积公式	理性精神、科学价值	5	解三角形	运算求解能力、逻辑思维能力
北京卷，7题	选择题	科技创新	北京冬奥会上，国家速滑馆“冰丝带”使用高效环保的二氧化碳跨临界直冷制冰技术	科学价值、应用价值、人文价值	5	对数的运算、函数图像	运算求解能力、逻辑思维能力

通过上表1不难发现，2022年高考数学文化试题主要以给出背景的显性文化试题为主，老高考的全国甲卷和全国乙卷数学文化试题只出现在理科试卷中.从试题的命制形式来看，全部是客观题的单项选择题或填空题.从数学文化试题的类别来看，有社会生活类、人文艺术类、数学史料类和科技创新类等.从体现的价值来看，主要有理性精神、科学价值、应用价值和人文价值.从考查知识点分布来看，主要考查立体几何、解三角形、数列、函数和解析几何.

2022年高考数学文化试题考查了考生的阅读理解能力和运算求解能力等关键能力，落实了对数学运算、数学抽象、数据分析、数学建模、逻辑推理和直观想象等数学核心素养的考查，落实了《中国高考评价体系》和《普通高中数学课程标准》中提出的对数学文化的考查要求，落实了文件《中华优秀传统文化进中小学课程教材指南》的相关精神，落实了数学文化内涵的整体育人功能，凸显综合性、应用性和创新性.以下，笔者对2022年高考数学文化真题进行赏析.

§3　2022年高考数学文化试题赏析

例1(新高考Ⅰ卷，4)　南水北调工程缓解了北方一些地区水资源短缺问题，其中一部分水蓄入某水库.已知该水库水位为海拔148.5 m时，相应水面的面积为140.0 km^2；水位为海拔157.5 m时，相应水面的面积为180.0 km^2.将该水库在两个水位间的形状看作一个棱台，则该水库水位从海拔148.5 m上升到157.5 m时，增加的水量约为($\sqrt{7}\approx 2.65$)

A. 1.0×10^9 m^3　　B. 1.2×10^9 m^3　　C. 1.4×10^9 m^3　　D. 1.6×10^9 m^3

【答案】 C

【解析】 棱台上、下底面面积分别为

$$S'=140\times10^{6}\ \mathrm{m}^2,S=180\times10^{6}\ \mathrm{m}^2$$

棱台高

$$h=157.5-148.5=9\ \mathrm{m}$$

由棱台体积公式,可得

$$\begin{aligned}V&=\frac{1}{3}(S'+\sqrt{SS'}+S)h\\&=\frac{1}{3}\times(140\times10^{6}+\sqrt{140\times10^{6}\times180\times10^{6}}+180\times10^{6})\times9\\&=3\times(320+60\sqrt{7})\times10^{6}\\&\approx3\times(320+60\times2.65)\times10\\&\approx1.4\times10^{9}\ \mathrm{m}^3\end{aligned}$$

【赏析】本题以我国民族振兴的世纪伟业南水北调工程一部分水蓄入某水库为背景,考查了棱台体积的计算,题设中给出了棱台模型,需要考生对已知条件中的数据进行分析后抽象出棱台的上底、下底和高线,再代入棱台的体积公式进行计算,最后顺利回答问题.本题考查了考生利用学过的立体几何知识解决实际问题的能力,考查了数学抽象、直观想象、数学建模和数学运算的核心素养;同时,本题中告诉考生"南水北调工程缓解了北方一些地区水资源短缺问题",这无形中教育考生要在日常生活中发扬"节约用水"的美好品德,"南水北调工程的竣工"凝结了无数劳动人民的心血和汗水,本题同时渗透了德育教育与劳育教育.

例 2(新高考Ⅱ卷,3) 图 1 是中国古代建筑中的举架结构,AA',BB',CC',DD'是桁,相邻桁的水平距离称为步,垂直距离称为举.图 2 是某古代建筑屋顶截面的示意图,其中 DD_1,CC_1,BB_1,AA_1 是举,OD_1,DC_1,CB_1,BA_1 是相等的步,相邻桁的举步之比分别为$\frac{DD_1}{OD_1}=0.5$,$\frac{CC_1}{DC_1}=k_1$,$\frac{BB_1}{CB_1}=k_2$,$\frac{AA_1}{BA_1}=k_3$,已知 k_1,k_2,k_3 成公差为 0.1 的等差数列,且直线 OA 的斜率为 0.725,则 $k_3=$( )

A. 0.75　　B. 0.8　　C. 0.85　　D. 0.9

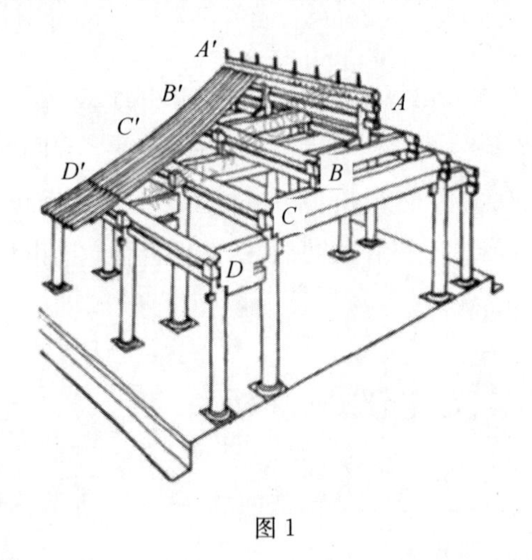

图 1

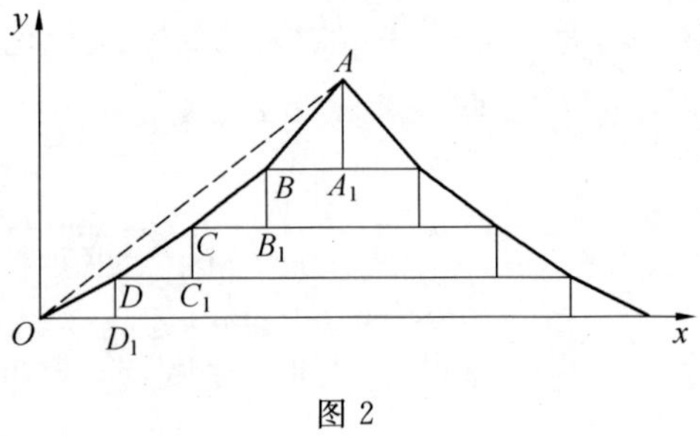

图 2

【答案】 D

【解析】 由题设知

$$OD_1=DC_1=CB_1=BA_1=d$$

$$CC_1=k_1DC_1=k_1d=(k_3-0.2)d$$

$$BB_1=k_2CB_1=(k_3-0.1)d$$
$$AA_1=k_3BA_1=k_3d$$

又因为

$$k_{OA}=\frac{DD_1+CC_1+BB_1+AA_1}{OD_1+DC_1+CB_1+BA_1}=\frac{(0.5+k_3-0.2+k_3-0.1+k_3)d}{4d}=0.725$$

解得 $k_3=0.9$,故选答案 D.

【赏析】 本题以中国古代建筑中的举架结构为背景,考查了等差数列的定义、直线斜率的定义和解直角三角形,考生在阅读懂题目的基础上,抓住题目中的关键信息,设这些相等的步的数值为 d,再根据举步之比把举用步表示,运用等差数列的定义把 k_1 和 k_2 都用 k_3 表示,再根据直线的斜率定义表示出直线 OA 的斜率,最后通过运算可以求出 k_3 的值.本题以中国建筑艺术文化为情境,以举架结构为载体,设计新颖,面向全体考生,重基础、重创新、重生产和生活实际,考查了考生的直观想象能力和对空间图形的转化能力,考查了考生的直观想象、数学运算、逻辑推理和数学建模的核心素养.试题的设计让考生感受到了我国古代建筑文化之博大精深,体会到了中国古建筑的对称美与和谐美以及其中蕴含的"注重现实和天人合一"的哲学思想,对中华优秀文化的传承在培养学生的创新能力上将起到积极的作用;本题渗透了实用理性精神,对考生渗透了德育教育和美育教育,中国古建筑凝结了古代先民的聪明才智,对考生渗透了劳育教育.本题还可以引导考生通过了解中国古代建筑文化,体会数学知识方法在认识、改造现实世界中的重要作用,落实了数学文化内涵的整体育人功能.

例 3(2022 年全国甲卷,理 8) 沈括的《梦溪笔谈》是中国古代科技史上的杰作,其中收录了计算圆弧长度的"会圆术",如图 3,$\overset{\frown}{AB}$是以 O 为圆心,OA 为半径的圆弧,C 是 AB 的中点,点 D 在$\overset{\frown}{AB}$上,$CD\perp AB$."会圆术"给出$\overset{\frown}{AB}$的弧长的近似值 s 的计算公式:$s=AB+\frac{CD^2}{OA}$.当 $OA=2$,$\angle AOB=60°$时,$s=$(　　)

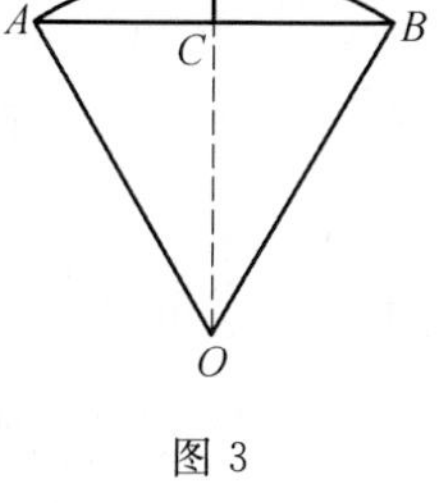

图 3

A. $\frac{11-3\sqrt{3}}{2}$　　　　B. $\frac{11-4\sqrt{3}}{2}$

C. $\frac{9-3\sqrt{3}}{2}$　　　　D. $\frac{9-4\sqrt{3}}{2}$

【答案】 B

【解析】 由题设可得

$$OA=OB=2,\angle AOB=60°$$

所以$\triangle AOB$ 为等边三角形,

所以 $AB=2$,联结 OC,所以 $OC\perp AB$.

因此在 $\mathrm{Rt}\triangle AOC$,$OC=OA\sin\angle OAC=2\sin 60°=\sqrt{3}$.

因为 $CD\perp AB$,所以 O,C,D 三点共线,所以 $CD=OD-OC=2-\sqrt{3}$.

故

$$s=AB+\frac{CD^2}{OA}=2+\frac{(2-\sqrt{3})^2}{2}=\frac{11-4\sqrt{3}}{2}$$

【赏析】 在通读题目的基础上,抓住关键数据,结合计算公式,不难发现,先要计算线段 AB 和 CD 的长,利用圆弧的性质和等边三角形的性质容易得出 $AB=2$,再解直角三角形 $\mathrm{Rt}\triangle AOC$,可得出 OC 的长,从而得出 CD 的长,再代入公式计算即可.本题以我国古代经典名著《梦溪笔谈》中收录的圆弧长的计算方法"会圆术"为背景,考查了等边三角形的性质、扇形的性质以及解直角三角形和化归与转化思想,考查了数学运算、逻辑推理的核心素养,《梦溪笔谈》在国际上被称为“中国科学史上的里程碑”,“会圆术”实际上是由弦求弧的方法,蕴含着“局部以直代曲”的思想,本题中渗透了中国传统文化,可以帮助考生在潜移默化中树立文化自信,引导考生关注和热爱我国传统文化,本题中的几何图形展现了数学图形的对称美,对考生渗透了美育教育.

例 4(2022 年全国乙卷,理 4) 嫦娥二号卫星在完成探月任务后,继续进行深空探测,成为我国第一颗环绕太阳飞行的人造行星,为研究嫦娥二号绕日周期与地球绕日周期的比值,用到数列 $\{b_n\}$:$b_1=1+\frac{1}{\alpha_1}$,$b_2=1+\frac{1}{\alpha_1+\frac{1}{\alpha_2}}$,$b_3=1+\frac{1}{\alpha_1+\frac{1}{\alpha_2+\frac{1}{\alpha_3}}}$,…,依此类推,其中 $\alpha_k\in\mathbf{N}^*$ $(k=1,2,\cdots)$. 则( )

A. $b_1<b_5$ B. $b_3<b_8$ C. $b_6<b_2$ D. $b_4<b_7$

【答案】 D

【解析】 **解法一** 因为 $\alpha_k\in\mathbf{N}^*$ $(k=1,2,\cdots)$,所以 $\alpha_1<\alpha_1+\frac{1}{\alpha_2}$,$\frac{1}{\alpha_1}>\frac{1}{\alpha_1+\frac{1}{\alpha_2}}$,得到 $b_1>b_2$.

同理 $\alpha_1+\frac{1}{\alpha_2}>\alpha_1+\frac{1}{\alpha_2+\frac{1}{\alpha_3}}$,可得 $b_2<b_3$,$b_1>b_3$.

又因为$\frac{1}{\alpha_2}>\frac{1}{\alpha_2+\frac{1}{\alpha_3+\frac{1}{\alpha_4}}}$,$\alpha_1+\frac{1}{\alpha_2+\frac{1}{\alpha_3}}<\alpha_1+\frac{1}{\alpha_2+\frac{1}{\alpha_3+\frac{1}{\alpha_4}}}$,故 $b_2<b_4$,$b_3>b_4$;

以此类推,可得

$$b_1>b_3>b_5>b_7>\cdots,b_7>b_8$$

故选项 A 错误;

$b_1>b_7>b_8$,故选项 B 错误;

$\frac{1}{\alpha_2}>\frac{1}{\alpha_2+\frac{1}{\alpha_3+\cdots\frac{1}{\alpha_6}}}$,得 $b_2<b_6$,故选项 C 错误;

$\alpha_1+\frac{1}{\alpha_2+\frac{1}{\alpha_3+\frac{1}{\alpha_4}}}>\alpha_1+\frac{1}{\alpha_2+\cdots\frac{1}{\alpha_6+\frac{1}{\alpha_7}}}$,得 $b_4<b_7$,故选项 D 正确.

故选:D.

解法二 取 $\alpha_k=1$,$b_1=1+\frac{1}{1}=2$,$b_2=1+\frac{1}{1+\frac{1}{1}}=\frac{3}{2}$,$b_3=1+\frac{1}{1+\frac{1}{1+\frac{1}{1}}}=\frac{5}{3}$

$$b_4=1+\frac{1}{1+\frac{1}{1+\frac{1}{1+\frac{1}{1}}}}=\frac{8}{5},b_5=\frac{13}{8},b_6=\frac{21}{13},b_7=\frac{34}{21},b_8=\frac{55}{34}$$

故 $b_1>b_5$,选项 A 错误;$b_3>b_8$,选项 B 错误;$b_6>b_2$,选项 C 错误;$b_4<b_7$,选项 D 正确.

【赏析】 解法一是先从题目中抓住关键信息 $\alpha_k\in\mathbf{N}^*$ $(k=1,2,\cdots)$ 和数列 $\{b_n\}$ 的结构特征,利用不等式的基本性质比较后一部分式子中分母上的大小,再确定数列 $\{b_n\}$ 前 8 项的大小;解法二是特殊值法，取 $a_k=1(k=1,2,3,4,\cdots,8)$，先计算出 b_1,b_2,b_3,b_4，观察归纳得出相邻两项数列的规律：后一项的分母为前一项的分子，后一项的分子为前一项的分子和分母之和，写出 b_5,b_6,b_7,b_8，再比较大小，确定答案 D 正确. 解法 2 中，数列 $\{b_n\}$ 的分母构成了一个新数列：1，2，3，5，8，13，21，34，…，这个新数列为斐波那契数列. 本题以嫦娥二号卫星在完成探月任务后继续进行深空探测，成为我国第一颗环绕太阳飞行的人造行星为背景，嫦娥二号卫星任务的圆满完成，标志着我国在深空探测领域突破并掌握了一大批新的核心技术和关键技术. 本题考查了考生数学运算、数据分析和逻辑推理的核心素养，考查了考生的创新意识和应用意识，考查了考生的综合思维能力、分析问题和解决问题的能力，本题可以引起考生通过关注我国的高科技领域的最新成果，体会数学知识在探索未知事物中的重要作用，激发了考生的爱国热情，渗透了德育教育，同时我国嫦娥二号卫星任务的圆满完成，凝结了科学家的辛勤劳动，对考生渗透了劳育教育.

例 5(2022 年浙江卷，11)　我国南宋著名数学家秦九韶，发现了从三角形三边求面积的公式，他把这种方法称为“三斜求积”，它填补了我国传统数学的一个空白. 如果把这个方法写成，就是 $S=\sqrt{\frac{1}{4}\left[c^2a^2-\left(\frac{c^2+a^2-b^2}{2}\right)^2\right]}$，其中 a,b,c 是三角形的三边长，S 是三角形的面积. 设某三角形的三边 $a=\sqrt{2}$，$b=\sqrt{3}$，$c=2$，则该三角形的面积 $S=$________

【答案】 $\frac{\sqrt{23}}{4}$

【解析】 由题设可得

$$S=\sqrt{\frac{1}{4}\left[c^2a^2-\left(\frac{c^2+a^2-b^2}{2}\right)^2\right]}=\sqrt{\frac{1}{4}\times\left[4\times2-\left(\frac{4+2-3}{2}\right)^2\right]}=\sqrt{\frac{1}{4}\times\frac{23}{4}}=\frac{\sqrt{23}}{4}$$

【赏析】 本题将给出的数据代入题设中的公式即可得出结果，本题中的“三斜求积”出自我国南宋著名数学家秦九韶《数书九章》卷五，本题以一个简单的问题为素材，考查了考生的阅读理解能力、运算求解能力、数学应用意识和创新意识，考查了考生对新定义、新情境的学习能力，本题引导考生要通过阅读中国经典名著而从中汲取营养和担负起传承中华文化的责任，提升了考生的民族自豪感，对考生渗透了德育教育.

例 6(2022 北京卷，7)　在北京冬奥会上，国家速滑馆“冰丝带”使用高效环保的二氧化碳跨临界直冷制冰技术，为实现绿色冬奥做出了贡献. 如图 4 描述了一定条件下二氧化碳所处的状态与 T 和 $\lg P$ 的关系，其中 T 表示温度，单位是 K；P 表示压强，单位是 bar. 下列结论中正确的是(　　)

A. 当 $T=220$，$P=1\ 026$ 时，二氧化碳处于液态

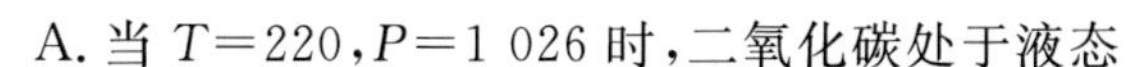

B. 当 $T=270$，$P=128$ 时，二氧化碳处于气态

C. 当 $T=300$，$P=9\ 987$ 时，二氧化碳处于超临界状态

D. 当 $T=360$，$P=729$ 时，二氧化碳处于超临界状态

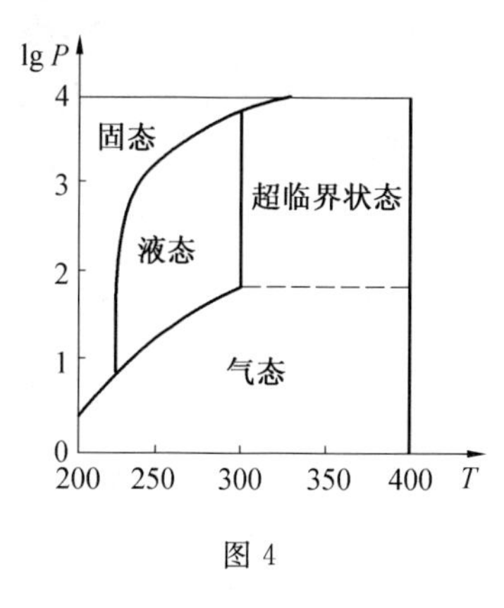

图 4

【答案】 D

【解析】 对于答案 A，当 $T=220$，$P=1\ 026$ 时，$\lg P=\lg 1\ 026$，此时 $3<\lg P<4$，$\lg P=\lg 1\ 026$ 更接近 3，观察图可发现，此时 $(T,\lg P)$ 所在的区域对应二氧化碳的状态为固态，故答案 A 错误；对于答案 B，当 $T=270$，$P=128$ 时，此时 $\lg P=\lg 128$，此时 $2<\lg P<3$，$\lg P=\lg 128$ 更接近 2，观察图可发现，此时 $(T,\lg P)$ 所在的区域对应二氧化碳的状态为液态，故答案 B 错误；当 $T=300$，$P=9\ 987$ 时，$\lg P=\lg 9\ 987$，$3<\lg P<4$，$\lg P=\lg 9\ 987$ 更接近 4，观察图可发现，此时 $(T,\lg P)$ 所在的区域对应二氧化碳

的状态为固态，故答案C错误；当 $T=360$，$P=729$ 时，$2<\lg P<3$，观察图可发现，此时(T，$\lg P$)所在的区域对应二氧化碳的状态为超临界状态，故答案D正确.

【赏析】 在阅读题干的基础上，进行简单的对数运算，利用对数函数的性质，确定每个答案中 $\lg P$ 的范围，再判断每个答案中给定的数据对应的点(T，$\lg P$)在图中区域对应二氧化碳所处的状态，可以确定答案D正确.本题以2022年北京冬奥会上国家速滑馆“冰丝带”使用高效环保的二氧化碳跨临界直冷制冰技术为素材，试题设计源于社会生活实际，贴近生活，考查了考生的数据处理能力和运算求解能力，本题体现了数学知识与社会生活的密切联系，本题引导考生要树立环境保护意识，对考生渗透了德育教育，本题渗透了冬奥会精神，对考生渗透了体育教育.

§4 2023年高考数学文化备考建议

1.下面将与2017版《普通高中数学课程标准》配套的人教A版新教材中的数学文化知识进行列表统计(表2)：

表2

章节	数学文化知识
必修一第一章习题1.1第6页拓广探索	康托尔集合论
必修一第一章习题1.4第23页第6题拓广探索	勾股定理
必修一第二章2.1第39页	赵爽弦图
必修一第三章习题3.1第73页第13题	高斯函数
必修一第三章习题3.1第74页第18题	圆周率
必修一第三章第75页阅读与思考《函数概念的发展历程》	狄利克雷函数
必修一第三章第86页习题3.2和第92页探究与发现	对勾函数
必修一第四章第147页阅读与思考《中外历史上的方程求解》	《九章算术》中的开平方、开立方；《数书九章》中的正负开方数
必修一第四章第160页复习参考题4第6题	双曲函数
必修一第五章第238页例2	摩天轮
必修一第五章习题5.7第249页第1题	恒星的星等与亮度
必修一第五章复习参考题五第256页第26题	泰勒公式
必修二习题6.4第54页第20题和第55页阅读与思考《海伦与秦九韶》	海伦和秦九韶公式
必修二第八章第112页阅读与思考《画法几何与蒙日》	画法几何学
必修二第八章第121页探究与发现	祖暅原理
必修二第十章第259页阅读与思考	孟德尔遗传规律
选择性必修第一册第二章第89页习题2.4第9题	阿波罗尼圆
选择性必修第一册第三章第140页阅读与思考	圆锥曲线的光学性质及其应用
选择性必修第二册第四章第6页例4	谢尔宾斯基三角形
选择性必修第二册习题4.1第5题	形数
选择性必修第二册第10页阅读与思考和第57页16题	斐波那契数列
选择性必修第二册第四章第12页	北京天坛寰丘坛的石板数构成等差数列

续表 2

章节	数学文化知识
选择性必修第二册第四章第 26 页习题 4.2	《详解九章算法.商功》中的“三角垛”
选择性必修第二册第四章第 42 页阅读与思考	中国古代数学家求数列和的方法
选择性必修第二册第四章复习参考题 4 第 4 题(2)	《算法统宗》中的一个数列问题
选择性必修第二册第四章复习参考题 4 第 9 题	角谷猜想
选择性必修第二册第五章第 82 页探究与发现	牛顿法——用导数方法求方程的近似解
选择性必修第三册第 39 页数学探究	杨辉三角的性质与应用
选择性必修第三册第 53 页阅读与思考	贝叶斯公式与人工智能

2. 在高三复习中回归课本时，要二次开发课本中的数学文化知识，例如秦九韶公式在新人教 A 版必修 2 第 55 页的阅读与思考《海伦与秦九韶》中作了专门的介绍，教师可以引导学生运用多种方法推导秦九韶公式和海伦公式，再配备一些题目供学生练习使用. 再例如斐波那契数列在人教 A 版选择性必修第二册第 10 页的阅读与思考《斐波那契数列》中作了专门介绍，教师可以引导考生利用待定系数法推导斐波那契数列的通项公式，并介绍一些斐波那契数列的性质，再提供相应的练习题.

3. 把散布在历年高考真题中的数学文化试题进行归类总结，并制成学案渗透到相应的高中数学必备知识版块. 例如：(1)函数与导数版块渗透符号函数、高斯函数、狄利克雷函数、悬链线函数、罗必塔法则和泰勒公式；(2)三角函数与解三角形版块渗透刘徽的“割圆术”问题、海伦－秦九韶面积公式、拿破仑定理和勃罗卡点；(3)立体几何版块渗透祖暅原理、《九章算术》中的阳马、鳖臑、曲池和圆堡壔问题；(4)数列版块渗透斐波那契数列、毕达哥拉斯形数、《九章算术》和《算法统宗》的数列问题；(5)解析几何版块渗透极点和极线、阿波罗尼圆、圆锥曲线中的蝴蝶定理、蒙日圆、阿基米德三角形、舒腾的椭圆规作图问题、彭色列闭形定理和黄金椭圆与黄金双曲线.

4. 教师可以从古代经典数学名著中改编一些数学史料类数学文化题，提供给学生练习使用. 例如可以将《海岛算经》中的《望海岛》问题和《望松》问题改编成关于解三角形的数学文化试题；可以将《九章算术》中的《均输》章节的部分问题改编成关于数列的数学文化题，可以将《九章算术》中的《商功》章节的部分问题改编成关于立体几何的数学文化试题.

参 考 文 献

[1] 陈昂，任子朝. 突出理性思维，弘扬数学文化[J]. 中国考试：2015(3)：10-14.
[2] 罗文军. 近年高考数学文化试题的综述[J]. 高中数学教与学(人民大学)，2018(2)：24-27.
[3] 中华人民共和国教育部. 普通高中数学课程标准(2017 年版)[M]. 北京：人民教育出版社，2018.

关于对称函数定理在等腰取等三角形不等式等问题中的应用

翟德玉

(繁昌县健林运输有限公司 安徽 芜湖 241000)

摘　要　近年来,刘保乾先生在微信公众号"珠峰不等式"中提出了一系列的等腰取等三角形不等式,笔者通过深入研究,发现基本可分为三类:第一类可以采用陈计先生的所谓的对称函数定理予以统一证明;第二类需要利用笔者发现的关于无理不等式的一个结论,经过深入细致的处理才能证明,证明过程也比较"暴力",但不失为一种证明手段;第三类是目前笔者碰到的最困难的一类,刘保乾先生目前发现三个实例,笔者一直未攻克这个难关,待以后再作深入研究. 本文仅就第一类等腰取等三角形不等式问题给出统一处理,同时给出这个结论在其他无理不等式证明中的应用,我们用大量的实例来展示这个方法的强大. 在完成这些证明的过程中,笔者曾私下将证明发给尹华焱先生,并进行了有益的交流,在此之前,一直未公开发表. 在此感谢刘保乾先生提出的诸多高难度问题,刺激我们不断创新方法及应用.

对称函数定理　已知 $x,y,z,u,v,w\geqslant 0$,且满足

$$x+y+z\geqslant u+y+w$$
$$xy+yz+zx\geqslant uv+vw+wu$$
$$xyz\geqslant uvw$$

则有

$$\sqrt{x}+\sqrt{y}+\sqrt{z}\geqslant\sqrt{u}+\sqrt{v}+\sqrt{w} \tag{*}$$

证明　$P=\left(\sum\sqrt{x}\right)^2-\left(\sum\sqrt{u}\right)^2$

$$=\left(\sum x\right)^2-\left(\sum u\right)^2+2\left(\sum\sqrt{xy}-\sum\sqrt{uv}\right)$$
$$\geqslant 2\left(\sum\sqrt{xy}-\sum\sqrt{uv}\right)$$
$$=2\,\frac{\left(\sum\sqrt{xy}\right)^2-\left(\sum\sqrt{uv}\right)^2}{\sum\sqrt{xy}+\sum\sqrt{uv}}$$
$$=2\,\frac{\left(\sum xy-\sum uv\right)+2\left(\sqrt{xyz}\sum\sqrt{x}-\sqrt{uvw}\sum\sqrt{u}\right)}{\sum\sqrt{xy}+\sum\sqrt{uv}}$$
$$\geqslant 4\,\frac{\sqrt{xyz}\sum\sqrt{x}-\sqrt{uvw}\sum\sqrt{u}}{\sum\sqrt{xy}+\sum\sqrt{uv}}$$
$$\geqslant 4\,\frac{\sqrt{uvw}\left(\sum\sqrt{x}-\sum\sqrt{u}\right)}{\sum\sqrt{xy}+\sum\sqrt{uv}}$$
$$=\frac{4\sqrt{uvw}}{\sum\sqrt{xy}+\sum\sqrt{uv}}\cdot\frac{\left(\sum\sqrt{x}\right)^2-\left(\sum\sqrt{u}\right)^2}{\sum\sqrt{x}+\sum\sqrt{u}}$$

$$=\frac{4\sqrt{uvw}}{\left(\sum\sqrt{xy}+\sum\sqrt{uv}\right)\left(\sum\sqrt{x}+\sum\sqrt{u}\right)}\cdot P$$

$$\Rightarrow\left[1-\frac{4\sqrt{uvw}}{\left(\sum\sqrt{xy}+\sum\sqrt{uv}\right)\left(\sum\sqrt{x}+\sum\sqrt{u}\right)}\right]P\geqslant 0$$

而由平均值定理得

$$\sum\sqrt{xy}+\sum\sqrt{uv}\geqslant 3\ (xyz)^{\frac{1}{3}}+3\ (uvw)^{\frac{1}{3}}\geqslant 6\ (uvw)^{\frac{1}{3}}$$

$$\sum\sqrt{x}+\sum\sqrt{u}\geqslant 3\ (xyz)^{\frac{1}{6}}+3\ (uvw)^{\frac{1}{6}}\geqslant 6\ (uvw)^{\frac{1}{6}}$$

$$\left(\sum\sqrt{xy}+\sum\sqrt{uv}\right)\left(\sum\sqrt{x}+\sum\sqrt{u}\right)\geqslant 36\ (uvw)^{\frac{1}{3}+\frac{1}{6}}=36\sqrt{uvw}$$

$$\Rightarrow\frac{4\sqrt{uvw}}{\left(\sum\sqrt{xy}+\sum\sqrt{uv}\right)\left(\sum\sqrt{x}+\sum\sqrt{u}\right)}\leqslant\frac{4\sqrt{uvw}}{36\sqrt{uvw}}=\frac{1}{9}<1$$

由此推出

$$P\geqslant 0$$

原不等式得证.由证明过程易知,当三个条件不等式左右两边都相等时,式(*)取到等号,这只是个充分条件.下面给出定理的一系列应用实例.

问题 1[1](杨学校) 已知 a,b,c 为 $\triangle ABC$ 的三边长,m_a,m_b,m_c 分别为 a,b,c 边上的中线长,求证

$$\sum am_a\geqslant 2\Delta+\sqrt{\sum b^2c^2}\tag{1}$$

证明 下面我们用对称函数定理给予证明.

原不等式等价于

$$\sum a\sqrt{2b^2+2c^2-a^2}\geqslant\sqrt{(a+b+c)\prod(b+c-a)}+2\sqrt{\sum a^2b^2}$$

令

$$x=a^2(2b^2+2c^2-a^2),y=b^2(2c^2+2a^2-b^2)$$

$$z=c^2(2a^2+2b^2-c^2)$$

$$u=(a+b+c)(b+c-a)(c+a-b)(a+b-c)$$

$$v=w=a^2b^2+b^2c^2+c^2a^2$$

由对称函数定理,只需证明

$$x+y+z\geqslant u+v+w$$

$$\Leftrightarrow\sum a^2(2b^2+2c^2-a^2)\geqslant(a+b+c)\prod(b+c-a)+2\left(\sum a^2b^2\right)$$

上式为等式.

再证明

$$xy+yz+zx\geqslant uv+vw+wu$$

$$\Leftrightarrow\sum b^2c^2(2c^2+2a^2-b^2)(2a^2+2b^2-c^2)$$

$$\geqslant 2(a+b+c)\left(\prod(b+c-a)\right)\left(\sum a^2b^2\right)+\left(\sum a^2b^2\right)^2$$

上式为等式.

再证明

$$xyz\geqslant uvw$$

$$\Leftrightarrow\prod\left[a^2(2b^2+2c^2-a^2)\right]\geqslant(a+b+c)\prod(b+c-a)\left(\sum a^2b^2\right)^2$$

$$\Leftrightarrow(a^2-b^2)^2(b^2-c^2)^2(c^2-a^2)^2\geqslant 0$$

综上所述,由对称函数定理知,原不等式得证.

问题2(刘保乾) 已知a,b,c为$\triangle ABC$的三边长,h_a,h_b,h_c分别为a,b,c边上的高线长,m_a,m_b,m_c分别为a,b,c边上的中线长,R为$\triangle ABC$外接圆半径,Δ为$\triangle ABC$的面积,求证

$$\sum\frac{h_a}{m_a}\geqslant\frac{\left(\sum a^2b^2\right)^2}{64R^2\prod m_a^2}+\frac{8\Delta}{\sqrt{\sum a^2b^2}} \tag{2}$$

证明 原不等式等价于

$$\sum\sqrt{\frac{(a+b+c)(a+b-c)(b+c-a)(c+a-b)}{a^2(2b^2+2c^2-a^2)}}$$

$$\geqslant\sqrt{\frac{\left(\sum a^2b^2\right)^4(a+b+c)^2\prod(b+c-a)^2}{a^4b^4c^4\prod(2b^2+2c^2-a^2)^2}}+$$

$$2\sqrt{\frac{(a+b+c)\prod(b+c-a)}{\sum a^2b^2}}$$

令

$$x=\frac{(a+b+c)\prod(b+c-a)}{a^2(2b^2+2c^2-a^2)}$$

$$y=\frac{(a+b+c)\prod(b+c-a)}{b^2(2c^2+2a^2-b^2)}$$

$$z=\frac{(a+b+c)\prod(b+c-a)}{c^2(2a^2+2b^2-c^2)}$$

$$u=\frac{\left(\sum a^2b^2\right)^4(a+b+c)^2\prod(b+c-a)^2}{a^4b^4c^4\prod(2b^2+2c^2-a^2)^2}$$

$$v=w=\frac{(a+b+c)\prod(b+c-a)}{\sum a^2b^2}$$

则有

$$x+y+z-(u+v+w)$$

$$=\sum\frac{(a+b+c)\prod(b+c-a)}{a^2(2b^2+2c^2-a^2)}-$$

$$\frac{\left(\sum a^2b^2\right)^4(a+b+c)^2\prod(b+c-a)^2}{a^4b^4c^4\prod(2b^2+2c^2-a^2)^2}-$$

$$\frac{2(a+b+c)\prod(b+c-a)}{\sum a^2b^2}$$

$$=\left[8a^2b^2c^2\sum a^6+\sum a^6b^6-9a^2b^2c^2\sum a^2b^2(a^2+b^2)\right]\cdot$$

$$\frac{(a+b+c)\left(\prod(b+c-a)\right)\left(\prod(b^2-c^2)^2\right)}{a^4b^4c^4(a^2b^2+b^2c^2+a^2c^2)\prod(2b^2+2c^2-a^2)^2}\geqslant 0$$

$$xy+yz+zx-(uv+vw+wu)$$

$$=\sum\frac{(a+b+c)^2(b+c-a)^2(c+a-b)^2(a+b-c)^2}{b^2(2c^2+2a^2-b^2)c^2(2a^2+2b^2-c^2)}-$$

$$\frac{2(a^2b^2+b^2c^2+a^2c^2)^3(a+b+c)^3\prod(b+c-a)^3}{a^4b^4c^4\prod(2b^2+2c^2-a^2)^2}-$$

$$\frac{(a+b+c)^2\prod(b+c-a)^2}{\left(\sum a^2b^2\right)^2}$$

$$=\frac{(a+b+c)^2\left(\prod(b+c-a)^2\right)\left(\prod(a^2-b^2)^2\right)\left(\prod(a^4+2b^2c^2)\right)}{a^4b^4c^4\left(\prod(2b^2+2c^2-a^2)^2\right)\left(\sum a^2b^2\right)^2}\geqslant 0$$

$$xyz-uvw$$

$$=\prod\frac{(a+b+c)(a+b-c)(b+c-a)(c+a-b)}{a^2(2b^2+2c^2-a^2)}-$$

$$\frac{\left(\sum a^2b^2\right)^4(a+b+c)^2\prod(b+c-a)^2}{a^4b^4c^4\prod(2b^2+2c^2-a^2)^2}\cdot$$

$$\left(\frac{(a+b+c)\prod(b+c-a)}{\sum a^2b^2}\right)^2$$

$$=\frac{(a+b+c)^3\left(\prod(b+c-a)^3\right)\left(\prod(a^2-b^2)^2\right)}{a^4b^4c^4\prod(2b^2+2c^2-a^2)^2}\geqslant 0$$

综上所述,由对称函数定理知,原不等式得证.

问题3(刘保乾) 已知a,b,c为$\triangle ABC$的三边长,h_a,h_b,h_c分别为边a,b,c上的高线长,m_a,m_b,m_c分别为a,b,c边上的中线长,R为$\triangle ABC$外接圆半径,Δ为$\triangle ABC$的面积,求证

$$\sum\frac{h_a}{m_a}\leqslant\frac{\sum a^2b^2}{8R\prod m_a}+\frac{8\Delta}{\sqrt{\sum a^2b^2}}\tag{3}$$

注 问题2、问题3是许康华竞赛优学刊载的《刘保乾—杨学枝一个等腰取等不等式的加强和反向》一文的征解问题.上面我们给出问题2的证明,问题3完全类似证明.

问题4(尹华焱) 已知a,b,c为$\triangle ABC$的三边长,w_a,w_b,w_c分别是边a,b,c对应的角平分线长,h_a,h_b,h_c分别是边a,b,c上的高线长,求证

$$\sum\frac{w_a}{h_a}\leqslant 1+\sqrt{\frac{2R}{r}}\tag{4}$$

证明 原不等式等价于

$$1+2\sqrt{\frac{abc}{\prod(b+c-a)}}\geqslant\sum\sqrt{\frac{4a^2bc}{(a+b-c)(c+a-b)(b+c)^2}}$$

令

$$x=1,y=z=\frac{abc}{(a+b-c)(b+c-a)(c+a-b)}$$

$$u=\frac{4a^2bc}{(a+b-c)(c+a-b)(b+c)^2}$$

$$v=\frac{4b^2ca}{(a+b-c)(c+b-a)(c+a)^2}$$

$$w=\frac{4c^2ab}{(b+c-a)(c+a-b)(a+b)^2}$$

由对称函数定理,只需证明

$$x+y+z\geqslant u+v+w$$

$$\Leftrightarrow 1+\frac{2abc}{(a+b-c)(b+c-a)(c+a-b)}$$

$$\geqslant \sum \frac{4a^2bc}{(a+b-c)(c+a-b)(b+c)^2}$$

$$\Downarrow 1+\frac{2abc}{(a+b+c)(b+c-a)(c+a-b)}$$

$$\geqslant \sum \frac{4a^2bc}{(a+b-c)(c+a-b)\cdot 4bc}$$

$$\Leftrightarrow 1+\frac{2abc}{(a+b-c)(b+c-a)(c+a-b)}$$

$$\geqslant \sum \frac{a^2}{(a+b-c)(c+a-b)}$$

上式为等式.再证明

$$xy+yz+zx\geqslant uv+vw+wu$$

$$\Leftrightarrow \frac{2abc}{(a+b-c)(b+c-a)(c+a-b)}+$$

$$\left(\frac{abc}{(a+b-c)(b+c-a)(c+a-b)}\right)^2$$

$$\geqslant \sum \frac{16a^2b^3c^3}{(b+c-a)^2(c+a-b)(a+b-c)(c+a)^2(a+b)^2}$$

$$\Leftrightarrow 2+\frac{abc}{(a+b-c)(b+c-a)(c+a-b)}$$

$$\geqslant \sum \frac{16ab^2c^2}{(b+c-a)(c+a)^2(a+b)^2}$$

$$\Downarrow 2+\frac{abc}{(a+b-c)(b+c-a)(c+a-b)}$$

$$\geqslant \sum \frac{16ab^2c^2}{(b+c-a)\cdot 4ca\cdot 4ab}$$

$$\Leftrightarrow 2+\frac{abc}{(a+b-c)(b+c-a)(c+a-b)}$$

$$=\sum \frac{bc}{a(b+c-a)}$$

$$\Leftrightarrow 2(a+b-c)(b+c-a)(c+a-b)+abc$$

$$\geqslant \sum \frac{bc(a+b-c)(c+a-b)}{a}$$

$$\Leftrightarrow\left(\prod(b+c-a)-\frac{bc(a+b-c)(c+a-b)}{a}\right)+$$

$$\left(\prod(b+c-a)-\frac{ca(b+c-a)(a+b-c)}{b}\right)+\left(abc-\frac{ab(c+a-b)(b+c-a)}{c}\right)\geqslant 0$$

$$\Leftrightarrow -\frac{(a+b-c)(c+a-b)(a-c)(a-b)}{a}+$$

$$\frac{(a+b-c)(b+c-a)(b-c)(a-b)}{b}+\frac{ab(a-b)^2}{c}\geqslant 0$$

$$\Leftrightarrow -\frac{(a+b-c)(a-b)^2(2ab-ac+c^2-bc)}{ab}+\frac{ab(a-b)^2}{c}\geqslant 0$$

$$\Leftrightarrow -\frac{(a+b-c)(2ab-ac+c^2-bc)}{ab}+\frac{ab}{c}\geqslant 0$$

$$\Leftrightarrow \frac{(b-c)^2(a-c)^2}{abc}\geqslant 0$$

再证明

$$xyz\geqslant uvw$$

$$\Leftrightarrow \frac{a^2b^2c^2}{(b+c-a)^2(c+a-b)^2(a+b-c)^2}$$

$$\geqslant \prod \frac{4a^2bc}{(a+b-c)(c+a-b)(b+c)^2}$$

$$\Leftrightarrow \frac{a^2b^2c^2}{(b+c-a)^2(c+a-b)^2(a+b-c)^2}$$

$$\geqslant \frac{64a^4b^4c^4}{(a+b-c)^2(b+c-a)^2(c+a-b)^2(a+b)^2(b+c)^2(c+a)^2}$$

$$\Leftrightarrow (a+b)^2(b+c)^2(c+a)^2\geqslant 64a^2b^2c^2$$

上述不等式显然成立,由对称函数定理,原不等式得证.

注 本题选自《不等式研究(第一辑)》中尹华焱所写的《100 个涉及三角形 Ceva 线、旁切圆半径的不等式猜想》(第 321 页,Hcx-85 问题).

问题 5(刘保乾) 已知 a,b,c 为 $\triangle ABC$ 的三边长,g_a,g_b,g_c 分别是过 Gergonne 点的 Ceva 线长,h_a,h_b,h_c 分别是边 a,b,c 上的高线长,s,R,r 分别是 $\triangle ABC$ 的半周长、外接圆半径、内切圆半径,求证

$$\frac{g_a}{h_a}+\frac{g_b}{h_b}+\frac{g_c}{h_c}\geqslant 1+\sqrt{\frac{16R^2+8Rr+r^2+s^2}{s^2}} \tag{5}$$

证明 原不等式等价于

$$\sum\sqrt{\frac{a(a^2+ab+ca-2b^2+4bc-2c^2)}{(c+a-b)(a+b-c)(a+b+c)}}$$

$$\geqslant 1+2\sqrt{\frac{2\sum a^2b^2+abc\sum a-\sum a^3(b+c)}{(a+b+c)(b+c-a)(c+a-b)(a+b-c)}}$$

令

$$x=\frac{a(a^2+ab+ca-2b^2+4bc-2c^2)}{(c+a-b)(a+b-c)(a+b+c)}$$

$$y=\frac{b(b^2+bc+ab-2c^2+4ca-2a^2)}{(a+b+c)(a+b-c)(b+c-a)}$$

$$z=\frac{c(c^2+ca+bc-2a^2+4ab-2b^2)}{(b+c-a)(c+a-b)(a+b+c)}$$

$$u=1,v=w=\frac{2\sum a^2b^2+abc\sum a-\sum a^3(b+c)}{(a+b+c)(b+c-a)(c+a-b)(a+b-c)}$$

由对称函数定理,只需证明

$$x+y+z\geqslant u+v+w$$

$$\Leftrightarrow \sum\frac{a(a^2+ab+ca-2b^2+4bc-2c^2)}{(c+a-b)(a+b-c)(a+b+c)}$$

$$\geqslant 1+2\left(\frac{2\sum a^2b^2+abc\sum a-\sum a^3(b+c)}{(a+b+c)(b+c-a)(c+a-b)(a+b-c)}\right)$$

上式展开为等式. 再证明

$$xy+yz+zx\geqslant uv+vw+wu$$

$$\sum\frac{ab(a^2+ab+ca-2b^2+4bc-2c^2)(b^2+bc+ab-2c^2+4ca-2a^2)}{(a+b+c)^2(b+c-a)(c+a-b)(a+b-c)^2}$$

$$\geqslant 2\left[\frac{2\sum a^2b^2+abc\sum a-\sum a^3(b+c)}{(a+b+c)(b+c-a)(c+a-b)(a+b-c)}\right]+$$

$$\left[\frac{2\sum a^2b^2+abc\sum a-\sum a^3(b+c)}{(a+b+c)(b+c-a)(c+a-b)(a+b-c)}\right]^2$$

上式展开为等式.再证明

$$xyz\geqslant uvw$$

$$\Leftrightarrow\prod\frac{a(a^2+ab+ca-2b^2+4bc-2c^2)}{(c+a-b)(a+b-c)(a+b+c)}$$

$$\geqslant\left[\frac{2\sum a^2b^2+abc\sum a-\sum a^3(b+c)}{(a+b+c)\prod(b+c-a)}\right]^2$$

$$\Leftrightarrow\frac{(a-b)^2(b-c)^2(a-c)^2}{(b+c-a)(c+a-b)(a+b-c)(a+b+c)^3}\geqslant 0$$

综上所述,由对称函数定理,原不等式得证.

问题6(刘保乾) 已知a,b,c为$\triangle ABC$的三边长,h_a,h_b,h_c分别是边a,b,c上的高线长,g_a,g_b,g_c分别是过Gergonne点的Ceva线长,s,R,r分别是$\triangle ABC$的半周长、外接圆半径、内切圆半径,求证

$$\frac{h_a}{g_a}+\frac{h_b}{g_b}+\frac{h_c}{g_c}\leqslant 1+4\sqrt{\frac{s^2}{s^2+(4R+r)^2}}\tag{6}$$

证明 原不等式等价于

$$1+2\sqrt{\frac{(a+b+c)(b+c-a)(c+a-b)(a+b-c)}{2\sum a^2b^2+abc\sum a-\sum a^3(b+c)}}$$

$$\geqslant\sum\sqrt{\frac{(a+b+c)(c+a-b)(a+b-c)}{a(a^2+ab+ca-2b^2+4bc-2c^2)}}$$

令

$$x=1,y=z=\frac{(a+b+c)(b+c-a)(c+a-b)(a+b-c)}{2\sum a^2b^2+abc\sum a-\sum a^3(b+c)}$$

$$u=\frac{(a+b+c)(c+a-b)(a+b-c)}{a(a^2+ab+ca-2b^2+4bc-2c^2)}$$

$$v=\frac{(a+b-c)(a+b+c)(b+c-a)}{b(b^2+bc+ab-2c^2+4ca-2a^2)}$$

$$w=\frac{(b+c-a)(a+b+c)(c+a-b)}{c(c^2+ca+bc-2a^2+4ab-2b^2)}$$

由对称函数定理,只需证明

$$x+y+z\geqslant u+v+w$$

$$\Leftrightarrow 1+\frac{2(a+b+c)(b+c-a)(c+a-b)(a+b-c)}{2\sum a^2b^2+abc\sum a-\sum a^3(b+c)}$$

$$\geqslant\sum\frac{(a+b+c)(c+a-b)(a+b-c)}{a(a^2+ab+ca-2b^2+4bc-2c^2)}$$

$$\Leftrightarrow 128r^6s(r^2+8Rr+16R^2+9s^2)\cdot$$

$$[-s^4+(20Rr+4R^2-2r^2)s^2-r(4R+r)^3]\geqslant 0$$

再证明

$$xy+yz+zx\geqslant uv+vw+wu$$

$$\Leftrightarrow \frac{2(a+b+c)\prod(b+c-a)}{2\sum a^2b^2+abc\sum a-\sum a^3(b+c)}+$$

$$\frac{(a+b+c)^2\prod(b+c-a)^2}{[2\sum a^2b^2+abc\sum a-\sum a^3(b+c)]^2}$$

$$\geqslant \sum \frac{(a+b+c)^2(b+c-a)^2(c+a-b)(a+b-c)}{bc(b^2+bc+ab-2c^2+4ca-2a^2)(c^2+ca+bc-2a^2+4ab-2b^2)}$$

$$\Leftrightarrow 4\,096r^8s^3(r^2+8Rr+16R^2+3s^2)\cdot$$

$$[-s^4+(20Rr+4R^2-2r^2)s^2-r(4R+r)^3]\geqslant 0$$

再证明

$$xyz\geqslant uvw$$

$$\Leftrightarrow \frac{(a+b+c)^2\prod(b+c-a)^2}{\left[2\sum a^2b^2+abc\sum a-\sum a^3(b+c)\right]^2}$$

$$\geqslant \frac{(a+b+c)^3\prod(b+c-a)^2}{abc\prod(a^2+ab+ca-2b^2+4bc-2c^2)}$$

$$\Leftrightarrow abc\prod(a^2+ab+ca-2b^2+4bc-2c^2)$$

$$\geqslant (a+b+c)\left[2\sum a^2b^2+abc\sum a-\sum a^3(b+c)\right]^2$$

$$\Leftrightarrow (a-b)^2(b-c)^2(c-a)^2(b+c-a)(c+a-b)(a+b-c)\geqslant 0$$

综上所述,由对称函数定理,原不等式得证.

问题 7[4](杨学枝,尹华焱) 已知 a,b,c 为 $\triangle ABC$ 的三边长,s,R,r 分别是 $\triangle ABC$ 的半周长、外接圆半径、内切圆半径,求证

$$\sum\cos\frac{B-C}{2}\geqslant 1+4\sqrt{\frac{s^2+2Rr+r^2}{2R^2}} \tag{7}$$

证明 原不等式等价于

$$\sum\sqrt{\frac{(b+c)^2(c+a-b)(a+b-c)}{4a^2bc}}$$

$$\geqslant 1+\sqrt{\frac{\left(\prod(b+c-a)\right)\left(\prod(a+b)\right)}{2a^2b^2c^2}}$$

令

$$x=\frac{(b+c)^2(c+a-b)(a+b-c)}{4a^2bc}$$

$$y=\frac{1}{4}\ \frac{(c+a)^2(a+b-c)(b+c-a)}{cab^2}$$

$$z=\frac{1}{4}\ \frac{(a+b)^2(b+c-a)(c+a-b)}{abc^2}$$

$$u=1,v=w=\frac{\left(\prod(b+c-a)\right)\left(\prod(a+b)\right)}{8a^2b^2c^2}$$

由对称函数定理,只需证明

$$
\begin{aligned}
&x+y+z \geqslant u+v+w \\
&\Leftrightarrow \sum \frac{(b+c)^2(c+a-b)(a+b-c)}{4a^2bc} \\
&\geqslant 1+\frac{\left(\prod(b+c-a)\right)\left(\prod(a+b)\right)}{4a^2b^2c^2}
\end{aligned}
$$

此为等式.再证明

$$
\begin{aligned}
&xy+yz+zx \geqslant uv+vw+wu \\
&\Leftrightarrow \frac{1}{16}\sum \frac{(b+c)^2(c+a)^2(b+c-a)(c+a-b)(a+b-c)^2}{a^3b^3c^2} \\
&\geqslant \frac{1}{4}\frac{\left(\prod(b+c-a)\right)\prod(a+b)}{a^2b^2c^2}+\frac{1}{64}\frac{\left(\prod(b+c-a)^2\right)\prod(a+b)^2}{a^4b^4c^4} \\
&\Leftrightarrow \frac{1}{64}\frac{\left(\prod(b+c-a)\right)\left(\prod(a-b)^2\right)(a+b+c)^3}{a^4b^4c^4} \geqslant 0
\end{aligned}
$$

再证明

$$
\begin{aligned}
&xyz \geqslant uvw \\
&\Leftrightarrow \prod \frac{(b+c)^2(c+a-b)(a+b-c)^2}{4a^2bc} \\
&\geqslant \left[\frac{\left(\prod(b+c-a)\right)\left(\prod(a+b)\right)}{8a^2b^2c^2}\right]^2
\end{aligned}
$$

此为等式.综上所述,由对称函数定理,原不等式得证.

问题 8[4]**(杨学枝,尹华焱)** 已知 a,b,c 为 $\triangle ABC$ 的三边长,s,R,r 分别是 $\triangle ABC$ 的半周长、外接圆半径、内切圆半径,求证

$$
\sum \frac{1}{\cos\frac{B-C}{2}} \geqslant 1+4\sqrt{\frac{2R^2}{s^2+2Rr+r^2}} \tag{8}
$$

证明 原不等式等价于

$$
\begin{aligned}
&\sum \sqrt{\frac{4a^2bc}{(b+c)^2(c+a-b)(a+b-c)}} \\
&\geqslant 1+\sqrt{\frac{32a^2b^2c^2}{\left(\prod(b+c-a)\right)\left(\prod(a+b)\right)}}
\end{aligned}
$$

令

$$
x=\frac{4a^2bc}{(b+c)^2(c+a-b)(a+b-c)}
$$

$$
y=\frac{4ab^2c}{(c+a)^2(a+b-c)(b+c-a)}
$$

$$
z=\frac{4abc^2}{(a+b)^2(b+c-a)(c+a-b)}
$$

$$
u=1,v=w=\frac{8a^2b^2c^2}{\left(\prod(b+c-a)\right)\prod(a+b)}
$$

由对称函数定理,只需证明

$$
\begin{aligned}
&x+y+z \geqslant u+v+w \\
&\Leftrightarrow \frac{(a-b)^2(b-c)^2(a-c)^2(a+b+c)^3}{(a+b)^2(b+c)^2(c+a)^2(b+c-a)(c+a-b)(a+b-c)} \geqslant 0
\end{aligned}
$$

再证明

$$xy+yz+zx\geqslant uv+vw+wu$$

$$\Leftrightarrow\sum\frac{16a^3b^3c^2}{(b+c)^2(c+a)^2(b+c-a)(c+a-b)(a+b-c)^2}$$

$$\geqslant\frac{16a^2b^2c^2}{\left(\prod(a+b)\right)\prod(b+c-a)}+\frac{64a^4b^4c^4}{\left(\prod(b+c-a)^2\right)\prod(a+b)^2}$$

此为等式. 再证明

$$xyz\geqslant uvw$$

$$\Leftrightarrow\prod\frac{4a^2bc}{(b+c)^2(c+a-b)(a+b-c)}\geqslant\left(\frac{8a^2b^2c^2}{\left(\prod(b+c-a)\right)\prod(a+b)}\right)^2$$

此为等式. 综上所述, 由对称函数定理, 原不等式得证.

注 问题 7、问题 8 已被杨学枝、尹华焱在《关于 $\sum\cos\frac{B-C}{2}$ 及 $\sum\frac{1}{\cos\frac{B-C}{2}}$ 的下界——兼谈 cwx－161 等问题》(中学数学, 1999(11)) 一文中证明. 在此, 我们应用本文的定理给出不同的证明.

问题 9 已知 $a,b,c\geqslant0$ 且 $ab+bc+ca>0$, 求证

$$\sum\sqrt{\frac{a}{b+c}}\geqslant2\sqrt{\frac{abc}{(a+b)(b+c)(c+a)}}+\sqrt{2}\tag{9}$$

证明 原不等式等价于

$$\sqrt{\frac{a}{b+c}}+\sqrt{\frac{b}{c+a}}+\sqrt{\frac{c}{a+b}}$$

$$\geqslant\sqrt{\frac{4abc}{(a+b)(b+c)(c+a)}}+\sqrt{\frac{1}{2}}+\sqrt{\frac{1}{2}}$$

令

$$x=\frac{a}{b+c},y=\frac{b}{c+a},z=\frac{c}{a+b}$$

$$u=\frac{4abc}{(a+b)(b+c)(c+a)},v=w=\frac{1}{2}$$

由对称函数定理, 只需证明

$$x+y+z\geqslant u+v+w$$

$$\Leftrightarrow\frac{a}{b+c}+\frac{b}{c+a}+\frac{c}{a+b}\geqslant\frac{4abc}{(a+b)(b+c)(c+a)}+1$$

$$\Leftrightarrow\frac{(a+b+c)(a^2+b^2+c^2-ab-bc-ca)}{(a+b)(b+c)(c+a)}\geqslant0$$

再证明

$$xy+yz+zx\geqslant uv+vw+wu$$

$$\Leftrightarrow\sum\frac{bc}{(a+b)(c+a)}\geqslant\frac{4abc}{(a+b)(b+c)(c+a)}+\frac{1}{4}$$

$$\Leftrightarrow\frac{3}{4}\frac{\sum ab(a+b)-6abc}{(a+b)(b+c)(c+a)}\geqslant0$$

再证明

$$xyz\geqslant uvw$$

$$\Leftrightarrow \prod \frac{a}{b+c} \geqslant \frac{4abc}{(a+b)(b+c)(c+a)} \cdot \frac{1}{4}$$

上式为等式.综上所述,由对称函数定理,原不等式得证.

问题10(刘保乾) 已知a,b,c为$\triangle ABC$的三边长,s,R,r分别是$\triangle ABC$的半周长、外接圆半径、内切圆半径,g_a,g_b,g_c分别为过Gergonne点的Ceva线长,w_a,w_b,w_c分别是边a,b,c对应的角平分线长,求证

$$1+\frac{1}{2}\sqrt{\frac{(10R+15r)s^2-r(4R+r)^2}{s^2R}} \geqslant \sum \frac{g_a}{w_a} \tag{10}$$

证明 原不等式等价于

$$1+\sqrt{\frac{\sum a^3(b+c)+6\sum a^2b^2+4abc\sum a-4\sum a^4}{2abc(a+b+c)}}$$

$$\geqslant \sum \sqrt{\frac{(2b^2+2c^2-a^2)(b+c-a)}{(a+b+c)(c+a-b)(a+b-c)}}$$

令

$$x=1, y=z=\frac{\sum a^3(b+c)+6\sum a^2b^2+4abc\sum a-4\sum a^4}{8abc(a+b+c)}$$

$$u=\frac{1}{4}\frac{(b+c)^2[a^2+ba+ca-2(b-c)^2]}{abc(a+b+c)}$$

$$v=\frac{1}{4}\frac{(c+a)^2[b^2+bc+ba-2(c-a)^2]}{abc(a+b+c)}$$

$$w=\frac{1}{4}\frac{(a+b)^2[c^2+ca+bc-2(a-b)^2]}{abc(a+b+c)}$$

由对称函数定理,只需证明

$$x+y+z \geqslant u+v+w$$

$$\Leftrightarrow 1+2\cdot\left(\frac{\sum a^3(b+c)+6\sum a^2b^2+4abc\sum a-4\sum a^4}{8abc(a+b+c)}\right)$$

$$=\sum \frac{1}{4}\frac{(b+c)^2[a^2+ba+ca-2(b-c)^2]}{abc(a+b+c)}$$

此为等式.再证明

$$xy+yz+zx \geqslant uv+vw+wu$$

$$\Leftrightarrow \frac{2\left(\sum a^3(b+c)+6\sum a^2b^2+4abc\sum a-4\sum a^4\right)}{8abc(a+b+c)}+$$

$$\left[\frac{\sum a^3(b+c)+6\sum a^2b^2+4abc\sum a-4\sum a^4}{8abc(a+b+c)}\right]^2$$

$$\geqslant \frac{1}{16}\sum \frac{(a+b)^2(c+a)^2[b^2+bc+ba-2(c-a)^2][c^2+ca+bc-2(a-b)^2]}{a^2b^2c^2(a+b+c)^2}$$

$$\Leftrightarrow \frac{9}{64}\frac{(a-b)^2(b-c)^2(c-a)^2}{a^2b^2c^2} \geqslant 0$$

再证明

$$xyz \geqslant uvw$$

$$\Leftrightarrow \left[\frac{\sum a^3(b+c)+6\sum a^2b^2+4abc\sum a-4\sum a^4}{8abc(a+b+c)}\right]^2$$

$$\geqslant \prod \frac{1}{4} \frac{(b+c)^2[a^2+ba+ca-2(b-c)^2]}{abc(a+b+c)}$$

$$\Leftrightarrow 64r^3s^2(9s^2R+9s^2r+3r^2R+r^3)\cdot$$

$$[(s^2-16Rr+5r^2)(s^2-4R^2-4Rr-3r^2)+4r^2(R-2r)^2]\geqslant 0$$

综上所述,由对称函数定理,原不等式得证.

以下不等式问题均能用对称函数定理证明,具体证明不再赘述.

问题 11[1]**(杨学枝)** 已知 a,b,c 为 $\triangle ABC$ 的三边长,Δ 为 $\triangle ABC$ 的面积,m_a,m_b,m_c 为边 a,b,c 上的中线长,求证

$$\frac{1}{2\Delta}+\frac{4}{\sqrt{\sum b^2c^2}}\geqslant \sum \frac{1}{am_a} \tag{11}$$

问题 12(刘保乾) 已知 a,b,c 为 $\triangle ABC$ 的三边长,m_a,m_b,m_c 为边 a,b,c 上的中线长,r_a,r_b,r_c 为边 a,b,c 上的傍切圆半径,求证

$$1+\sqrt{2\sum \frac{m_a^2}{r_a^2}-2}\geqslant \sum \frac{m_a}{r_a} \tag{12}$$

问题 13(刘保乾) 已知 a,b,c 为 $\triangle ABC$ 的三边长,m_a,m_b,m_c 分别为边 a,b,c 上的中线长,R 为 $\triangle ABC$ 的外接圆半径,求证

$$\sqrt{\frac{2(a+b+c)\sqrt{2\prod(b^2+c^2)}}{\sum b^2c^2}}$$

$$\geqslant \sum \frac{\sqrt{b^2+c^2}}{m_a}\cos\frac{A}{2}-\sqrt{2}\geqslant \sqrt{\frac{(a+b+c)\sqrt{2\prod(b^2+c^2)}}{4m_am_bm_cR}} \tag{13}$$

问题 14(刘保乾) 已知 a,b,c 为 $\triangle ABC$ 的三边长,h_a,h_b,h_c 分别是边 a,b,c 上的高线长,g_a,g_b,g_c 分别是过 Gergonne 点的 Ceva 线长,求证

$$\frac{h_a}{g_a}+\frac{h_b}{g_b}+\frac{h_c}{g_c}\leqslant 1+\sqrt{\frac{h_ah_bh_c}{g_ag_bg_c}} \tag{14}$$

问题 15(刘保乾) 已知 a,b,c 为 $\triangle ABC$ 的三边长,R 为 $\triangle ABC$ 的外接圆半径,m_a,m_b,m_c 分别为边 a,b,c 上的中线长,求证

$$4+\frac{8R\sqrt{(2a^2+bc)(2b^2+ca)(2c^2+ba)}}{a^2b^2+b^2c^2+c^2a^2}\geqslant \sum \frac{2a^2+bc}{m_bm_c} \tag{15}$$

问题 16(刘保乾) 已知 a,b,c 为 $\triangle ABC$ 的三边长,s 为半周长,m_a,m_b,m_c 分别为边 a,b,c 上的中线长,w_a,w_b,w_c 分别是边 a,b,c 对应的角平分线长,求证

$$\frac{1}{s}+\sqrt{\frac{(a+b)(b+c)(c+a)}{s(a^2b^2+b^2c^2+c^2a^2)}}\geqslant \sum \frac{s-a}{m_aw_a} \tag{16}$$

问题 17(刘保乾) 已知 a,b,c 为 $\triangle ABC$ 的三边长,Δ 为 $\triangle ABC$ 的面积,s,R,r 分别是 $\triangle ABC$ 的半周长、外接圆半径、内切圆半径,m_a,m_b,m_c 分别为边 a,b,c 上的中线长,求证

$$8R+\frac{4\Delta(s^2+r^2+2Rr)}{r\sqrt{a^2b^2+b^2c^2+c^2a^2}}\geqslant \sum \frac{(b+c)^2}{m_a} \tag{17}$$

问题 18(刘保乾) 已知 a,b,c 为 $\triangle ABC$ 的三边长,w_a,w_b,w_c 分别是边 a,b,c 对应的角平分线长,m_a,m_b,m_c 分别为边 a,b,c 上的中线长,s,R,r 分别是 $\triangle ABC$ 的半周长、外接圆半径、内切圆半径,求证

$$\sum \frac{w_a}{m_a} \geqslant 1+\frac{2\sqrt{2}\, sr}{m_a m_b m_c}\sqrt{\frac{s^4-(8Rr-2r^2)s^2+(4Rr+r^2)^2}{s^2+2Rr+r^2}} \tag{18}$$

问题19(刘保乾) 已知 a,b,c 为 $\triangle ABC$ 的三边长,w_a,w_b,w_c 分别是边 a,b,c 对应的角平分线长,m_a,m_b,m_c 分别为边 a,b,c 上的中线长,求证

$$\sum \frac{m_a}{w_a} \geqslant 1+\frac{1}{2}\sqrt{\frac{2\left(\sum a^2b^2\right)(a+b)(b+c)(c+a)}{a^2b^2c^2(a+b+c)}} \tag{19}$$

问题20(刘保乾) 已知 a,b,c 为 $\triangle ABC$ 的三边长,k_a,k_b,k_c 分别是边 a,b,c 上的类似中线长,w_a,w_b,w_c 分别是边 a,b,c 对应的角平分线长,求证

$$\sum \frac{k_a}{w_a} \geqslant 1+\sqrt{2+\frac{54r^2}{s^2}} \tag{20}$$

问题21(刘保乾) 已知 a,b,c 为 $\triangle ABC$ 的三边长,R,r 分别是 $\triangle ABC$ 的外接圆半径和内切圆半径,求证

$$1+\sqrt{\frac{2R}{r}} \geqslant \sum \frac{\cos\frac{A}{2}}{\sqrt{\sin B\sin C}} \tag{21}$$

问题22(刘保乾) 已知 a,b,c 为 $\triangle ABC$ 的三边长,R,r 分别是 $\triangle ABC$ 的外接圆半径和内切圆半径,求证

$$1+2\sqrt{\frac{2r}{R}} \geqslant \sum \frac{\sqrt{\sin B\sin C}}{\cos\frac{A}{2}} \tag{22}$$

问题23(刘保乾) 已知 a,b,c 为 $\triangle ABC$ 的三边长,R,r 分别是 $\triangle ABC$ 的外接圆半径和内切圆半径,r_a,r_b,r_c 分别为边 a,b,c 上的旁切圆半径,求证

$$\frac{1}{4r}+\frac{1}{R} \geqslant \sum \frac{r_a}{a^2} \tag{23}$$

问题24(刘保乾) 已知 a,b,c 为 $\triangle ABC$ 的三边长,R,r 分别是 $\triangle ABC$ 的外接圆半径和内切圆半径,r_a,r_b,r_c 分别为边 a,b,c 上的旁切圆半径,求证

$$\frac{1}{2\sqrt{r}}+\frac{\sqrt{2}}{\sqrt{R}} \geqslant \sum \frac{\sqrt{r_a}}{a} \tag{24}$$

问题25(刘保乾) 已知 a,b,c 为 $\triangle ABC$ 的三边长,R,r 分别是 $\triangle ABC$ 的外接圆半径和内切圆半径,r_a,r_b,r_c 分别为边 a,b,c 上的旁切圆半径,求证

$$2\sqrt{r}+2\sqrt{2R} \geqslant \sum \frac{a}{\sqrt{r_a}} \tag{25}$$

问题26 已知已知 a,b,c 为 $\triangle ABC$ 的三边长,求证

$$\frac{\sqrt{2}}{2}\sum \frac{b+c}{\sqrt{b^2+c^2}} \geqslant \sum \cos\frac{B-C}{2} \tag{26}$$

问题27(陈胜利) 已知 $a,b,c \geqslant 0$ 且 $ab+bc+ca>0$,求证:

$$\sum \sqrt{\frac{2}{a+b}} \geqslant \sum \sqrt{\frac{5}{a+b+3c}}. \tag{27}$$

问题28(翟德玉) 已知 $a,b,c \geqslant 0$ 且 $ab+bc+ca>0$,求证:

$$\sum \frac{a+b}{\sqrt{a^2+ab+b^2+bc}} \geqslant 2+\sqrt{\frac{ab+bc+ca}{a^2+b^2+c^2}}. \tag{28}$$

注 问题28是作者2014年1月24日在原Mathlinks论坛上贴出的不等式,难度较大,目前只有云南杨俊波及不等式专家 Michael Rozen berg 先后均用对称函数给出证明,除此之外,作者还有另一个证明,待日后以专题发表.

参考文献

[1] 杨学枝.关于三角形中线的一组不等式[J].中学数学,1999(3).

[2] 刘保乾.刘保乾—杨学枝一个等腰取等不等式的加强和反向的征解问题[DB/OL].许康华竞赛优学微信群,[2022-10-11].

[3] 尹华焱.100个涉及三角形Ceva线、旁切圆半径的不等式猜想[C]// 杨学枝.不等式研究(第一辑).西藏:西藏人民出版社,2000.

[4] 杨学枝、尹华焱.《关于 $\sum\cos\frac{B-C}{2}$ 及 $\sum\frac{1}{\cos\frac{B-C}{2}}$ 的下界——兼谈cwx-161等问题》[J].中学数学,1999(11).

作者简介

翟德玉,男,业余数学爱好者,从事代数不等式研究多年.近年来其主要研究三角不等式的证明,并用自己总结和创新的手段,成功地证明了国外mathlinks论坛及国内尹华焱、刘保乾先生等提出的一系列难度较大、长年悬而未决的三角不等式.

一类迭代幂次方程的研究

张子丰

(东莞证券湛江营业部　广东　湛江　524000)

摘　要　本文研究了一类迭代幂次方程解的上、下限.从一个不等式出发,通过已知的下限推出上限,反之亦然;再把方程写成迭代对数方程,用弦截法求解;同时研究一般形式的指数迭代,因此给出了阶幂的上、下限;最后讨论了解的极限.

关键词　迭代幂次;迭代对数;不等式;弦截法;指数迭代;阶幂;极限

一、约定符号

1.设 $n\in\mathbf{Z},a>0,x\in\mathbf{R}$,定义函数

$$E(a,n,x)=\begin{cases}x,n=0\\a^{E(a,n-1,x)},n\geqslant 1\\\log_a E(a,n+1,x),n\leqslant -1,a\neq 1\text{ 且 }E(a,n+1,x)>0\end{cases}$$

特别地,当 $n\geqslant 1,a\in(0,1)\cup(1,+\infty)$ 时,有

$$E(a,n,x)=\begin{cases}a^x,n=1\\a^{a^x},n=2\\\vdots\end{cases}$$

此时的 $a^x,a^{a^x},\cdots$ 是指数函数的迭代,可称为迭代指数.

当 $n\geqslant 1,x>0$ 时,有

$$E(x,n,1)=\begin{cases}x,n=1\\x^x,n=2\\x^{x^x},n=3\\\vdots\end{cases}$$

此时的 $x,x^x,x^{x^x},\cdots$ 可称为迭代幂次.

当 $n\leqslant -1,a\in(0,1)\cup(1,+\infty)$ 时,有

$$E(a,n,x)=\begin{cases}\log_a x,n=-1\text{ 且 }x>0\\\log_a\log_a x,n=-2\text{ 且}\log_a x>0\\\vdots\end{cases}$$

此时的 $\log_a x,\log_a\log_a x,\cdots$ 可称为迭代对数.

2.定义数列 $\{f_n\}$

$$f_n=\begin{cases}1,n=1\\n^{f_{n-1}},n\geqslant 2\end{cases}$$

即

$$f_n=\begin{cases}1,n=1\\2^1,n=2\\3^{2^1},n=3\\\quad\vdots\end{cases}$$

从形式上看,类似于阶乘,可称为阶幂.

为方便起见,以上定义我们在下文不再说明.

二、基本性质

对于 $E(a,n,x)$,本文只讨论 $a>1$ 的情形.

用数学归纳法,可证以下定理:

定理 1　设 $m\in\mathbf{Z},n\in\mathbf{N},a>1,E(a,m,x)\in\mathbf{R}$,则 $E(a,n+m,x)=E[a,n,E(a,m,x)]$.

定理 2　设 $n\in\mathbf{N},1<a\leqslant b,0<x\leqslant y$,则 $E(a,n,x)\leqslant E(b,n,y)$,当且仅当 $(a,x)=(b,y)$ 或 $(n,x)=(0,y)$ 时,等号成立.

定理 3　设 $n\in\mathbf{N}^+,b>0,x_1,x_2\geqslant 1$,则 $x_1<x_2\Leftrightarrow E(x_1,n,b)<E(x_2,n,b)$.

定理 4　设 $n\in\mathbf{N},a>1$,则 $x_1\leqslant x_2\Leftrightarrow E(a,n,x_1)\leqslant E(a,n,x_2)$.

定理 5　设 $n\in\mathbf{N},a>1$,则 $b>E(a,n,x)\Rightarrow E(a,-n,b)>x,b=E(a,n,x)\Rightarrow E(a,-n,b)=x$.

定理 6　设 $m,n\in\mathbf{N}^+$ 且 $n>m,a\in(1,m+1)$,则 $f_n>E(a,n-m,f_m)$.

三、核心不等式

文献[1]中收录了如下一个指数不等式:

设 $a>0,x>0$,则

$$\mathrm{e}^x\geqslant\left(\frac{\mathrm{e}x}{a}\right)^a$$

此命题等价于:

定理 7　设 $a>0,x>0$,则

(1)
$$x\geqslant a(\ln x+1-\ln a)$$

(2)
$$\ln x\leqslant a^{-1}x-1+\ln a$$

特别地,当 $a=1$ 时,$x\geqslant\ln x+1,\ln x\leqslant x-1$.

定理 8　设 $a\geqslant E(\mathrm{e},2,-1),x>1$,则

(1)
$$\log_a x\leqslant x$$

(2)
$$a^x\geqslant x$$

(3)
$$E(x,2,-1)\leqslant E(\mathrm{e},2,-1)$$

证明　因为 $\ln a\geqslant\ln E(\mathrm{e},2,-1)=\mathrm{e}^{-1}$,由定理 7,得

$$\log_a x=\frac{\ln x}{\ln a}\leqslant\mathrm{e}\cdot(\mathrm{e}^{-1}x+\ln\mathrm{e}-1)=x$$

所以

$$a^x\geqslant x$$

当 $a=E(\mathrm{e},2,-1)$ 时,有

$$E(\mathrm{e},2,-1)=a\geqslant x^{\frac{1}{x}}=E(x,2,-1)$$

证毕.

定理 9 设 $m,n\in\mathbf{N}$ 且 $m<n,a\geqslant E(\mathrm{e},2,-1)$,$x>1$,则 $E(a,m,x)\leqslant E(a,n,x)$.

四、方程解的上、下限

$$E(x,n,1)=c \quad (c,x>1,n\geqslant 2 \text{ 且 } n\in\mathbf{N}^{+})$$

下面探讨该方程解的范围.

定理 10 设 $n\geqslant 2$ 且 $n\in\mathbf{N}^{+}$,$c>1$,$M=\min\{c,\mathrm{e}\}$,则关于 x 的方程

$$E(x,n,1)=c$$

在 $(1,+\infty)$ 上有唯一解 x_0,且

$$E(M,2,-1)<x_0<c$$

证明 (1) 令 $f(x)=E(x,n,1)-c,x\in[1,+\infty)$.

由定理 3,知 $f(x)$ 在 $[1,+\infty)$ 上严格单调递增.

又因为 $f(x)$ 在 $[1,+\infty)$ 上连续,且 $f(1)=1-c<0,f(c)=c^{E(c,n-1,1)}-c>0$,所以 $f(x)=0$ 在 $(1,+\infty)$ 上有唯一解 x_0,且 $x_0<c$.

(2) 令 $a=E(M,2,-1)=M^{\frac{1}{M}}$.

由定理 2,得

$$E(x_0,n,1)=c\geqslant M=E(a,n,M)>E(a,n,1)$$

由定理 3,$x_0>a=E(M,2,-1)$.

证毕.

若 $\ln c$ 和 n 比较小,可通过下表 1 找出解的上、下限.

其中,$f(a,n)=\ln E(a,n,1)$,只显示三位小数.

表 1

a / $f(a,n)$ / n	1.5	1.6	1.7	1.8	1.9	2
2	0.608	0.752	0.902	1.058	1.220	1.386
3	0.745	0.997	1.308	1.693	2.173	2.773
4	0.854	1.274	1.962	3.196	5.639	11.090
5	0.952	1.680	3.776	14.358	180.416	45 426.094
6	1.051	2.522	23.157	1 011 662.090		
7	1.160	5.851				
8	1.293	163.400				
9	1.478					
10	1.777					
11	2.397					
12	4.456					
13	34.944					

再用核心不等式证明以下定理,就可通过已知的下限推出上限,反之亦然.

定理 11 设 $n\geqslant 2$ 且 $n\in\mathbf{N}^{+}$,$x>a>1$ 且 $E(x,n,1)\leqslant c$,则

$$x \leqslant \frac{a+\ln E(a,2-n,c)}{1+\ln a}$$

证明　由定理 1 和 2,得

$$c \geqslant E(x,n,1)=E(x,n-2,x^x) \geqslant E(a,n-2,x^x)$$

由定理 5,得

$$E(a,2-n,c) \geqslant x^x$$

由定理 7,得

$$\ln x^{-1} \leqslant ax^{-1}-1+\ln a^{-1}=ax^{-1}-1-\ln a$$

所以

$$\ln E(a,2-n,c) \geqslant x\ln x=-x\ln x^{-1} \geqslant x(1+\ln a)-a$$

所以

$$x \leqslant \frac{a+\ln E(a,2-n,c)}{1+\ln a}$$

证毕.

定理 12　设 $n \geqslant 2$ 且 $n \in \mathbf{N}^+$, $b,c>1$ 且 $u=E(b,2-n,c)>1$, $x \in (1,b)$ 且 $E(x,n,1) \geqslant c$,则

$$\ln x \geqslant \frac{1+\ln b}{1+b(\ln u)^{-1}}$$

证明　由定理 1 和 2,得

$$E(x,n-2,x^x) \geqslant c=E[b,n-2,E(b,2-n,c)] \geqslant E(x,n-2,u)$$

由定理 4,得

$$x^x \geqslant u$$

由定理 7,得

$$x^{-1} \geqslant b^{-1}(\ln x^{-1}+1-\ln b^{-1})=b^{-1}(1+\ln b-\ln x)$$

所以

$$\ln x=x^{-1}\ln x^x \geqslant x^{-1}\ln u \geqslant b^{-1}(1+\ln b)\ln u-b^{-1}(\ln u)\ln x$$

故

$$\ln x \geqslant \frac{b^{-1}(1+\ln b)\ln u}{1+b^{-1}\ln u}=\frac{1+\ln b}{1+b(\ln u)^{-1}}$$

证毕.

以下把方程转化为迭代对数方程,以减少误差.

定理 13　设 $n \geqslant 2$ 且 $n \in \mathbf{N}^+$, $a>1$. x_0 是方程 $E(x,n,1)=c$ 在 $(1,+\infty)$ 上的唯一解,定义函数

$$f(x)=x-E(x,1-n,c)$$

则

$$x_0>a \Leftrightarrow f(a)<0, x_0=a \Leftrightarrow f(a)=0, f(a)>0 \Rightarrow x_0<a$$

注意　若 a 较大, $f(a)$ 可能在实数范围内无定义,此时可考虑用二分法缩小范围.

例 1　给出方程 $E(x,6,1)=E(2,5,1)$ 在 $(1,+\infty)$ 上解的一个范围.

解　令 $c=E(2,5,1)=2^{65\,536}$, $f(x)=x-E(x,-5,c)=x-E(x,-4,65\,536\log_x 2)$,原方程在 $(1,+\infty)$ 上的唯一解为 x_0.

(1) 由表 1 得

$$\ln E(1.7,6,1)<\ln E(2,5,1)=\ln E(x_0,6,1)<\ln E(1.8,6,1)$$

由定理 3, $x_0 \in (1.7,1.8)$.

(2) 以下用弦截法估算范围.

令 $a=1.7, b=1.8$,则

$$a-\frac{(b-a)f(a)}{f(b)-f(a)}\approx 1.787\ 1$$

令 $x_1=1.787\ 1$,则 $f(x_1)>0$,且

$$a-\frac{(x_1-a)f(a)}{f(x_1)-f(a)}\approx 1.785\ 81$$

令 $x_2=1.785\ 81$,则 $f(x_2)>0$.

由定理13,得 $x_0<x_2=1.785\ 81$.

(3) 令 $u=E(x_2,-4,c)=E(x_2,-3,65\ 536\log_{x_2}2)>2.815\ 265\ 4$.

由定理12,得

$$\ln x_0\geqslant\frac{1+\ln x_2}{1+x_2(\ln u)^{-1}}>0.579\ 700\ 21$$

所以

$$x_0>1.785\ 503$$

(4) 令 $x_3=1.785\ 503$,则

$$x_3-\frac{(x_2-x_3)f(x_3)}{f(x_2)-f(x_3)}\approx 1.785\ 665\ 49$$

令 $x_4=1.785\ 665\ 49$,则 $f(x_4)>0$.

由定理13,得 $x_0<x_4=1.785\ 665\ 49$.

(5) 令 $x_5=1.785\ 665\ 4$,则 $f(x_5)<0$.

由定理13,得 $x_0>x_5=1.785\ 665\ 4$.

综上,$x_0\in(1.785\ 665\ 4, 1.785\ 665\ 49)$.

五、方程的另一种形式

$$E(x,n,1)=E(s,n,t)\quad(s,t,x>1, n\geqslant 2\text{ 且 }n\in\mathbf{N}^+)$$

定理14 设 $n\geqslant 2$ 且 $n\in\mathbf{N}^+$,构造数列 $\{x_n\}$,其中 x_n 是方程 $E(x,n,1)=E(s,n,t)$ 在 $(1,+\infty)$ 上的唯一解,则:

(1) $\forall n\in\mathbf{N}^+, x_n>s$;

(2) $\{x_n\}$ 严格单调递减;

(3) 若 $n\geqslant 2$,则 $x_n\leqslant\dfrac{s+s^t\ln s}{1+\ln s}$.

证明 (1) 由定理2,得 $E(x_n,n,1)=E(s,n,t)>E(s,n,1)$.

由定理3,得 $x_n>s$.

(2) $\forall n\in\mathbf{N}^+$,有

$$\log_s E(x_{n+1},n+1,1)=E(s,n,t)<E(x_n,n,1)\log_s x_n=\log_s E(x_n,n+1,1)$$

由定理3,得 $x_{n+1}<x_n$.

即 $\{x_n\}$ 严格单调递减.

(3) 若 $n\geqslant 2$,令 $c=E(s,n,t)$.

由定理1,得 $c=E[s,n-2,E(s,2,t)]$.

由定理5,得 $E(s,2-n,c)=E(s,2,t)$.

由定理 11,有

$$x_n \leqslant \frac{s+\ln E(s,2,t)}{1+\ln s}=\frac{s+s^t \ln s}{1+\ln s}$$

证毕.

定理 15　设 $n \in \mathbf{N}^+, s \geqslant E(\mathrm{e},2,-1), t>1$,则 $E(t^{-1} s^t, n, 1) \leqslant t^{-1} E(s, n, t)$.

证明　(1) 当 $n=1$ 时,命题成立.

(2) 假设当 $n=k \in \mathbf{N}^+$ 时,命题成立,即 $E(t^{-1} s^t, k, 1) \leqslant t^{-1} E(s, k, t)$.

由定理 9,得

$$E(s,k,t) \geqslant E(s,0,t)=t$$

所以

$$\begin{aligned} E(t^{-1} s^t, k, 1) \log_s(t^{-1} s^t) & \leqslant t^{-1} E(s,k,t)(t-\log_s t) \\ & =E(s,k,t)-t^{-1} E(s,k,t) \log_s t \\ & \leqslant E(s,k,t)-\log_s t \end{aligned}$$

故

$$E(t^{-1} s^t, k+1, 1) \leqslant t^{-1} E(s, k+1, t)$$

即命题对 $n=k+1$ 成立.

由数学归纳法,命题对 $\forall n \in \mathbf{N}^+$ 成立.

证毕.

定理 16　设 $n \geqslant 2$ 且 $n \in \mathbf{N}^+, b>2, A \in (2, b^{b-1}], x>1$ 且 $E(x,n,1) \leqslant E(A,n-1,1)$,则 $x<b$.

证明　由定理 1,2 和 15,得

$$E(x,n,1) \leqslant E(A,n-1,1) \leqslant E(b^{-1} \cdot b^b, n-1,1)<b^{-1} E(b,n-1,b)<E(b,n,1)$$

由定理 3,得 $x<b$.

证毕.

以上定理表明,当 A 较小时,可测试 $3^2, 4^3, 5^4, \cdots$,从而找出解的一个上限.

例 2　给出方程 $E(x,4,1)=E(2,2,10^6)$ 在 $(1,+\infty)$ 上解的一个范围.

解　令 $c=E(2,2,10^6)$, $f(x)=x-E(x,-3,c)=x-\log_x(10^6 \log_x 2+\log_x \log_x 2)$,原方程在 $(1,+\infty)$ 上的唯一解为 x_0.

(1) 因为 $2^{10^6}<2^{2^{20}}=2^{16 \cdot 2^{16}}=E(65\ 536,2,1)$,所以 $E(x_0,4,1)=c<E(65\ 536,3,1)$.

又因为 $65\ 536<7^6$,由定理 16,得 $x<7$.

(2) 令 $u=E(7,-2,c)=10^6 \log_7 2+\log_7 \log_7 2>356\ 206.65$.

由定理 12,得

$$\ln x_0 \geqslant \frac{1+\ln 7}{1+7(\ln u)^{-1}}>1.903\ 545\ 8$$

所以

$$x_0>6.709\ 6$$

(3) 以下用弦截法估算范围.

令 $a=6.709\ 6, b=7$,则

$$a-\frac{(b-a) f(a)}{f(b)-f(a)} \approx 6.720\ 9$$

令 $x_1=6.720\ 9$,则

$$f(x_1) > 0$$

$$a - \frac{(x_1 - a) f(a)}{f(x_1) - f(a)} \approx 6.720\ 763$$

令 $x_2 = 6.720\ 763$,则 $f(x_2) > 0$.

(4) 令 $v = E(x_2, -2, c) = 10^6 \log_{x_2} 2 + \log_{x_2} \log_{x_2} 2 > 363\ 817.73$.

由定理12,得

$$\ln x_0 \geqslant \frac{1 + \ln x_2}{1 + x_2 (\ln v)^{-1}} > 1.905\ 201\ 6$$

所以

$$x_0 > 6.720\ 762$$

综上,$x_0 \in (6.720\ 762, 6.720\ 763)$.

定理14给出了方程的一个上、下限,而以下定理可得另一个范围.

定理17 设 $n \geqslant 2$ 且 $n \in \mathbf{N}^+$, $s \geqslant E(\mathrm{e}, 2, -1)$, $t > 1$, $r = t^{-1} + \ln s$, $x > 1$ 且 $E(x, n, 1) = E(s, n, t)$,则

$$t^{-1} s^t < x \leqslant \frac{s^t}{t - r^{-1} \ln t}$$

证明 由定理15,得

$$E(x, n, 1) > t^{-1} E(s, n, t) \geqslant E(t^{-1} s^t, n, 1)$$

由定理3,得

$$x > t^{-1} s^t$$

设 $x_2 > 1$ 且 $E(x_2, 2, 1) = E(s, 2, t)$.

令 $a = t^{-1} s^t$,由定理14,得

$$x_2 \geqslant x > a$$

令 $c = E(s, 2, t)$,由定理11,得

$$x_2 \leqslant \frac{a + \ln E(a, 0, c)}{1 + \ln a} = \frac{t^{-1} s^t + s^t \ln s}{1 + t \ln s - \ln t} = \frac{r s^t}{tr - \ln t} = \frac{s^t}{t - r^{-1} \ln t}$$

由定理14,得

$$x \leqslant x_2 \leqslant \frac{s^t}{t - r^{-1} \ln t}$$

证毕.

但就解的下限而言,$t^{-1} s^t$ 可能小于 t,此时用定理14给出的范围反而更好.

六、一般形式的指数迭代

定理18 设 $s > 1$,数列 $\{a_n\}$ 满足 $a_1 > \mathrm{e}$ 且 $a_n > s$. 构造数列 $\{b_n\}$

$$b_n = \begin{cases} a_1, n = 1 \\ {a_n}^{b_{n-1}}, n \geqslant 2 \end{cases}$$

若 $\exists r > 1, \forall n \in \mathbf{N}^+, \ln \log_s a_{n+1} \leqslant (\ln b_k - 1) \ln r$,则

$$b_n \leqslant [E(s, n-1, {a_1}^r)]^{\frac{1}{r}}$$

证明 由已知,得 $a_n, b_n > 1$.

(1) 当 $n = 1$ 时,命题成立.

(2) 假设当 $n = k \in \mathbf{N}^+$ 时,命题成立,即

$$b_k \leqslant [E(s,k-1,a_1^{\ r})]^{\frac{1}{r}}$$

由定理 7,得

$$\ln r \leqslant r-1$$

由已知,得

$$\ln \log_s a_{k+1} \leqslant (\ln b_k - 1)\ln r = (\ln b_k)\ln r - \ln r \leqslant (r-1)\ln b_k - \ln r$$

因此

$$\log_s b_{k+1} = b_k \log_s a_{k+1} \leqslant r^{-1} b_k^{\ r} \leqslant r^{-1} E(s,k-1,a_1^{\ r})$$

所以

$$b_{k+1} \leqslant [E(s,k,a_1^{\ r})]^{\frac{1}{r}}$$

即命题对 $n=k+1$ 成立.

由数学归纳法,命题对 $\forall n \in \mathbf{N}^+$ 成立.

证毕.

定理 19　设 $s \geqslant E(\mathrm{e},2,-1)$,数列 $\{a_n\}$ 满足

$$\begin{cases} a_1 > \mathrm{e} \\ a_{n+2} \geqslant a_{n+1} > s \\ \ln \log_s a_{n+2} \leqslant \mathrm{e}(\ln a_{n+1}) \ln \log_s a_{n+1} \end{cases}$$

构造数列 $\{b_n\}$

$$b_n = \begin{cases} a_1, n=1 \\ a_n^{b_{n-1}}, n \geqslant 2 \end{cases}$$

令 $r = \exp\left(\dfrac{\ln \log_s a_2}{\ln a_1 - 1}\right)$,则 $\forall n \in \mathbf{N}^+$,有

$$b_n \leqslant [E(s,n-1,a_1^{\ r})]^{\frac{1}{r}}$$

证明　因为 $a_n \geqslant E(\mathrm{e},2,-1)$,$b_n > 1$,由定理 8

$$E(b_n,2,-1) \leqslant E(\mathrm{e},2,-1) \leqslant a_n$$

所以

$$b_n \leqslant a_{n+1}^{b_n} = b_{n+1}$$

即 $\{b_n\}$ 单调递增.

所以

$$b_n \geqslant b_1 = a_1 > \mathrm{e}$$

由定理 7,得

$$\ln b_n \leqslant \mathrm{e}^{-1} b_n + \ln \mathrm{e} - 1 = \mathrm{e}^{-1} b_n$$

因为

$$\ln \log_s a_{n+2} \leqslant \mathrm{e}(\ln a_{n+1}) \ln \log_s a_{n+1}$$

所以

$$\begin{aligned}(\ln b_n - 1)\ln \log_s a_{n+2} &= (\ln b_n)\ln \log_s a_{n+2} - \ln \log_s a_{n+2} \\ &\leqslant \mathrm{e}^{-1} b_n \cdot \mathrm{e}(\ln a_{n+1}) \ln \log_s a_{n+1} - \ln \log_s a_{n+1} \\ &= (\ln b_{n+1} - 1)\ln \log_s a_{n+1}\end{aligned}$$

所以

$$\frac{\ln \log_s a_{n+2}}{\ln b_{n+1} - 1} \leqslant \frac{\ln \log_s a_{n+1}}{\ln b_n - 1}$$

即数列$\left\{\dfrac{\ln \log_s a_{n+1}}{\ln b_n - 1}\right\}$单调递减.

所以

$$\frac{\ln \log_s a_{n+1}}{\ln b_n - 1} \leqslant \frac{\ln \log_s a_2}{\ln a_1 - 1} = \ln r$$

因此

$$\ln \log_s a_{n+1} \leqslant (\ln b_n - 1)\ln r$$

由定理18,得

$$b_n \leqslant [E(s, n-1, a_1{}^r)]^{\frac{1}{r}}$$

证毕.

定理 20　设 $n \in \mathbf{N}, p > s \geqslant E(\mathrm{e}, 2, -1), q > \mathrm{e}, r = \exp\left(\dfrac{\ln \log_s p}{\ln q - 1}\right)$,则

$$E(p, n, q) \leqslant [E(s, n, q^r)]^{\frac{1}{r}}$$

证明　构造数列$\{a_n\}$,$\{b_n\}$

$$a_n = \begin{cases} q, n = 1 \\ p, n \geqslant 2 \end{cases}$$

$$b_n = \begin{cases} a_1, n = 1 \\ a_n{}^{b_{n-1}}, n \geqslant 2 \end{cases}$$

则

$$a_1 = q > \mathrm{e}, a_{n+2} = a_{n+1} = p > s \geqslant E(\mathrm{e}, 2, -1)$$

所以

$$\mathrm{e}(\ln a_{n+1})\ln \log_s a_{n+1} \geqslant \mathrm{e} \cdot \mathrm{e}^{-1} \ln \log_s p = \ln \log_s a_{n+2}$$

由定理19,得

$$E(p, n, q) = b_{n+1} \leqslant [E(s, n, q^r)]^{\frac{1}{r}}$$

证毕.

笔者用前面解方程的方法,得

$$E(2.574\ 063\ 1, 4, 1) < E(2, 5, 1) < E(1.785\ 665\ 464, 6, 1)$$

经试验,可证以下命题:

例 3　求证:$E(2.574\ 06, n-1, 1) < E(2, n, 1) < E(1.785\ 665\ 5, n+1, 1)$($n \geqslant 5$ 且 $n \in \mathbf{N}^+$).

证明　(1) 令 $p = 2.574\ 06, q = E(p, 4, 1)$,则

$$E(p, 3, 1) = 48\ 041.416\cdots$$

令 $r = \exp\left(\dfrac{\ln \log_2 p}{\ln q - 1}\right) = \exp\left[\dfrac{\ln \log_2 p}{E(p, 3, 1)\ln p - 1}\right] < \exp(6.834\ 993\ 7 \cdot 10^{-6})$,则

$$\ln r + \ln \log_2 q - \ln E(2, 4, 1) = \ln r + \ln[E(p, 3, 1)\log_2 p] - \ln 65\ 536 < 0$$

所以

$$q^r < E(2, 5, 1)$$

由定理1,2和20,得

$$E(p, n-1, 1) = E(p, n-5, q) \leqslant [E(2, n-5, q^r)]^{\frac{1}{r}} < E[2, n-5, E(2, 5, 1)] = E(2, n, 1)$$

(2) 令

$$s = 1.785\ 665\ 5, p_2 = 2, q_2 = E(2, 5, 1) = 2^{65\ 536}$$

$$r_2 = \exp\left(\frac{\ln \log_s p_2}{\ln q_2 - 1}\right) = \exp\left(\frac{\ln \log_s 2}{65\ 536\ln 2 - 1}\right) < \exp(3.931\ 183\ 2 \cdot 10^{-6})$$

所以

$$\ln r_2 + \ln \log_s q_2 - \ln E(s,5,1) = \ln r_2 + \ln(65\ 536\log_s 2) - E(s,4,1)\ln s < 0$$

因此

$$q_2^{r_2} < E(s,6,1)$$

由定理 1,2 和 20,得

$$E(2,n,1) = E(p_2, n-5, q_2) \leqslant [E(s,n-5,q_2^r)]^{\frac{1}{r}} < E[s,n-5,E(s,6,1)] = E(s,n+1,1)$$

证毕.

定理 21　设 $n \geqslant 6$ 且 $n \in \mathbf{N}^+$, $s \in [E(\mathrm{e},2,-1), \sqrt{6}]$, $r = \exp\left(\frac{\ln \log_s 6}{262\ 144\ln 5 - 1}\right)$,则

$$f_n \leqslant [E(s,n-5,f_5^r)]^{\frac{1}{r}}$$

证明　构造数列 $\{a_n\}$, $\{b_n\}$

$$a_n = \begin{cases} f_5, n = 1 \\ n+4, n \geqslant 2 \end{cases}$$

$$b_n = \begin{cases} a_1, n = 1 \\ a^{b_{n-1}}{}_n, n \geqslant 2 \end{cases}$$

则

$$a_1 \geqslant \mathrm{e}, a_{n+2} > a_{n+1} = n+5 \geqslant 6 \geqslant s^2 > s$$

所以

$$\begin{aligned} \mathrm{e}(\ln a_{n+1})\ln \log_s a_{n+1} &> 2\ln \log_s(n+5) \\ &= \ln[\log_s(n+5)]^2 \\ &> \ln[2\log_s(n+5)] \\ &= \ln \log_s(n^2+10n+25) \\ &> \ln \log_s(n+6) \\ &= \ln \log_s a_{n+2} \end{aligned}$$

因为 $r = \exp\left(\frac{\ln \log_s a_2}{\ln a_1 - 1}\right)$,由定理 19,得

$$f_n = b_{n-4} \leqslant [E(s,n-5,f_5^r)]^{\frac{1}{r}}$$

证毕.

笔者算得 $E(2.023\ 958\ 32,5,1) < f_5 < E(2.023\ 958\ 33,5,1)$.经试验,可证以下命题.

例 4　求证:$E(2.023\ 958\ 32,n,1) < f_n < E(2.023\ 958\ 4,n,1)$ ($n \geqslant 6$ 且 $n \in \mathbf{N}^+$).

证明　(1) 令 $a = 2.023\ 958\ 32$,则 $E(a,-4,f_5) = E(a,-3,262\ 144\log_a 5) > a$.

又因为 $1 < a < 6$,由定理 1,2 和 6,得

$$f_n > E(a,n-5,f_5) = E[a,n-1,E(a,-4,f_5)] > E(a,n-1,a) = E(a,n,1)$$

(2) 令 $s = 2.023\ 958\ 4$, $r = \exp\left(\frac{\ln \log_s 6}{262\ 144\ln 5 - 1}\right) < \exp(2.210\ 641\ 3 \cdot 10^{-6})$,则

$$\ln r + \ln \log_s f_5 - \ln E(s,4,1) = \ln r + \ln(262\ 144\log_s 5) - E(s,3,1)\ln s < 0$$

所以

$$f_5^r < E(s,5,1)$$

由定理1,2和21,得

$$f_n \leqslant [E(s,n-5,f_5{}^r)]^{\frac{1}{r}} < E[s,n-5,E(s,5,1)] = E(s,n,1)$$

证毕.

七、解的极限

在方程 $E(x,n,1)=E(s,n,t)$ 中,若把右边替换成 c,则定理17可改写成:

定理22 设 $n \geqslant 2$ 且 $n \in \mathbf{N}^+$, $x > s \geqslant E(\mathrm{e},2,-1)$,且 $E(x,n,1)=c$, $r=\ln s+\dfrac{1}{E(s,-n,c)}$,则

$$\frac{E(s,1-n,c)}{E(s,-n,c)} < x \leqslant \frac{E(s,1-n,c)}{E(s,-n,c)-r^{-1}\ln E(s,-n,c)}$$

若 $c \to +\infty$,可得方程解的一个等价无穷大.

定理23 设 $n \geqslant 2$ 且 $n \in \mathbf{N}^+$, $c > 1$,定义函数 $F(c,n)$,其中 $F(c,n)$ 是方程 $E(x,n,1)=c$ 在 $(1,+\infty)$ 上的唯一解. $\forall s \geqslant E(\mathrm{e},2,-1)$,若 $c \to +\infty$,则 $F(c,n) \sim \dfrac{E(s,1-n,c)}{E(s,-n,c)}$.

以下探讨 $n \to \infty$ 时的极限.

定理24 设 $n \geqslant 2$ 且 $n \in \mathbf{N}^+$, $x > 1$, $r > 0$, $y=\ln\ln x+1-\ln r$,则

$$\ln E(x,n,1) \geqslant r^{n-1}\ln x + y\sum_{k=1}^{n-1} r^k$$

证明 (1) 当 $n=2$ 时,由定理7,得

$$\ln E(x,2,1) \geqslant r(\ln\ln x^x+1-\ln r)=r(\ln x+\ln\ln x+1-\ln r)=r\ln x+ry$$

此时命题成立.

(2) 假设当 $n=m(m \geqslant 2$ 且 $m \in \mathbf{N}^+)$ 时,命题成立,即

$$\ln E(x,m,1) \geqslant r^{m-1}\ln x + y\sum_{k=1}^{m-1} r^k$$

由定理7,得

$$\begin{aligned}
\ln E(x,m+1,1) &\geqslant r[\ln\ln E(x,m+1,1)+1-\ln r] \\
&\geqslant r[\ln E(x,m,1)+\ln\ln x+1-\ln r] \\
&\geqslant r\left(r^{m-1}\ln x + y\sum_{k=1}^{m-1} r^k + y\right) \\
&= r^m \ln x + y\sum_{k=1}^{m} r^k
\end{aligned}$$

即命题对 $n=m+1$ 成立.

由数学归纳法,命题对 $\forall n \in \mathbf{N}^+$ 成立.

证毕.

定理25 设 $n \geqslant 3$ 且 $n \in \mathbf{N}^+$, $c \in (1,\mathrm{e})$, $r=\ln c$, $x > a \geqslant E(c,2,-1)$ 且 $E(x,n,1) \leqslant c$,则

$$\ln\ln x < \ln r - 1 + \frac{(1-r)(1-r^{n-2}\ln a)}{1-r^{n-1}}$$

证明 令 $y=\ln\ln x+1-\ln r$.

由定理24,得

$$\ln E(x,n-1,1) \geqslant r^{n-2}\ln x + y\sum_{k=1}^{n-2} r^k > r^{n-2}\ln a + \frac{y(r-r^{n-1})}{1-r}$$

又因为

$$\ln r=\ln\ln c\geqslant\ln\ln E(x,n,1)\,,\ln\ln x-\ln r=y-1$$

所以

$$\begin{aligned}0&\geqslant(1-r)(\ln\ln E(x,n,1)-\ln r)\\&=(1-r)\ln E(x,n-1,1)+(1-r)(\ln\ln x-\ln r)\\&>r^{n-2}(1-r)\ln a+y(r-r^{n-1})+y(1-r)-(1-r)\\&=y(1-r^{n-1})-(1-r)(1-r^{n-2}\ln a)\end{aligned}$$

所以

$$y<\frac{(1-r)(1-r^{n-2}\ln a)}{1-r^{n-1}}$$

因此

$$\ln\ln x=y+\ln r-1<\ln r-1+\frac{(1-r)(1-r^{n-2}\ln a)}{1-r^{n-1}}$$

证毕.

定理 26 设 $m,n\in\mathbf{N}$ 且 $n\geqslant m+3,c\geqslant \mathrm{e},x>a\geqslant E(\mathrm{e},2,-1)$ 且 $E(x,n,1)\leqslant c$,则

$$\ln\ln x\leqslant\frac{1+(\ln a)\ln\ln a+\ln\ln E(a,-m,c)}{n-m-1+\ln a}-1$$

证明 令 $r=1,y=\ln\ln x+1-\ln r=\ln\ln x+1,p=1+(\ln a)\ln\ln a$.

由定理 7,得

$$\ln x\geqslant(\ln a)(\ln\ln x+1-\ln\ln a)=y\ln a+1-p$$

又因为 $n-m-1\geqslant 2$,由定理 24,得

$$\ln E(x,n-m,1)\geqslant r^{n-m-1}\ln x+y\sum_{k=1}^{n-m-2}r^k\geqslant y(n-m-2+\ln a)+1-p$$

由定理 1 和 2,得

$$c\geqslant E(x,n,1)=E[x,m,E(x,n-m,1)]\geqslant E[a,m,E(x,n-m,1)]$$

由定理 5,得

$$E(a,-m,c)\geqslant E(x,n-m,1)$$

所以

$$\begin{aligned}\ln\ln E(a,-m,c)&\geqslant\ln\ln E(x,n-m,1)\\&=\ln E(x,n-m-1,1)+\ln\ln x\\&\geqslant y(n-m-2+\ln a)+1-p+y-1\\&=y(n-m-1+\ln a)-p\end{aligned}$$

则

$$y\leqslant\frac{p+\ln\ln E(a,-m,c)}{n-m-1+\ln a}$$

所以

$$\ln\ln x=y-1\leqslant\frac{1+(\ln a)\ln\ln a+\ln\ln E(a,-m,c)}{n-m-1+\ln a}-1$$

证毕.

根据定理 10 给出的下限,以及定理 25, 26 给出的上限,可得解在 $n\to\infty$ 时的极限.

定理 27 设 $n\geqslant 2$ 且 $n\in\mathbf{N}^+,c>1$,定义函数 $F(c,n)$,其中 $F(c,n)$ 是方程 $E(x,n,1)=c$ 在 $(1,+\infty)$ 上的唯一解,$M=\min\{c,\mathrm{e}\}$,则

$$\lim_{n\to\infty}F(c,n)=E(M,2,-1)$$

八、问题

设 $n \geqslant 2$ 且 $n \in \mathbf{N}^{+}, c \in (1, \mathrm{e}], x > 1$ 且 $E(x, n, 1) = c$.

(1) 方程解的下限是否有比较好的估计?

(2) 关于解的极限是否可以更加精细?

参考文献

[1] 匡继昌.常用不等式[M].4版.济南:山东科学技术出版社,2010.

《初等数学研究在中国》征稿通告

《初等数学研究在中国》(以书代刊)主编杨学校、刘培杰,由哈尔滨工业大学出版社出版,林群院士为创刊号题词,林群院士和张景中院士为创刊号撰文,创刊号已于2019年3月正式刊发.本刊旨在汇聚中小学数学教育学和初等数学研究最新成果,提供学习与交流的平台,促进中小学教育教学和初等数学研究水平提高.

一、征稿对象

全国大、中、小学数学教师;初等数学研究工作者、爱好者;各教研和科研单位与个人.

二、栏目分类

(1)初数研究;(2)数学教育教学;(3)中高考数学;(4)数学文化;(5)数学思想与方法;(6)数学竞赛研究;(7)数学问题与解答.

三、来稿须知

1.文章格式要求

(1)论文一律需要提供电子文稿,电子文中英文皆可,中文必须使用Word录入,字体为宋体;

(2)文章大标题用三号黑字体,并居中,大标题下面空一行,在居中处用小四号录上作者姓名,下面再空一行,在居中处用小四号黑宋体录上作者单位,并填在小括号内;

(3)文中分大段的标题用小四黑字体且居中,正文(含标题)一律用五号字体,标题文字使用黑体小三号字,正文及其他文字使用宋体五号字,正文打字(除标题外)一律不用黑体,需特别强调的字句可以用黑体;

(4)图形一律排放在右半面,也可以几个图形排成一行,但必须注明图号,图形必须应用几何画板作图;

(5)所有数学式子全要用Word公式编辑器录入(五号字体),要一次录一行,不要成段录入;文章第一段开头要空两格,未成段的句子换行时一律要顶格,不能空格,较长数学式子要单独占一行,且居中,若数学式子或公式需断开用两行或多行表示时,要紧靠“$=,+,-,\times\div\pm,\mp,\cdot,/$等”后面断开,而在下一行开头不能重复上述记号;注意标点符号要准确,句号要用“.”不用“。”;

(6)选择题选项支一律用“A,B,C,D”,提头要空两格,A,B,C,D之间各空两格,若一行录不下,可以换一行,换行提头也要空两格;填空题不用“()”,一律用“________”;

(7)变量如x,y,z,变动附标如“$\sum x,a_i$中的x,i”,函数符号如“f,g”,点的标记,如点“A,B”,线段标记,如线段“AB,CD”,一律用斜体;

(8)分数线标记,用“$\frac{*}{*}$”,如“$\frac{8}{9}$”“$\frac{a+b}{c+d}$”;

(9)分级标题:“一、”“二、”“三、”等(注意用“、”);“(一)”“(二)”“(三)”等(小括号后不用)“、”或“,”等符号;“1.”“2.”“3.”等(数字后用)“.”;“(1)”“(2)”“(3)”等(小括号后不用“、”或“,”等符号);“①”“②”“③”等(圆圈后不用“、”或“,”等符号);

(10)版面请选用A4纸张,左右边距2.2cm,上下边距2.5cm,多倍行距1.25,一律通栏排版;

(11)文稿中如有引文,请务必注明出处和参考文献;

(12)请提供内容摘要,文末请附上作者简介.

2. 来稿文责自负. 如有抄袭现象我们将公开批评,作者应负相关责任.

3. 请在文末写明投稿日期,投稿人联系电话(手机)、邮箱,以便联系.

4. 本刊不收审稿费和版面费,但为减轻出版社负担,本刊不赠送样刊,凡被刊出的每一篇文章的作者请向出版社购买至少1本当期刊物. 请广大作者能予以理解和支持.

5. 本刊不受理世界性数学难题或已被确认为不可能的数学问题.

6. 切勿将来稿再投他刊. 若在半年之内未接到录用通知,所投稿件作者可另行处理,并请告知.

7. 对录用的稿件,我们将通过作者邮箱通过.

以上解释权归《初等数学研究在中国》编辑部.

四、投稿邮箱

投稿邮箱:cdsxy jzzg@163. com.

编辑部地址:哈尔滨市南岗区复华四道街10号,哈尔滨工业大学出版社,邮编15006.

联系电话(杨老师):13609557381.

《初等数学研究在中国》编辑部

2023年1月

刘培杰数学工作室

已出版(即将出版)图书目录——初等数学

书 名	出版时间	定 价	编号
新编中学数学解题方法全书(高中版)上卷(第2版)	2018—08	58.00	951
新编中学数学解题方法全书(高中版)中卷(第2版)	2018—08	68.00	952
新编中学数学解题方法全书(高中版)下卷(一)(第2版)	2018—08	58.00	953
新编中学数学解题方法全书(高中版)下卷(二)(第2版)	2018—08	58.00	954
新编中学数学解题方法全书(高中版)下卷(三)(第2版)	2018—08	68.00	955
新编中学数学解题方法全书(初中版)上卷	2008—01	28.00	29
新编中学数学解题方法全书(初中版)中卷	2010—07	38.00	75
新编中学数学解题方法全书(高考复习卷)	2010—01	48.00	67
新编中学数学解题方法全书(高考真题卷)	2010—01	38.00	62
新编中学数学解题方法全书(高考精华卷)	2011—03	68.00	118
新编平面解析几何解题方法全书(专题讲座卷)	2010—01	18.00	61
新编中学数学解题方法全书(自主招生卷)	2013—08	88.00	261
数学奥林匹克与数学文化(第一辑)	2006—05	48.00	4
数学奥林匹克与数学文化(第二辑)(竞赛卷)	2008—01	48.00	19
数学奥林匹克与数学文化(第二辑)(文化卷)	2008—07	58.00	36′
数学奥林匹克与数学文化(第三辑)(竞赛卷)	2010—01	48.00	59
数学奥林匹克与数学文化(第四辑)(竞赛卷)	2011—08	58.00	87
数学奥林匹克与数学文化(第五辑)	2015—06	98.00	370
世界著名平面几何经典著作钩沉——几何作图专题卷(共3卷)	2022—01	198.00	1460
世界著名平面几何经典著作钩沉(民国平面几何老课本)	2011—03	38.00	113
世界著名平面几何经典著作钩沉(建国初期平面三角老课本)	2015—08	38.00	507
世界著名解析几何经典著作钩沉——平面解析几何卷	2014—01	38.00	264
世界著名数论经典著作钩沉(算术卷)	2012—01	28.00	125
世界著名数学经典著作钩沉——立体几何卷	2011—02	28.00	88
世界著名三角学经典著作钩沉(平面三角卷Ⅰ)	2010—06	28.00	69
世界著名三角学经典著作钩沉(平面三角卷Ⅱ)	2011—01	38.00	78
世界著名初等数论经典著作钩沉(理论和实用算术卷)	2011—07	38.00	126
世界著名几何经典著作钩沉(解析几何卷)	2022—10	68.00	1564
发展你的空间想象力(第3版)	2021—01	98.00	1464
空间想象力进阶	2019—05	68.00	1062
走向国际数学奥林匹克的平面几何试题诠释.第1卷	2019—07	88.00	1043
走向国际数学奥林匹克的平面几何试题诠释.第2卷	2019—09	78.00	1044
走向国际数学奥林匹克的平面几何试题诠释.第3卷	2019—03	78.00	1045
走向国际数学奥林匹克的平面几何试题诠释.第4卷	2019—09	98.00	1046
平面几何证明方法全书	2007—08	35.00	1
平面几何证明方法全书习题解答(第2版)	2006—12	18.00	10
平面几何天天练上卷·基础篇(直线型)	2013—01	58.00	208
平面几何天天练中卷·基础篇(涉及圆)	2013—01	28.00	234
平面几何天天练下卷·提高篇	2013—01	58.00	237
平面几何专题研究	2013—07	98.00	258
平面几何解题之道.第1卷	2022—05	38.00	1494
几何学习题集	2020—10	48.00	1217
通过解题学习代数几何	2021—04	88.00	1301
圆锥曲线的奥秘	2022—06	88.00	1541

刘培杰数学工作室
已出版(即将出版)图书目录——初等数学

书 名	出版时间	定 价	编号
最新世界各国数学奥林匹克中的平面几何试题	2007－09	38.00	14
数学竞赛平面几何典型题及新颖解	2010－07	48.00	74
初等数学复习及研究(平面几何)	2008－09	68.00	38
初等数学复习及研究(立体几何)	2010－06	38.00	71
初等数学复习及研究(平面几何)习题解答	2009－01	58.00	42
几何学教程(平面几何卷)	2011－03	68.00	90
几何学教程(立体几何卷)	2011－07	68.00	130
几何变换与几何证题	2010－06	88.00	70
计算方法与几何证题	2011－06	28.00	129
立体几何技巧与方法(第2版)	2022－10	168.00	1572
几何瑰宝——平面几何500名题暨1500条定理(上、下)	2021－07	168.00	1358
三角形的解法与应用	2012－07	18.00	183
近代的三角形几何学	2012－07	48.00	184
一般折线几何学	2015－08	48.00	503
三角形的五心	2009－06	28.00	51
三角形的六心及其应用	2015－10	68.00	542
三角形趣谈	2012－08	28.00	212
解三角形	2014－01	28.00	265
探秘三角形:一次数学旅行	2021－10	68.00	1387
三角学专门教程	2014－09	28.00	387
图天下几何新题试卷.初中(第2版)	2017－11	58.00	855
圆锥曲线习题集(上册)	2013－06	68.00	255
圆锥曲线习题集(中册)	2015－01	78.00	434
圆锥曲线习题集(下册·第1卷)	2016－10	78.00	683
圆锥曲线习题集(下册·第2卷)	2018－01	98.00	853
圆锥曲线习题集(下册·第3卷)	2019－10	128.00	1113
圆锥曲线的思想方法	2021－08	48.00	1379
圆锥曲线的八个主要问题	2021－10	48.00	1415
论九点圆	2015－05	88.00	645
近代欧氏几何学	2012－03	48.00	162
罗巴切夫斯基几何学及几何基础概要	2012－07	28.00	188
罗巴切夫斯基几何学初步	2015－06	28.00	474
用三角、解析几何、复数、向量计算解数学竞赛几何题	2015－03	48.00	455
用解析法研究圆锥曲线的几何理论	2022－05	48.00	1495
美国中学几何教程	2015－04	88.00	458
三线坐标与三角形特征点	2015－04	98.00	460
坐标几何学基础.第1卷,笛卡儿坐标	2021－08	48.00	1398
坐标几何学基础.第2卷,三线坐标	2021－09	28.00	1399
平面解析几何方法与研究(第1卷)	2015－05	18.00	471
平面解析几何方法与研究(第2卷)	2015－06	18.00	472
平面解析几何方法与研究(第3卷)	2015－07	18.00	473
解析几何研究	2015－01	38.00	425
解析几何学教程.上	2016－01	38.00	574
解析几何学教程.下	2016－01	38.00	575
几何学基础	2016－01	58.00	581
初等几何研究	2015－02	58.00	444
十九和二十世纪欧氏几何学中的片段	2017－01	58.00	696
平面几何中考.高考.奥数一本通	2017－07	28.00	820
几何学简史	2017－08	28.00	833
四面体	2018－01	48.00	880
平面几何证明方法思路	2018－12	68.00	913
折纸中的几何练习	2022－09	48.00	1559
中学新几何学(英文)	2022－10	98.00	1562
线性代数与几何	2023－04	68.00	1633

刘培杰数学工作室
已出版(即将出版)图书目录——初等数学

书　　名	出版时间	定　价	编号
平面几何图形特性新析.上篇	2019－01	68.00	911
平面几何图形特性新析.下篇	2018－06	88.00	912
平面几何范例多解探究.上篇	2018－04	48.00	910
平面几何范例多解探究.下篇	2018－12	68.00	914
从分析解题过程学解题:竞赛中的几何问题研究	2018－07	68.00	946
从分析解题过程学解题:竞赛中的向量几何与不等式研究(全 2 册)	2019－06	138.00	1090
从分析解题过程学解题:竞赛中的不等式问题	2021－01	48.00	1249
二维、三维欧氏几何的对偶原理	2018－12	38.00	990
星形大观及闭折线论	2019－03	68.00	1020
立体几何的问题和方法	2019－11	58.00	1127
三角代换论	2021－05	58.00	1313
俄罗斯平面几何问题集	2009－08	88.00	55
俄罗斯立体几何问题集	2014－03	58.00	283
俄罗斯几何大师——沙雷金论数学及其他	2014－01	48.00	271
来自俄罗斯的 5000 道几何习题及解答	2011－03	58.00	89
俄罗斯初等数学问题集	2012－05	38.00	177
俄罗斯函数问题集	2011－03	38.00	103
俄罗斯组合分析问题集	2011－01	48.00	79
俄罗斯初等数学万题选——三角卷	2012－11	38.00	222
俄罗斯初等数学万题选——代数卷	2013－08	68.00	225
俄罗斯初等数学万题选——几何卷	2014－01	68.00	226
俄罗斯《量子》杂志数学征解问题 100 题选	2018－08	48.00	969
俄罗斯《量子》杂志数学征解问题又 100 题选	2018－08	48.00	970
俄罗斯《量子》杂志数学征解问题	2020－05	48.00	1138
463 个俄罗斯几何老问题	2012－01	28.00	152
《量子》数学短文精粹	2018－09	38.00	972
用三角、解析几何等计算解来自俄罗斯的几何题	2019－11	88.00	1119
基谢廖夫平面几何	2022－01	48.00	1461
基谢廖夫立体几何	2023－04	48.00	1599
数学:代数、数学分析和几何(10－11 年级)	2021－01	48.00	1250
立体几何.10—11 年级	2022－01	58.00	1472
直观几何学:5—6 年级	2022－04	58.00	1508
平面几何:9—11 年级	2022－10	48.00	1571
谈谈素数	2011－03	18.00	91
平方和	2011－03	18.00	92
整数论	2011－05	38.00	120
从整数谈起	2015－10	28.00	538
数与多项式	2016－01	38.00	558
谈谈不定方程	2011－05	28.00	119
质数漫谈	2022－07	68.00	1529
解析不等式新论	2009－06	68.00	48
建立不等式的方法	2011－03	98.00	104
数学奥林匹克不等式研究(第 2 版)	2020－07	68.00	1181
不等式研究(第二辑)	2012－02	68.00	153
不等式的秘密(第一卷)(第 2 版)	2014－02	38.00	286
不等式的秘密(第二卷)	2014－01	38.00	268
初等不等式的证明方法	2010－06	38.00	123
初等不等式的证明方法(第二版)	2014－11	38.00	407
不等式・理论・方法(基础卷)	2015－07	38.00	496
不等式・理论・方法(经典不等式卷)	2015－07	38.00	497
不等式・理论・方法(特殊类型不等式卷)	2015－07	48.00	498
不等式探究	2016－03	38.00	582
不等式探秘	2017－01	88.00	689
四面体不等式	2017－01	68.00	715
数学奥林匹克中常见重要不等式	2017－09	38.00	845

刘培杰数学工作室

已出版(即将出版)图书目录——初等数学

书　　名	出版时间	定　价	编号
三正弦不等式	2018－09	98.00	974
函数方程与不等式:解法与稳定性结果	2019－04	68.00	1058
数学不等式.第1卷,对称多项式不等式	2022－05	78.00	1455
数学不等式.第2卷,对称有理不等式与对称无理不等式	2022－05	88.00	1456
数学不等式.第3卷,循环不等式与非循环不等式	2022－05	88.00	1457
数学不等式.第4卷,Jensen不等式的扩展与加细	2022－05	88.00	1458
数学不等式.第5卷,创建不等式与解不等式的其他方法	2022－05	88.00	1459
同余理论	2012－05	38.00	163
[x]与{x}	2015－04	48.00	476
极值与最值.上卷	2015－06	28.00	486
极值与最值.中卷	2015－06	38.00	487
极值与最值.下卷	2015－06	28.00	488
整数的性质	2012－11	38.00	192
完全平方数及其应用	2015－08	78.00	506
多项式理论	2015－10	88.00	541
奇数、偶数、奇偶分析法	2018－01	98.00	876
不定方程及其应用.上	2018－12	58.00	992
不定方程及其应用.中	2019－01	78.00	993
不定方程及其应用.下	2019－02	98.00	994
Nesbitt不等式加强式的研究	2022－06	128.00	1527
最值定理与分析不等式	2023－02	78.00	1567
一类积分不等式	2023－02	88.00	1579
邦费罗尼不等式及概率应用	2023－05	58.00	1637
历届美国中学生数学竞赛试题及解答(第一卷)1950－1954	2014－07	18.00	277
历届美国中学生数学竞赛试题及解答(第二卷)1955－1959	2014－04	18.00	278
历届美国中学生数学竞赛试题及解答(第三卷)1960－1964	2014－06	18.00	279
历届美国中学生数学竞赛试题及解答(第四卷)1965－1969	2014－04	28.00	280
历届美国中学生数学竞赛试题及解答(第五卷)1970－1972	2014－06	18.00	281
历届美国中学生数学竞赛试题及解答(第六卷)1973－1980	2017－07	18.00	768
历届美国中学生数学竞赛试题及解答(第七卷)1981－1986	2015－01	18.00	424
历届美国中学生数学竞赛试题及解答(第八卷)1987－1990	2017－05	18.00	769
历届中国数学奥林匹克试题集(第3版)	2021－10	58.00	1440
历届加拿大数学奥林匹克试题集	2012－08	38.00	215
历届美国数学奥林匹克试题集:1972～2019	2020－04	88.00	1135
历届波兰数学竞赛试题集.第1卷,1949～1963	2015－03	18.00	453
历届波兰数学竞赛试题集.第2卷,1964～1976	2015－03	18.00	454
历届巴尔干数学奥林匹克试题集	2015－05	38.00	466
保加利亚数学奥林匹克	2014－10	38.00	393
圣彼得堡数学奥林匹克试题集	2015－01	38.00	429
匈牙利奥林匹克数学竞赛题解.第1卷	2016－05	28.00	593
匈牙利奥林匹克数学竞赛题解.第2卷	2016－05	28.00	594
历届美国数学邀请赛试题集(第2版)	2017－10	78.00	851
普林斯顿大学数学竞赛	2016－06	38.00	669
亚太地区数学奥林匹克竞赛题	2015－07	18.00	492
日本历届(初级)广中杯数学竞赛试题及解答.第1卷(2000～2007)	2016－05	28.00	641
日本历届(初级)广中杯数学竞赛试题及解答.第2卷(2008～2015)	2016－05	38.00	642
越南数学奥林匹克题选:1962－2009	2021－07	48.00	1370
360个数学竞赛问题	2016－08	58.00	677
奥数最佳实战题.上卷	2017－06	38.00	760
奥数最佳实战题.下卷	2017－05	58.00	761
哈尔滨市早期中学数学竞赛试题汇编	2016－07	28.00	672
全国高中数学联赛试题及解答:1981—2019(第4版)	2020－07	138.00	1176
2022年全国高中数学联合竞赛模拟题集	2022－06	30.00	1521

刘培杰数学工作室

已出版(即将出版)图书目录——初等数学

书　　名	出版时间	定　价	编号
20 世纪 50 年代全国部分城市数学竞赛试题汇编	2017－07	28.00	797
国内外数学竞赛题及精解:2018～2019	2020－08	45.00	1192
国内外数学竞赛题及精解:2019～2020	2021－11	58.00	1439
许康华竞赛优学精选集.第一辑	2018－08	68.00	949
天问叶班数学问题征解 100 题.Ⅰ,2016－2018	2019－05	88.00	1075
天问叶班数学问题征解 100 题.Ⅱ,2017－2019	2020－07	98.00	1177
美国初中数学竞赛:AMC8 准备(共 6 卷)	2019－07	138.00	1089
美国高中数学竞赛:AMC10 准备(共 6 卷)	2019－08	158.00	1105
王连笑教你怎样学数学:高考选择题解题策略与客观题实用训练	2014－01	48.00	262
王连笑教你怎样学数学:高考数学高层次讲座	2015－02	48.00	432
高考数学的理论与实践	2009－08	38.00	53
高考数学核心题型解题方法与技巧	2010－01	28.00	86
高考思维新平台	2014－03	38.00	259
高考数学压轴题解题诀窍(上)(第 2 版)	2018－01	58.00	874
高考数学压轴题解题诀窍(下)(第 2 版)	2018－01	48.00	875
北京市五区文科数学三年高考模拟题详解:2013～2015	2015－08	48.00	500
北京市五区理科数学三年高考模拟题详解:2013～2015	2015－09	68.00	505
向量法巧解数学高考题	2009－08	28.00	54
高中数学课堂教学的实践与反思	2021－11	48.00	791
数学高考参考	2016－01	78.00	589
新课程标准高考数学解答题各种题型解法指导	2020－08	78.00	1196
全国及各省市高考数学试题审题要津与解法研究	2015－02	48.00	450
高中数学章节起始课的教学研究与案例设计	2019－05	28.00	1064
新课标高考数学——五年试题分章详解(2007～2011)(上、下)	2011－10	78.00	140,141
全国中考数学压轴题审题要津与解法研究	2013－04	78.00	248
新编全国及各省市中考数学压轴题审题要津与解法研究	2014－05	58.00	342
全国及各省市 5 年中考数学压轴题审题要津与解法研究(2015 版)	2015－04	58.00	462
中考数学专题总复习	2007－04	28.00	6
中考数学较难题常考题型解题方法与技巧	2016－09	48.00	681
中考数学难题常考题型解题方法与技巧	2016－09	48.00	682
中考数学中档题常考题型解题方法与技巧	2017－08	68.00	835
中考数学选择填空压轴好题妙解 365	2017－05	38.00	759
中考数学:三类重点考题的解法例析与习题	2020－04	48.00	1140
中小学数学的历史文化	2019－11	48.00	1124
初中平面几何百题多思创新解	2020－01	58.00	1125
初中数学中考备考	2020－01	58.00	1126
高考数学之九章演义	2019－08	68.00	1044
高考数学之难题谈笑间	2022－06	68.00	1519
化学可以这样学:高中化学知识方法智慧感悟疑难辨析	2019－07	58.00	1103
如何成为学习高手	2019－09	58.00	1107
高考数学:经典真题分类解析	2020－04	78.00	1134
高考数学解答题破解策略	2020－11	58.00	1221
从分析解题过程学解题:高考压轴题与竞赛题之关系探究	2020－08	88.00	1179
教学新思考:单元整体视角下的初中数学教学设计	2021－03	58.00	1278
思维再拓展:2020 年经典几何题的多解探究与思考	即将出版		1279
中考数学小压轴汇编初讲	2017－07	48.00	788
中考数学大压轴专题微言	2017－09	48.00	846
怎么解中考平面几何探索题	2019－06	48.00	1093
北京中考数学压轴题解题方法突破(第 8 版)	2022－11	78.00	1577
助你高考成功的数学解题智慧:知识是智慧的基础	2016－01	58.00	596
助你高考成功的数学解题智慧:错误是智慧的试金石	2016－04	58.00	643
助你高考成功的数学解题智慧:方法是智慧的推手	2016－04	68.00	657
高考数学奇思妙解	2016－04	38.00	610
高考数学解题策略	2016－05	48.00	670
数学解题泄天机(第 2 版)	2017－10	48.00	850

刘培杰数学工作室

已出版(即将出版)图书目录——初等数学

书　名	出版时间	定　价	编号
高考物理压轴题全解	2017—04	58.00	746
高中物理经典问题 25 讲	2017—05	28.00	764
高中物理教学讲义	2018—01	48.00	871
高中物理教学讲义:全模块	2022—03	98.00	1492
高中物理答疑解惑 65 篇	2021—11	48.00	1462
中学物理基础问题解析	2020—08	48.00	1183
初中数学、高中数学脱节知识补缺教材	2017—06	48.00	766
高考数学小题抢分必练	2017—10	48.00	834
高考数学核心素养解读	2017—09	38.00	839
高考数学客观题解题方法和技巧	2017—10	38.00	847
十年高考数学精品试题审题要津与解法研究	2021—10	98.00	1427
中国历届高考数学试题及解答.1949—1979	2018—01	38.00	877
历届中国高考数学试题及解答.第二卷,1980—1989	2018—10	28.00	975
历届中国高考数学试题及解答.第三卷,1990—1999	2018—10	48.00	976
数学文化与高考研究	2018—03	48.00	882
跟我学解高中数学题	2018—07	58.00	926
中学数学研究的方法及案例	2018—05	58.00	869
高考数学抢分技能	2018—07	68.00	934
高一新生常用数学方法和重要数学思想提升教材	2018—06	38.00	921
2018 年高考数学真题研究	2019—01	68.00	1000
2019 年高考数学真题研究	2020—05	88.00	1137
高考数学全国卷六道解答题常考题型解题诀窍:理科(全 2 册)	2019—07	78.00	1101
高考数学全国卷 16 道选择、填空题常考题型解题诀窍.理科	2018—09	88.00	971
高考数学全国卷 16 道选择、填空题常考题型解题诀窍.文科	2020—01	88.00	1123
高中数学一题多解	2019—06	58.00	1087
历届中国高考数学试题及解答:1917—1999	2021—08	98.00	1371
2000～2003 年全国及各省市高考数学试题及解答	2022—05	88.00	1499
2004 年全国及各省市高考数学试题及解答	2022—07	78.00	1500
突破高原:高中数学解题思维探究	2021—08	48.00	1375
高考数学中的"取值范围"	2021—10	48.00	1429
新课程标准高中数学各种题型解法大全.必修一分册	2021—06	58.00	1315
新课程标准高中数学各种题型解法大全.必修二分册	2022—01	68.00	1471
高中数学各种题型解法大全.选择性必修一分册	2022—06	68.00	1525
高中数学各种题型解法大全.选择性必修二分册	2023—01	58.00	1600
高中数学各种题型解法大全.选择性必修三分册	2023—04	48.00	1643
历届全国初中数学竞赛经典试题详解	2023—04	88.00	1624

书　名	出版时间	定　价	编号
新编 640 个世界著名数学智力趣题	2014—01	88.00	242
500 个最新世界著名数学智力趣题	2008—06	48.00	3
400 个最新世界著名数学最值问题	2008—09	48.00	36
500 个世界著名数学征解问题	2009—06	48.00	52
400 个中国最佳初等数学征解老问题	2010—01	48.00	60
500 个俄罗斯数学经典老题	2011—01	28.00	81
1000 个国外中学物理好题	2012—04	48.00	174
300 个日本高考数学题	2012—05	38.00	142
700 个早期日本高考数学试题	2017—02	88.00	752
500 个前苏联早期高考数学试题及解答	2012—05	28.00	185
546 个早期俄罗斯大学生数学竞赛题	2014—03	38.00	285
548 个来自美苏的数学好问题	2014—11	28.00	396
20 所苏联著名大学早期入学试题	2015—02	18.00	452
161 道德国工科大学生必做的微分方程习题	2015—05	28.00	469
500 个德国工科大学生必做的高数习题	2015—06	28.00	478
360 个数学竞赛问题	2016—08	58.00	677
200 个趣味数学故事	2018—02	48.00	857
470 个数学奥林匹克中的最值问题	2018—10	88.00	985
德国讲义日本考题.微积分卷	2015—04	48.00	456
德国讲义日本考题.微分方程卷	2015—04	38.00	457
二十世纪中叶中、英、美、日、法、俄高考数学试题精选	2017—06	38.00	783

刘培杰数学工作室

已出版(即将出版)图书目录——初等数学

书　　名	出版时间	定　价	编号
中国初等数学研究　2009 卷(第 1 辑)	2009—05	20.00	45
中国初等数学研究　2010 卷(第 2 辑)	2010—05	30.00	68
中国初等数学研究　2011 卷(第 3 辑)	2011—07	60.00	127
中国初等数学研究　2012 卷(第 4 辑)	2012—07	48.00	190
中国初等数学研究　2014 卷(第 5 辑)	2014—02	48.00	288
中国初等数学研究　2015 卷(第 6 辑)	2015—06	68.00	493
中国初等数学研究　2016 卷(第 7 辑)	2016—04	68.00	609
中国初等数学研究　2017 卷(第 8 辑)	2017—01	98.00	712
初等数学研究在中国. 第 1 辑	2019—03	158.00	1024
初等数学研究在中国. 第 2 辑	2019—10	158.00	1116
初等数学研究在中国. 第 3 辑	2021—05	158.00	1306
初等数学研究在中国. 第 4 辑	2022—06	158.00	1520
几何变换(Ⅰ)	2014—07	28.00	353
几何变换(Ⅱ)	2015—06	28.00	354
几何变换(Ⅲ)	2015—01	38.00	355
几何变换(Ⅳ)	2015—12	38.00	356
初等数论难题集(第一卷)	2009—05	68.00	44
初等数论难题集(第二卷)(上、下)	2011—02	128.00	82,83
数论概貌	2011—03	18.00	93
代数数论(第二版)	2013—08	58.00	94
代数多项式	2014—06	38.00	289
初等数论的知识与问题	2011—02	28.00	95
超越数论基础	2011—03	28.00	96
数论初等教程	2011—03	28.00	97
数论基础	2011—03	18.00	98
数论基础与维诺格拉多夫	2014—03	18.00	292
解析数论基础	2012—08	28.00	216
解析数论基础(第二版)	2014—01	48.00	287
解析数论问题集(第二版)(原版引进)	2014—05	88.00	343
解析数论问题集(第二版)(中译本)	2016—04	88.00	607
解析数论基础(潘承洞,潘承彪著)	2016—07	98.00	673
解析数论导引	2016—07	58.00	674
数论入门	2011—03	38.00	99
代数数论入门	2015—03	38.00	448
数论开篇	2012—07	28.00	194
解析数论引论	2011—03	48.00	100
Barban Davenport Halberstam 均值和	2009—01	40.00	33
基础数论	2011—03	28.00	101
初等数论 100 例	2011—05	18.00	122
初等数论经典例题	2012—07	18.00	204
最新世界各国数学奥林匹克中的初等数论试题(上、下)	2012—01	138.00	144,145
初等数论(Ⅰ)	2012—01	18.00	156
初等数论(Ⅱ)	2012—01	18.00	157
初等数论(Ⅲ)	2012—01	28.00	158

刘培杰数学工作室
已出版(即将出版)图书目录——初等数学

书　　名	出版时间	定　价	编号
平面几何与数论中未解决的新老问题	2013－01	68.00	229
代数数论简史	2014－11	28.00	408
代数数论	2015－09	88.00	532
代数、数论及分析习题集	2016－11	98.00	695
数论导引提要及习题解答	2016－01	48.00	559
素数定理的初等证明.第2版	2016－09	48.00	686
数论中的模函数与狄利克雷级数(第二版)	2017－11	78.00	837
数论:数学导引	2018－01	68.00	849
范氏大代数	2019－02	98.00	1016
解析数学讲义.第一卷,导来式及微分、积分、级数	2019－04	88.00	1021
解析数学讲义.第二卷,关于几何的应用	2019－04	68.00	1022
解析数学讲义.第三卷,解析函数论	2019－04	78.00	1023
分析·组合·数论纵横谈	2019－04	58.00	1039
Hall代数:民国时期的中学数学课本:英文	2019－08	88.00	1106
基谢廖夫初等代数	2022－07	38.00	1531
数学精神巡礼	2019－01	58.00	731
数学眼光透视(第2版)	2017－06	78.00	732
数学思想领悟(第2版)	2018－01	68.00	733
数学方法溯源(第2版)	2018－08	68.00	734
数学解题引论	2017－05	58.00	735
数学史话览胜(第2版)	2017－01	48.00	736
数学应用展观(第2版)	2017－08	68.00	737
数学建模尝试	2018－04	48.00	738
数学竞赛采风	2018－01	68.00	739
数学测评探营	2019－05	58.00	740
数学技能操握	2018－03	48.00	741
数学欣赏拾趣	2018－02	48.00	742
从毕达哥拉斯到怀尔斯	2007－10	48.00	9
从迪利克雷到维斯卡尔迪	2008－01	48.00	21
从哥德巴赫到陈景润	2008－05	98.00	35
从庞加莱到佩雷尔曼	2011－08	138.00	136
博弈论精粹	2008－03	58.00	30
博弈论精粹.第二版(精装)	2015－01	88.00	461
数学 我爱你	2008－01	28.00	20
精神的圣徒　别样的人生——60位中国数学家成长的历程	2008－09	48.00	39
数学史概论	2009－06	78.00	50
数学史概论(精装)	2013－03	158.00	272
数学史选讲	2016－01	48.00	544
斐波那契数列	2010－02	28.00	65
数学拼盘和斐波那契魔方	2010－07	38.00	72
斐波那契数列欣赏(第2版)	2018－08	58.00	948
Fibonacci数列中的明珠	2018－06	58.00	928
数学的创造	2011－02	48.00	85
数学美与创造力	2016－01	48.00	595
数海拾贝	2016－01	48.00	590
数学中的美(第2版)	2019－04	68.00	1057
数论中的美学	2014－12	38.00	351

刘培杰数学工作室

已出版(即将出版)图书目录——初等数学

书　　名	出版时间	定　价	编号
数学王者　科学巨人——高斯	2015－01	28.00	428
振兴祖国数学的圆梦之旅:中国初等数学研究史话	2015－06	98.00	490
二十世纪中国数学史料研究	2015－10	48.00	536
数字谜、数阵图与棋盘覆盖	2016－01	58.00	298
时间的形状	2016－01	38.00	556
数学发现的艺术:数学探索中的合情推理	2016－07	58.00	671
活跃在数学中的参数	2016－07	48.00	675
数海趣史	2021－05	98.00	1314
数学解题——靠数学思想给力(上)	2011－07	38.00	131
数学解题——靠数学思想给力(中)	2011－07	48.00	132
数学解题——靠数学思想给力(下)	2011－07	38.00	133
我怎样解题	2013－01	48.00	227
数学解题中的物理方法	2011－06	28.00	114
数学解题的特殊方法	2011－06	48.00	115
中学数学计算技巧(第2版)	2020－10	48.00	1220
中学数学证明方法	2012－01	58.00	117
数学趣题巧解	2012－03	28.00	128
高中数学教学通鉴	2015－05	58.00	479
和高中生漫谈:数学与哲学的故事	2014－08	28.00	369
算术问题集	2017－03	38.00	789
张教授讲数学	2018－07	38.00	933
陈永明实话实说数学教学	2020－04	68.00	1132
中学数学学科知识与教学能力	2020－06	58.00	1155
怎样把课讲好:大罕数学教学随笔	2022－03	58.00	1484
中国高考评价体系下高考数学探秘	2022－03	48.00	1487
自主招生考试中的参数方程问题	2015－01	28.00	435
自主招生考试中的极坐标问题	2015－04	28.00	463
近年全国重点大学自主招生数学试题全解及研究.华约卷	2015－02	38.00	441
近年全国重点大学自主招生数学试题全解及研究.北约卷	2016－05	38.00	619
自主招生数学解证宝典	2015－09	48.00	535
中国科学技术大学创新班数学真题解析	2022－03	48.00	1488
中国科学技术大学创新班物理真题解析	2022－03	58.00	1489
格点和面积	2012－07	18.00	191
射影几何趣谈	2012－04	28.00	175
斯潘纳尔引理——从一道加拿大数学奥林匹克试题谈起	2014－01	28.00	228
李普希兹条件——从几道近年高考数学试题谈起	2012－10	18.00	221
拉格朗日中值定理——从一道北京高考试题的解法谈起	2015－10	18.00	197
闵科夫斯基定理——从一道清华大学自主招生试题谈起	2014－01	28.00	198
哈尔测度——从一道冬令营试题的背景谈起	2012－08	28.00	202
切比雪夫逼近问题——从一道中国台北数学奥林匹克试题谈起	2013－04	38.00	238
伯恩斯坦多项式与贝齐尔曲面——从一道全国高中数学联赛试题谈起	2013－03	38.00	236
卡塔兰猜想——从一道普特南竞赛试题谈起	2013－06	18.00	256
麦卡锡函数和阿克曼函数——从一道前南斯拉夫数学奥林匹克试题谈起	2012－08	18.00	201
贝蒂定理与拉姆贝克莫斯尔定理——从一个拣石子游戏谈起	2012－08	18.00	217
皮亚诺曲线和豪斯道夫分球定理——从无限集谈起	2012－08	18.00	211
平面凸图形与凸多面体	2012－10	28.00	218
斯坦因豪斯问题——从一道二十五省市自治区中学数学竞赛试题谈起	2012－07	18.00	196

刘培杰数学工作室
已出版(即将出版)图书目录——初等数学

书　　名	出版时间	定　价	编号
纽结理论中的亚历山大多项式与琼斯多项式——从一道北京市高一数学竞赛试题谈起	2012－07	28.00	195
原则与策略——从波利亚"解题表"谈起	2013－04	38.00	244
转化与化归——从三大尺规作图不能问题谈起	2012－08	28.00	214
代数几何中的贝祖定理(第一版)——从一道 IMO 试题的解法谈起	2013－08	18.00	193
成功连贯理论与约当块理论——从一道比利时数学竞赛试题谈起	2012－04	18.00	180
素数判定与大数分解	2014－08	18.00	199
置换多项式及其应用	2012－10	18.00	220
椭圆函数与模函数——从一道美国加州大学洛杉矶分校(UCLA)博士资格考题谈起	2012－10	28.00	219
差分方程的拉格朗日方法——从一道 2011 年全国高考理科试题的解法谈起	2012－08	28.00	200
力学在几何中的一些应用	2013－01	38.00	240
从根式解到伽罗华理论	2020－01	48.00	1121
康托洛维奇不等式——从一道全国高中联赛试题谈起	2013－03	28.00	337
西格尔引理——从一道第 18 届 IMO 试题的解法谈起	即将出版		
罗斯定理——从一道前苏联数学竞赛试题谈起	即将出版		
拉克斯定理和阿廷定理——从一道 IMO 试题的解法谈起	2014－01	58.00	246
毕卡大定理——从一道美国大学数学竞赛试题谈起	2014－07	18.00	350
贝齐尔曲线——从一道全国高中联赛试题谈起	即将出版		
拉格朗日乘子定理——从一道 2005 年全国高中联赛试题的高等数学解法谈起	2015－05	28.00	480
雅可比定理——从一道日本数学奥林匹克试题谈起	2013－04	48.00	249
李天岩－约克定理——从一道波兰数学竞赛试题谈起	2014－06	28.00	349
受控理论与初等不等式:从一道 IMO 试题的解法谈起	2023－03	48.00	1601
布劳维不动点定理——从一道前苏联数学奥林匹克试题谈起	2014－01	38.00	273
伯恩赛德定理——从一道英国数学奥林匹克试题谈起	即将出版		
布查特－莫斯特定理——从一道上海市初中竞赛试题谈起	即将出版		
数论中的同余数问题——从一道普特南竞赛试题谈起	即将出版		
范・德蒙行列式——从一道美国数学奥林匹克试题谈起	即将出版		
中国剩余定理:总数法构建中国历史年表	2015－01	28.00	430
牛顿程序与方程求根——从一道全国高考试题解法谈起	即将出版		
库默尔定理——从一道 IMO 预选试题谈起	即将出版		
卢丁定理——从一道冬令营试题的解法谈起	即将出版		
沃斯滕霍姆定理——从一道 IMO 预选试题谈起	即将出版		
卡尔松不等式——从一道莫斯科数学奥林匹克试题谈起	即将出版		
信息论中的香农熵——从一道近年高考压轴题谈起	即将出版		
约当不等式——从一道希望杯竞赛试题谈起	即将出版		
拉比诺维奇定理	即将出版		
刘维尔定理——从一道《美国数学月刊》征解问题的解法谈起	即将出版		
卡塔兰恒等式与级数求和——从一道 IMO 试题的解法谈起	即将出版		
勒让德猜想与素数分布——从一道爱尔兰竞赛试题谈起	即将出版		
天平称重与信息论——从一道基辅市数学奥林匹克试题谈起	即将出版		
哈密尔顿－凯莱定理:从一道高中数学联赛试题的解法谈起	2014－09	18.00	376
艾思特曼定理——从一道 CMO 试题的解法谈起	即将出版		

刘培杰数学工作室
已出版(即将出版)图书目录——初等数学

书　　名	出版时间	定　价	编号
阿贝尔恒等式与经典不等式及应用	2018－06	98.00	923
迪利克雷除数问题	2018－07	48.00	930
幻方、幻立方与拉丁方	2019－08	48.00	1092
帕斯卡三角形	2014－03	18.00	294
蒲丰投针问题——从2009年清华大学的一道自主招生试题谈起	2014－01	38.00	295
斯图姆定理——从一道"华约"自主招生试题的解法谈起	2014－01	18.00	296
许瓦兹引理——从一道加利福尼亚大学伯克利分校数学系博士生试题谈起	2014－08	18.00	297
拉姆塞定理——从王诗宬院士的一个问题谈起	2016－04	48.00	299
坐标法	2013－12	28.00	332
数论三角形	2014－04	38.00	341
毕克定理	2014－07	18.00	352
数林掠影	2014－09	48.00	389
我们周围的概率	2014－10	38.00	390
凸函数最值定理:从一道华约自主招生题的解法谈起	2014－10	28.00	391
易学与数学奥林匹克	2014－10	38.00	392
生物数学趣谈	2015－01	18.00	409
反演	2015－01	28.00	420
因式分解与圆锥曲线	2015－01	18.00	426
轨迹	2015－01	28.00	427
面积原理:从常庚哲命的一道CMO试题的积分解法谈起	2015－01	48.00	431
形形色色的不动点定理:从一道28届IMO试题谈起	2015－01	38.00	439
柯西函数方程:从一道上海交大自主招生的试题谈起	2015－02	28.00	440
三角恒等式	2015－02	28.00	442
无理性判定:从一道2014年"北约"自主招生试题谈起	2015－01	38.00	443
数学归纳法	2015－03	18.00	451
极端原理与解题	2015－04	28.00	464
法雷级数	2014－08	18.00	367
摆线族	2015－01	38.00	438
函数方程及其解法	2015－05	38.00	470
含参数的方程和不等式	2012－09	28.00	213
希尔伯特第十问题	2016－01	38.00	543
无穷小量的求和	2016－01	28.00	545
切比雪夫多项式:从一道清华大学金秋营试题谈起	2016－01	38.00	583
泽肯多夫定理	2016－03	38.00	599
代数等式证题法	2016－01	28.00	600
三角等式证题法	2016－01	28.00	601
吴大任教授藏书中的一个因式分解公式:从一道美国数学邀请赛试题的解法谈起	2016－06	28.00	656
易卦——类万物的数学模型	2017－08	68.00	838
"不可思议"的数与数系可持续发展	2018－01	38.00	878
最短线	2018－01	38.00	879
数学在天文、地理、光学、机械力学中的一些应用	2023－03	88.00	1576
从阿基米德三角形谈起	2023－01	28.00	1578

书　　名	出版时间	定　价	编号
幻方和魔方(第一卷)	2012－05	68.00	173
尘封的经典——初等数学经典文献选读(第一卷)	2012－07	48.00	205
尘封的经典——初等数学经典文献选读(第二卷)	2012－07	38.00	206

书　　名	出版时间	定　价	编号
初级方程式论	2011－03	28.00	106
初等数学研究(Ⅰ)	2008－09	68.00	37
初等数学研究(Ⅱ)(上、下)	2009－05	118.00	46,47
初等数学专题研究	2022－10	68.00	1568

刘培杰数学工作室
已出版(即将出版)图书目录——初等数学

书　　名	出版时间	定　价	编号
趣味初等方程妙题集锦	2014－09	48.00	388
趣味初等数论选美与欣赏	2015－02	48.00	445
耕读笔记(上卷):一位农民数学爱好者的初数探索	2015－04	28.00	459
耕读笔记(中卷):一位农民数学爱好者的初数探索	2015－05	28.00	483
耕读笔记(下卷):一位农民数学爱好者的初数探索	2015－05	28.00	484
几何不等式研究与欣赏.上卷	2016－01	88.00	547
几何不等式研究与欣赏.下卷	2016－01	48.00	552
初等数列研究与欣赏・上	2016－01	48.00	570
初等数列研究与欣赏・下	2016－01	48.00	571
趣味初等函数研究与欣赏.上	2016－09	48.00	684
趣味初等函数研究与欣赏.下	2018－09	48.00	685
三角不等式研究与欣赏	2020－10	68.00	1197
新编平面解析几何解题方法研究与欣赏	2021－10	78.00	1426
火柴游戏(第2版)	2022－05	38.00	1493
智力解谜.第1卷	2017－07	38.00	613
智力解谜.第2卷	2017－07	38.00	614
故事智力	2016－07	48.00	615
名人们喜欢的智力问题	2020－01	48.00	616
数学大师的发现、创造与失误	2018－01	48.00	617
异曲同工	2018－09	48.00	618
数学的味道	2018－01	58.00	798
数学千字文	2018－10	68.00	977
数贝偶拾——高考数学题研究	2014－04	28.00	274
数贝偶拾——初等数学研究	2014－04	38.00	275
数贝偶拾——奥数题研究	2014－04	48.00	276
钱昌本教你快乐学数学(上)	2011－12	48.00	155
钱昌本教你快乐学数学(下)	2012－03	58.00	171
集合、函数与方程	2014－01	28.00	300
数列与不等式	2014－01	38.00	301
三角与平面向量	2014－01	28.00	302
平面解析几何	2014－01	38.00	303
立体几何与组合	2014－01	28.00	304
极限与导数、数学归纳法	2014－01	38.00	305
趣味数学	2014－03	28.00	306
教材教法	2014－04	68.00	307
自主招生	2014－05	58.00	308
高考压轴题(上)	2015－01	48.00	309
高考压轴题(下)	2014－10	68.00	310
从费马到怀尔斯——费马大定理的历史	2013－10	198.00	Ⅰ
从庞加莱到佩雷尔曼——庞加莱猜想的历史	2013－10	298.00	Ⅱ
从切比雪夫到爱尔特希(上)——素数定理的初等证明	2013－07	48.00	Ⅲ
从切比雪夫到爱尔特希(下)——素数定理100年	2012－12	98.00	Ⅲ
从高斯到盖尔方特——二次域的高斯猜想	2013－10	198.00	Ⅳ
从库默尔到朗兰兹——朗兰兹猜想的历史	2014－01	98.00	Ⅴ
从比勃巴赫到德布朗斯——比勃巴赫猜想的历史	2014－02	298.00	Ⅵ
从麦比乌斯到陈省身——麦比乌斯变换与麦比乌斯带	2014－02	298.00	Ⅶ
从布尔到豪斯道夫——布尔方程与格论漫谈	2013－10	198.00	Ⅷ
从开普勒到阿诺德——三体问题的历史	2014－05	298.00	Ⅸ
从华林到华罗庚——华林问题的历史	2013－10	298.00	Ⅹ

刘培杰数学工作室

已出版(即将出版)图书目录——初等数学

书　　名	出版时间	定　价	编号
美国高中数学竞赛五十讲.第1卷(英文)	2014-08	28.00	357
美国高中数学竞赛五十讲.第2卷(英文)	2014-08	28.00	358
美国高中数学竞赛五十讲.第3卷(英文)	2014-09	28.00	359
美国高中数学竞赛五十讲.第4卷(英文)	2014-09	28.00	360
美国高中数学竞赛五十讲.第5卷(英文)	2014-10	28.00	361
美国高中数学竞赛五十讲.第6卷(英文)	2014-11	28.00	362
美国高中数学竞赛五十讲.第7卷(英文)	2014-12	28.00	363
美国高中数学竞赛五十讲.第8卷(英文)	2015-01	28.00	364
美国高中数学竞赛五十讲.第9卷(英文)	2015-01	28.00	365
美国高中数学竞赛五十讲.第10卷(英文)	2015-02	38.00	366
三角函数(第2版)	2017-04	38.00	626
不等式	2014-01	38.00	312
数列	2014-01	38.00	313
方程(第2版)	2017-04	38.00	624
排列和组合	2014-01	28.00	315
极限与导数(第2版)	2016-04	38.00	635
向量(第2版)	2018-08	58.00	627
复数及其应用	2014-08	28.00	318
函数	2014-01	38.00	319
集合	2020-01	48.00	320
直线与平面	2014-01	28.00	321
立体几何(第2版)	2016-04	38.00	629
解三角形	即将出版		323
直线与圆(第2版)	2016-11	38.00	631
圆锥曲线(第2版)	2016-09	48.00	632
解题通法(一)	2014-07	38.00	326
解题通法(二)	2014-07	38.00	327
解题通法(三)	2014-05	38.00	328
概率与统计	2014-01	28.00	329
信息迁移与算法	即将出版		330
IMO 50年.第1卷(1959-1963)	2014-11	28.00	377
IMO 50年.第2卷(1964-1968)	2014-11	28.00	378
IMO 50年.第3卷(1969-1973)	2014-09	28.00	379
IMO 50年.第4卷(1974-1978)	2016-04	38.00	380
IMO 50年.第5卷(1979-1984)	2015-04	38.00	381
IMO 50年.第6卷(1985-1989)	2015-04	58.00	382
IMO 50年.第7卷(1990-1994)	2016-01	48.00	383
IMO 50年.第8卷(1995-1999)	2016-06	38.00	384
IMO 50年.第9卷(2000-2004)	2015-04	58.00	385
IMO 50年.第10卷(2005-2009)	2016-01	48.00	386
IMO 50年.第11卷(2010-2015)	2017-03	48.00	646

刘培杰数学工作室
已出版(即将出版)图书目录——初等数学

刘培杰数学工作室

已出版(即将出版)图书目录——初等数学 

书　　名	出版时间	定　价	编号
第19～23届“希望杯”全国数学邀请赛试题审题要津详细评注(初一版)	2014－03	28.00	333
第19～23届“希望杯”全国数学邀请赛试题审题要津详细评注(初二、初三版)	2014－03	38.00	334
第19～23届“希望杯”全国数学邀请赛试题审题要津详细评注(高一版)	2014－03	28.00	335
第19～23届“希望杯”全国数学邀请赛试题审题要津详细评注(高二版)	2014－03	38.00	336
第19～25届“希望杯”全国数学邀请赛试题审题要津详细评注(初一版)	2015－01	38.00	416
第19～25届“希望杯”全国数学邀请赛试题审题要津详细评注(初二、初三版)	2015－01	58.00	417
第19～25届“希望杯”全国数学邀请赛试题审题要津详细评注(高一版)	2015－01	48.00	418
第19～25届“希望杯”全国数学邀请赛试题审题要津详细评注(高二版)	2015－01	48.00	419
物理奥林匹克竞赛大题典——力学卷	2014－11	48.00	405
物理奥林匹克竞赛大题典——热学卷	2014－04	28.00	339
物理奥林匹克竞赛大题典——电磁学卷	2015－07	48.00	406
物理奥林匹克竞赛大题典——光学与近代物理卷	2014－06	28.00	345
历届中国东南地区数学奥林匹克试题集(2004～2012)	2014－06	18.00	346
历届中国西部地区数学奥林匹克试题集(2001～2012)	2014－07	18.00	347
历届中国女子数学奥林匹克试题集(2002～2012)	2014－08	18.00	348
数学奥林匹克在中国	2014－06	98.00	344
数学奥林匹克问题集	2014－01	38.00	267
数学奥林匹克不等式散论	2010－06	38.00	124
数学奥林匹克不等式欣赏	2011－09	38.00	138
数学奥林匹克超级题库(初中卷上)	2010－01	58.00	66
数学奥林匹克不等式证明方法和技巧(上、下)	2011－08	158.00	134,135
他们学什么:原民主德国中学数学课本	2016－09	38.00	658
他们学什么:英国中学数学课本	2016－09	38.00	659
他们学什么:法国中学数学课本.1	2016－09	38.00	660
他们学什么:法国中学数学课本.2	2016－09	28.00	661
他们学什么:法国中学数学课本.3	2016－09	38.00	662
他们学什么:苏联中学数学课本	2016－09	28.00	679
高中数学题典——集合与简易逻辑·函数	2016－07	48.00	647
高中数学题典——导数	2016－07	48.00	648
高中数学题典——三角函数·平面向量	2016－07	48.00	649
高中数学题典——数列	2016－07	58.00	650
高中数学题典——不等式·推理与证明	2016－07	38.00	651
高中数学题典——立体几何	2016－07	48.00	652
高中数学题典——平面解析几何	2016－07	78.00	653
高中数学题典——计数原理·统计·概率·复数	2016－07	48.00	654
高中数学题典——算法·平面几何·初等数论·组合数学·其他	2016－07	68.00	655

刘培杰数学工作室
已出版(即将出版)图书目录——初等数学

书　　名	出版时间	定　价	编号
台湾地区奥林匹克数学竞赛试题.小学一年级	2017－03	38.00	722
台湾地区奥林匹克数学竞赛试题.小学二年级	2017－03	38.00	723
台湾地区奥林匹克数学竞赛试题.小学三年级	2017－03	38.00	724
台湾地区奥林匹克数学竞赛试题.小学四年级	2017－03	38.00	725
台湾地区奥林匹克数学竞赛试题.小学五年级	2017－03	38.00	726
台湾地区奥林匹克数学竞赛试题.小学六年级	2017－03	38.00	727
台湾地区奥林匹克数学竞赛试题.初中一年级	2017－03	38.00	728
台湾地区奥林匹克数学竞赛试题.初中二年级	2017－03	38.00	729
台湾地区奥林匹克数学竞赛试题.初中三年级	2017－03	28.00	730
不等式证题法	2017－04	28.00	747
平面几何培优教程	2019－08	88.00	748
奥数鼎级培优教程.高一分册	2018－09	88.00	749
奥数鼎级培优教程.高二分册.上	2018－04	68.00	750
奥数鼎级培优教程.高二分册.下	2018－04	68.00	751
高中数学竞赛冲刺宝典	2019－04	68.00	883
初中尖子生数学超级题典.实数	2017－07	58.00	792
初中尖子生数学超级题典.式、方程与不等式	2017－08	58.00	793
初中尖子生数学超级题典.圆、面积	2017－08	38.00	794
初中尖子生数学超级题典.函数、逻辑推理	2017－08	48.00	795
初中尖子生数学超级题典.角、线段、三角形与多边形	2017－07	58.00	796
数学王子——高斯	2018－01	48.00	858
坎坷奇星——阿贝尔	2018－01	48.00	859
闪烁奇星——伽罗瓦	2018－01	58.00	860
无穷统帅——康托尔	2018－01	48.00	861
科学公主——柯瓦列夫斯卡娅	2018－01	48.00	862
抽象代数之母——埃米·诺特	2018－01	48.00	863
电脑先驱——图灵	2018－01	58.00	864
昔日神童——维纳	2018－01	48.00	865
数坛怪侠——爱尔特希	2018－01	68.00	866
传奇数学家徐利治	2019－09	88.00	1110
当代世界中的数学.数学思想与数学基础	2019－01	38.00	892
当代世界中的数学.数学问题	2019－01	38.00	893
当代世界中的数学.应用数学与数学应用	2019－01	38.00	894
当代世界中的数学.数学王国的新疆域(一)	2019－01	38.00	895
当代世界中的数学.数学王国的新疆域(二)	2019－01	38.00	896
当代世界中的数学.数林撷英(一)	2019－01	38.00	897
当代世界中的数学.数林撷英(二)	2019－01	48.00	898
当代世界中的数学.数学之路	2019－01	38.00	899

刘培杰数学工作室
已出版(即将出版)图书目录——初等数学

书　　名	出版时间	定　价	编号
105 个代数问题:来自 AwesomeMath 夏季课程	2019—02	58.00	956
106 个几何问题:来自 AwesomeMath 夏季课程	2020—07	58.00	957
107 个几何问题:来自 AwesomeMath 全年课程	2020—07	58.00	958
108 个代数问题:来自 AwesomeMath 全年课程	2019—01	68.00	959
109 个不等式:来自 AwesomeMath 夏季课程	2019—04	58.00	960
国际数学奥林匹克中的 110 个几何问题	即将出版		961
111 个代数和数论问题	2019—05	58.00	962
112 个组合问题:来自 AwesomeMath 夏季课程	2019—05	58.00	963
113 个几何不等式:来自 AwesomeMath 夏季课程	2020—08	58.00	964
114 个指数和对数问题:来自 AwesomeMath 夏季课程	2019—09	48.00	965
115 个三角问题:来自 AwesomeMath 夏季课程	2019—09	58.00	966
116 个代数不等式:来自 AwesomeMath 全年课程	2019—04	58.00	967
117 个多项式问题:来自 AwesomeMath 夏季课程	2021—09	58.00	1409
118 个数学竞赛不等式	2022—08	78.00	1526
紫色彗星国际数学竞赛试题	2019—02	58.00	999
数学竞赛中的数学:为数学爱好者、父母、教师和教练准备的丰富资源.第一部	2020—04	58.00	1141
数学竞赛中的数学:为数学爱好者、父母、教师和教练准备的丰富资源.第二部	2020—07	48.00	1142
和与积	2020—10	38.00	1219
数论:概念和问题	2020—12	68.00	1257
初等数学问题研究	2021—03	48.00	1270
数学奥林匹克中的欧几里得几何	2021—10	68.00	1413
数学奥林匹克题解新编	2022—01	58.00	1430
图论入门	2022—09	58.00	1554
澳大利亚中学数学竞赛试题及解答(初级卷)1978～1984	2019—02	28.00	1002
澳大利亚中学数学竞赛试题及解答(初级卷)1985～1991	2019—02	28.00	1003
澳大利亚中学数学竞赛试题及解答(初级卷)1992～1998	2019—02	28.00	1004
澳大利亚中学数学竞赛试题及解答(初级卷)1999～2005	2019—02	28.00	1005
澳大利亚中学数学竞赛试题及解答(中级卷)1978～1984	2019—03	28.00	1006
澳大利亚中学数学竞赛试题及解答(中级卷)1985～1991	2019—03	28.00	1007
澳大利亚中学数学竞赛试题及解答(中级卷)1992～1998	2019—03	28.00	1008
澳大利亚中学数学竞赛试题及解答(中级卷)1999～2005	2019—03	28.00	1009
澳大利亚中学数学竞赛试题及解答(高级卷)1978～1984	2019—05	28.00	1010
澳大利亚中学数学竞赛试题及解答(高级卷)1985～1991	2019—05	28.00	1011
澳大利亚中学数学竞赛试题及解答(高级卷)1992～1998	2019—05	28.00	1012
澳大利亚中学数学竞赛试题及解答(高级卷)1999～2005	2019—05	28.00	1013
天才中小学生智力测验题.第一卷	2019—03	38.00	1026
天才中小学生智力测验题.第二卷	2019—03	38.00	1027
天才中小学生智力测验题.第三卷	2019—03	38.00	1028
天才中小学生智力测验题.第四卷	2019—03	38.00	1029
天才中小学生智力测验题.第五卷	2019—03	38.00	1030
天才中小学生智力测验题.第六卷	2019—03	38.00	1031
天才中小学生智力测验题.第七卷	2019—03	38.00	1032
天才中小学生智力测验题.第八卷	2019—03	38.00	1033
天才中小学生智力测验题.第九卷	2019—03	38.00	1034
天才中小学生智力测验题.第十卷	2019—03	38.00	1035
天才中小学生智力测验题.第十一卷	2019—03	38.00	1036
天才中小学生智力测验题.第十二卷	2019—03	38.00	1037
天才中小学生智力测验题.第十三卷	2019—03	38.00	1038

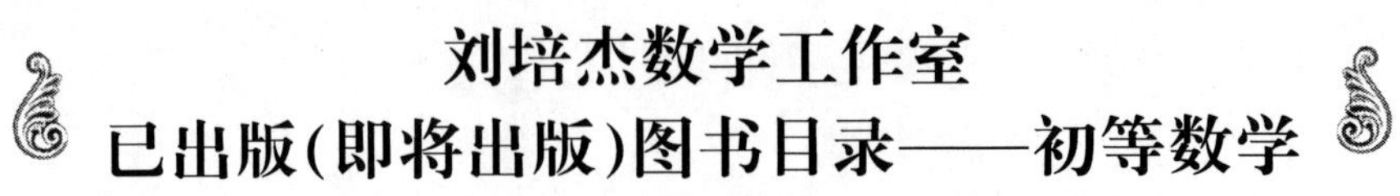

刘培杰数学工作室
已出版(即将出版)图书目录——初等数学

书　名	出版时间	定　价	编号
重点大学自主招生数学备考全书:函数	2020－05	48.00	1047
重点大学自主招生数学备考全书:导数	2020－08	48.00	1048
重点大学自主招生数学备考全书:数列与不等式	2019－10	78.00	1049
重点大学自主招生数学备考全书:三角函数与平面向量	2020－08	68.00	1050
重点大学自主招生数学备考全书:平面解析几何	2020－07	58.00	1051
重点大学自主招生数学备考全书:立体几何与平面几何	2019－08	48.00	1052
重点大学自主招生数学备考全书:排列组合·概率统计·复数	2019－09	48.00	1053
重点大学自主招生数学备考全书:初等数论与组合数学	2019－08	48.00	1054
重点大学自主招生数学备考全书:重点大学自主招生真题.上	2019－04	68.00	1055
重点大学自主招生数学备考全书:重点大学自主招生真题.下	2019－04	58.00	1056
高中数学竞赛培训教程:平面几何问题的求解方法与策略.上	2018－05	68.00	906
高中数学竞赛培训教程:平面几何问题的求解方法与策略.下	2018－06	78.00	907
高中数学竞赛培训教程:整除与同余以及不定方程	2018－01	88.00	908
高中数学竞赛培训教程:组合计数与组合极值	2018－04	48.00	909
高中数学竞赛培训教程:初等代数	2019－04	78.00	1042
高中数学讲座:数学竞赛基础教程(第一册)	2019－06	48.00	1094
高中数学讲座:数学竞赛基础教程(第二册)	即将出版		1095
高中数学讲座:数学竞赛基础教程(第三册)	即将出版		1096
高中数学讲座:数学竞赛基础教程(第四册)	即将出版		1097
新编中学数学解题方法 1000 招丛书.实数(初中版)	2022－05	58.00	1291
新编中学数学解题方法 1000 招丛书.式(初中版)	2022－05	48.00	1292
新编中学数学解题方法 1000 招丛书.方程与不等式(初中版)	2021－04	58.00	1293
新编中学数学解题方法 1000 招丛书.函数(初中版)	2022－05	38.00	1294
新编中学数学解题方法 1000 招丛书.角(初中版)	2022－05	48.00	1295
新编中学数学解题方法 1000 招丛书.线段(初中版)	2022－05	48.00	1296
新编中学数学解题方法 1000 招丛书.三角形与多边形(初中版)	2021－04	48.00	1297
新编中学数学解题方法 1000 招丛书.圆(初中版)	2022－05	48.00	1298
新编中学数学解题方法 1000 招丛书.面积(初中版)	2021－07	28.00	1299
新编中学数学解题方法 1000 招丛书.逻辑推理(初中版)	2022－06	48.00	1300
高中数学题典精编.第一辑.函数	2022－01	58.00	1444
高中数学题典精编.第一辑.导数	2022－01	68.00	1445
高中数学题典精编.第一辑.三角函数·平面向量	2022－01	68.00	1446
高中数学题典精编.第一辑.数列	2022－01	58.00	1447
高中数学题典精编.第一辑.不等式·推理与证明	2022－01	58.00	1448
高中数学题典精编.第一辑.立体几何	2022－01	58.00	1449
高中数学题典精编.第一辑.平面解析几何	2022－01	68.00	1450
高中数学题典精编.第一辑.统计·概率·平面几何	2022－01	58.00	1451
高中数学题典精编.第一辑.初等数论·组合数学·数学文化·解题方法	2022－01	58.00	1452
历届全国初中数学竞赛试题分类解析.初等代数	2022－09	98.00	1555
历届全国初中数学竞赛试题分类解析.初等数论	2022－09	48.00	1556
历届全国初中数学竞赛试题分类解析.平面几何	2022－09	38.00	1557
历届全国初中数学竞赛试题分类解析.组合	2022－09	38.00	1558

联系地址:哈尔滨市南岗区复华四道街 10 号　哈尔滨工业大学出版社刘培杰数学工作室

网　　址:http://lpj.hit.edu.cn/

邮　　编:150006

联系电话:0451－86281378　　13904613167

E-mail:lpj1378@163.com